DEIN BUCH

Sonderseiten

METHODE	Hier kannst du naturwissenschaftliche Arbeitsweisen trainieren.
PINNWAND	Hier findest du Zusatzinformationen für inhaltliche Vertiefungen.
STREIFZUG	Hier findest du Verknüpfungen mit anderen Fachgebieten.
PRAKTIKUM	Hier findest du Anleitungen zum selbstständigen Arbeiten.
LERNEN IM TEAM	Hier findest du Vorschläge für die Projektarbeit mit offen formulierten Handlungsaufträgen.
AUF EINEN BLICK	Hier findest du die Inhalte des Kapitels in kurzer und übersichtlicher Form dargestellt.
BASISKONZEPTE	Hier findest du fachliche Fragestellungen, die nach übergeordneten Blickwinkeln sortiert sind.
LERNCHECK	Hier kannst du deine gewonnenen Kompetenzen überprüfen und du findest Aufgaben zum Wiederholen und Vertiefen.

Zusatzangebot

Die **Plusseiten** stellen ein Zusatzangebot zum Bildungsplan dar.

Förder- und Forderseiten

Die **Förderseiten** stellen die Inhalte des Bereiches anschaulich und sprachlich vereinfacht dar.

Die **Forderseiten** stellen die Inhalte des Bereiches komplexer dar und bieten eine intensivere Auseinandersetzung mit dem Thema.

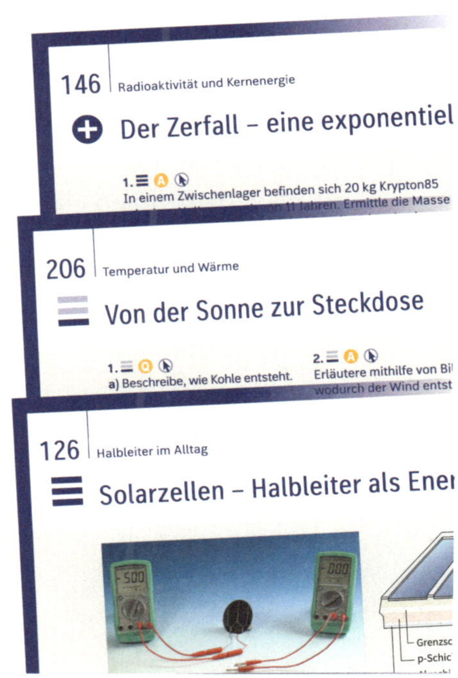

9/10

ERLEBNIS

Physik

Ein Lehr- und Arbeitsbuch

differenzierende Ausgabe

Schroedel
westermann

ERLEBNIS 9/10
Physik

differenzierende Ausgabe

Autoren
Heiko Brunner
Claudia Heist
Dr. Stefanie Jerems
Thomas Nasaroff
Sybille Wellmann

Illustrationen
Julius Ecke, Heike Keis, Lieselotte Lüddecke, Karin Mall, Birgit Schlierf, Ingrid Schobel, Werner Wildermuth, BC GmbH Verlags- und Medien-, Forschungs- und Beratungsgesellschaft, Olav Marahrens

Mit Beiträgen von
Dieter Cieplik, Stephanie Gerecke, Horst-Dietmar Kirks, Prof. Dr. Jochen Kuhn, Rainer Mennenga, Torsten Schleip, Ursula Schmidt, Ralf Schrader, Albert Steinkamp, Heide Suk, Hans Tegen, Reinhard Wendt-Eberhöfer, Erwin Werthebach

Redaktion
Dr. Frederik Kesting

Grundlayout und Umschlaggestaltung
SINNSALON
Agentur für Kommunikation und Design

Fotos
Michael Fabian
Albert Steinkamp
Hans Tegen

westermann GRUPPE

Druck A [3] / Jahr 2020
Alle Drucke der Serie A sind im Unterricht parallel verwendbar.

Druck und Bindung: Westermann Druck GmbH, Braunschweig

ISBN 978-3-507-**78030**-9

Inhalt

Niveaudifferenzierte Inhalte
G – für das grundlegende Niveau
M – für das mittlere Niveau
E – für das erweiterte Niveau

Methoden

Elektrische Energie

Bewegung und Geschwindigkeit

Spannung und Induktion

Halbleiter im Alltag

Radioaktivität und Kernenergie

Radioaktivität und Kernenergie

Temperatur und Wärme

Anhang

Sicherheitsregeln in der Physik

Sicherheitsvorkehrungen im Fachraum

Informiere dich über

- das richtige Verhalten bei Unfällen, bei Feuer und bei Feueralarm.
- den Ort des Not-Aus-Schalters.
- den Ort und den Inhalt des Erste-Hilfe-Kastens.
- den Ort des Feuerlöschers und der Feuerlöschdecke.
- den Ort des Notausganges.
- den Verlauf des Flucht- und Rettungsweges.
- den Ort des Sammelplatzes.

Richtiges Verhalten im Fachraum

- In naturwissenschaftlichen Räumen darf nicht getrunken und gegessen werden.
- Jacken und Mäntel müssen an der Garderobe aufgehängt werden.
- Die Schultaschen sollen so abgestellt werden, dass sie nicht zu Stolperfallen werden.
- Bewahre bei Feuer und Unfällen Ruhe. Verlasse den Fachraum auf dem vorgeschriebenen Flucht- und Rettungsweg und gehe zügig bis zum Sammelplatz.

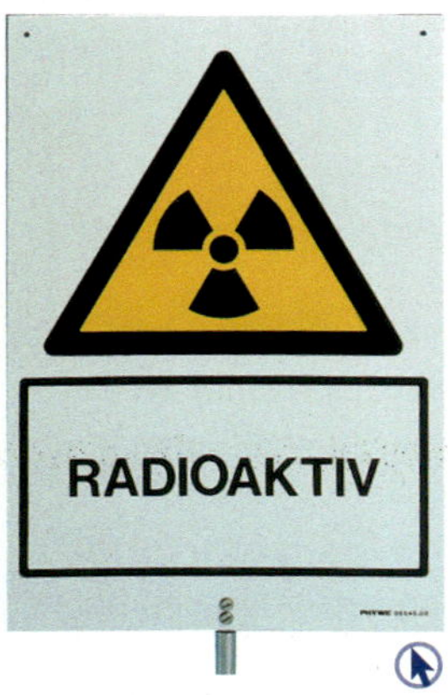

Sicherheit beim Umgang mit radioaktiven Stoffen

- Bei der Verwendung von radioaktiven Stoffen muss die Strahlenschutzverordnung (StrlSchV) eingehalten werden. Ansprechpartner ist der bestellte Strahlenschutzbeauftragte der Schule.
- Jede unnötige Einwirkung von ionisierenden Strahlen auf den menschlichen Körper oder Verunreinigung (Kontamination) von Mensch und Umwelt mit radioaktiven Stoffen muss vermieden werden.
- Sollen Schülerinnen und Schüler mit radioaktiven Präparaten experimentieren, muss darauf geachtet werden, dass das Experimentieren nur mit Bauart zugelassenen Präparaten gestattet ist, die unterhalb der Freigrenze nach der StrlSchV liegen. Diese Präparate strahlen weit unterhalb der zugelassenen Grenzwerte.
- Werdende oder stillende Mütter dürfen keine Versuche durchführen, aber bei Demonstrationsversuchen zusehen, wenn sie durch geeignete Schutzmaßnahmen gesichert sind. Ein geeigneter Schutz ist die Bleischürze.

Die Bedeutung der farbigen Schilder

Die Hinweisschilder zur Unfallverhütung, zur Sicherheit und zur Hilfe sind unterschiedlich farblich gekennzeichnet.

Rot: Hinweisschilder für den Gefahrenfall

Weiß: Allgemeine Gefahrstoffsymbole

Gelb: Warnzeichen

Grün: Rettungszeichen

Arbeiten mit dem Stromversorgungsgerät

1. Vergewissere dich, dass der Drehknopf auf Null gestellt ist.
2. Verwende nur Kabel ohne sichtbare Schäden an der Isolierung.
3. Schließe die Leiter an die richtigen Anschlüsse des Stromversorgungsgerätes an.
4. Beginne mit dem Experimentieren erst, wenn die Lehrerin oder der Lehrer den Versuchsaufbau abgenommen hat.
5. Erhöhe die Spannung mittels des Drehknopfes in kleinen Schritten.

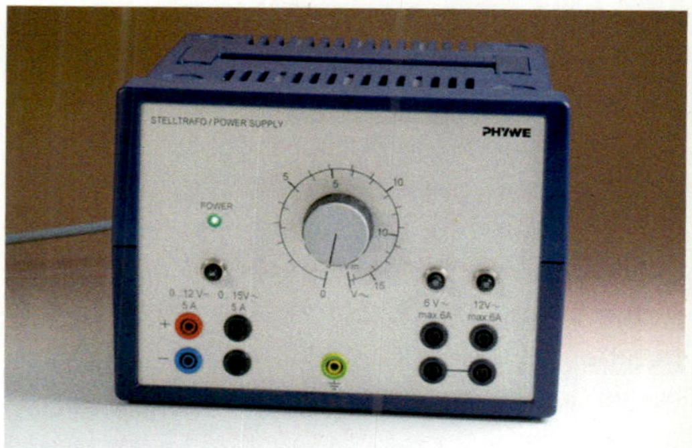

1 Stromversorgungsgerät

Tipps für das Experimentieren

1. Lies die Arbeitsaufträge vor Versuchsbeginn sorgfältig und vollständig durch.
2. Besprich die Versuchsanordnung mit deinen Mitschülerinnen und Mitschülern.
3. Stelle alle Geräte vor Versuchsbeginn bereit. Benutze diese erst nach ausdrücklicher Erlaubnis.
4. Baue alle Geräte übersichtlich und standsicher auf.
5. Bewege die Geräte während des Versuches nicht unnötig.
6. Erstelle zu jedem Versuch ein Versuchsprotokoll.

2 Feuerlöscher

3 Not-Aus-Schalter

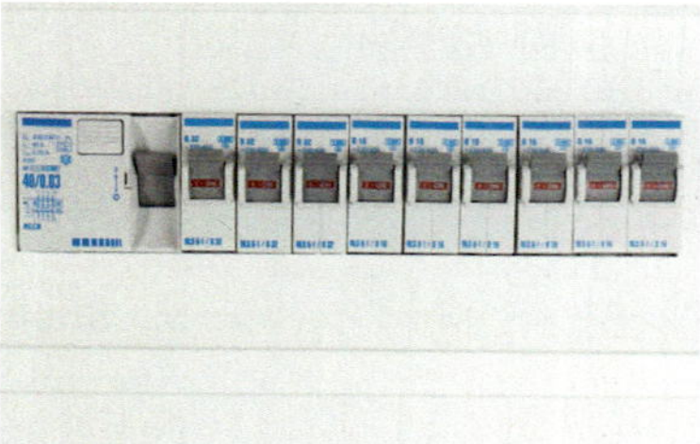

4 Sicherungskasten

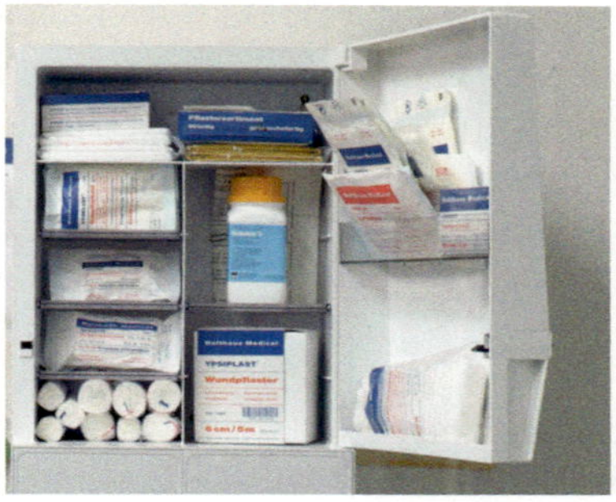

5 Erste-Hilfe-Kasten

Verhalten beim Experimentieren

1. Beim Experimentieren mit offener Flamme musst du eine Schutzbrille tragen. Lange Haare müssen zusammengebunden werden.
2. Baust du einen Schaltkreisen auf, dann schalte den elektrischem Strom erst dann ein, wenn die Lehrerin oder der Lehrer sie abgenommen hat.
3. Verlasse während des Versuches möglichst nicht den Platz deiner Gruppe, damit andere Gruppen bei ihrer Arbeit nicht gestört werden.
4. Hinterlasse nach jedem Experiment den Arbeitsplatz sauber und aufgeräumt.
5. Gib die Versuchsgeräte in die dazu bestimmten Kästen und Fächer zurück.

6 Wichtige Telefonnummern

Informationen suchen

Die richtigen Informationen finden

Für Hausarbeiten, Referate und Projekte oder auch für Aktivitäten in deiner Freizeit brauchst du immer wieder Informationen. Du solltest in der Lage sein, diese selbstständig zu finden und auszuwerten. Dabei geht es nicht nur darum, Fakten zu sammeln. Erst durch die Aufbereitung werden Informationen für dich nutzbar. Es ist jedoch oft schwierig, Wesentliches und Unwesentliches voneinander zu trennen.

1 Wissen heißt nicht nur wissen, wo es steht.

2 Bücher geben erste Informationen.

Zuerst im Schulbuch suchen

Suche zu deinem Thema im **Stichwortverzeichnis** oder Register am Ende des Schulbuches passende **Stichworte.** Seitenangaben bringen dich direkt auf die entsprechenden Seiten. Lies diese Seiten und verschaffe dir Grundkenntnisse. Weitere Kenntnisse über das Thema kannst du dir mithilfe eines Lexikons verschaffen. Oft findest du hier auch Querverweise zu neuen Stichwörtern und kannst dein Wissen zum Thema schrittweise erweitern.

3 Millionen „vernetzter" Informationen

Verzeichnis der Quellen

Wenn du Informationen aus Büchern, Zeitschriften oder dem Internet nutzt, musst du das **Urheberrecht** beachten. Erstelle eine Übersicht über die genutzten Bücher, Zeitschriften und Internetseiten. Notiere bei Webseiten den Tag des Zugriffes, da diese häufig geändert werden.

1. ≡ Ⓐ
Erstelle zum Thema Generator eine Stichwortliste. Suche Informationen im Schulbuch.

2. ≡ Ⓠ
Ergänze deine Liste durch weitere verwandte Begriffe wie Dynamo oder Motor. Ergänze dein Wissen aus Sachbüchern.

3. ≡ Ⓠ
Recherchiere weiterführende Informationen zu Themen wie Wechselstrom und das Netz zur Stromversorgung in Deutschland.

Informationsrecherche

Zu vielen Themen gibt es **Sachbücher** in einer Bibliothek. Auch deine Lehrerin oder dein Lehrer kann dir Bücher empfehlen. Verschaffe dir zunächst mit dem Inhaltsverzeichnis oder dem Stichwortverzeichnis einen Überblick.
Mit dem **Internet** steht dir ein sich ständig erneuerndes Nachschlagewerk zur Verfügung. Mit **Suchmaschinen** bekommst du eine Liste von Webseiten, die deinen eingegebenen Begriff enthalten. Das können sehr viele Seiten sein. Benutze deshalb mehrere **Suchwörter** und kombiniere diese. In einer Liste werden die betreffenden Seiten kurz beschrieben. Entscheide mit dieser Beschreibung, ob für dich brauchbare Informationen enthalten sein könnten. Nutze nur die Informationen, die für dein spezielles Thema von Bedeutung sind. Ordne die erhaltenen Informationen und stelle Querverbindungen her. Ersetze Fremdwörter oder liefere eine Erklärung für sie. Fasse die wesentlichen Inhalte in Form von Merksätzen zusammen.

Ein Protokoll erstellen

Die Vorbereitung
Bereite jeden Versuch vor, indem du ein **Versuchsprotokoll** anfertigst und dabei folgende Punkte bearbeitest und dokumentierst:

0. Wiederhole wichtige **theoretische Grundlagen** zu dem zu untersuchenden physikalischen Sachverhalt.
1. Formuliere eine **gezielte Aufgabenstellung** oder **Frage,** die mithilfe eines Experimentes beantwortet werden soll.
2. Stelle eine **Hypothese**, also eine begründete Vermutung, über das zu erwartende Ergebnis auf.
3. Plane und zeichne die **Versuchsanordnung** und lege dabei die erforderlichen Geräte und Hilfsmittel fest.

ACHTUNG
Beachte beim Experimentieren die notwendigen Sicherheitsregeln.

4. Durchführung
Führe jeden Versuch in der folgenden Reihenfolge durch:

4.1 Baue die Experimentieranordnung übersichtlich und standsicher auf.
4.2 Lass den Aufbau von deiner Lehrerin oder deinem Lehrer überprüfen.
4.3 Führe die geplanten Handlungen und Messungen durch. Beachte dabei die Variablenkonstanz.
4.4 Dokumentiere alle **Beobachtungen** und **Messwerte**, wenn möglich in Tabellenform.

Das Protokoll

Versuchsprotokoll

Name: Klasse: Datum:

0. Vorüberlegungen
   theoretische Grundlagen
1. Aufgabe
   gezielte Aufgabenstellung
   oder Frage
2. Hypothese
   erwartetes Ergebnis
3. Geräte und Aufbau
   Versuchsanordnung
4. Durchführung
   Beobachtungen und Messwerte
5. Auswertung
   Berechnungen, Diagramme
6. Fehlerbetrachtung
   Genauigkeit der Messungen
   und Beobachtungen
7. Ergebnis
   bezüglich der Frage
   Überprüfung der Hypothese

1 Vorlage für ein Versuchsprotokoll

5. Auswertung
Werte die protokollierten Beobachtungen aus:

5.1 Nutze die Messwerte, um weitere **Berechnungen** anzustellen.
5.2 Stelle die Messwerte möglichst in einem geeigneten **Diagramm** dar.
6. Führe eine **Fehlerbetrachtung** zur Genauigkeit der Messungen und Beobachtungen durch.
7. Formuliere ein **Ergebnis** bezüglich der Frage und vergleiche es mit der aufgestellten Hypothese.

Variablenkonstanz
Verwende bei deinen Experimenten immer die Variablenkonstanz. Dazu veränderst du in deinen Messungen immer nur eine Größe und bestimmst dessen Auswirkungen. Alle anderen Größen lässt du unverändert, also konstant.

Naturgesetze beweisen

1. Ⓐ
Fertige eine Mindmap zu den Teilgebieten der Physik an. Ordne jedem Gebiet dir bekannte Naturgesetze zu.

2. Ⓠ
Beschreibe einen Versuch, der ein bekanntes Naturgesetz bestätigt.

3. Ⓠ
Halte einen Kurzvortrag über das Leben und Wirken einer bekannten Physikerin oder eines bekannten Physikers.

Elektrizität und Magnetismus hängen zusammen

Im Jahre 1820 entdeckte der dänische Physiker CHRISTIAN OERSTED (1777 – 1851) während seiner Vorlesung an der Universität durch Zufall, dass ein Leiter, durch den Elektronen fließen, eine darunterliegende Kompassnadel ablenkt. Er entdeckte die magnetische Wirkung des elektrischen Stromes.

Im Dezember 1824 beschrieb MICHAEL FARADAY (1791 – 1867) erstmals ein Experiment, in dem er versuchte, mithilfe von Magnetismus Elektrizität zu erzeugen. Der erwartete Elektronenstrom blieb jedoch aus. Erst 1831 gelang es ihm, mit einem Stabmagneten, der in einer Drahtwendel bewegt wurde, eine elektrische Spannung in dieser zu erzeugen. Er hatte die elektromagnetische Induktion entdeckt, nach deren Grundprinzip heute elektrische Generatoren arbeiten.

1 Pendel-Versuch von Jean Bernard Léon Foucault

Die Erde dreht sich

Im Januar 1851 führte der französische Physiker JEAN BERNARD LÉON FOUCAULT (1819 – 1868) im Keller seines Hauses einen Versuch durch. Er setzte ein 2 m langes Pendel in Bewegung. Im Verlauf der Zeit schien es seine Richtung zu ändern. Da auf das Pendel keine äußere Kraft einwirken konnte, vermutete er, dass der Boden seine Richtung änderte und nicht das Pendel. Im Februar 1851 führte FOUCAULT den Versuch in der Pariser Sternwarte mit einem 12 m langen Pendel und im März 1851 im Panthéon in Paris mit einem 67 m langen Pendel vor. Am unteren Ende des Pendels befand sich eine Spitze, die eine Spur in ein Sandbett markierte. Hiermit bestätigte er experimentell die Drehung der Erde.

2 RUTHERFORD'scher Streuversuch

Atome haben winzige Kerne

Von 1909 bis 1913 führte der Physiker ERNEST RUTHERFORD (1871 – 1937) zusammen mit seinen Studenten immer wieder Versuche mit α-Teilchen durch, die er auf eine sehr dünne Goldfolie schoss. Sie beobachteten auf einem Leuchtschirm, dass fast alle α-Teilchen die Goldfolie ungehindert durchdringen konnten. Nur bei 1 von 100 000 α-Teilchen wurde die Richtung geändert. Er kam zu der Erkenntnis, dass die abgelenkten, positiv geladenen α-Teilchen auf eine winzige positive Ladung gestoßen sein müssten. Er hatte die Existenz des Atomkerns nachgewiesen und damit ein neues Atommodell begründet.

Du kannst bedeutende Experimente beschreiben und die dazugehörigen physikalischen Gesetze nennen.

Die physikalischen Basiseinheiten

1. Q
a) Informiere dich über die sieben Basiseinheiten.
b) Ordne in einer Tabelle den Basiseinheiten die richtigen physikalischen Größen zu.

2. A
Nenne geeignete Geräte zum Messen der physikalischen Größen aus Aufgabe 1 und trage sie in eine weitere Spalte der Tabelle ein.

3. Q
Halte ein Referat über eine Basiseinheit. Beschreibe auch, wie du das passende Messgerät verwendest.

Physikalische Größen

In der Physik und im täglichen Leben werden genaue Angaben über ein Objekt, einen Zustand oder einen Vorgang benötigt. Wie groß ist das Volumen eines Wasserbehälters, wie hoch ist die Lufttemperatur oder wie lief der Bremsvorgang eines Fahrzeuges ab? Eine **physikalische Größe** beschreibt eine messbare Eigenschaft eines physikalischen Phänomens. Für jede physikalische Größe ist ein Formelzeichen als Abkürzung festgelegt. Stehen mehrere physikalische Größen in einem Zusammenhang, so wird dieser durch eine Formel beschrieben.

Die Basiseinheiten

Im Jahr 1790 erhielt die französische Akademie der Wissenschaften den Auftrag, ein einheitliches System von Maßen und Gewichten zu entwerfen. Die Grundeinheiten sollten aus naturgegebenen Größen abzuleiten und alle anderen Einheiten darauf zurückzuführen sein. Als Grundeinheiten wurden **Meter (m)** für die Länge, **Kilogramm (kg)** für die Masse und **Sekunde (s)** für die Zeit gewählt.
Erst 1954 kamen das **Ampere (A)** für die Stromstärke, **Kelvin (K)** für die Temperatur und **Candela (cd)** für die Lichtstärke hinzu. Dieses Einheitensystem wurde 1960 als Système International d'Unités oder Internationales Einheitensystem benannt. Seitdem wird von **SI-Einheiten** gesprochen. Die siebte Basiseinheit, das **Mol (mol)** für die Stoffmenge, kam 1971 hinzu. Alle Einheiten, mit Ausnahme der Zeit, können dezimal vervielfacht und unterteilt werden.

1 Das Urkilogramm liegt sicher verwahrt in Paris.

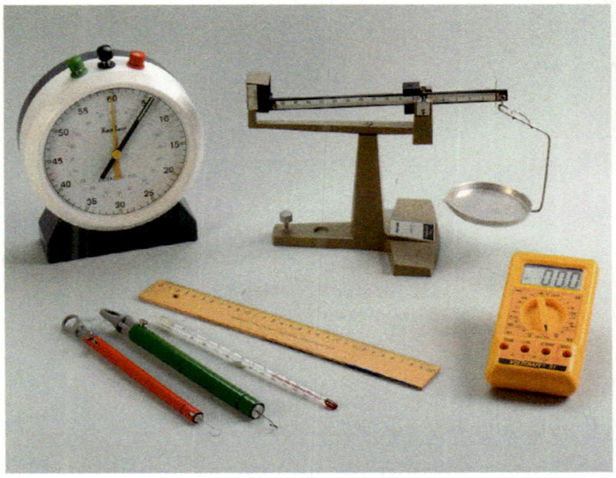

2 Messgeräte

Wichtige Messgeräte

Um den Wert einer physikalischen Größe zu bestimmen, wird eine Einheit für diese Größe festgelegt. Durch **Vergleichen** mit dieser Einheit wird der Wert der Größe beim Messen mithilfe eines geeigneten Messgerätes bestimmt. Legst du dein Lineal an eine gezeichnete Strecke, vergleichst du ihre Länge mit der Einteilung auf dem Lineal und gibst dann ihren Wert an.
Es ist auch möglich, den Wert einer Größe durch **Zählen** zu bestimmen. Mit einer Stoppuhr werden die Sekunden gezählt, die ein Vorgang dauert.
Es gibt **analoge Messgeräte,** die den Wert einer Größe mithilfe einer Skala und Zeigern bestimmen und **digitale Messgeräte,** die den Wert in Ziffern angeben.

Du kannst die physikalische Basiseinheiten nennen und sie den richtigen physikalischen Größen zuordnen.

Mit Basiskonzepten Wissen verknüpfen

Ein Phänomen – viele Fragen

Mit einem Solarkocher ist es möglich, ein Ei zu braten. Zu diesem **naturwissenschaftlichen Phänomen** kannst du verschiedene **Fragen** stellen:

- Woraus besteht der Solarkocher?
- Welche Aufgabe haben die einzelnen Bauteile?
- Woher kommt die Energie, die zum Braten notwendig ist?
- Warum verändern sich die Eigenschaften des Eies?

Andere Sichtweisen – andere Antworten

Um ein naturwissenschaftliches Phänomen zu erklären, kannst du es aus verschiedenen Sichtweisen betrachten. Dadurch erhältst du verschiedene **Antworten** beispielsweise rund um den Solarkocher. Diese Sichtweisen werden **Basiskonzepte** genannt und sind in den folgenden Erklärungen hervorgehoben.

METHODE

Physikalische Sichtweisen

Um ein Ei zu braten, musst du es erhitzen. Die CDs des Solarkochers lenken die **Energie** des Sonnenlichts um und senden sie zur Pfanne. Dort wird die Energie des Lichts in Wärme umgewandelt.

Beim Braten des Eies wird die Luft über der Pfanne erwärmt. Das liegt an der **Struktur** der Luft. Sie besteht aus vielen kleinen Teilchen, die sich bewegen. Sie nehmen einen Teil der Wärme auf und steigen dadurch nach oben.

Der Solarkocher besteht aus einem **System** von Bauteilen. Die gewölbte Fläche mit den CDs wird in das Sonnenlicht gedreht. Die Pfanne hängt beweglich darüber. Sie dreht sich nicht mit.

Trifft Licht auf einen Spiegel, wird es in eine andere Richtung gelenkt. Diese **Wechselwirkung** wird beim Solarkocher genutzt, um das Sonnenlicht von jeder CD auf den Pfannenboden zu lenken.

Umgang mit den Basiskonzepte-Seiten

Hinweis
Auf jeder Basiskonzept-Seite wird auf diese Methodenseiten hingewiesen.

Basiskonzepte
Hier findest du diejenigen Basiskonzepte, die jeweils eine andere Sichtweise auf das Thema ermöglichen.

Aufgaben
Zu jedem Basiskonzept kannst du geeignete Aufgaben bearbeiten.

Mehrere Sichtweisen
Bei der Erklärung eines Phänomens können häufig mehrere Sichtweisen miteinander verknüpft werden. Es bieten sich also mehrere Inhalte zur Beantwortung der Frage an.

Seitenverweise
Die Seitenzahlen auf den Zetteln verweisen auf die Schulbuchseiten, auf welchen du den Inhalt bereits behandelt hast.

105
→ METHODE S. 12/13
Spannung und Induktion
BASISKONZEPTE

Struktur der Materie — System — Wechselwirkung — Energie

Struktur der Materie
1. Beschreibe mithilfe der folgenden Bilder die Elektronenbewegung in einem elektrischen Leiter.
→ S. 72–73

2. Erläutere die Auswirkung, die die angelegte Spannung auf den Wert des Widerstandes hat.
→ S. 75

System, Wechselwirkung
3. Die Spulen eines Transformators sind nicht leitend miteinander verbunden. Begründe, warum es im System Tranformator trotzdem zu Wechselwirkungen zwischen den Spulen kommt.
→ S. 88

Wechselwirkung
4. Erkläre mithilfe der Begriffe Magnetfeld und Induktion, wieso sich ein Elektromotor auch als Generator nutzen lässt.
→ S. 79–81, 87

Energie
5. Erläutere die Bedeutung des Wirkungsgrades bei der Übertragung von Energie.
→ S. 102–103

Hinweis
Auf einigen Schulbuchseiten im Kapitel findest du den Verweis auf die Basiskonzepte-Seite:

METHODE

Elektrische Energie

Wie lässt sich Energie speichern?

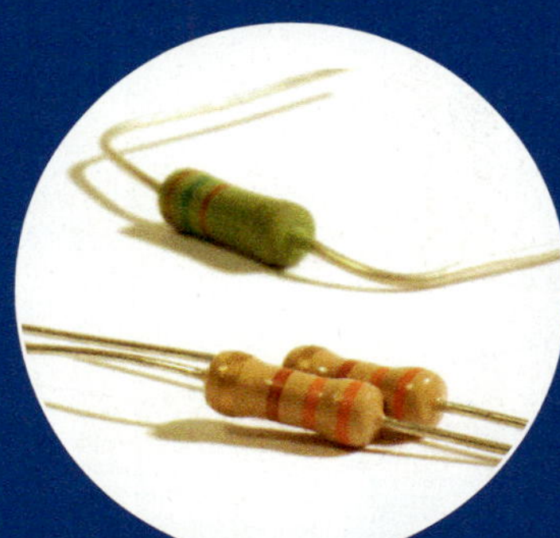

Wie funktionieren elektrische Widerstände?

Wie kannst du den Energiebedarf elektrischer Geräte messen?

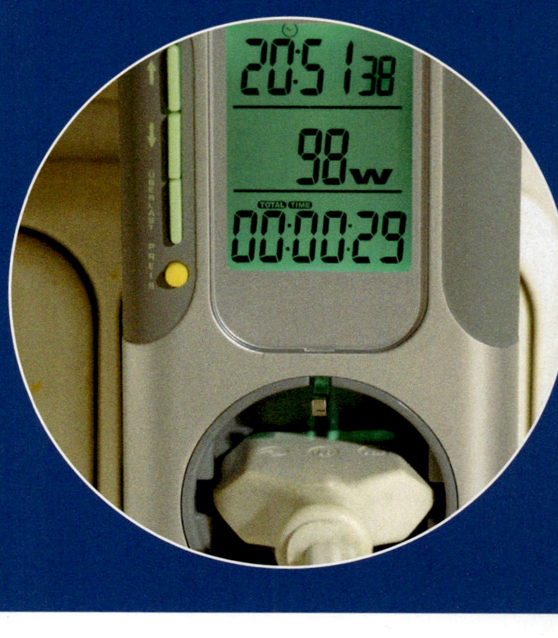

34.2
mA
Connect terminal
Low imp. 400kΩ
MAX 250V 3S
20A MAX
CAT II
1000V MAX
500V MAX

Ladung – Stromstärke – Spannung

1. A
Erkläre die Begriffe Ladung und Stromstärke.

2. A
Beschreibe den Zusammenhang zwischen Ladung und Stromstärke in einem Je-desto-Satz.

3. Q
a) Recherchiere, wie groß die Ladung eines Elektrons ist.
b) Recherchiere, wie viele Elektronen bei einer Stromstärke von 1 A pro s durch den Leiter fließen.

4. V
a) Baue den Versuch nach dem Schaltplan in Bild 1 auf. Verwende ein regelbares Stromversorgungsgerät.
b) Erhöhe die Spannung von 0 V schrittweise um 1 V, bis du 10 V erreichst. Miss jeweils die Stromsträrke und trage die Messwerte in eine Tabelle ein.
c) Berechne den Quotienten aus Spannung und Stromstärke für jeden deiner Messwerte.
d) Vergleiche alle Quotienten und formuliere ein Ergebnis.

5. A
a) Zeichne auf Millimeterpapier ein Spannung-Stromstärke-Diagramm mit den Messwerten aus Versuch 4.
b) Beschreibe den Verlauf des Graphen.
c) Lies aus dem Diagramm die zugehörigen Stromstärken für die Zwischenwerte 2,5 V, 3,3 V und 4,6 Volt ab.

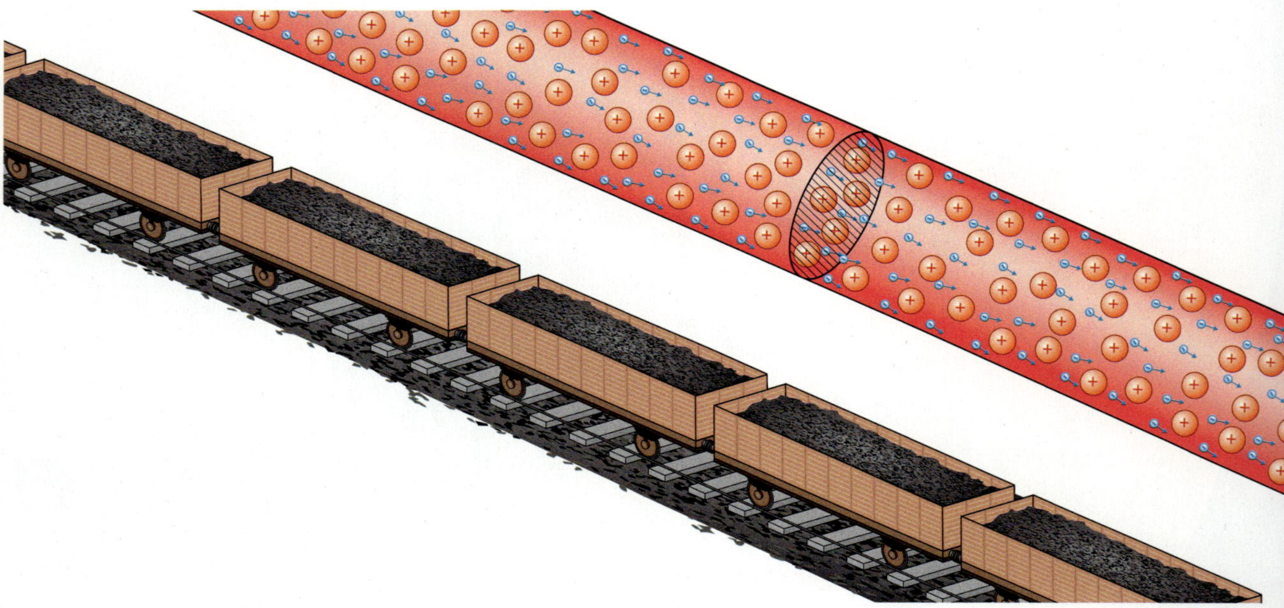

Elektrische Ladung

Ähnlich einem Güterzug, der seine Ladung von einem Punkt zum anderen transportiert, kannst du dir auch den Ladungstransport im Stromkreis vorstellen.
Die Ladungsträger sind die negativen geladenen **Elektronen**. Sie fließen im Stromkreis vom Minuspol zum Pluspol. Wenn sich die Elektronen bewegen, fließt ein elektrischer Strom. Die elektrische **Ladung** Q wird in der Einheit **Coulomb (C)** angegeben.

Elektrische Spannung

Der Güterzug wird durch die Lokomotive angetrieben. Der Antrieb für den elektrischen Strom ist die **elektrische Spannung.** Eine Spannung für einen elektrischen Stromkreis kann beispielsweise durch eine Batterie erzeugt werden. Je höher die Spannung der Batterie ist, desto mehr Ladungsträger fließen in einer Zeiteinheit durch die Stromleitung. Das Formelzeichen der elektrischen Spannung ist U, ihre Maßeinheit ist das **Volt (V).**

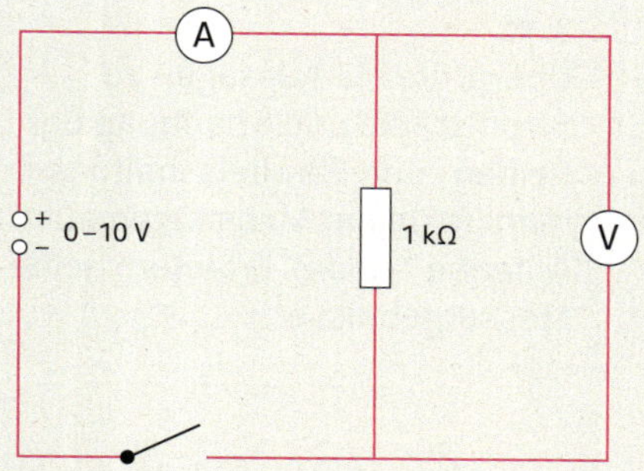

1 Schaltplan zu Versuch 4

6. Ⓐ

Rechne folgende Werte in die eingeklammerte Einheit um: 0,035 V (mV), 4800 A (kA), 429 mV (V), 3,42 A (mA), 1267 kA (A), 0,23 kV (V), 0,016 kA (A), 470 mV (V)

Der Vorsatz k für kilo bedeutet immer · 1000.

Der Vorsatz m für milli bedeutet immer $\cdot \frac{1}{1000}$.

1 kV = 1 000 V	1 V = 1 000 mV
1 kA = 1 000 A	1 A = 1 000 mA

Elektrische Stromstärke

Die **elektrische Stromstärke** ist ein Maß für die Ladungsmenge ΔQ, die in einer Zeitspanne Δt eine Querschnittsfläche passiert. Im elektrischen Stromkreis sind die Elektronen die Ladungsträger und die Querschnittsfläche wird durch den Leiter festgelegt. Je mehr Elektronen in einer Zeiteinheit durch eine Zählstelle im Leiter fließen, desto höher ist die Stromstärke an dieser Stelle.

Du kannst die elektrische Stromstärke I als Quotienten aus der Ladungsmenge ΔQ und der Zeitspanne Δt bestimmen:

$$I = \frac{\Delta Q}{\Delta t}$$

Die elektrische Stromstärke I wird in der Maßeinheit **Ampere (A)** angegeben. Eine elektrische Stromstärke von 1 A entsteht, wenn in einer Sekunde 6,241 Trillionen Elektronen durch den Leiterquerschnitt fließen. Bei 2 A sind es doppelt so viele.

Elektrische Ströme können auch durch andere elektrisch geladene Teilchen, zum Beispiel Ionen oder Protonen, entstehen.

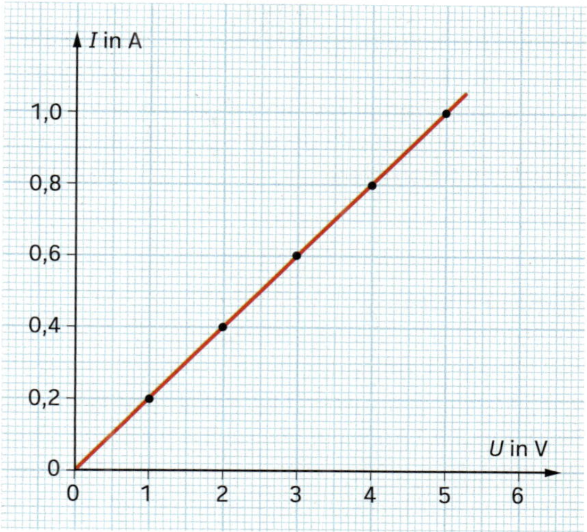

2 Die Kennlinie eines Widerstandes

Die Stromstärke ist abhängig vom Widerstand

In einem Experiment kannst du den Zusammenhang zwischen Stromstärke und Spannung messen. Dazu baust du den Stromkreis in Bild 1 auf. Schrittweise veränderst du nun die Spannung und misst für jeden Wert die Spannung und die Stromstärke. Deine Ergebnisse trägst du in eine Wertetabelle ein.

U in V	0	1	2	3	4	5
I in A	0	0,2	0,4	0,6	0,8	1

3 Messwerte zur Kennlinie des Widerstandes

Deine Messwerte kannst du auch grafisch darstellen. Wenn du deine Messwerte gegeneinander aufträgst, erhältst du ein Spannung-Stromstärke-Diagramm. In Bild 2 siehst du das Diagramm für die Wertetabelle.

Das ohmsche Gesetz

Das Spannung-Stromstärke-Diagramm für einen Widerstand ist eine Gerade. Der Quotient aus Spannung U und Stromstärke I ist daher immer konstant. Dieser Zusammenhang wird **ohmsches Gesetz** genannt.

$$U \sim I, \frac{U}{I} = \text{konstant}$$

Du kannst erklären, was Ladungsträger, Stromstärke und Spannung sind und Zusammenhänge zwischen diesen Größen darstellen.

Reihen- und Parallelschaltung

1. V
a) Baue die Schaltung gemäß Schaltplan 1 auf.
b) Miss die Stromstärke und die Spannung an verschiedenen Stellen im Stromkreis.

2. V
a) Baue die Schaltung gemäß Schaltplan 2 auf.
b) Miss die Stromstärke und die Spannung an verschiedenen Stellen im Stromkreis.

3. A
Überprüfe die Aussagen zu Stromstärke und Spannung bei Reihen- und Parallelschaltung mithilfe deiner Messungen aus Aufgabe 1 und 2. Erläutere deine Messergebnisse.

Reihenschaltung

Sind zwei oder mehr elektrische Bauelemente wie Lampen, Klingeln oder Motoren hintereinander geschaltet, handelt es sich um eine **Reihenschaltung**. Der Strom fließt von der Stromquelle durch jedes dieser Bauelemente. Deshalb ist die Stromstärke an jeder Stelle der Reihenschaltung gleich. Es gilt:

$$I_{ges} = I_1 = I_2 = I_3.$$

Es gibt einen Spannungsabfall an jedem einzelnen Bauteil. Um diesen zu messen, muss das Spannungsmessgerät parallel zu dem jeweiligen Bauteil eingebaut werden. Der Spannungsabfall ist an unterschiedlichen Bauteilen normalerweise verschieden. In der Reihenschaltung teilt sich die Spannung der Stromquelle auf die verschiedenen Bauelemente auf. Es gilt:

$$U_{ges} = U_1 + U_2 + U_3.$$

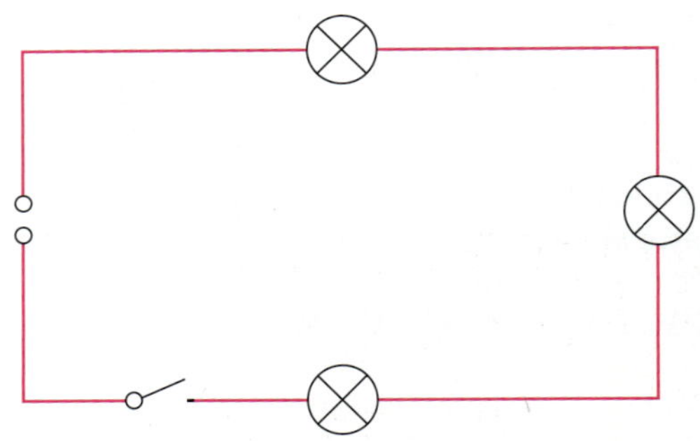

1 Reihenschaltung von drei Lampen

Parallelschaltung

Bei der **Parallelschaltung** sind mehrere Bauelemente parallel zur Stromquelle geschaltet. An jedem Knotenpunkt kann der Strom jeweils mehrere Wege nehmen. Um den Strom durch einen bestimmten Zweig zu messen, muss das Messgerät in Reihe mit dem zu messenden Bauelement geschaltet werden. Bei der Parallelschaltung ist der Gesamtstrom die Summe der Einzelströme in den verschiedenen Zweigen. Es gilt:

$$I_{ges} = I_1 + I_2 + I_3.$$

Der Spannungsabfall ist an jedem Zweig der Parallelschaltung gleich. Es gilt:

$$U_{ges} = U_1 = U_2 = U_3.$$

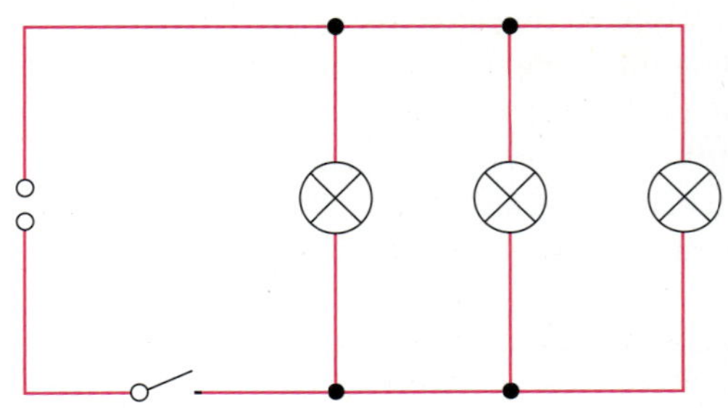

2 Parallelschaltung von drei Lampen

Du kannst Reihen- und Parallelschaltungen aufbauen und sowohl die Spannung als auch die Stromstärke messen und das Messverfahren erläutern.

Basiskonzepte S. 35

Messen mit Vielfachmessgeräten

1. ≡ Ⓐ

Die Tabelle zeigt Messungen eines analogen Vielfachmessgerätes wie in Bild 2. Es sind Zeigerstellungen mehrerer Messungen angegeben. Übertrage die Tabelle in dein Heft und trage den zugehörigen Messwert ein.

	eingestellter Messbereich	abgelesene Zeigerstellung	Messwert
a)	6 V–	1,5	
b)	600 V–	0,9	
c)	6 mA–	4,8	
d)	0,6 mA–	2,3	

2. ≡ Ⓥ

a) Stelle ein Stromversorgungsgerät auf 6 V–. Überprüfe mit einem analogen Messgerät, ob das Stromversorgungsgerät diesen Wert liefert. Beschreibe, wie du vorgegangen bist.

b) Wiederhole Versuch a) mit einem digitalen Messgerät. Beschreibe die Unterschiede beim Vorgehen im Vergleich zum analogen Messgerät.

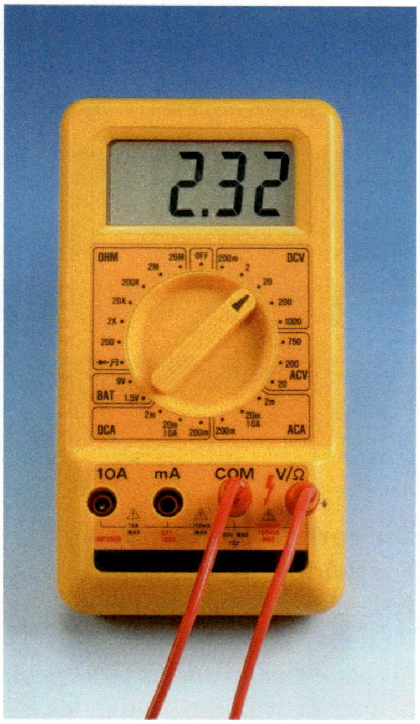

1 Digitales Vielfachmessgerät

Vielfachmessgeräte

Messgeräte, mit denen unterschiedliche elektrische Größen gemessen werden können, heißen **Vielfachmessgerät.** An Vielfachmessgeräten findet sich häufig eine **COM**-Buchse, die bei allen Messungen genutzt wird. Wird Gleichspannung gemessen, liegt an ihr der Minuspol.

Digitale und analoge Messgeräte

Auf der Ziffernanzeige **digitaler Vielfachmessgeräte** können die gemessen Werte direkt abgelesen werden. Einige dieser Geräte besitzen eine Schnittstelle, mit der Daten auf einen Rechner übertragen werden können. Alle digitalen Messgeräte benötigen für ihren Betrieb eine Batterie als Stromquelle.

Bei **analogen Vielfachmessgeräten** muss der Messwert aus Messbereich und Zeigerstellung errechnet werden. Vor dem Messen muss das Gerät **justiert** werden, der Zeiger also auf null gestellt werden.

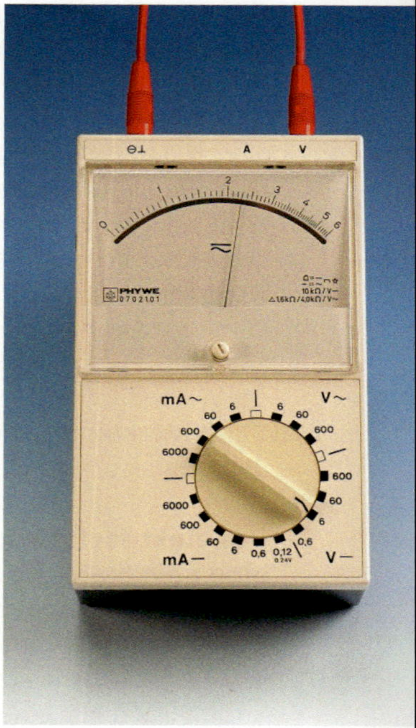

2 Analoges Vielfachmessgerät

Messung der Spannung

❶ Stelle an der Stromquelle den geeigneten größten Messbereich für Gleich- oder Wechselspannung ein.

❷ Schließe das Messgerät **parallel** zum Stromkreis an. Benutze am Multimeter die Buchse **V**.

❸ Lies den Messwert ab. Achte dabei besonders auf die richtige Einheit.

Messung der Stromstärke

❶ Stelle an der Stromquelle den geeigneten größten Messbereich für Gleich- oder Wechsstrom ein.

❷ Schließe das Messgerät **in Reihe** mit dem Stromkreis. Benutze am Multimeter die Buchse **10A**, **A** oder **mA**.

❸ Lies den Messwert ab. Achte dabei besonders auf die richtige Einheit.

Du kannst angeben, wie ein Vielfachmessgerät in den Stromkreis eingebaut wird.
Du kannst Messungen mit analogen und mit digitalen Vielfachmessgeräten durchführen.

Der elektrische Widerstand

1.
Baue einen Stromkreis mit Prüfstrecke auf. Spanne einen Konstantandraht mit einem Durchmesser von 0,2 mm und einer Länge von 1 m in die Prüfstrecke ein. Stelle am Stromversorgungsgerät eine Spannung von 4 V ein und lies die zugehörige Stromstärke ab. Notiere die Messwerte in einer Tabelle.

2.
a) Wiederhole Versuch 1 für Drähte aus Eisen und aus Kupfer mit gleichem Querschnitt und gleicher Länge.
b) Vergleiche die Stromstärken in der Tabelle miteinander.
c) Ermittle das Metall, welches den elektrischen Strom am besten leitet.
d) Ermittle das Metall mit dem größeren Widerstand.

3.
Bestimme mithilfe der Farbcodetabelle in Bild 3,
a) welche Farbenfolge ein Widerstand von 470 Ω hat.
b) welcher Widerstandswert sich aus der Farbenfolge rot – grün – braun ergibt.
c) welche Farbenfolge ein Widerstand von 56 kΩ hat.

Elektrische Leitfähigkeit und elektrischer Widerstand

Nicht jeder Stoff leitet den elektrischen Strom gleich gut. In einem Stromkreis mit Drähten aus Kupfer misst du bei gleicher Spannung eine höhere Stromstärke als mit Drähten aus Eisen oder Konstantan. Die Elektronen können besser durch den Draht aus Kupfer fließen. Konstantan und Eisen behindern den Stromfluss stärker als Kupfer. Somit ist der Widerstand von Eisen und Konstantan größer als der Widerstand von Kupfer.
Der **Widerstand** ist sowohl ein elektrisches Bauteil als auch eine physikalische Größe.

Farbe	1. Ring	2. Ring	3. Ring	4. Ring
schwarz	0	0		
braun	1	1	0	± 1%
rot	2	2	00	± 2%
orange	3	3	000	
gelb	4	4	0000	
grün	5	5	00000	
blau	6	6	000000	
violett	7	7	0000000	
grau	8	8	00000000	
weiß	9	9	000000000	
gold			:10	± 5%
silber			:100	±10%

1 Farbcodetabelle für Widerstände

Der elektrische Widerstand: eine physikalische Größe

Der elektrische Widerstand ist ein Maß für die elektrische Leitfähigkeit. Er gibt an, wie stark der Stromfluss durch einen Leiter behindert wird. Das Formelzeichen für den elektrischen Widerstand ist R, die Maßeinheit das Ohm Ω (griechischer Großbuchstabe Omega). Größere Widerstände werden in Kilo-Ohm (kΩ) angegeben: 1 kΩ = 1000 Ω.
Die Einheit wurde zu Ehren des deutschen Physikers Georg Simon Ohm (1789-1854) gewählt.

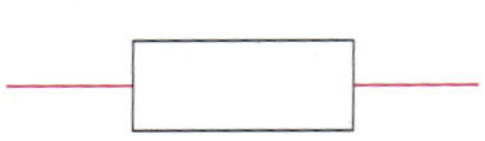

2 Schaltzeichen des Festwiderstands

Der elektrische Widerstand: ein elektrisches Bauteil

Oft wird der Stromfluss in elektrischen Stromkreisen absichtlich verringert. So wird vermieden, dass zu viel Strom durch ein Gerät fließt. Die dazu verwendeten Bauteile heißen ebenfalls elektrischer Widerstand. Haben diese einen festen Widerstandswert, heißen sie **Festwiderstand**.

Die Farbcordierung von Festwiderständen

Festwiderstände sind kleine Bauteile. Sie bestehen aus Keramik, denen ein leitender Stoff beigemischt wurde. Damit der Widerstandswert von außen ersichtlich ist, sind auf jedes Bauteil Ringe aufgemalt. Anhand der Farbcodetabelle von Bild 3 kannst du den Wert des Widerstandes bestimmen.

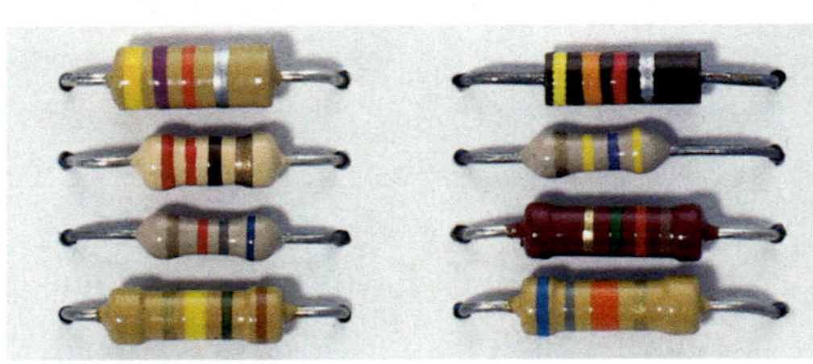

3 Festwiderstände

Du kannst die physikalische Eigenschaft des elektrischen Widerstandes und seine Verwendung als Bauteil beschreiben.

Basiskonzepte S. 35

Potenzialunterschiede

1.
Du hast drei Batterien mit den Spannungen 1,5 V, 4,5 V und 9 V.
a) Stelle zehn mögliche Potenzialunterschiede zusammen, die du mit diesen drei Batterien erzeugen könntest. Notiere dabei auch die Polung der Batterien.
b) Stelle die Erzeugung von zwei Potenzialunterschieden durch Batterien grafisch dar.

2.
a) Leite ab, ob es sinnvoller ist, sechs Batterien zu je 1,5 V bei einem Gerät einzusetzen oder eine Batterie mit einer Spannung von 9 V.
b) Recherchiere, welche der beiden oben genannten Varianten häufiger eingesetzt wird und überlege dir mögliche Gründe.

Elektrische Spannung

Die Spannung wird auch als Antrieb eines Stromkreises bezeichnet. Die Elektronen in den Leitungen des Stromkreises streben vom Minuspol zum Pluspol und verursachen so einen Stromfluss.
Die Spannung kann durch Batterien erzeugt werden. Die Pole der Batterie haben unterschiedliche elektrische Potenziale, die durch chemische Reaktionen erzeugt werden. Mithilfe einer galvanischen Zelle werden am Minuspol immer wieder Elektronen frei, während am Pluspol die Elektronen wieder gebunden werden. Der Unterschied der **Potenziale** an den Polen entspricht der Spannung der Batterie.
Ist die Batterie nach ihrer Nutzung entladen, so besteht kein **Potenzialunterschied** mehr zwischen den Polen. Schließt du ein Voltmeter an die beiden Pole der Batterie, so misst du jetzt einen Potenzialunterschied von 0 V. Die Batterie stellt keine Spannung mehr zur Verfügung.

Elektrischer Potenzialunterschiede

Wenn du an einer Batterie die Spannung von 1,5 V misst, so beträgt der Potenzialunterschied zwischen den beiden Polen 1,5 V. Du kannst an diese Batterie eine weitere Batterie ankoppeln, die ebenfalls eine Spannung von 1,5 V hat. Dann schließen sich die Potenziale der beiden Batterien einander an. Die Spannung, die du dann an den beiden äußeren Batteriepolen misst, ist die Summer der beiden Einzelspannungen, also 3 V.

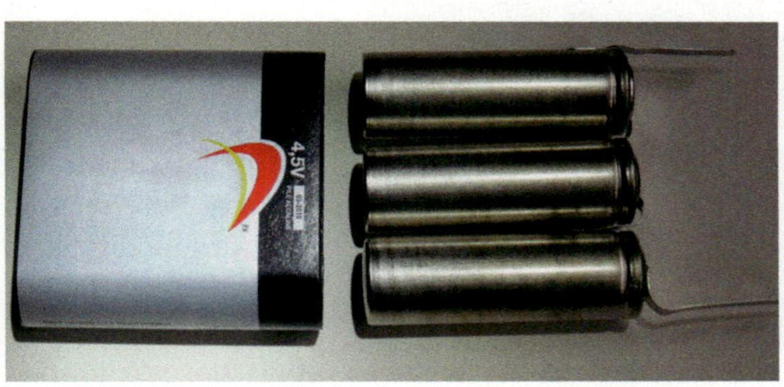

1 Batteriepack aus 1,5 V-Batterien

Jede Batterie für sich

Jede Batterie hat ihre eigene Potenzialdifferenz in Form der Spannung. Wenn mehrere Potenziale zusammenkommen, dann addieren sie sich zu einem Gesamtpotenzial. So kannst du mit vielen Batterien, die eine kleine Spannung haben, auch höhere Spannungen erzeugen.

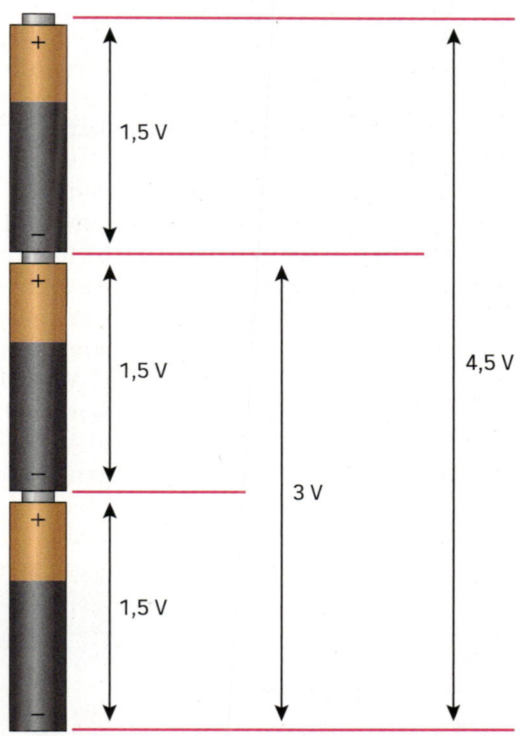

2 Elektrische Potenziale können addiert werden.

Du kannst den elektrischen Potenzialunterschied beschreiben und ermitteln.

Elektrische Leistung und elektrische Energie

1. Q
Vergleiche die Angaben über elektrische Werte auf verschiedenen Lampen.

2. V
a) Baue einen Stromkreis mit einer Lampe (6 V | 3 W) auf. Stelle das Stromversorgungsgerät auf 6 V ein. Miss die Spannung U und die Stromstärke I.
b) Berechne das Produkt aus den Messwerten. Vergleiche es mit den Angaben auf der Lampe.

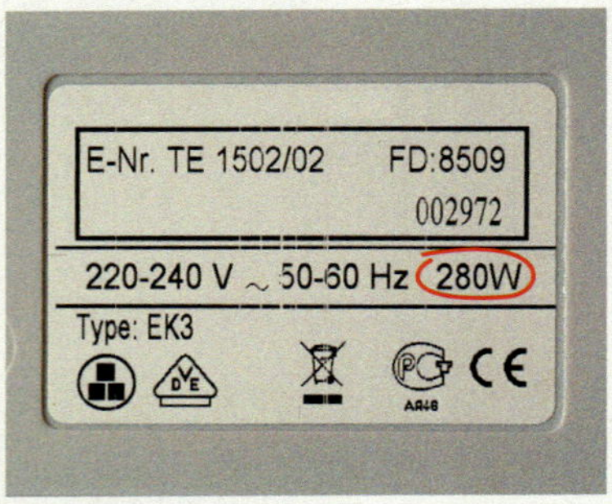

1 Typenschild

3. Q
Ermittle in eurem Haushalt die Leistungen einiger Elektrogeräte anhand der Typenschilder. Lege dazu eine Tabelle an.

Gerät	Leistung P in W
Monitor	
Staubsauger	
Föhn	
Waschmaschine	
Fernsehgerät	

4. Q
Haartrockner werden mit elektrischen Leistungen von 1000 W bis 2200 W angeboten. Nenne Gesichtspunkte, nach denen du einen Haartrockner auswählen würdest.

5. A
Eine Waschmaschine hat bei Anschluss an 230 V eine elektrische Leistung von 3000 W. Berechen, ob sie mit einer Sicherung von 10 A oder von 16 A abgesichert werden muss.

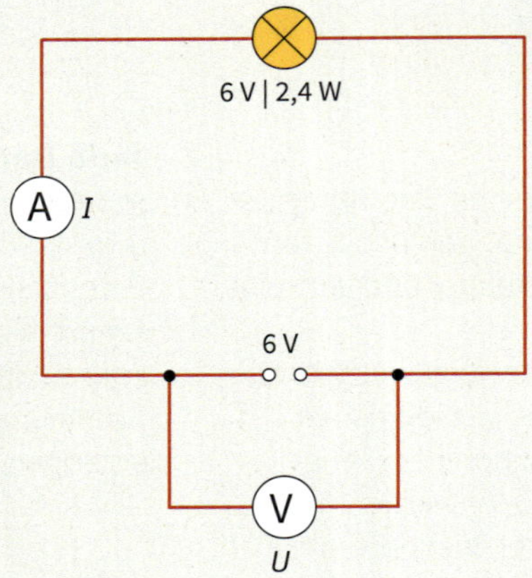

2 Energie im Stromkreis

6. V
a) Baue einen Versuch wie in Bild 2 auf. Bestimme die Spannung und die Stromstärke.
b) Berechne die Menge der elektrischen Energie für 60 s. Dazu musst du die Messwerte aus a) mit der Zeit multiplizieren.
c) Wiederhole den Versuch mit einer Glühlampe (3,8 V | 0,3 A).
d) Vergleiche die Energiemengen der Versuche.

3 WLAN-Router haben immer einen Stand-by-Modus.

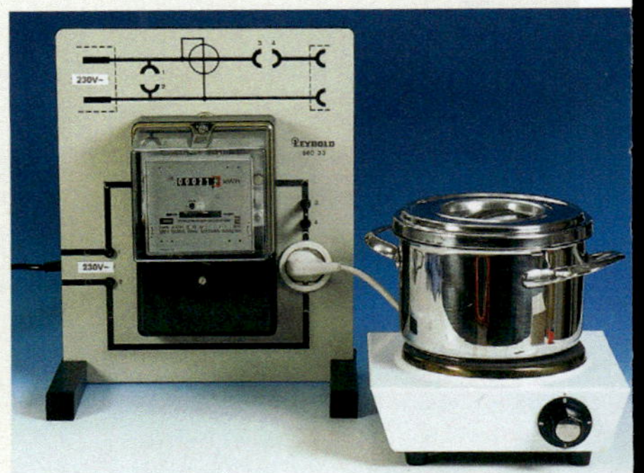
4 Messung mit dem Stromzähler

7. V
Schließe wie in Bild 3 eine Kochplatte über einen Stromzähler an das Stromversorgungsnetz an. Fülle Wasser in den Topf. Schalte die einzelnen Stufen der Kochplatte jeweils für 1 min ein und beobachte dabei den Zähler. Beschreibe, was du feststellen kannst.

8. V
a) Schließe einen Haartrockner während der Benutzung für 5 min an ein Energiemessgerät an und lies die Energiemenge ab, die der Haartrockner umgewandelt hat.
b) Berechne, welche Energiemenge im Jahr benötigt wird, wenn der Haartrockner täglich 15 min benutzt wird.
c) Berechne die Kosten, wenn 1 kWh 30 Cent kostet.

9. A
Die Leistung eines WLAN-Routers ist im Stand-by-Modus 5 W. Er wird täglich von 13 bis 23 Uhr genutzt. Berechne die Energie, die jährlich durch das Abschalten eingespart werden kann.

Elektrische Leistung

Auf Lampen und elektrischen Geräten sind für deren Benutzung wichtige Werte angegeben. Eine dieser Angaben ist die **elektrische Leistung** P in W des Gerätes. Die auf einem Gerät angegebene Leistung ist ein Maß für die Energiemenge, die das Gerät in einer Zeiteinheit aufnimmt.

5 Leistungsangabe auf einer Lampe

Um die elektrische Leistung P zu bestimmen, musst du bei einer bestimmten Spannung U die Stromstärke I messen. Die elektrische Leistung P ergibt sich als Produkt der Werte der Spannung U und der Stromstärke I.

$$P = U \cdot I$$

Die elektrische Leistung P wird in der Einheit **Watt (W)** angegeben. Diese Einheit wurde zu Ehren des englischen Erfinders JAMES WATT (1736–1819) gewählt.

Elektrische Energie

Ein elektrisches Gerät wandelt elektrische Energie in Energie anderer Form um. Wie viel Energie umgewandelt wird, hängt von der Zeit t ab. Die **elektrische Energie E** ergibt sich als Produkt aus der Leistung P und der Zeit t. Die Einheit der elektrischen Energie ist **Wattsekunde (Ws)** oder **Kilowattstunde (kWh).**

$$E = P \cdot t = U \cdot I \cdot t$$

Der Stromzähler

Die Bereitstellung und die Nutzung von elektrischer Energie müssen bezahlt werden. Das Gerät zur Messung der abgeführten elektrischen Energie in einem Haushalt wird **Stromzähler** genannt (Bild 6). Er ist direkt in die Leitung geschaltet, die vom Elektrizitätswerk kommt. Bei den bisher in Deutschland üblichen Zählern ist die im Fenster erkennbare Drehscheibe mit einem Zählwerk verbunden. Das zählt entsprechend der Umdrehungen der Scheibe, wie oft die Energiemenge 1 kWh durchgeflossen ist.
Im Juni 2008 beschloss die Bundesregierung im Rahmen des Klimaschutzpaketes, dass ab 2010 **intelligente Stromzähler** angeboten und in Neubauten installiert werden müssen. Diese Messgeräte melden per Internet viertelstündlich an den Lieferanten die Menge der genutzten Energie eines Haushaltes. Die Nutzer können diese Messungen sekundengenau am Computer verfolgen. In Zukunft soll diese Messtechnik den Nutzern die gezielte Einsatzsteuerung ihrer Großgeräte ermöglichen. Haushaltsgeräte mit hoher Energieaufnahme können dann zu Zeiten niedriger Energiekosten genutzt werden.

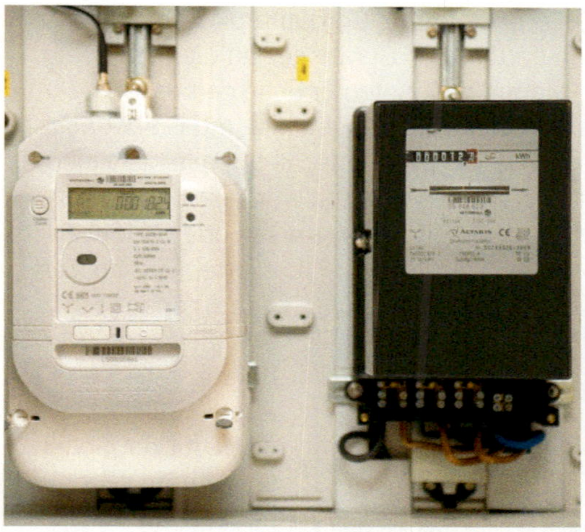

6 Intelligenter und herkömmlicher Stromzähler

Elektrische Leistung

Formelzeichen: P
Formel: $P = U \cdot I$
Einheit: W (Watt)
$1\,W = 1\,V \cdot 1\,A$

Umrechnungen:
1000 W = 1 kW
1 000 000 W = 1 000 kW = 1 MW

Elektrische Energie

Formelzeichen: E
Formel: $E = P \cdot t = U \cdot I \cdot t$
Einheit: Ws (Wattsekunde)
$1\,Ws = 1\,V \cdot 1\,A \cdot 1\,s$

Umrechnungen:
1000 Ws = 1 kWs
3 600 000 Ws = 3 600 kWs = 1 kWh

Du kannst die elektrische Leistung eines Gerätes berechnen.

Basiskonzepte S. 35

Energiemanagement

Bewusster Umgang mit Energie

Energiemanagement bedeutet, auf sparsamen Umgang mit Energie zu achten. Nur etwa ein Fünftel des gesamten Energiebedarfs entfällt auf elektrische Energie. Da diese aber unter hohem Aufwand umgewandelt und transportiert werden muss, ist sie die teuerste Energieform. Der bewusste Umgang mit elektrischer Energie ist nicht nur gut für die Umwelt, sondern er führt auch zu einer spürbaren Kosteneinsparung. Dazu reicht es aber nicht aus, Glühlampen gegen LED-Lampen auszuwechseln.

Energiemessgeräte

Die Messung der insgesamt genutzten Energie erfolgt mit dem Stromzähler. Aus diesem Messwert können aber keine Rückschlüsse über die Energienutzung einzelner Geräte gezogen werden. Mithilfe eines **Energiemessgerätes** kann eine Übersicht über die Nutzung der Energie erstellt werden.

Einsatz und Nutzen eines Energiemessgerätes

Für Haushaltsgroßgeräte wie Waschmaschinen und Geschirrspülmaschine können die Bedarfswerte für verschiedene Arbeitsprogramme bestimmt werden. Außerdem kann für Fernsehgeräte, Computerbildschirme, Stereoanlagen und andere Geräte gezielt die Menge der im Stand-by-Modus benötigten Energie gemessen werden. Für eine komplette Nutzungsbilanz muss aber auch überprüft werden, wie viel elektrische Energie die vielen kleinen Elektrogeräte benötigen, die uns den Alltag erleichtern. Kaffeemaschine, Bügeleisen oder Aktenvernichter können sich dabei genauso als Energieverschwender herausstellen wie ältere Kühlschränke und Drucker. Sollen alte Geräte gegen neue, sparsamere Geräte ausgetauscht werden, können **Energie-Labels** die Auswahl erleichtern.

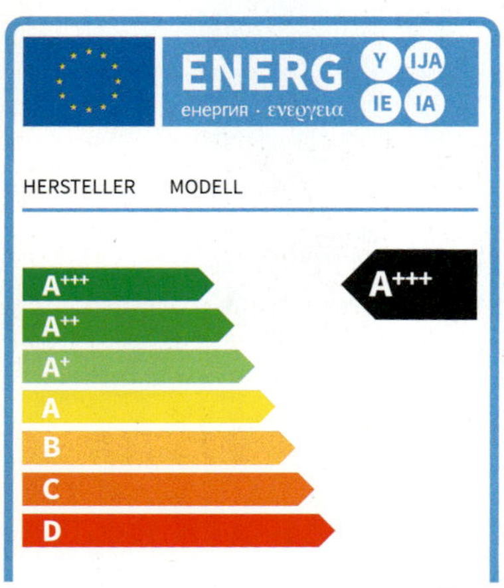

A

B

C

2 Energie-Label:
A Effizienzklassen,
B TCO Certified,
C Energy Star

1 Energiemessgerät im Einsatz

Verschiedene Energie-Labels

Die Kategorien des **EU-Labels** geben nicht den absoluten Energiebedarf des Gerätes an, sie ermöglichen aber den Vergleich von Haushaltsgeräten. Die Kategorie A der **Energieeffizienzklassen** steht für den geringsten, die Kategorie G für den höchsten Energiebedarf. Kühl- und Gefriergeräte mit besonders niedrigem Energiebedarf werden durch A++ oder A+++ gekennzeichnet.

Notebooks, Monitore, Tablet-Computer, Smartphones, Desktop-Computer und andere IT-Geräte können mit dem weltweit gültigen Zertifikat "**TCO Certified**" aus Schweden gekennzeichnet werden, wenn sie den geltenden Richtwerten für Energienutzung, Umweltverträglichkeit und Wiederverwertbarkeit entsprechen. Mit dem Gütesiegel werden weitgehend schadstofffreie Geräte mit geringem Energiebedarf garantiert.

Energiesparende Bürogeräte werden auch mit dem **Energy Star** ausgezeichnet. Grundlage für die Vergabe des Labels bilden Richtwerte für den Stand-by-Energiebedarf.

STREIFZUG

Wie Energie sparen?

Intelligente Energiewandler

Elektrogeräte werden immer sparsamer. Moderne Fernseher passen die Bildhelligkeit der Umgebung an. Waschmaschinen regulieren Temperatur, Waschdauer, Wassermenge und die Waschmittelmenge entsprechend dem Verschmutzungsgrad des Wassers. Staubsauger regeln den Luftstrom je nach Bodenbeschaffenheit und Art des Schmutzes. Sie alle nutzen Sensoren und wandeln nur so viel elektrische Energie in Licht, Bewegungsenergie oder Wärme um, wie nötig ist.

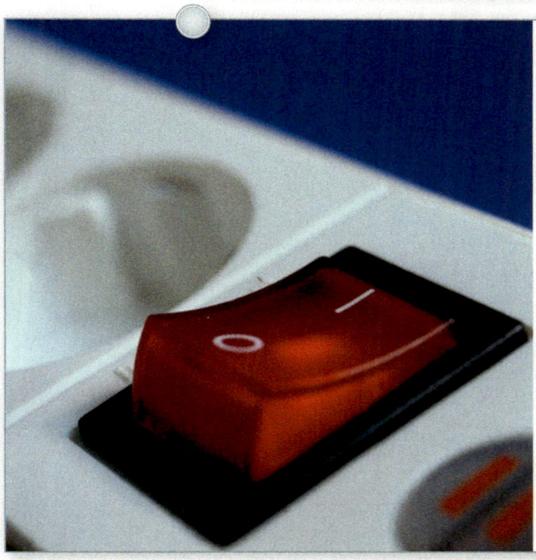

Vor- und Nachteile des Stand-by-Modus

Technische Geräte im **Stand-by-Modus** können jederzeit durch eine Fernbedienung aktiviert werden, müssen aber auch ständig mit Energie versorgt werden. Diese Geräte erkennst du an leuchtenden LEDs oder Uhrendisplays. Dazu gehören Fernseher, Computer oder Drucker. Handy-Ladegeräte, Netzgeräte von Lampen oder elektrische Zahnbürsten benötigen Energie, auch wenn das angeschlossene Gerät nicht eingeschaltet ist.
Bei einigen Geräten können beim Trennen vom Versorgungsnetz jedoch Daten verloren gehen. Dazu gehören Festplatten- oder DVD-Rekorder, die die eingestellte Uhrzeit vergessen können. Bei DVB-T-Receivern kann es auch vorkommen, dass die Sendereinstellungen verloren gehen.

Verantwortungsvoller Umgang mit Energie

Zum nachhaltigen, verantwortungsvollen Umgang mit elektrischer Energie gehört, dass bei ihrem Gebrauch nur ein möglichst kleiner Teil in ungenutzte Formen von Energie umgewandelt wird. So werden Ressourcen geschont. Die erwünschte Energieform sollte möglichst vollständig genutzt werden. Fernseher, Lampen, Computer oder Radio sollten nur eingeschaltet sein, wenn sie benötigt werden. Der Betrieb im Stand-by-Modus lässt sich fast immer vermeiden.

1. Ⓠ
Nenne Geräte mit Energiesparprogrammen.

2. Ⓠ
Nenne Geräte bei dir zu Hause, bei denen du durch eine schaltbare Steckdosenleiste den Stand-by-Modus vermeiden kannst.

3. Ⓐ
Nenne das Bild auf dieser Pinnwand, das eine unnötige Energieabgabe an die Umwelt zeigt. Begründe deine Entscheidung.

4. Ⓠ
Finde Beispiele für unachtsame Energieverschwendung.

PINNWAND

Energie und Leistung im Alltag

Team 1
Typenschilder

Auf fast jedem elektrischen Gerät befindet sich ein Typenschild. Dort findest du wichtige Angaben zu den elektrischen Leistungsdaten.

- Jedes Teammitglied fotografiert zu Hause die Typenschilder von mindestens fünf Haushaltsgeräten.
- Übertragt die folgende Tabelle in euer Heft.

Gerät	Spannung	Stromstärke	Leistung

1 Tabelle für Messwerte

- Tragt die ermittelten Daten zusammen und ergänzt die fehlenden Werte.
- Vergleicht die jeweils notwendige elektrische Energie zum Betrieb dieser Geräte.
- Nennt Gründe, worauf der unterschiedliche Energiebedarf der Geräte beruht. Dazu könnt ihr eine Internetrecherche durchführen oder eigene Vermutungen anstellen.
- Überlegt, auf welche elektrischen Geräte ihr im Alltag verzichten könntet, um besonders viel Strom zu sparen.

2 Mit einem Fahrradergometer kannst du Strom erzeugen.

Team 2
Fahrradergometer

Mithilfe eines **Fahrradergometers** könnt ihr selbst Strom erzeugen.

- Recherchiert, welche Leistung ein Fahrradgenerator abgibt.
- Recherchiert die Leistung von drei elektrischen Geräten, die ihr täglich nutzt. Stellt diese Daten in einer Tabelle zusammen.
- Ermittelt für jedes Haushaltsgerät, wie viele Fahrradergometer gleichzeitig verwendet werden müssen, um die benötigte Energie bereitzustellen.

Team 3
Energiemessung

Ein Energiemessgerät wird zwischen eine Steckdose und ein elektrisches Gerät geschaltet. Es misst die Energie, die das elektrische Gerät aufnimmt.

- Macht euch mit der Bedienung des Energiemessgerätes vertraut.
- Übertragt Tabelle 4 in euer Heft.
- Führt Messungen bei verschiedenen Elektrogeräten durch und tragt die Messwerte in die Tabelle ein. Falls das Gerät einen Stand-by-Betrieb hat, messt auch dessen Energiebedarf.
- Schätzt ab, wie lange das Gerät am Tag durchschnittlich tatsächlich eingesetzt wird.
- Berechnet, wie viel Energie das Gerät täglich im Stand-by-Betrieb benötigt.
- Sammelt Argumente, die für oder gegen den Stand-by-Betrieb sprechen.

3 Ein Energiemessgerät zeigt die Leistungsaufnahme an.

Gerät	an oder aus?	Leistungsaufnahme	Energiebedarf pro Minute

4 Tabelle für Messwerte

5 Die Höhe einer Stromrechnung hängt vom Anbieter ab.

Team 4
Strompreisvergleich

In Deutschland gibt es viele unterschiedliche **Stromanbieter**. Jeder Anbieter möchte mit seinem Angebot möglichst viele Kunden gewinnen.

- Informiere dich im Internet über die Stromanbieter in deiner Region.
- Ein Haushalt mit vier Personen hat einen durchschnittlichen Strombedarf von etwa 3.500 kWh im Jahr. Wählt einen Tarif eines Stromanbieters aus und ermittelt, welche Kosten für die Bereitstellung des Stroms anfallen.
- Ermittelt, wodurch sich die preislichen Unterschiede der Angebote ergeben.
- Nennt mögliche Tricks von Stromanbietern, um einen Tarif günstiger erscheinen zu lassen.

Energieumwandlung und Energiespeicherung

1.
Nenne die Vorteile der elektrischen Energie.

2.
a) Erkläre die Probleme bei der Speicherung elektrischer Energie.
b) Recherchiere, wie mithilfe von "Power to Gas" Energie gespeichert werden kann.

3.
a) Recherchiere die Wirkungsgrade von drei verschiedenen Kraftwerkstypen.
b) Ermittle den Gesamtwirkungsgrad der Umwandlung einer beliebigen Energieform in elektrische Energie und anschließend in Lageenergie. Verwende dazu die recherchierten Werte aus Aufgabenteil a).

Energie ist überall

Energie liegt auf der Erde in ganz unterschiedlichen Formen vor: als **Bewegungsenergie**, als **chemische Energie**, als **Strahlungsenergie**, als **thermische Energie**, als **Lageenergie** oder als **Kernenergie**. Viel Energie steckt in den Naturgewalten: Heiße Quellen oder Vulkane liefern thermische Energie, Wind und Wasser liefern Bewegungsenergie, die Sonne liefert Strahlungsenergie.

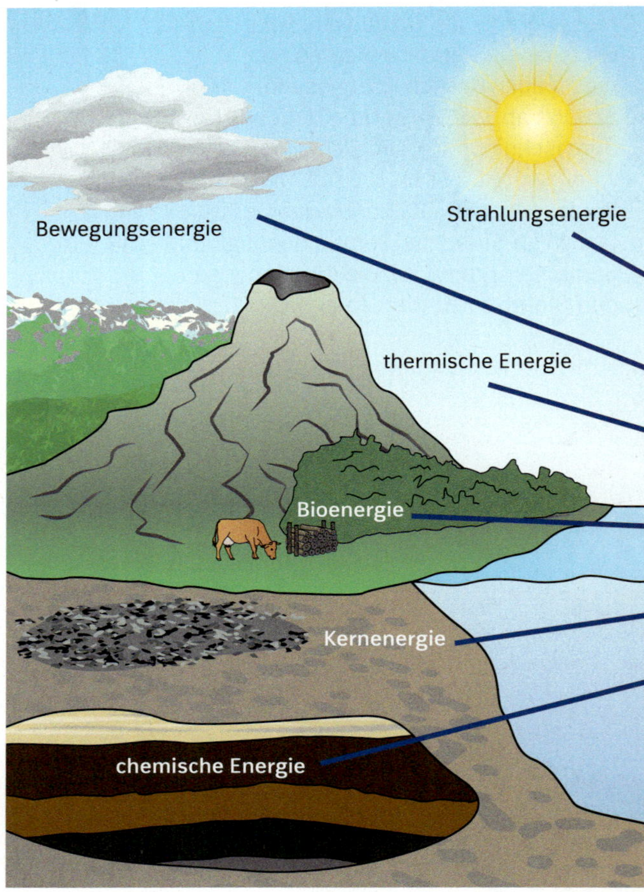

Elektrische Energie - eine besondere Energie

Strom ist für uns fast überall und ständig verfügbar - aus der Steckdose, der Batterie oder dem Akku. Es gibt jedoch keine Möglichkeit, elektrische Energie direkt aus der Natur abzuschöpfen und für den Menschen nutzbar zu machen. Die elektrische Energie für den menschlichen Bedarf ist immer das Ergebnis eines Umwandlungsprozesses.

Energieumwandlung

Viele Energieformen können in elektrische Energie umgewandelt werden. Ebenso kann elektrische Energie auch wieder in viele andere Energieformen zurück gewandelt werden. Diese **Energieumwandlungen** finden in Kraftwerken statt.

Wirkungsgrad der Energieumwandlung

Es gibt immer auch Verluste, wenn eine Energieform in eine andere gewandelt wird. Oft entsteht thermische Energie, die nicht weiter genutzt werden kann. Der Wirkungsgrad von Energieumwandlungen ist daher immer kleiner als 1. Für einen sparsamen Umgang mit Energie müssen die Umwandlungen mit einem möglichst hohen Wirkungsgrad gewählt werden.

Energietransport

Elektrische Energie hat einen großen Vorteil: Sie lässt sich sehr gut transportieren. Der Weg vom Kraftwerk zur Steckdose kann fast beliebig lang sein und ist weitgehend unabhängig von geografischen Gegebenheiten. Außerdem macht die elektrische Energie weder Lärm noch Dreck, wenn sie aus der Steckdose kommt.

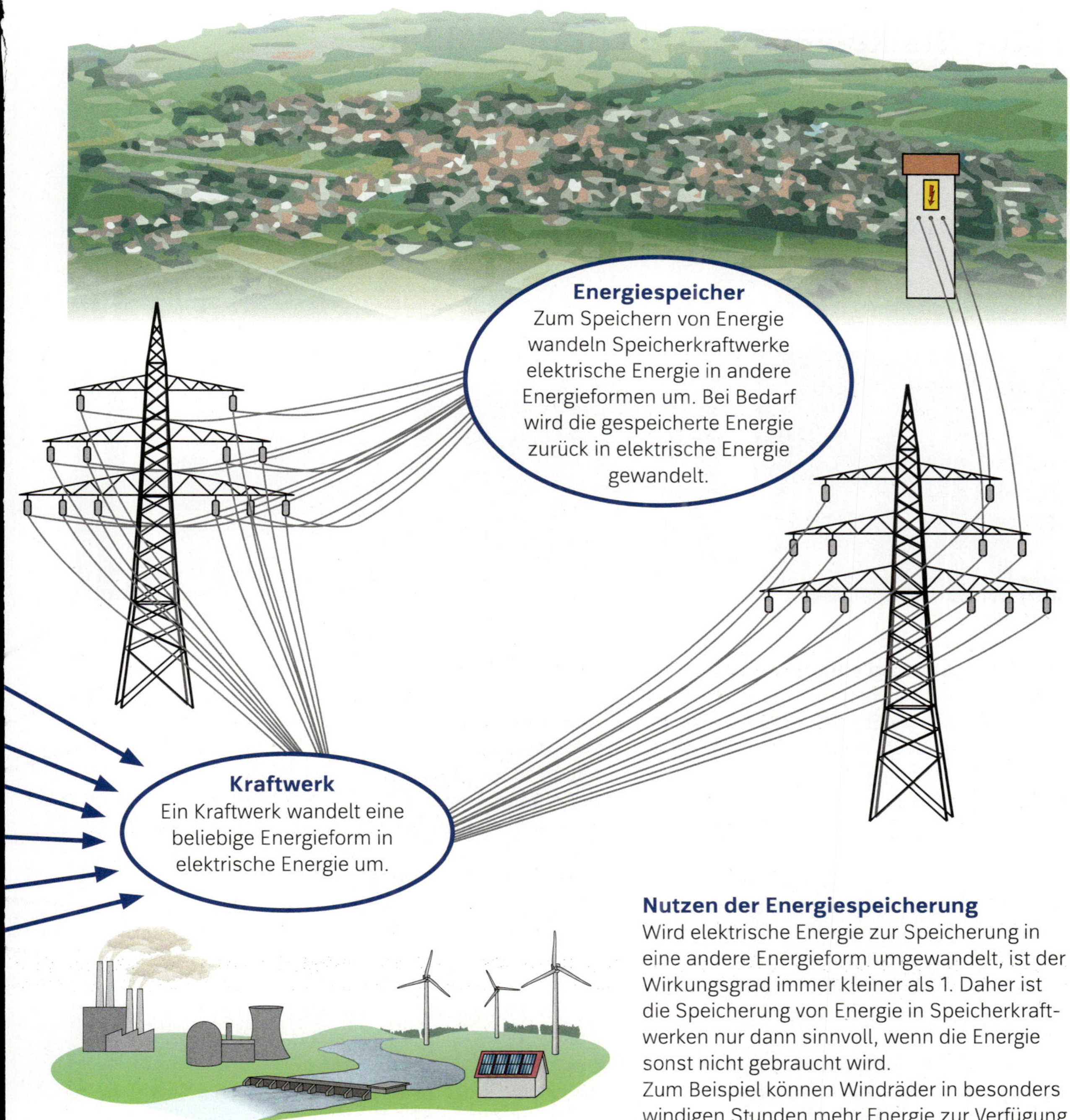

Nutzen der Energiespeicherung

Wird elektrische Energie zur Speicherung in eine andere Energieform umgewandelt, ist der Wirkungsgrad immer kleiner als 1. Daher ist die Speicherung von Energie in Speicherkraftwerken nur dann sinnvoll, wenn die Energie sonst nicht gebraucht wird.
Zum Beispiel können Windräder in besonders windigen Stunden mehr Energie zur Verfügung stellen, als benötigt wird. Die Energie wird dann gespeichert und kann später bei Windstille verwendet werden.

Elektrische Energie speichern

Die elektrische Energie lässt sich nicht in großem Maße speichern. Das Speichern elektrischer Energie kann nur über einen Umwandlungsprozess erfolgen. Elektrische Energie wird wieder in eine andere Energieform umgewandelt, in der sie gespeichert werden kann. Dies geschieht in **Speicherkraftwerken**.

Du kannst die Umwandlung von Energieformen in elektrische Energie beschreiben.
Du kannst erklären, wie sich Energie speichern lässt und welche Probleme dabei auftreten.

Basiskonzepte S. 35

Fotovoltaikanlagen sind Energiewandler

1.
a) Erstelle eine Übersicht einiger elektrischer Geräte in eurem Haushalt mit ihren Leistungsangaben.
b) Schätze, wie viel elektrische Energie die einzelnen Geräte in einer Woche benötigen.

2.
Recherchiere den täglichen Energiebedarf der Menschheit und das Energieangebot der Sonne.

3.
Ist es sinnvoll, eine Solarzelle mit dem Licht zu beleuchten, das vorher aus der elektrischen Energie dieser Zelle erzeugt wurde? Begründe deine Antwort.

1 Solarzelle

2 Aufgeständerte Fotovoltaikanlage

3 Drehbar aufgebaute Module

Solarzelle als Energiewandler

Mit der Fotosynthese nutzen Pflanzen die Energie der Sonne. Dabei wandeln die Pflanzen das Licht der Sonne in eine für sie nutzbare Energieform. Auch Menschen und Tiere nutzen die Energie des Sonnenlichtes, zum Beispiel bei der Vitamin D-Synthese.
Eine technische Nutzung der Sonnenenergie ist über **Wandler** möglich. Einer dieser Wandler ist die **Solarzelle.** Sie wandelt Licht in elektrische Energie um.

Der Einfluss der Wärme

Mit dem Licht absorbieren die Solarzellen auch die Infrarot-Strahlung der Sonne. Die Zellen werden durch diese Strahlung erwärmt und geben dann weniger elektrische Energie ab.
In den Sommermonaten können sich die Solarzellen leicht auf 80 °C bis 90 °C erwärmen. Sie liefern dann bis zu einem Drittel weniger elektrische Energie.

Vom Modul zur Fotovoltaikanlage

Die Spannung einer einzelnen Solarzelle beträgt 0,5 V. In **Solarmodulen** werden mehrere Solarzellen in einer Reihenschaltung zusammengefasst. Solche Module können Leistungen von etwa 50 W bis 240 W abgeben. **Fotovoltaikanlagen** werden aus vielen Solarmodulen aufgebaut, die in einer Parallelschaltung zusammengeschaltet sind.

Ausrichtung zur Sonne

Solaranlagen müssen zur Sonne ausgerichtet werden. Die Energieausbeute ist am größten, wenn die Anlage zur Sonne einen Winkel von 90° ausweist. Drehbar aufgebaute Module können automatisch ausgerichtet werden. Fest installierte Module auf Dächern werden in einem Winkel montiert, in dem sie über alle Jahres- und Tageszeiten hinweg einen möglichst günstigen Gesamtwert erreichen. Die optimale Dachneigung hängt von der geografischen Lage ab. Sie muss im Norden größer sein als im Süden. In Deutschland ist eine Dachneigung zwischen 32° und 37° günstig. Auf Flachdächern werden die Solarmodule aufgeständert (Bild 2). Die Module dürfen nicht zu dicht hintereinander gebaut werden, da sie sonst Schatten aufeinander werfen. Dies würde die Leistung der Solarzellen verringern.

Du kannst Bauelemente nennen, die einfallendes Sonnenlicht in elektrische Energie umwandeln. Du kannst mehrere Faktoren nennen, durch die die Leistung einer Fotovoltaikanlage beeinflusst wird.

Basiskonzepte S. 35

Elektrische Energie nur mit Solarzellen

1 Flugzeug SOLAR IMPULSE HB-SIA

Die Sonne als Energiespender
Die rasante Ausweitung der Luftfahrt führt zunehmend zu Umweltproblemen. Zudem sind die Vorräte an fossilen Brennstoffen zum Antrieb begrenzt. Ein Ausweg könnte die Nutzung der Sonnenenergie sein. Daran arbeitet ein Forschungsteam mit den Piloten BERTRAND PICCARD und ANDRÉ BORSCHBERG, das das Solarflugzeug SOLAR IMPULSE HB-SIA in der Schweiz entwickelt und gebaut hat.

Das Flugzeug
Bei der Entwicklung der SOLAR IMPULSE konnte durch alternative Konstruktionswege und neuartige Materialien das sehr niedrige Gewicht von 1600 kg erreicht werden. Die SOLAR IMPULSE wiegt also etwa so viel wie ein Mittelklasse-Pkw und das bei einer Spannweite von über 63 m, der Spannweite eines Airbus A340.

2014 wurde die zweite SOLAR IMPULSE HB-SIB fertiggestellt. Die Kabine dieses Modells ist größer, der Pilot kann jetzt auch liegend ruhen und sie ist druckfest, so dass eine Flughöhe von bis zu 12 000 m erreicht werden kann. Außerdem wurde die Aerodynamik verbessert und die Technik zuverlässiger gemacht. Die Spannweite dieses Nachfolgemodells beträgt 72 m und das Gewicht liegt bei 2 300 kg.

Rekorde
Am 7. Juli 2010 gelang der erste Nachtflug in der Geschichte der Solarluftfahrt. Der Flug dauerte 26 h 10 min 19 s. Das Flugzeug erreichte eine maximale Flughöhe von 9 235 m und auch das war ein Weltrekord.

Am 25. Mai 2012 startete das Flugzeug in der Schweiz zum ersten Interkontinentalflug nach Rabatt in Marokko. Von dort kehrte es nach Zwischenstopps in Madrid und Toulouse am 24. Juli 2012 in die Schweiz zurück.

Am 3. Mai 2013 startete die SOLAR IMPULSE in Kalifornien. Sie überflog die USA mit zahlreichen Zwischenstopps und landete am 7. Juli 2013 in New York.

Erdumrundung
Zwischen 2015 und 2016 hat das Nachfolgemodell, die SOLAR IMPULSE HB-SIB, die Erde umrundet. Dabei hat sie insgesamt 16 Zwischenlandungen auf den Kontinenten der nördlichen Erdhalbkugel eingelegt.

Technische Daten

	HB-SIA	HB-SIB
Spannweite:	63,40 m	72 m
Länge:	21,85 m	
Höhe:	6,40 m	
Masse:	1600 kg	2 300 kg
Solarzellen:	12 000	17 248
Antrieb:	4 Elektromotoren je $P = 6$ kW	4 Elektromotoren je $P = 17$ kW
Batterien:	je Motor 70 Lithium-Polymerzellen	

durchschnittliche Geschwindigkeit: jeweils etwa 70 $\frac{km}{h}$
Besatzung: jeweils ein Pilot oder eine Pilotin

2 Die SOLAR IMPULSE HB-SIB wird gefertigt.

STREIFZUG

Basiskonzepte S. 35

Das Pumpspeicherkraftwerk

1. Q
a) Recherchiere die Standorte der Pumpspeicherkraftwerke in Baden-Württemberg.
b) Stelle die Leistungsdaten der Kraftwerke in einer Tabelle zusammen.

2. A
Erkläre die Funktionsweise eines Pumpspeicherkraftwerks.

3. Q
Pumpspeicherkraftwerke sind schwarzstartfähig. Informiere dich über diese Eigenschaft und beschreibe dessen Bedeutung für eine verlässliche Stromversorgung.

4. A
Zeichne das Energieflussdiagramm für den Generator- und den Speicherbetrieb des Pumpspeicherkraftwerks.

5. Q
Recherchiere die Nachteile von Pumpspeicherkraftwerken. Stelle die Vorteile und Nachteile gegenüber und bewerte deren Einsatz als Energiespeicher.

6. A
Das Speicherbecken des Pumpspeicherkraftwerks in Wehr hat ein Fassungsvermögen von 4,4 Millionen m^3. Die Fallhöhe zum Unterbecken beträgt 630 m. Ermittle die Lageenergie, welche gespeichert werden kann.

Wozu elektrische Energie speichern?

Die Energiemenge im Stromnetz unterliegt starken Schwankungen: In manchen Zeiten wird mehr elektrische Energie benötigt, als zu anderen Zeiten. Speicher können solche Schwankungen ausgleichen. Sie können je nach Bedarf elektrische Energie aus dem Netz speichern oder in das Netz abgeben.

Funktion des Pumpspeicherkraftwerks

Ein **Pumpspeicherkraftwerk** wandelt elektrische Energie in Lageenergie um. Dies geschieht, indem elektrische Pumpen Wasser vom **Unterbecken** in ein höher gelegenes **Speicherbecken** befördern.
Um elektrische Energie bereitzustellen, wird das Wasser aus dem Speicherbecken in das Unterbecken abgelassen. Das Wasser treibt Turbinen an. Ein Generator wandelt die Bewegungsenergie in elektrische Energie um. Pumpspeicherkraftwerke können schnell in Betrieb genommen werden. Innerhalb weniger Minuten steht die elektrische Energie zur Verfügung.

Energiemenge

Werden 1000 l Wasser um 1 m nach oben befördert, ist darin eine Lageenergie von 9,81 kJ enthalten. Pumpspeicherkraftwerken befördern viel mehr Wasser in größere Höhen. Dadurch können sie viel Energie speichern. Das Pumpspeicherkraftwerk in Wehr in Baden-Württemberg hat genug Speichervolumen, um 3600 Personen für ein Jahr mit elektrischer Energie zu versorgen. Bei voller Auslastung kann das Kraftwerk für 7 h elektrische Energie liefern.

Wirkungsgrad

Bei Energieumwandlungen wird immer ein kleiner Anteil thermischer Energie frei, der nicht weiter genutzt werden kann. Der Gesamtwirkungsgrad eines Pumpspeicherkraftwerks liegt zwischen 70 und 80 %. Das Pumpspeicherkraftwerk ist bislang die einzige Möglichkeit, große Energiemengen kostengünstig zu speichern.

Speichern von Energie

Befindet sich mehr elektrische Energie im Stromnetz als abgerufen wird, herrscht ein Energieüberschuss. Die überschüssige elektrische Energie kann durch ein Pumpspeicherkraftwerk in Lageenergie umgewandelt werden.

Die überschüssige elektrische Energie aus dem Stromnetz versorgt einen **Elektromotor**, der eine Pumpe antreibt. Diese Pumpe befördert Wasser über Rohrleitungen in ein Speicherbecken. Das Wasser hat dann eine höhere Lageenergie. Das Speicherbecken ist meist ein künstlich angelegter Stausee.

Bereitstellen von Energie

Wird kurzfristig sehr viel elektrische Energie benötigt, muss die fehlende Energiemenge in das Stromnetz eingespeist werden. Dazu eignet sich ein Pumpspeicherkraftwerk, da es große Mengen elektrischer Energie schnell zur Verfügung stellen kann.

Das Wasser aus dem Speicherbecken wird in das Unterbecken abgelassen. Dabei trifft es auf die Schaufeln einer **Turbine** und treibt diese an. Der mit der Turbine verbundene Elektromotor funktioniert jetzt als Generator. Er wandelt die Bewegungsenergie aus den Turbinen in elektrische Energie um.

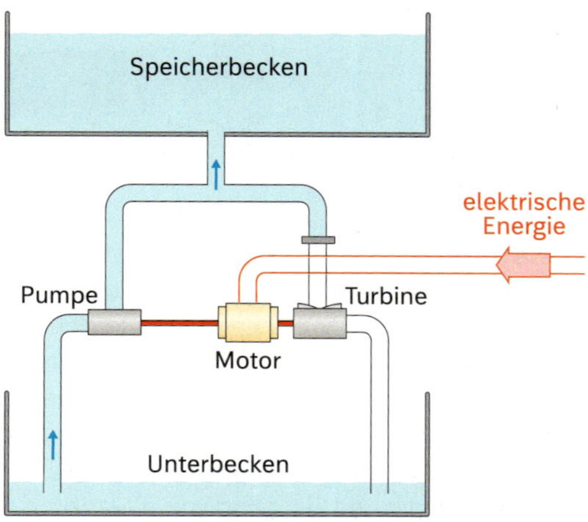

1 Darstellung des Speicherbetriebs

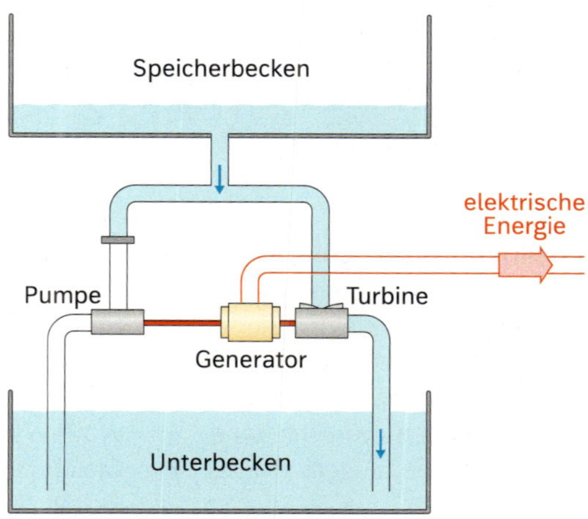

2 Darstellung des Generatorbetriebs

Du kannst die Funktionsweise eines Pumpspeicherkraftwerks beschreiben.

Basiskonzepte S. 35

Elektrische Energie

	Elektrische Stromstärke	Elektrische Spannung
Beschreibung	Maß für die Ladungsmenge, die pro Sekunde durch einen Zählstelle im Leiter fließt.	Maß für die Stärke, mit der die Ladungsträger im Stromkreis angetrieben werden.
Formelzeichen	I	U
Einheit	A (Ampere)	V (Volt)
Reihenschaltung	$I_{ges} = I_1 = I_2 = I_3$	$U_{ges} = U_1 + U_2 + U_3$
Parallelschaltung	$I_{ges} = I_1 + I_2 + I_3$	$U_{ges} = U_1 = U_2 = U_3$

Ohmsches Gesetz

Wenn für einen elektrischen Leiter der Quotient aus Spannung und Stromstärke immer gleich ist, dann gilt das **ohmsche Gesetz:** $U \sim I,\ \frac{U}{I} = \text{const.}$

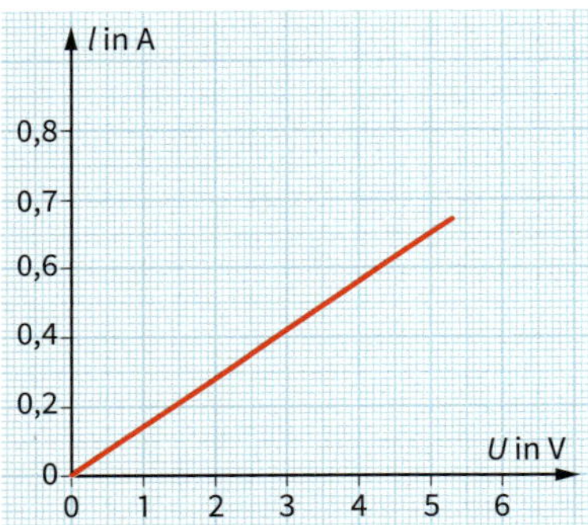

Der elektrische Widerstand

Physikalische Größe

Der elektrische Widerstand ist ein Maß dafür, wie stark bei einem Material die elektrische Leitfähigkeit und damit der Stromfluss behindert wird.

Formelzeichen: R
Einheit: Ω (Ohm)

Schaltzeichen Festwiderstand:

Elektrisches Bauteil

Festwiderstände haben einen festen Widerstandswert, der als Farbcode auf dem Bauteil angegeben ist.

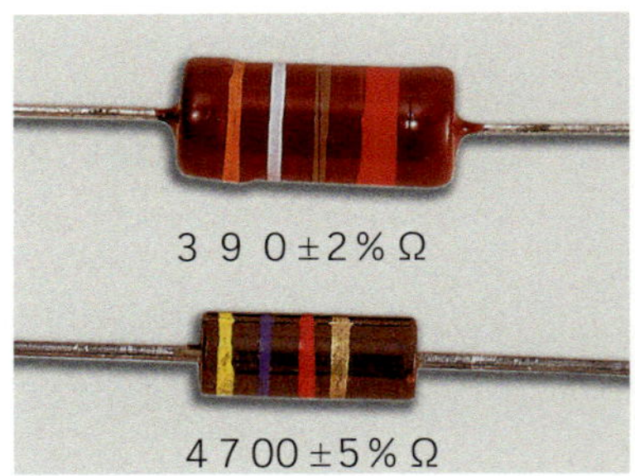

Potenzialunterschiede (E)

Elektrische Spannungen entstehen durch elektrische Potenzialunterschiede.
Indem du Potenziale kombinierst, kannst du verschiedene Spannungen erzeugen.

Elektrische Leistung

Die elektrische Leistung P ist ein Maß für die Energiemenge, die das Gerät in einer Zeiteinheit aufnimmt. Sie wird in der Einheit Watt (W) angegeben.
Die elektrische Energie E ergibt sich als Produkt aus der Leistung P und der Zeit t. Sie wird meist in der Einheit Kilowattstunde (kWh) angegeben.

Energiespeicherung

Elektrische Energie lässt nur sehr begrenzt speichern. Deshalb wird elektrische Energie in andere Energieformen überführt und beispielsweise als Lageenergie gespeichert. Diese kann bei Bedarf wieder in elektrische Energie umgewandelt werden.

Name	Größe	Name der Einheit	Einheit	Gesetz	Umrechnungen
elektrische Leistung (Energiestromstärke)	P	Watt	W	$P_{el} = U \cdot I$	1 V · 1 A = 1 W; 1000 W = 1 kW 1 000 000 W = 1000 kW = 1 MW
elektrische Energie	E	Wattsekunde Kilowattstunde	Ws kWh	$\Delta E_{el} = P_{el} \cdot \Delta t$ $\Delta E_{el} = U \cdot I \cdot \Delta t$	1 Ws = 1 J; 1000 Ws = 1 kWs 1 kWh = $3{,}6 \cdot 10^6$ Ws

→ METHODE S. 12/13

Struktur der Materie

System

Wechselwirkung

Energie

Struktur der Materie

1. Ⓐ

Begründe, warum elektrische Energie nicht in Form eines "Elektronensees" gespeichert werden kann.

→ S. 28-29, 32-33

System

2. Ⓐ

Begründe, dass die elektrische Stromstärke im Stromkreis in Reihe zum elektrischen Gerät gemessen werden muss.

→ S. 18-19

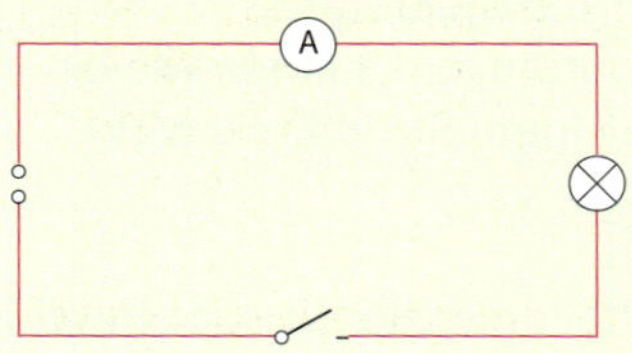

System

3. Ⓐ

Begründe, warum Solarmodule in einer Reihenschaltung, Fotovoltaikanlagen aber in Parallelschaltung zusammengeschaltet werden.

→ S. 30-31

4. Ⓐ

Begründe, welchen Einfluss
a) die Abwesenheit von Sonne
b) der Einfallswinkel der Sonnenstrahlung
auf den Wirkungsgrad einer Solarzelle hat.

→ S. 30-31

Wechselwirkung

5. Ⓐ

Beschreibe mithilfe eines *U*-*I*-Diagramms, wie sich eine Erhöhung der Spannung auf die Stromstärke auswirkt.

→ S. 20

6. Ⓐ

Gib an, wie sich bei gleich bleibender Spannung die Stromstärke verändert, wenn der Widerstand vergrößert oder verkleinert wird.

→ S. 20

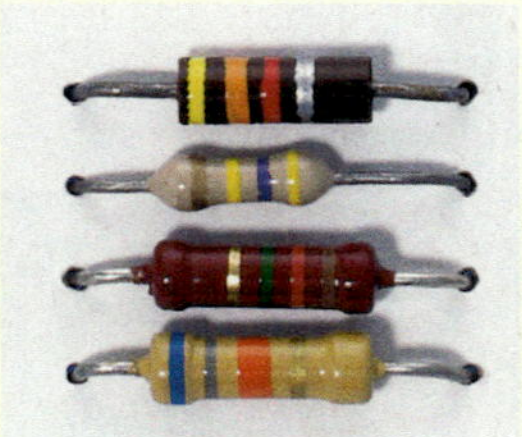

Energie

7. Ⓐ

Erkläre, warum Energiemengen und Energiestromstärken immer nur auf indirektem Wege bestimmt werden können.

→ S. 23

Elektrische Energie

Größen im Stromkreis

Kannst du schon ...

... den Begriff elektrische Ladung erklären? (S. 16)
... die physikalische Größe elektrische Stromstärke beschreiben? (S. 16–17)
... die physikalische Größe elektrische Spannung beschreiben? (S. 16–17)
... den Zusammenhang zwischen Spannung und Stromstärke in einem Stromkreis beschreiben? (S. 17)
... das ohmsche Gesetz nennen? (S. 17)
... die Gesetzmäßigkeit für die Stromstärken in Reihen- und Parallelschaltungen nennen? (S. 18)
... die Gesetzmäßigkeiten für die Spannungen in Reihen- und Parallelschaltungen nennen? (S. 18)
... angeben, wie ein Messgerät in den Stromkreis eingebaut wird? (S. 19)
... Messgrößen mit analogen und digitalen Messgeräten bestimmen? (S. 19)
... mit dem internationalen Farbcode die Größe eines Festwiderstandes bestimmen? (S. 20)
... die physikalische Größe elektrischer Widerstand beschreiben? (S. 20)
... den elektrischen Potenzialunterschied beschreiben und ermitteln? (S. 21)

Zeig, was du kannst!

1. A
Wandle in die jeweils andere Einheit um:
a) 14 A; 1750 mA; 2,04 A; 675 mA; 0,063 A.
b) 16,5 mV; 0,008 V; 954 mV; 1,006 V; 36,8 mV.
c) 12 mΩ; 0,456 Ω; 14500 mΩ; 250 Ω; 0,0096 Ω.

2. A
Erkläre mithilfe eines Modells die Bedeutung von Spannung und Stromstärke in einem Stromkreis.

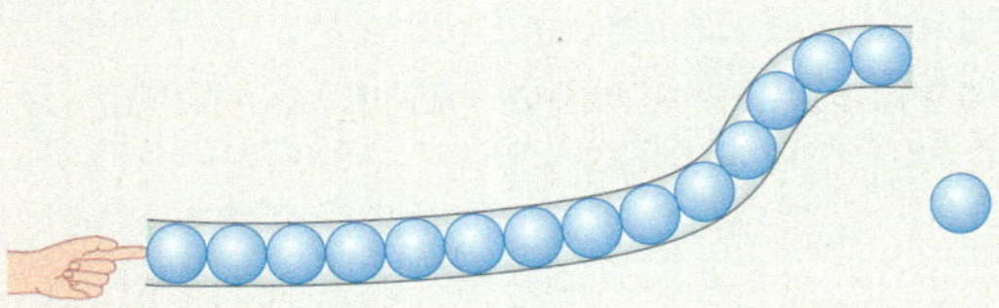

3. A
a) In einer Parallelschaltung mit zwei Widerständen beträgt I_{ges} = 4,85 A und I_2 = 3,15 A. Berechne I_1.
b) Zeichne den zu a) gehörigen Schaltplan so, dass I_{ges}, I_1 und I_2 gleichzeitig gemessen werden können.

4. A
Nenne die möglichen Potenzialunterschiede, die du mit drei Batterien mit je 1,5 V erzeugen kannst.

5. A
Bestimme für die Widerstände im Bild ihre Werte mit dem Widerstandsfarbcode.

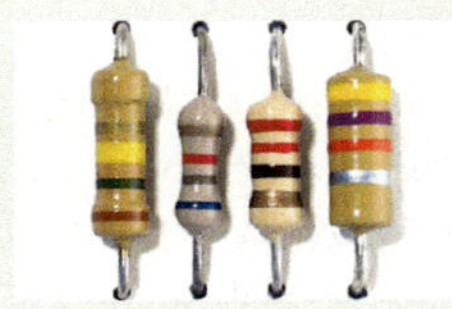

6. A
Die Stromstärke einer Infrarotlampe beträgt 110 mA bei einer Spannung von 230 V.
a) Berechne ihren Widerstand.
b) Erläutere, warum eine Lampe wie ein Widerstand in einem Stromkreis wirkt.

7. A
Mit einem Vielfachmessgerät soll ein Widerstand überprüft werden, der die Farbenfolge gelb – violett – rot hat. Gib die Position des Wahlschalters auf dem Messgerät an.

Elektrische Energie und elektrische Leistung

Kannst du schon ...

... die elektrische Leistung als physikalische Größe angeben und berechnen? (S. 22–23)

... die elektrische Energie als physikalische Größe angeben und berechnen? (S. 22–23)

... den Einsatz und den Nutzen von Energiemessgeräten erläutern? (S. 24)

... Möglichkeiten des Energiesparens nennen? (S. 24–25)

... den Weg der Umwandlung von Energieformen in elektrische Energie beschreiben? (S. 28–29)

... erklären, wie sich elektrische Energie speichern lässt? (S. 28–29)

... Solarzellen und Fotovoltaikanlagen als Energiewandler beschreiben? (S. 30)

... Faktoren nennen, die die Leistung einer Fotovoltaikanlage beeinflussen? (S. 30–31)

... die Funktionsweise eines Pumpspeicherkraftwerkes beschreiben? (S. 32–33)

Zeig, was du kannst!

8. ≡ Ⓐ
Berechne die Energiemenge, die das elektrische Gerät mit diesem Typenschild benötigt, wenn es 3 h am Tag eingeschaltet ist.

9. ≡ Ⓐ
Ein Tischgrill hat bei einer Spannung von 230 V eine Stromstärke von 8,7 A. Berechne seine Leistung.

10. ≡ Ⓐ
Eine Spielekonsole hat im Stand-by-Betrieb eine Leistung von 2 W.

a) Berechne den Energiebedarf im Jahr, wenn das Gerät täglich 22 h im Stand-by-Modus ist.

b) Berechne die Energiekosten bei 0,30 $\frac{€}{kWh}$.

11. ≡ Ⓐ

a) Der Akku eines Laptops hat bei 19 V eine Stromstärke von 6,32 A. Berechne die elektrische Leistung.

b) Berechne die elektrische Energie, die der Laptop benötigt, wenn er 4 h genutzt wird.

12. ≡ Ⓐ
Nenne Möglichkeiten, elektrische Energie zu speichern.

13. ≡ Ⓐ
Stelle die wichtigsten Faktoren zusammen, die die Speicherkapazität für Energie in einem Pumpspeicherkraftwerk beeinflussen.

14. ≡ Ⓐ
Erkläre die Bedeutung des Wirkungsgrades bei der Umwandlung von elektrischer Energie.

Wichtige Begriffe

- Ladung, elektrische Stromstärke, elektrische Spannung
- ohmsches Gesetz
- Reihenschaltung, Parallelschaltung
- elektrischer Widerstand
- elektrisches Potenzial, elektrische Energie
- Energieumwandlung, Energiespeicherung

Bewegung und Geschwindigkeit

Was haben Quallen mit NEWTON zu tun?

Wie groß ist die Geschwindigkeit der Skifahrerin?

Mit welcher Geschwindigkeit stürzen Fallschirmspringer der Erde entgegen?

Die Geschwindigkeit

1. Ⓐ
Die Skifahrerin in Bild 1 will gegen ihre Konkurrentinnen den Abfahrtslauf gewinnen. Erläutere, was gemessen werden muss, um die Siegerin zu ermitteln.

2. Ⓥ
Drei Schüler fahren mit dem Fahrrad aus dem Stand eine 30 m lange Strecke. Stoppe die benötigten Zeiten. Notiere die Zeiten jeweils in einer Tabelle.

Schüler	Strecke *s*	Zeit *t*
1	30 m	
2		
3		

3. Ⓥ
Rolle auf dem Schulhof ein 50 m-Maßband ab. Drei Schülerinnen fahren mit dem Fahrrad nacheinander schnell am Band entlang. Ab einem festgelegten Startpunkt auf dem Maßband wird gemessen, wie weit die Schülerinnen nach 3 s jeweils gekommen sind. Notiere die zurückgelegten Strecken in der Tabelle.

Schüler	Strecke *s*	Zeit *t*
1		3 s
2		
3		

4. Ⓐ
a) Ergänze die Tabellen aus den Versuchen 2 und 3 um eine weitere Spalte. Trage dort den Quotienten aus *s* und *t* ein.
b) Begründe, wer die schnellste Fahrerin und wer der schnellste Fahrer ist.

5. Ⓐ
Rechne folgende Geschwindigkeiten in $\frac{km}{h}$ um: 15 $\frac{m}{s}$, 50 $\frac{m}{s}$, 65 $\frac{m}{s}$.

6. Ⓠ
Begründe den Umrechnungsfaktor von $\frac{m}{s}$ in $\frac{km}{h}$.

HINWEIS
Beachte, dass der Buchstabe „s" sowohl als Zeichen *s* für die Strecke als auch als Abkürzung s für die Einheit Sekunde dient.

Umrechnung der Einheiten von Geschwindigkeiten

10 $\frac{m}{s}$ —·3,6→ 36 $\frac{km}{h}$

36 $\frac{km}{h}$ —:3,6→ 10 $\frac{m}{s}$

Wer ist die Schnellste beim Rennen?

Wird wie beim Abfahrtsrennen eine bestimmte Strecke vorgegeben, so ist die Fahrerin am schnellsten, die diese Strecke in kürzester Zeit schafft.

Ist dagegen eine bestimmte Zeit vorgegeben, gewinnt diejenige, die in dieser Zeit die längste Strecke zurücklegt. Jedes Mal ist die Gewinnerin mit der größten **Geschwindigkeit** gefahren.

Berechnung der Geschwindigkeit

Die Geschwindigkeit *v* hängt ab von der Strecke *s* und von der Zeit *t*, die für die Strecke gebraucht wird. Du kannst die Geschwindigkeit *v* berechnen, indem du den Wert der zurückgelegten Strecke *s* durch den Wert der dazu benötigten Zeit *t* dividierst.

$$v = \frac{s}{t}$$

Braucht ein 400 m-Läufer für seine Strecke *s* eine Zeit *t* von 50 s, so legt er in einer Sekunde 8 m zurück. Seine Geschwindigkeit beträgt also 8 $\frac{m}{s}$ (gelesen: 8 Meter pro Sekunde).

Du kannst die Geschwindigkeit berechnen und ihre Einheiten ineinander umrechnen.

1 Wird sie gewinnen?

2 Start-Ziel-Sieg

3 Heiße Reifen

Körper in Bewegung

1.
Bewegen sich die Stufen einer Rolltreppe oben oder unten schneller? Begründe deine Antwort.

2.
In einer Bäckerei werden die Brezeln auf einem Band mit konstanter Geschwindigkeit durch den Ofen gezogen. Gib an, was geändert werden muss, wenn die Brezeln beim Backen heller oder dunkler werden sollen.

3.
Stelle dir vor, du fährst mit deinem Fahrrad durch eine steile Kurve.
a) Beschreibe die Kräfte, die du während der Kurvenfahrt an deinem Körper spürst.
b) Erkläre, wie sich die Kräfte bei einer schnelleren Kurvenfahrt verändern.
c) Erkläre, wie sich die Kräfte bei einer steileren Kurve verändern.

Die Geschwindigkeit bleibt konstant

Ein Koffer wird auf einem Transportband im Flughafen befördert. In gleichen Zeitspannen legt der Koffer gleich lange Wege zurück. Der Wert der Geschwindigkeit ändert sich also nicht, sondern bleibt konstant. Diese Art von Bewegung heißt **gleichförmige Bewegung.**

Ungleichförmige Bewegungen

Viele Körper bewegen sich nicht gleichförmig, sondern ändern ihre Geschwindigkeit, während sie sich bewegen. Der Schulbus fährt zunächst langsam an, wird dann schneller und stoppt später an einer Haltestelle. Der Wert der Beschleunigung ändert sich, sodass der Bus in jeder Sekunde eine unterschiedlich lange Strecke zurücklegt. Diese Art von Bewegung heißt **ungleichförmige Bewegung.**
Für die Änderung des Wertes der Geschwindigkeit sind Kräfte nötig. Dies spürst du, wenn der Schulbus kräftig beschleunigt oder eine Vollbremsung macht.

E - Die Richtung der Geschwindigkeit

Ein Lkw transportiert Rennwagen zur Rennstrecke. Auf der Autobahn fährt der Lkw gleichmäßig mit 80 $\frac{km}{h}$ geradeaus. Die Geschwindigkeit des Lkw hat sowohl einen **Wert** als auch eine **Richtung**. Der Wert der Geschwindigkeit beträgt 80 $\frac{km}{h}$. Die Richtung der Geschwindigkeit zeigt immer in Fahrtrichtung. Bei einer Geradeausfahrt zeigt die Richtung der Geschwindigkeit also immer nach vorn.

Als der Lkw an der Rennstrecke ankommt, erwarten die Rennfahrer bereits ihre Wagen. Zur Vorbereitung prägen sie sich den Streckenverlauf ganz genau ein. Sie wissen, dass sie in jeder Kurve die Richtung der Geschwindigkeiten ändern müssen. Je schneller das Fahrzeug fährt, desto mehr Kraft ist für die Änderung der Richtung nötig. Damit der Rennfahrer sicher durch die Kurve fahren kann, muss er ganz genau einschätzen, wie viel Kraft er einsetzt. Ist diese Kraft zu gering, schießt der Wagen mit hoher Geschwindigkeit aus der Kurve.

Du kannst die ungleichförmige und die gleichförmige Bewegung eines Körpers beschreiben.

1 Angekommen auf der Rennstrecke.

Weg und Zeit bestimmen die Geschwindigkeit

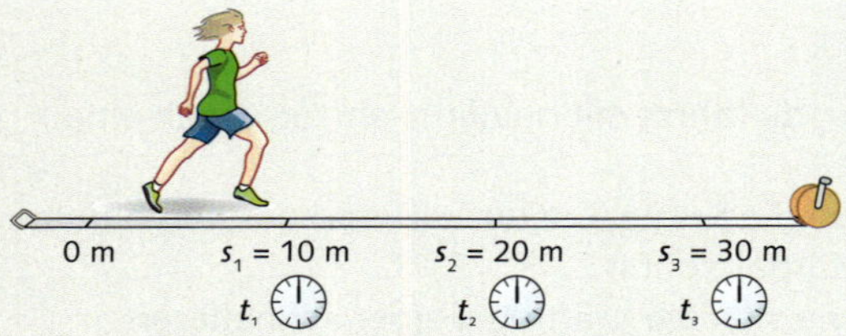

1 In welchen Zeiten werden die Strecken zurückgelegt?

1. V

Steckt eine Strecke von 30 m ab. Nach 10 m, 20 m und 30 m steht jeweils ein Schüler mit Stoppuhr und misst die Zeit, die eine Schülerin zum Durchlaufen der Strecke braucht. Tragt die Werte in eine dreizeilige Tabelle ein. Die dritte Zeile bleibt zunächst frei.

s_1 = 10 m	s_2 = 20 m	s_3 = 30 m
t_1 =	t_2 =	t_3 =

2. V

Rollt ein 50 m-Maßband aus. Am Maßband stehen gleichmäßig verteilt Schülerinnen. Ein Schüler startet bei der 0 m-Marke. Gleichzeitig zählt ein Schüler mit Stoppuhr ab Start laut die Sekunden. Die Schülerinnen notieren die Strecken, die der Schüler nach 2 s, 4 s und 6 s zurückgelegt hat. Tragt die Werte in eine dreizeilige Tabelle ein.

s_1 =	s_2 =	s_3 =
t_1 = 2 s	t_2 = 4 s	t_3 = 6 s

3. A

a) Berechne jeweils die Geschwindigkeiten mit $v = s : t$ bei den Versuchen 1 und 2 und trage sie in die dritten Zeilen der Tabellen ein.

b) Vergleiche v_1, v_2 und v_3 einer Tabelle miteinander. Beschreibe, was dir auffällt.

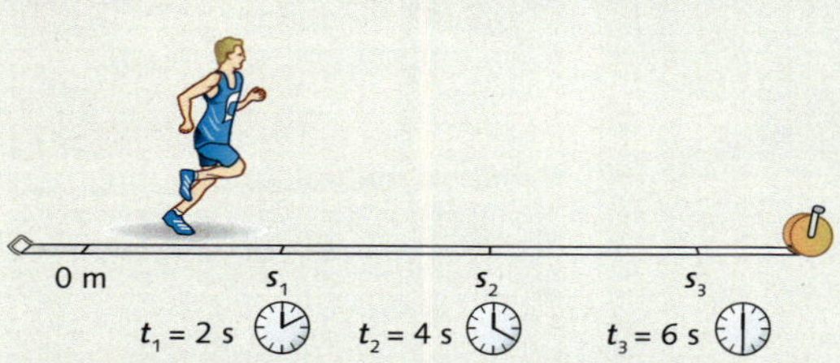

2 Welche Strecken werden in den Zeiten zurückgelegt?

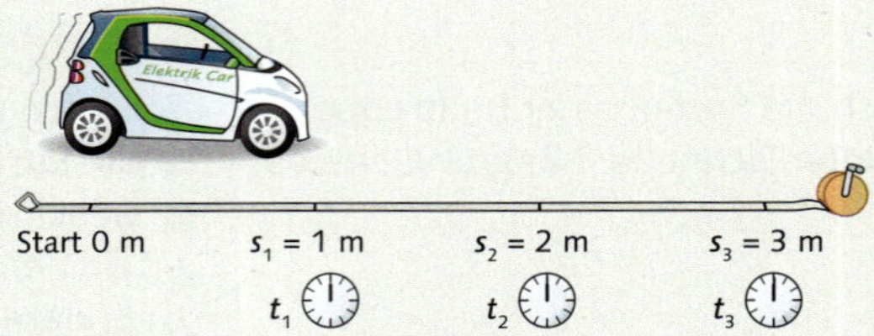

3 Der Wagen wird „fliegend" gestartet.

4. V

Miss bei einem Elektroauto die Zeit, die jeweils für eine Strecke von 1 m, 2 m und 3 m benötigt wird. Beachte, dass du mit dem Auto einen „fliegenden Start" durchführen musst. Trage die Werte in eine dreizeilige Tabelle ein.

s_1 = 1 m	s_2 = 2 m	s_3 = 3 m
t_1 =	t_2 =	t_3 =

5. V

Rolle ein 20 m-Maßband auf dem Boden aus. Lass das Elektroauto wie in Bild 4 wieder „fliegend" starten. Miss die Strecke, die das Auto jeweils in 2 s, 4 s und 6 s zurücklegt. Trage die Werte in eine dreizeilige Tabelle ein.

s_1 =	s_2 =	s_3 =
t_1 = 2 s	t_2 = 4 s	t_3 = 6 s

6. A

a) Berechne jeweils die erreichten Geschwindigkeiten v_1, v_2 und v_3 in den Versuchen 4 und 5 und trage sie in die dritten Zeilen der Tabellen ein.

b) Vergleiche die Geschwindigkeiten. Beschreibe, was dir jeweils auffällt.

c) Bestimme die Geschwindigkeit, die das Auto nach 8 s erreicht hätte.

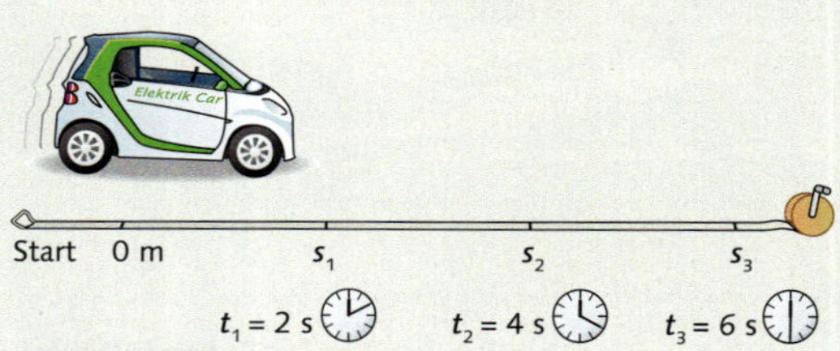

4 Die Zeit ist vorgegeben.

	Geschwindigkeit	Strecke	Zeit
Formel	$v = s : t$	$s = v \cdot t$	$t = s : v$
Einheit	$v = 1\ \text{m} : 1\ \text{s}$ $v = 1\ \frac{\text{m}}{\text{s}}$	$s = 1\ \frac{\text{m}}{\text{s}} \cdot 1\ \text{s}$ $s = 1\ \text{m}$	$t = 1\ \text{m} : 1\ \frac{\text{m}}{\text{s}}$ $t = 1\ \text{s}$
Beispielaufgabe	Ein Sprinter durchläuft eine Strecke von 200 m in 21 s. Wie groß ist seine Geschwindigkeit?	Eine Fahrradfahrerin hat eine Geschwindigkeit von 4 $\frac{\text{m}}{\text{s}}$. Ihre Fahrt dauert 450 s. Welche Strecke hat sie zurückgelegt?	Ein Auto hat eine Geschwindigkeit von 20 $\frac{\text{m}}{\text{s}}$. In welcher Zeit legt es eine Strecke von 3600 m zurück?
Rechnung	**geg.:** $s = 200\ \text{m}$ $t = 21\ \text{s}$	**geg.:** $v = 4\ \frac{\text{m}}{\text{s}}$ $t = 450\ \text{s}$	**geg.:** $v = 20\ \frac{\text{m}}{\text{s}}$ $s = 3600\ \text{m}$
	ges.: v	**ges.:** s	**ges.:** t
	Lösung: $v = s : t$ $v = 200\ \text{m} : 21\ \text{s}$ $\underline{\underline{v = 9{,}52\ \frac{\text{m}}{\text{s}}}}$	**Lösung:** $s = v \cdot t$ $s = 4\ \frac{\text{m}}{\text{s}} \cdot 450\ \text{s}$ $\underline{\underline{s = 1800\ \text{m}}}$	**Lösung:** $t = s : v$ $t = 3600\ \text{m} : 20\ \frac{\text{m}}{\text{s}}$ $\underline{\underline{t = 180\ \text{s}}}$
	Antwort: Der Sprinter hat eine Geschwindigkeit von 9,52 $\frac{\text{m}}{\text{s}}$.	**Antwort:** Die Fahrradfahrerin hat eine Strecke von 1800 m zurückgelegt.	**Antwort:** Das Auto benötigt für die Strecke eine Zeit von 180 s.

5 Welche Größe wird hier gemessen?

Gleichförmige Bewegung

Betrachtest du den Lauf der Schülerin in Versuch 1 oder des Sportlers in Bild 5 genauer, so stellst du fest, dass die Geschwindigkeit nach dem Start immer größer wird.
Im Gegensatz dazu ändert das Elektroauto auf der Messstrecke seine Geschwindigkeit nicht mehr. In gleichen Zeitabschnitten legt das Elektroauto gleich lange Strecken zurück. Diese Art der Bewegung heißt gleichförmige Bewegung.

Die gleichförmige Bewegung ist ein Sonderfall der allgemeinen Bewegungen. Durch den fliegenden Start in Versuch 4 wurde erreicht, dass das Elektroauto auf der Messstrecke eine gleichförmige Bewegung ausführte.

Umrechnen von Geschwindigkeitseinheiten

Du kannst die Geschwindigkeit in $\frac{\text{m}}{\text{s}}$ oder $\frac{\text{km}}{\text{h}}$ angeben. Die Zahlenwerte stimmen dann aber nicht überein.

Willst du eine Geschwindigkeit von $\frac{\text{m}}{\text{s}}$ in $\frac{\text{km}}{\text{h}}$ angeben, so musst du den Zahlenwert der $\frac{\text{m}}{\text{s}}$-Angabe mit 3,6 multiplizieren: $10\ \frac{\text{m}}{\text{s}} = (10 \cdot 3{,}6)\ \frac{\text{km}}{\text{h}} = 36\ \frac{\text{km}}{\text{h}}$

Willst du eine Geschwindigkeit von $\frac{\text{km}}{\text{h}}$ in $\frac{\text{m}}{\text{s}}$ umwandeln, musst du den Zahlenwert der $\frac{\text{km}}{\text{h}}$-Angabe durch 3,6 dividieren: $72\ \frac{\text{km}}{\text{h}} = (72 : 3{,}6)\ \frac{\text{m}}{\text{s}} = 20\ \frac{\text{m}}{\text{s}}$.

Du kannst Geschwindigkeitseinheiten umrechnen und bei einer gleichförmigen Bewegung die Geschwindigkeit, Strecke und Zeit berechnen.

Grafische Darstellung gleichförmiger Bewegungen

METHODE

Zeichnen von Diagrammen

Aus einer Messreihe der Bewegung kannst du ein Diagramm erstellen. Dabei werden zwei Größen, die einander zugeordnet sind, grafisch dargestellt.

Zum Erstellen dieser Diagramme trägst du die gegebene Größe, in diesem Beispiel die Zeit *t*, auf der **Rechtsachse** ab. Die dazugehörige gemessene Größe, die Geschwindigkeit *v* (Bild 1) oder die Strecke *s* (Bild 2), wird auf der **Hochachse** abgetragen.
Du überträgst die Wertepaare aus einer Wertetabelle in das Diagramm und verbindest die Punkte zu einem Grafen.

1. Ⓐ
Erstelle Wertetabellen und jeweils ein *t*-*v*-Diagramm und ein *t*-*s*-Diagramm für eine gleichförmige Bewegung mit einer Geschwindigkeit von $v = 3\,\frac{m}{s}$.

Zeit-Geschwindigkeits-Diagramm für $v = 1{,}5\,\frac{m}{s}$

t in s	0	1	2	3	4
v in $\frac{m}{s}$	1,5	1,5	1,5	1,5	1,5

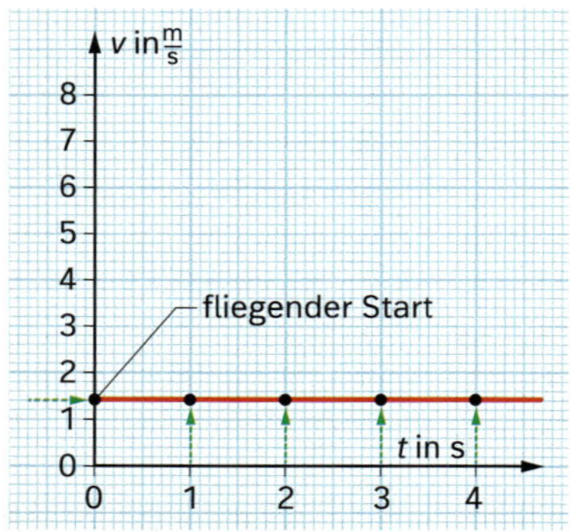

1 *t*-*v*-Diagramm

Bei der gleichförmigen Bewegung bleibt die Geschwindigkeit immer gleich. Der Graf im Zeit-Geschwindigkeits-Diagramm ist eine **Parallele zur Zeitachse.**

Zeit-Weg-Diagramm für $v = 2{,}0\,\frac{m}{s}$

t in s	0	1	2	3	4
s in m	0	2,0	4,0	6,0	8,0

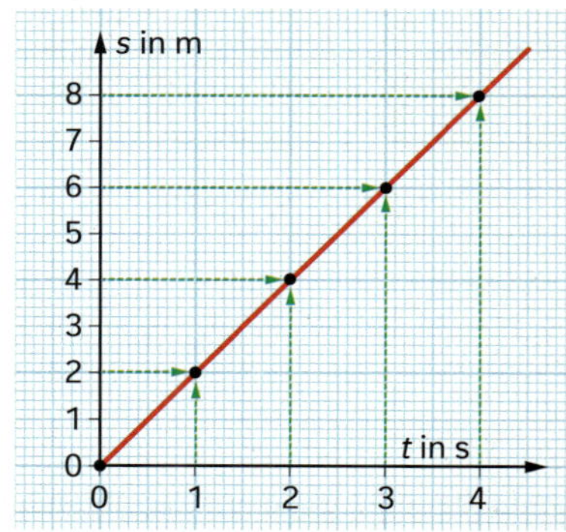

2 *t*-*s*-Diagramm

Bei der gleichförmigen Bewegung ist der zurückgelegte Weg proportional zur Zeit. Der Graf im Zeit-Weg-Diagramm ist eine **Ursprungsgerade.**

Ablesen von Werten aus einem Diagramm

Aus einem Diagramm kannst du zusammengehörige **Wertepaare** bestimmen.

So kannst du ablesen, welche Strecke im *t*-*s*-Diagramm in Bild 3 nach 2 s zurückgelegt worden ist. Dazu gehst du auf der Rechtsachse bei $t = 2$ s senkrecht nach oben, bis du den Grafen erreichst. Von diesem Punkt gehst du waagerecht zur Hochachse und kannst den dazugehörigen Wert $s = 1$ m ablesen. Der Gegenstand hat also in 2 s eine Strecke von 1 m zurückgelegt.

Du kannst auch bestimmen, welche Zeit für die Strecke $s = 3$ m benötigt wird. Auf der Hochachse gehst du bei $s = 3$ m waagerecht bis zum Grafen und dann senkrecht nach unten auf die Rechtsachse. Hier kannst du die dazugehörige Zeit $t = 6$ s ablesen. Der Gegenstand hat also 6 s für die Strecke von 3 m benötigt.

2. Ⓐ
a) Bestimme aus dem Diagramm 3 die Zeiten für die Strecken 1,5 m; 2 m; 2,5 m.
b) Bestimme die Strecken für die Zeiten 1 s; 2,5 s; 3 s.

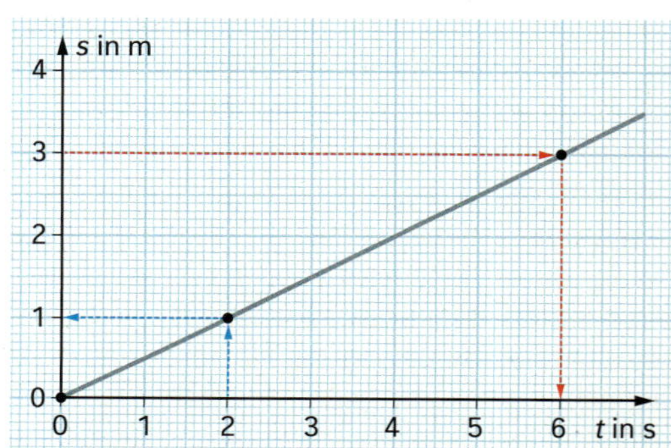

3 *t*-*s*-Diagramm

Schnell und langsam

Ein schneller Jäger
Der Gepard ist unter den Landtieren der schnellste Jäger. Nach scharfem Sprint erreicht er aus der Ruhe eine Geschwindigkeit von bis zu 120 $\frac{km}{h}$. Diese Geschwindigkeit kann er aber nicht lange beibehalten.

Hier geht's gemütlich zu!
Weinbergschnecken wie auch andere Schnecken bewegen sich sehr langsam. Eine Weinbergschnecke legt in einem ebenen Gelände durchschnittlich 7 m in 1 h zurück.

Der englische Seefahrer Sir FRANCIS BEAUFORT (1774–1857) (gesprochen: Fränzis Bohfohr) entwickelte 1806 eine Maßeinheit für Windstärken, die sich nach den Windgeschwindigkeiten richtete. Gleichzeitig beschrieb er die Wirkung des Windes an Land und auf See. Ihm zu Ehren wurde die Einheit der Windstärke Beaufort (bft) genannt.

1. Q
Recherchiere andere Landtiere, die Geschwindigkeiten von über 90 $\frac{km}{h}$ erreichen können.

2. Q
Nenne Landtiere, die sich noch langsamer bewegen als Weinbergschnecken.

3. A
Gib die Windgeschwindigkeiten aus der Tabelle für alle Windstärken in $\frac{km}{h}$ an.

4. Q
Berechne die Geschwindigkeit eines 100 m-Rekordläufers.

Windstärkenskala nach BEAUFORT

Windstärke in bft	Bezeichnung	Geschwindigkeit in $\frac{m}{s}$	Auswirkungen des Windes an Land
0	Windstille	0 – < 0,3	Rauch steigt gerade empor
1	leiser Zug	0,3 – < 1,6	Zug des Rauches erkennbar
2	leichte Brise	1,6 – < 3,4	Wind ist im Gesicht fühlbar
3	schwache Brise	3,4 – < 5,5	Zweige bewegen sich
4	mäßige Brise	5,5 – < 8,0	Staub hebt sich
5	frische Brise	8,0 – < 10,8	kleine Bäume schwanken
6	starker Wind	10,8 – < 13,9	Pfeiftöne an Drahtleitungen
7	steifer Wind	13,9 – < 17,2	Gehen wird erschwert
8	stürmischer Wind	17,2 – < 20,8	Gehen wird erheblich erschwert
9	Sturm	20,8 – < 24,5	Schäden am Haus
10	schwerer Sturm	24,5 – < 28,5	Bäume werden entwurzelt
11	orkanartiger Sturm	28,5 – < 32,7	schwere Sturmschäden
12	Orkan	> 32,7	katastrophale Verwüstungen

PINNWAND

Durchschnitts- und Momentangeschwindigkeit

1.

a) Alle 10 m bis zur 60 m-Marke steht ein Streckenposten mit Stoppuhr. Du fährst die Strecke mit dem Fahrrad und rufst beim Passieren des Streckenpostens ihm jeweils die Tachoanzeige deines Fahrrads zu. Der Streckenposten stoppt die Zeit, die vom Start bis zum Passieren vergangen ist.

b) Trage in eine Tabelle die Länge der Strecke *s*, die dazu benötigte Zeit *t* und die zugerufene Geschwindigkeit v_z ein. Berechne in der letzten Spalte die Geschwindigkeit v_b.

	s	*t*	v_z	v_b
10 m				
20 m				
:				
60 m				

c) Erkläre jeweils die Unterschiede zwischen v_z und v_b.

d) Gib an, welche Art der Geschwindigkeit du gerufen und berechnet hast.

1 Mobile Geschwindigkeitskontrolle

2.

Begründe,

a) welche Art der Geschwindigkeit der Tachometer im Auto anzeigt.

b) welche Geschwindigkeitsart bei Geschwindigkeitskontrollen gemessen wird.

c) auf welche Geschwindigkeitsart sich das Verkehrsschild in Bild 2 bezieht.

3.

a) Ein Zug fährt in Astadt um 12.48 Uhr ab und kommt nach 27 km in Estadt um 13.18 Uhr an. Berechne die Geschwindigkeit des Zuges.

b) Begründe, welche Art der Geschwindigkeit du berechnet hast.

4.

Auf einer 6 km langen Landstraße mit zugelassener Höchstgeschwindigkeit von 70 $\frac{km}{h}$ wird nach 3 km ein Autofahrer von der Polizei angehalten, weil er 20 $\frac{km}{h}$ zu schnell gefahren ist. Der Fahrer schlägt vor, die restlichen 3 km der Strecke mit 50 $\frac{km}{h}$ zu fahren, um auf der gesamten Strecke auf die geforderten 70 $\frac{km}{h}$ zu kommen. Überlege, wie du als Polizist reagieren würdest.

Durchschnittsgeschwindigkeit

Für eine 15 km lange Fahrradfahrt hast du eine Zeit von 1 h benötigt. Damit beträgt die Geschwindigkeit 15 $\frac{km}{h}$. Dein Fahrradcomputer hat während der Fahrt aber ganz andere Werte angezeigt: 11 $\frac{km}{h}$, 19 $\frac{km}{h}$, 23 $\frac{km}{h}$. Wie ist dieser scheinbare Widerspruch zu erklären?

Berechnest du die Geschwindigkeit *v*, indem du die Gesamtstrecke *s* durch die benötigte Gesamtzeit *t* dividierst, so erhältst du die **Durchschnittsgeschwindigkeit.** Sie gibt an, mit welcher konstanten Geschwindigkeit du die Strecke von 15 km hättest fahren müssen, um sie in der Zeit von 1 h zu bewältigen.

2 Was wird gemessen?

Momentangeschwindigkeit

Das Display deines Fahrradcomputers zeigt während der Fahrt unterschiedliche Geschwindigkeitswerte an. Er zeigt die **Momentangeschwindigkeit** an. Das ist die Geschwindigkeit, die du im Moment der Messung erreicht hast. So zeigen auch die Tachometer bei Autos oder Motorrädern die Momentangeschwindigkeit an.

Ist die Momentangeschwindigkeit zu jedem Zeitpunkt so groß wie die Durchschnittsgeschwindigkeiten der Bewegung, dann handelt es sich um eine **gleichförmige Bewegung.** Das ist beispielsweise bei einem Förderband oder Skilift der Fall.

Du kannst den Unterschied zwischen Momentan- und Durchschnittsgeschwindigkeit erläutern.

Basiskonzepte S. 63

Die Geschwindigkeit zwischen zwei Punkten

1. V

a) Baue eine mindestens 2 m lange Versuchsstrecke mit regelmäßigen Abstandsmarkierungen auf. Bewege ein Spielzeugauto über die Strecke. Erstelle davon ein Video, zum Beispiel mit deiner Handy-Kamera. Entnimm dem Video, zu welchen Zeitpunkten die Markierungen durchfahren wurden.

b) Berechne jeweils die Geschwindigkeit zwischen den Punkten.

2. A

Für einen Experimentierwagen wurden auf einer Versuchsstrecke Messwerte ermittelt:

Strecke in m	0	1	2	3	4
Zeit in s	0	3	4	6	7

a) Erstelle ein t-s-Diagramm. Zeichne Steigungsdreiecke zwischen allen benachbarten Punkten ein.

b) Berechne die Geschwindigkeiten zwischen den Punkten und vergleiche sie.

3. A

Yusuf nimmt an einem Wettkampf für Mountainbiker teil. Die vierte Runde beendet er um 9:12.57, die fünfte Runde um 9:34.42. Berechne seine Geschwindigkeit in der fünften Runde bei einer Rundenlänge von 7308 m.

4. A

Interpretiere das Zeit-Weg-Diagramm aus Bild 1. Schreibe dazu eine Kurzgeschichte.

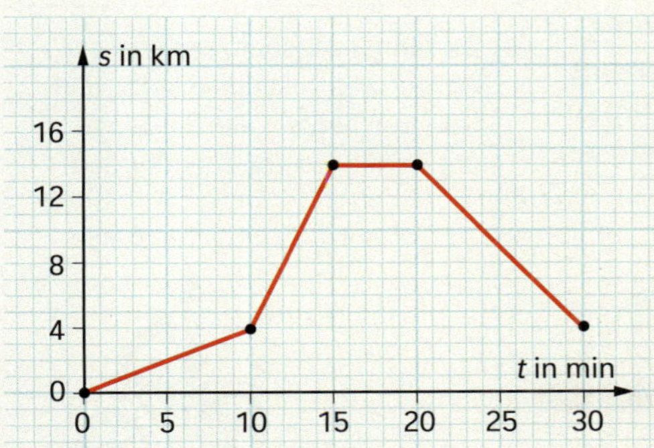

1 Zeit-Weg Diagramm

2 Unterwegs auf der Autobahn

Die Abschnittsgeschwindigkeit

Fährst du in einem Auto auf eine Autobahn, kannst du deinen Ort an den Kilometertafeln erkennen. Die Geschwindigkeit zwischen zwei Anschlussstellen berechnest du aus deren Entfernung und der Zeitspanne dieser Fahrt. Für eine Fahrt über die Rheintal-Autobahn notierst du:

Ausfahrt Offenburg:	Kilometer: 699	8:29 Uhr
Ausfahrt Freiburg Mitte:	Kilometer: 754	8:59 Uhr

Du kannst die Geschwindigkeit zwischen zwei Punkten berechnen, indem du die Länge des Streckenabschnitts durch den Wert der Zeitspanne dividierst.

$$v = \frac{\Delta s}{\Delta t}$$

HINWEIS
Den griechischen Buchstaben Δ (gesprochen „Delta") verwendest du für Differenzen von Werten.

Für die Fahrt auf der Autobahn kannst du die Geschwindigkeit berechnen:

Streckenlänge Δs	Zeitspanne Δt	Geschwindigkeit v
$\Delta s = s_{Ende} - s_{Anfang}$	$\Delta t = t_{Ende} - t_{Anfang}$	$v = \frac{\Delta s}{\Delta t}$
$\Delta s = 754\ km - 699\ km$	$\Delta t = 8{:}59\ h - 8{:}29\ h$	$v = \frac{55\ km}{0{,}5 h}$
$\Delta s = 55\ km$	$\Delta t = 30 min = 0{,}5\ h$	$v = \frac{110\ km}{h}$

Die Momentangeschwindigkeit

Wird die Zeitspanne Δt sehr klein, dann berechnest du mit der Formel die **Momentangeschwindigkeit** zwischen zwei naheliegenden Punkten.

Du kannst die Berechnung der Geschwindigkeit als Quotient aus Strecke und Zeitspanne erläutern und anwenden.

Von Hundert auf Null – das dauert!

1. V
a) Halte ein Lineal am oberen Ende so, dass sich das andere Ende zwischen Daumen und Zeigefinger einer Mitschülerin befindet. Lass das Lineal los, die Mitschülerin versucht es zu fassen.
b) Wiederhole den Versuch mit anderen Schülern. Erkläre die unterschiedlichen Ergebnisse.

2. A
Nenne Faktoren, die die Reaktionszeit verlängern.

3. Q
Nenne Folgen, die verlängerte Reaktionszeiten am Arbeitsplatz und im Straßenverkehr haben.

4. V
a) Fahre mit dem Fahrrad auf dem Schulhof. Führe eine Vollbremsung an einer vorher markierten Stelle durch. Halte dabei die Spur!
b) Führe den Versuch mit verschiedenen Geschwindigkeiten durch und vergleiche die Längen der Bremswege.
c) Wiederhole die Versuche auf anderen Untergründen.

5. A
Gib Ursachen an, die den Bremsweg verlängern.

6. A
Nenne Folgen, die ein längerer Bremsweg im Straßenverkehr hat.

7. A
Ein Radfahrer hat eine Reaktionszeit von 1 s. Lies aus dem Diagramm in Bild 3 die Anhaltewege ab und erkläre sie.

Bremsweg und Reaktionsweg

Das war knapp! Anhand der Bremsspuren kannst du deutlich erkennen, dass die Autos beim Bremsen noch einen bestimmten Weg zurückgelegt haben. Dieser Weg ist der **Bremsweg.**

1 Hohe Geschwindigkeiten sind gefährlich!

Die Länge des Bremsweges ist von der Geschwindigkeit und dem Wirkungsgrad der Bremsen abhängig. Bei doppelter Geschwindigkeit ist der Bremsweg mehr als doppelt so lang. Neben der Geschwindigkeit und dem Wirkungsgrad hängt seine Länge auch vom Untergrund und vom Zustand der Reifen ab.
Bevor der Fahrer bremst, muss er auf die Gefahrensituation reagieren. Die Zeit, die er zur Reaktion braucht, ist die **Reaktionszeit.** Sie liegt zwischen 0,3 s und 1 s. In dieser Zeit legt das Fahrzeug ungebremst den **Reaktionsweg** zurück. Erst nach der Reaktionszeit beginnt der Fahrer zu bremsen.

Anhalteweg und Sicherheitsabstand

Reaktionsweg und Bremsweg zusammen ergeben den **Anhalteweg.** Diesen Weg legst du insgesamt noch zurück, wenn du die Gefahr erkannt hast und dann kräftig bremst. Deshalb muss ein Verkehrsteilnehmer im Straßenverkehr einen ausreichenden **Sicherheitsabstand** zum vorausfahrenden Fahrzeug haben. Als Faustformel für diesen Sicherheitsabstand gilt:

> Abstand = halbe Tachoanzeige in m

Bei einer Geschwindigkeit von 100 $\frac{km}{h}$ ist das ein Abstand von 50 m.

2 Ausreichend Abstand halten!

> Du kannst angeben, wie sich der Anhalteweg zusammensetzt, und Faktoren nennen, die die Länge des Anhalteweges beeinflussen.

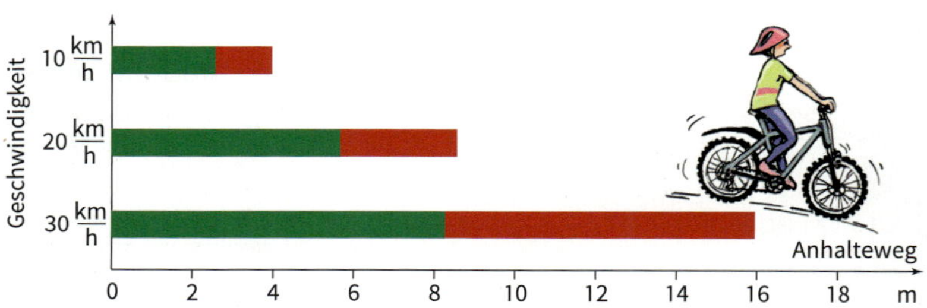

3 Unterschiedliche Reaktionswege und Bremswege eines Fahrradfahrers

Der Reaktionszeitmesser

Reaktionszeit messen
Ein Glas wird versehentlich angestoßen. Doch bevor es auf dem Fußboden zerspringt, kann Anton es gerade noch rechtzeitig auffangen. Er hat eine kurze Reaktionszeit. Deine eigene Reaktionszeit kannst du mit einem Reaktionszeitmesser (RZM) messen.

Reaktionszeitmesser bauen
Du benötigst:
- einen Pappstreifen, circa 35 cm lang
- Stifte, eine Schere

Zeichne am unteren Ende des Pappstreifens einen dicken farbigen Strich und ganz oben einen farbigen Punkt.
Markiere den Pappstreifen im vorgegebenen Abstand.

Abstand von der Anfangsmarkierung	Beschriftung unterhalb
33,2 cm	0,26s
30,7 cm	0,25s
28,3 cm	0,24s
25,9 cm	0,23
23,7 cm	0,22s
21,6 cm	0,21s
19,9 cm	0,20s
17,7 cm	0,19s
15,9 cm	0,18s
14,2 cm	0,17s
12,6 cm	0,16s
11,0 cm	0,15s
9,6 cm	0,14s
8,3 cm	0,13s
7,1 cm	0,12s
5,9 cm	0,11s
0 cm	

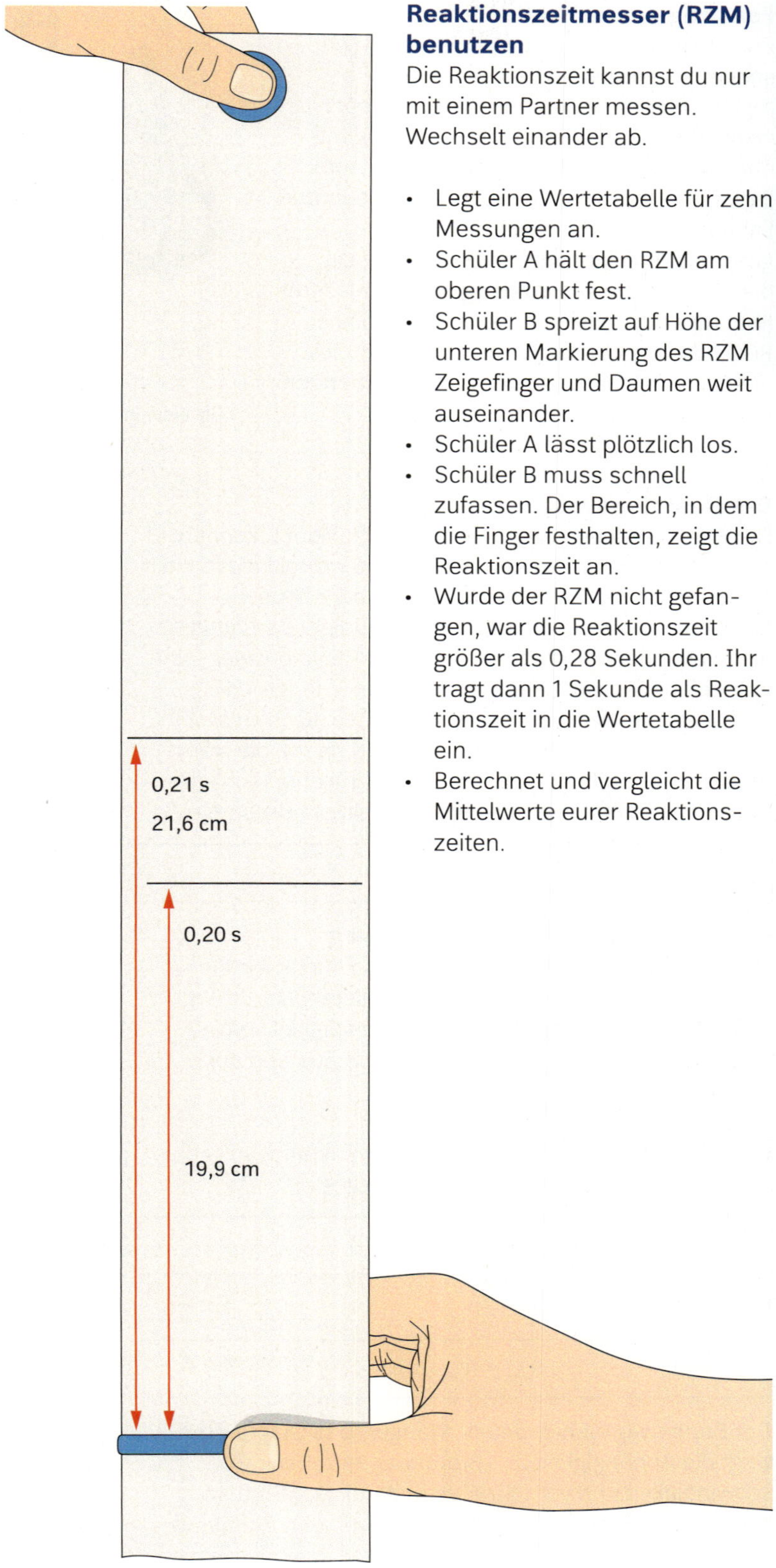

Reaktionszeitmesser (RZM) benutzen
Die Reaktionszeit kannst du nur mit einem Partner messen. Wechselt einander ab.

- Legt eine Wertetabelle für zehn Messungen an.
- Schüler A hält den RZM am oberen Punkt fest.
- Schüler B spreizt auf Höhe der unteren Markierung des RZM Zeigefinger und Daumen weit auseinander.
- Schüler A lässt plötzlich los.
- Schüler B muss schnell zufassen. Der Bereich, in dem die Finger festhalten, zeigt die Reaktionszeit an.
- Wurde der RZM nicht gefangen, war die Reaktionszeit größer als 0,28 Sekunden. Ihr tragt dann 1 Sekunde als Reaktionszeit in die Wertetabelle ein.
- Berechnet und vergleicht die Mittelwerte eurer Reaktionszeiten.

Faustregeln im Straßenverkehr

Faustregeln – schnelle Helfer

Endlich hat die Schule begonnen – die Fahrschule. Hier lernst du neben den Verkehrsregeln und den Bedeutungen der Verkehrszeichen auch den technischen Umgang mit dem Moped, dem Motorrad oder dem Auto. Besonders wichtig ist aber, vorausschauendes Fahren und den verantwortungsvollen Umgang mit dem Fahrzeug zu erlernen. Dazu dienen auch einige **Faustregeln**, mit deren Hilfe du schnell die ungefähre Länge deines Reaktionsweges, des Bremsweges und des richtigen Abstandes zu dem vor dir fahrenden Fahrzeug bestimmen kannst.

1 Die erste Fahrstunde!

Der Reaktionsweg

Der Reaktionsweg ist die Strecke, die du vom Erkennen der Gefahr bis zum Wirken der Bremsen zurücklegst. Viele Faktoren wie der Genuss von Alkohol oder Drogen, Einnahme von Medikamenten oder Müdigkeit verlängern die Reaktionszeit und damit auch den Reaktionsweg. Eine mangelnde Wartung der Bremsanlage verlängert die Bremsansprechzeit und führt dazu, dass die Bremswirkung zu spät einsetzt. Für die Strecke *s* (in m), die während der normalen Reaktions- und Bremsansprechzeit noch ungebremst zurückgelegt wird, gilt als Faustregel:

$$s_{\text{in m}} = v_{\text{in}\,\frac{\text{km}}{\text{h}}} \cdot \frac{3}{10}$$

Der Bremsweg und der Anhalteweg

Der Bremsweg ist die Strecke, die das Fahrzeug vom Beginn der Bremswirkung bis zum Stillstand zurücklegt. Seine Länge hängt neben der Geschwindigkeit vom Straßen- und Reifenzustand sowie vom Zustand der Bremsanlage ab.

a) Sind Auto und Straße in optimalem Zustand, so gilt als Faustregel für die Länge des Bremsweges:

$$s_{\text{in m}} = (v_{\text{in}\,\frac{\text{km}}{\text{h}}} : 10)^2 : 2$$

b) Bei nasser Straße gilt:

$$s_{\text{in m}} = (v_{\text{in}\,\frac{\text{km}}{\text{h}}} : 10)^2$$

Der Bremsweg ist hier deutlich länger. Das Diagramm zeigt die Abhängigkeit des Bremsweges von der Geschwindigkeit und vom Straßenzustand. Der Bremsweg ergibt zusammen mit dem Reaktionsweg den Anhalteweg.

Der Abstand der Fahrzeuge außerhalb geschlossener Ortschaften

Der Sicherheitsabstand *s* zum vorausfahrenden Fahrzeug muss wegen der Reaktionszeit des Fahrers ausreichend groß sein. Bei einer angenommenen Reaktionszeit von 1 s gilt als Faustregel:

Sicherheitsabstand = halbe Tachoanzeige in m

$$s_{\text{in m}} = v_{\text{in}\,\frac{\text{km}}{\text{h}}} : 2$$

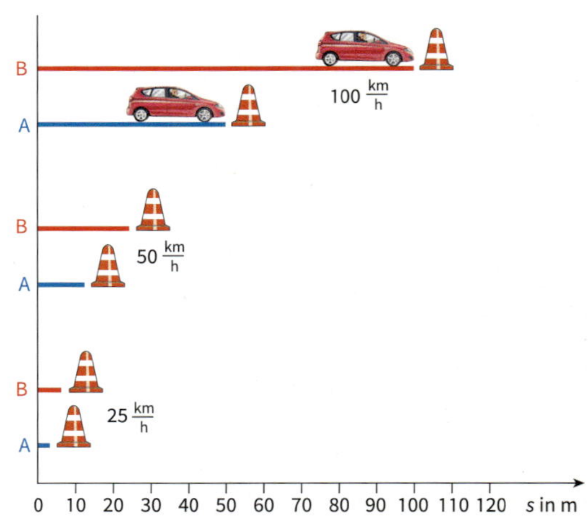

2 Bremsweg: **A** bei optimalen Bedingungen, **B** bei nasser Straße

Geschwindigkeitserfassung am Fahrzeug

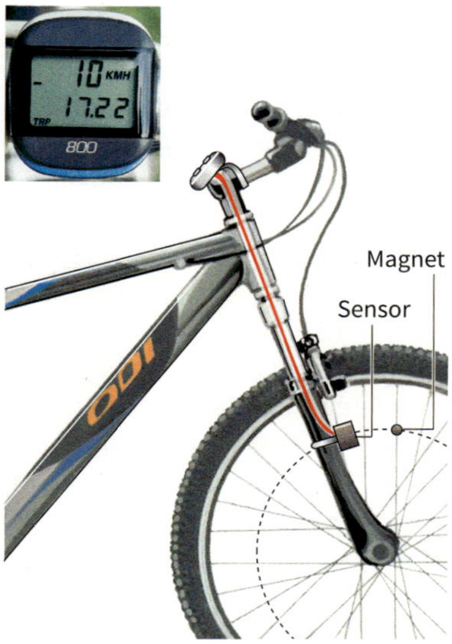

1 Hier geht´s beim Messen rund.

Funktion eines Fahrradcomputers

Ein kleiner Magnet wird an einer Speiche des Vorderrades befestigt. Ein Sensor wird an der Vorderradgabel so angebracht, dass der Magnet an ihm vorbeigeführt wird. In diesem Sensor wird durch den vorbeistreichenden Magneten bei jeder Radumdrehung eine Spannung erzeugt, die an den Computer weitergegeben wird. Dieser befindet sich am Lenker des Fahrrads und wird durch eine Batterie oder eine Solarzelle mit Energie versorgt. Im Computer ist der Radumfang gespeichert.

Ermittlung der Geschwindigkeiten

Durch Multiplikation des Radumfangs mit der Anzahl der vom Sensor erhaltenen Impulse berechnet der Computer die gefahrene Strecke. Außerdem wird die Fahrzeit gemessen. Der Computer berechnet aus dem Radumfang und der zu einer Radumdrehung benötigten Zeit die Momentangeschwindigkeit. Aus der zurückgelegten Strecke und der Gesamtfahrtzeit wird die Durchschnittsgeschwindigkeit berechnet. Alle Daten werden ständig aktualisiert und können abgerufen werden.

Erfassungssysteme für Lastkraftwagen und Busse

In neuen Lastkraftwagen mit mehr als 3,5 t Gesamtmasse und in Bussen werden elektronische Erfassungssysteme, **digitale Tachografen,** als Speichergerät eingesetzt. Sie speichern die Daten für jedes Fahrzeug über einen Zeitraum von mindestens 365 Tagen. Weiter werden Chipkartenleser eingebaut, in denen der Fahrer seine Chipkarte mit seinen persönlichen Daten eingibt. Speichergerät und Chipkartenleser sind miteinander verbunden.
Auf der Chipkarte werden alle wichtigen Informationen wie Identifizierungscode des Lesegeräts, Fahrzeug-Identifizierungsnummer, Beginn, Ende und Datum der Fahrt sowie Fahrtunterbrechungen gespeichert. Die gefahrene Geschwindigkeit wird alle 5 s gemessen und aufgezeichnet. Die gespeicherten Daten können bei Kontrollen ausgedruckt werden. Dabei lässt sich überprüfen, ob die gesetzlich vorgeschriebenen Lenkzeiten, Pausen und Höchstgeschwindigkeiten eingehalten worden sind. Die Daten werden frühestens nach 28 Tagen von der Karte gelöscht.

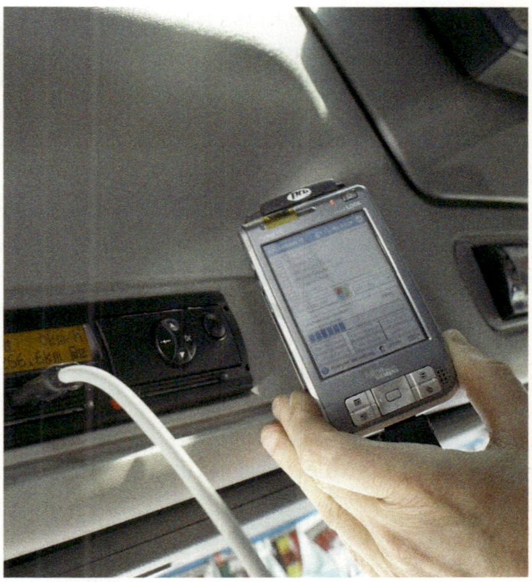

2 Lenkzeitkontrolle

3 Digitaler Tachograf

Datenverarbeitung und -übermittlung mit GPS

Laut Gesetz ist der Fahrzeughalter verpflichtet, mindestens alle 90 Tage die Daten der digitalen Tachografen auszulesen. Dazu müsste der Lkw zur Spedition, was mit langen Wartezeiten verbunden sein kann. Die Daten können aber auch über einen GPS-Sender, beispielsweise während der Fahrt, der Spedition übermittelt werden.
Dank des eingebauten GPS-Senders kann auch die aktuelle Position des Wagens festgestellt werden. So kann bei einem neuen Auftrag die Spedition den Wagen mit der kürzesten Anfahrt zum Kunden schicken. Bei Diebstahl des Wagens kann er dank eingeschaltetem GPS leichter wieder gefunden werden.

Bewegungsenergie steigt schneller als die Geschwindigkeit

1. Q

a) Informiere dich über die Bedeutung des Verkehrsschildes in Bild 1.

b) Diskutiert in der Klasse, wie sich ein Fahrzeugführer im Geltungsbereich dieses Verkehrsschildes zu verhalten hat.

c) Begründe, dass die Geschwindigkeitsbegrenzung hier für alle Fahrzeuge gilt.

2. V

a) Fülle eine etwa 30 cm hohe Pappröhre vollständig mit lockerer Watte und stelle sie auf den Boden. Lass eine größere Stahlkugel aus unterschiedlichen Höhen auf die Watte fallen. Nach jedem Versuch muss die Watte wieder aufgelockert werden. Miss jeweils die Fallhöhe und wie weit die Kugel die Watte in der Röhre zusammengedrückt hat.

b) Erkläre die Ergebnisse. Benutze dazu die Begriffe Geschwindigkeit, Bewegungsenergie und Verformungsenergie.

3. A

a) Übertrage deine Erkenntnisse auf Zusammenstöße zwischen zwei Autos sowie zwischen Auto und Fußgänger.

b) Erläutere dabei den Einfluss der Geschwindigkeit der Fahrzeuge.

4. A

Zwei Autos fahren auf einer Straße hintereinander. Das erste Auto muss plötzlich bremsen. Beschreibe die Energieumwandlungen

a) bei einem ausreichenden Sicherheitsabstand,

b) bei einem zu geringen Sicherheitsabstand des zweiten Autos.

Angepasste Geschwindigkeit

In der Fahrschule kannst du den Zusammenhang zwischen Geschwindigkeit und Anhalteweg praktisch erfahren: Je höher deine Geschwindigkeit ist, desto länger ist der Anhalteweg. Nur bei angepasster Geschwindigkeit kannst du in gefährlichen Situationen dein Mofa noch vor der Gefahrenquelle anhalten können.

1 Hier musst du ganz langsam und vorsichtig fahren.

Die Energie nimmt stärker zu als die Geschwindigkeit

Verdoppelst du beim Fahrradfahren deine Geschwindigkeit, so wird deine **Bewegungsenergie** nicht doppelt, sondern vierfach so groß. Verdreifachst du deine Geschwindigkeit, so steigt die Bewegungsenergie auf das Neunfache. Die Bewegungsenergie wächst quadratisch im Vergleich zur Geschwindigkeit.

2 Ein Dummy klagt nicht.

Bewegungsenergie in Wärme

Willst du dein Fahrzeug verlangsamen oder zum Stillstand bringen, musst du die Geschwindigkeit verringern. Dazu muss Bewegungsenergie in eine andere Form von Energie umgewandelt werden.

So wird beim Bremsen Bewegungsenergie in Wärme umgewandelt. Je stärker du bremst, desto schneller nimmt deine Geschwindigkeit ab. Deshalb werden die Bremsen dabei heißer. Verzögerst du dein Fahrzeug auf die halbe Geschwindigkeit, so wird $\frac{3}{4}$ der anfangs vorhandenen Bewegungsenergie in Wärme umgewandelt. Verzögerst du auf $\frac{1}{3}$ der Anfangsgeschwindigkeit, so werden $\frac{8}{9}$ der Bewegungsenergie in Wärme umgewandelt.

Bewegungsenergie in Wärme und Verformungsenergie

Taucht bei deiner Fahrt plötzlich ein Hindernis auf, so versuchst du durch Bremsen dein Fahrzeug vor dem Hindernis zum Stillstand zu bringen. Das gelingt aber bei zu geringem Sicherheitsabstand nicht. Jetzt wird der Teil der Bewegungsenergie, der noch nicht durch das Bremsen in Wärme umgewandelt worden ist, zu **Verformungsenergie**. Diese wirkt auf das Fahrzeug mit Fahrer. Es entstehen Verformungen. Beim Menschen können Knochen gebrochen und innere Organe gequetscht werden.

Du kannst das Verhältnis von Bewegungsenergie und Geschwindigkeit nennen. Du kannst die Energieumwandlungen von Autos im Straßenverkehr beschreiben.

Basiskonzepte S. 63

Berufe rund um das Kraftfahrzeug

Kraftfahrzeugmechatronikerinnen und -mechatroniker
warten und reparieren Kraftfahrzeuge. Auch die Ausrüstung mit Zusatzsystemen sowie der Einbau von Sonderausstattungen und Zubehörteilen gehören zu ihren Aufgaben. Neben einer Spezialisierung auf Personenkraftwagen können sich Kraftfahrzeugmechatronikerinnen und -mechatroniker auf Nutzfahrzeuge, Motorradtechnik und Fahrzeugkommunikationstechnik spezialisieren. Die Ausbildung dauert dreieinhalb Jahre.

Fahrlehrerinnen und -lehrer
haben nach einer abgeschlossenen Ausbildung eine Weiterbildung absolviert. Sie arbeiten meistens in Fahrschulen und geben theoretischen und praktischen Unterricht im Führen von Fahrzeugen verschiedener Fahrzeugklassen.

1.
Finde zwei Betriebe in deiner Nähe, die zur Kraftfahrzeugmechatronikerin oder zum Kraftfahrzeugmechatroniker ausbilden.

2.
Informiere dich über Pannenhilfsdienste.

3.
Informiere dich über die Dauer der Weiterbildung zum Beruf der Fahrlehrerin oder des Fahrlehrers.

4.
Informiere dich über die Weiterbildungsmöglichkeiten zur Kraftfahrzeugsachverständigen oder zum -sachverständigen.

Pannendienstfahrerin oder -fahrer
sind bei Abschlepp- oder Pannendiensten beschäftigt. Sie helfen bei Autopannen, machen liegen gebliebene Fahrzeuge wieder betriebsbereit oder veranlassen das Abschleppen. Üblicherweise haben sie eine kraftfahrzeugtechnische Ausbildung.

Vereidigte Kraftfahrzeugsachverständige
haben eine Weiterbildung im Bereich Fahrzeugtechnik absolviert und eine amtliche Anerkennung. Bei technischen Prüfstellen und Überwachungsvereinen (TÜV) bewerten Sachverständige den Zustand von Fahrzeugen. Sie analysieren die Ursachen von Verkehrsunfällen und arbeiten mit der Polizei sowie mit Gerichten zusammen.

PINNWAND

Basiskonzepte S. 63

SIR ISAAC NEWTON – ein Interview

1 ISAAC NEWTON (1643–1727)

Wir befinden uns in einem Arbeitszimmer der königlichen Münze zu London. Soeben betritt SIR ISAAC NEWTON den Raum. Unser Reporter wird versuchen, diesen berühmten Physiker zu interviewen.

► SIR ISAAC, darf ich Ihnen für die Hörer des Radios „Erlebnis“ einige Fragen stellen?
Aber nur kurz, junger Mann, ich habe viel zu tun.

► Es wird behauptet, Sie seien ein Workaholic.
Ich habe nichts gegen Wein und Gesang, alles zu seiner Zeit. Nichtstun ist für mich verlorene Zeit.

► Erzählen Sie unseren Hörern von Ihrer Kindheit.
Ich wurde Anfang 1643 in Woolsthorpe als Bauernsohn geboren. Mein Vater starb aber kurz nach meiner Geburt; ich wuchs bei meiner Großmutter auf. Studiert habe ich in Cambridge.

► Wollten Sie nicht den väterlichen Hof übernehmen?
Mich interessierten Mathematik und Physik mehr als Apfelernte oder Viehzucht.

► Ein Apfel hat Sie in aller Welt bekannt gemacht.
Diese Apfelgeschichte war ein prima Gag, davon werden die Leute in vierhundert Jahren noch erzählen. Und zwar immer im Zusammenhang mit dem von mir entdeckten Gravitationsgesetz.

► Das war aber nicht die einzige Gesetzmäßigkeit, die von Ihnen entdeckt und formuliert wurde.
Da ist das Trägheitsgesetz. Alle Körper bleiben in ihrem Bewegungszustand, wenn nicht eine weitere Kraft auf sie wirkt. Weiter habe ich entdeckt, dass die Kraft, die auf einen Körper wirkt, das Produkt ist aus der trägen Masse des Körpers und der Beschleunigung, die dieser Körper erfährt. Als dritte Erkenntnis fand ich, dass jeder Kraft eine gleich große Kraft entgegen wirkt. Haben Sie das alles verstanden, junger Mann?

► Nun ja, ... hm, Sie haben aber auch auf dem Gebiet der Optik geforscht.
Die Berechnung der Lichtbrechung, Spektralfarben und ihre Erklärung, der Bau eines Spiegelteleskops, mit dem ich die Jupitermonde entdeckte. Das waren schon faszinierende Gebiete der Optik. Außerdem entwickelte ich das Teilchenmodell des Lichtes.

► Hat es denn in Ihrem Leben keine Rückschläge gegeben?
Auch die gab's. Der Streit mit LEIBNIZ – wohnte der nicht in Hannover? – wegen meiner neuen Berechnungsart, der Methode der Fluxionen. LEIBNIZ meinte, er habe mit seiner Differentialrechnung zuerst die entscheidende Idee gehabt. Dann habe ich einen bösen finanziellen Rückschlag erlitten. Beim Börsencrash der SOUTH SEA TRADING COMPANY habe ich durch leichtsinnige Spekulation 20000 Pfund verloren – eine Summe, die hundert Mägde nicht zusammen in ihrem ganzen Leben verdienen können. Wissen Sie, ich kann die Bewegung eines Körpers messen, aber nicht die menschliche Dummheit.

► Was ist Ihr größter Wunsch für Ihre Zukunft?
Zeit, Zeit, Zeit.

► Sir Isaac, Sie haben unseren Zuhörern durch Ihre Ausführungen viele Anregungen gegeben, sich weiter mit Ihren physikalischen Erkenntnissen zu beschäftigen. Dafür danke ich Ihnen – auch im Namen der Hörerinnen und Hörer.
Nichts zu danken, junger Mann.

2 NEWTONS Sarkophag in der Westminster Abbey in London

Inschrift auf dem Sarkophag:
Nature and Nature's law
lay hid in night.
God said "Let Newton be!"
and all was light.

Newtons Gesetze der Mechanik – überall

Newtons Gesetze beeinflussen eine Rakete

Isaac Newton formulierte im ersten Grundgesetz das **Trägheitsgesetz.** Es besagt, dass jeder Körper in seinem Bewegungszustand bleibt, wenn keine Kraft auf ihn wirkt. Diese Gesetzmäßigkeit kannst du beim Flug einer Rakete, die sich in der Schwerelosigkeit bewegt, erkennen.

Die Rakete Ariane 5 besteht aus zwei Stufen, die nacheinander gezündet werden. Die Hauptstufe entwickelt zusammen mit den Boostern eine Schubkraft F_S von über 12,5 Mio. N. Dadurch erreicht die Rakete eine Geschwindigkeit von 6,6 $\frac{km}{s}$. Schon 140 s nach dem Start sind die Booster ausgebrannt und schweben an Fallschirmen zur Erde. Die Hauptstufe wird in 180 km Höhe abgesprengt. Die Rakete hat jetzt weniger als 5 % ihrer Startmasse. Sie würde sich mit 6,6 $\frac{km}{s}$ weiter bewegen, wenn keine Kraft auf sie wirken würde.
Jetzt wird aber die Oberstufe gezündet. Sie beschleunigt die kleinere Masse innerhalb von 19,5 min auf eine Geschwindigkeit von 7,9 $\frac{km}{s}$. Diese Geschwindigkeit hat jetzt auch der Satellit. Er wird nun ohne weiteren Antrieb ausgesetzt und umkreist die Erde.

Beim Raketenflug findet auch Newtons zweites Grundgesetz, das **Kraftgesetz** $F = m \cdot a$ Anwendung. Durch den verbrannten und ausgestoßenen Treibstoff wird die Masse m der Rakete geringer. Dadurch wird bei gleichbleibender Schubkraft F die Beschleunigung a der Rakete bis zum Brennschluss immer größer und zwar in dem Maße, wie die Masse abnimmt.

Massen werden unterschiedlich stark beschleunigt

Eine Masse von 1 kg wird auf der Erde, dem Mond und anderen Himmelskörpern mit unterschiedlichen Kräften angezogen. Sie erfährt durch die Himmelskörper unterschiedliche Beschleunigung. Die Tabelle gibt die Gewichtskraft F einer Masse m = 1 kg auf dem jeweiligen Planeten an.

Planet	Kraft F in N
Merkur	3,60
Mars	3,76
Saturn	11,20
Jupiter	26,00

Sogar auf der Erde können sich für gleiche Massen unterschiedliche Gewichtskräfte ergeben. Die Fallbeschleunigung, die ein Körper am Äquator erfährt, beträgt etwa 9,78 $\frac{m}{s^2}$, am Nordpol beträgt sie etwa 9,83 $\frac{m}{s^2}$, an einem Ort auf der geografischen Breite von 45° etwa 9,81 $\frac{m}{s^2}$. Die Ursache dafür ist die Abflachung der Erde an den Polen. Dadurch erfahren die Massen unterschiedliche Anziehungskräfte. Sie haben damit auch unterschiedliche Gewichtskräfte.
Setzt du den Wert der Beschleunigung jeweils in die Gleichung $F = m \cdot a$ ein, so erhältst du für eine Masse m = 1 kg eine Gewichtskraft F am Äquator von 9,78 kg $\cdot \frac{m}{s^2}$ = 9,78 N, am Nordpol von 9,83 N und auf der geografischen Breite von 45° eine Kraft von 9,81 N.
Bei vielen Vorgängen wie Rückstoß der Rakete oder Messen mit dem Kraftmesser erkennst du das dritte newtonsche Grundgesetz: Zu jeder Kraft gibt es eine gleich große Gegenkraft. Diesen Zusammenhang beschrieb Newton mit den Worten **actio = reactio.**

1. Berechne die Gewichtskraft, die ein Astronaut mit einer Masse von 70 kg erfährt.

2. Erkläre die Fortbewegung von Quallen mithilfe des dritten Newtonschen Gesetzes.

1 Ariane 5

Höhe der Rakete: 59 m
Masse: 775 t
Höhe der Hauptstufe: 31 m
Masse der Hauptstufe: 171 t
Masse der beiden Booster: 540 t

Du kannst die drei Grundgesetze der Mechanik angeben.

Basiskonzepte S. 63

Die gleichmäßig beschleunigte Bewegung

1 Der Fallrinnenversuch von Galileo Galilei

1.

a) Baut eine Fallrinne wie in Bild 1 auf. Stellt ein Metronom auf 60 Schläge pro Minute ein. Positioniert euch auf beiden Seiten der Fallrinne. Übernehmt den Takt des Metronoms, in dem ihr mit euren Zeigefingern auf die Fallrinne klopft.

b) Im Takt des Metronoms lasst ihr die Kugel los. Mit den Zeigefingern markiert ihr möglichst genau die Orte der Kugel während der Taktschläge. Markiert diese Position auf der Fallrinne.

c) Übertrage die Tabelle in dein Heft. Miss die gerollten Strecken *s* und trage die Werte in die Tabelle ein.

Abschnitt	1	2	3	4	5
Δs					
Δt	1 s	1 s	1 s	1 s	1 s
$v = \frac{\Delta s}{\Delta t}$ in $\frac{m}{s}$					

d) Berechne die fehlenden Werte in der Tabelle.

2.

a) Vergleiche die berechneten Momentangeschwindigkeiten *v* aus Versuch 1. Beschreibe, was dir auffällt.

b) Zeichne zu der Messreihe ein *t*-*v*-Diagramm.

c) Beschreibe den mathematischen Zusammenhang, den du zwischen der Momentangeschwindigkeit *v* des Körpers und der dazu gehörigen Zeit *t* erkennst.

3.

a) Bestimme anhand des Diagramms aus Aufgabe 2 die Momentangeschwindigkeit des Körpers nach 1 s, 2 s, 3 s … und trage die Werte in eine Tabelle ein.

t in s	1	2	3	4	5	6	7	8
v in $\frac{m}{s}$								
Δv in $\frac{m}{s}$								
$\frac{\Delta v}{\Delta t}$ in $\frac{m}{s^2}$								

b) Bestimme Δv von Sekunde zu Sekunde. Beschreibe, was dir auffällt. Benenne die Größe $\frac{\Delta v}{\Delta t}$.

c) Beschreibe den Verlauf des Graphen, wenn die Beschleunigung kleiner oder größer ist als in Versuch 1.

d) Begründe, warum es nicht sinnvoll ist, die Tabelle beliebig fortzusetzen.

e) Berechne, welche Geschwindigkeit der Körper nach 9 s hat.

4.

a) Erstelle mit den Messwerten aus Versuch 1 ein *t*-*s*-Diagramm.

b) Formuliere den mathematischen Zusammenhang zwischen *t* und *s*.

5.

a) Ermittle den Wert des Quotienten $\frac{s}{t^2}$ aus Aufgabe 4.

b) Vergleiche den Quotienten mit der Beschleunigung $\frac{\Delta v}{\Delta t}$ aus der Tabelle in Aufgabe 3.

c) Berechne, welche Strecke der Körper aus Versuch 1 bei gleicher Beschleunigung *a* nach 9 s zurücklegt.

6.

Zum Start beschleunigt ein Passagierflugzeug in 36 s von Null auf 280 $\frac{km}{h}$. Nach 16 Minuten Flugzeit wird eine Reisegeschwindigkeit von 830 $\frac{km}{h}$ erreicht. Vergleiche die Geschwindigkeitänderung $\frac{\Delta v}{\Delta t}$ in der Startphase mit $\frac{\Delta v}{\Delta t}$ in der ersten Flugphase.

Bestimmung der Beschleunigung

Willst du mit dem Mofa aus dem Stand eine bestimmte Geschwindigkeit erreichen, musst du dein Mofa beschleunigen. Dabei nimmt die Geschwindigkeit in jeder Sekunde zu. Du führst eine **beschleunigte Bewegung** aus. Die Geschwindigkeitszunahme pro Sekunde wird **Beschleunigung *a*** genannt. Bleibt die Beschleunigung während des ganzen Beschleunigungsvorganges gleich groß, liegt eine **gleichmäßig beschleunigte Bewegung** vor.

Zur Bestimmung der Beschleunigung kannst du auf dem Tacho jede Sekunde die Momentangeschwindigkeit in $\frac{km}{h}$ ablesen und in $\frac{m}{s}$ umrechnen.

***t* in s**	0	1	2	3	4	5
***v* in $\frac{km}{h}$**	0	5,4	10,8	16,2	21,6	27,0
***v* in $\frac{m}{s}$**	0	1,5	3,0	4,5	6,0	7,5

Der Zusammenhang zwischen der Zeit und der jeweiligen Momentangeschwindigkeit lässt sich in einem *t*-*v*-Diagramm wie in Bild 2 darstellen.

Der Graf ist eine **Ursprungsgerade.** Die Beschleunigung *a* kannst du berechnen, indem du den Geschwindigkeitsunterschied $v_2 - v_1 = \Delta v$ durch den Zeitunterschied $t_2 - t_1 = \Delta t$ dividierst.

$$a = \frac{v_2 - v_1}{t_2 - t_1} = \frac{\Delta v}{\Delta t}$$

Die Einheit der Beschleunigung ist $\frac{m}{s^2}$.

Aus dem Diagramm in Bild 3 erhältst du eine Beschleunigung von $a = 1{,}5\ \frac{m}{s^2}$. Mit den Anfangswerten $v_1 = 0\ \frac{m}{s}$ und $t_1 = 0$ s ergibt sich $a = \frac{v_2}{t_2}$ oder allgemein

$$a = \frac{v}{t} \quad \text{oder} \quad v = a \cdot t$$

Jetzt kannst du ohne weitere Messung jeden beliebigen Geschwindigkeitswert zwischen den Messwerten bestimmen. So erhältst du beispielsweise für $t = 4$ s eine Geschwindigkeit von $v = 1{,}5\ \frac{m}{s^2} \cdot 4$ s, $v = 6\ \frac{m}{s}$.

Zusammenhang zwischen Weg und Zeit

Bei einer Mofafahrt kann vom Start an jede Sekunde die gefahrene Strecke gemessen werden.

***t* in s**	0	1	2	3	4	5
***s* in m**	0	0,75	3,0	6,75	12,0	18,75

Das dazugehörige *t*-*s*-Diagramm ist in Bild 3 dargestellt. Der Graf ist ein **Parabelast.** Die zurückgelegten Strecken ändern sich quadratisch mit der Zeit: $s \sim t^2$. Den Proportionalitätsfaktor bestimmst du, indem du jeweils den Quotienten aus *s* und t^2 bildest. Du erhältst dann den halben Wert der Beschleunigung *a*. Daraus ergibt sich die Formel

$$s = \frac{1}{2} \cdot a \cdot t^2$$

Jetzt kannst du die Strecke berechnen, die das Mofa bei gleichbleibender Beschleunigung beispielsweise nach 3,5 s zurückgelegt hat:
$s = \frac{1}{2} \cdot 1{,}5\ \frac{m}{s^2} \cdot (3{,}5\ s)^2$, $s \approx 9{,}2$ m.

Berechnung der benötigten Zeit

Du kannst auch die Zeit berechnen, die zum Zurücklegen einer bestimmten Strecke bei einer bekannten Beschleunigung benötigt wird. Durch Umstellen der Formel $s = \frac{1}{2} \cdot a \cdot t^2$ und Wurzelziehen ergibt sich für die Zeit

$$t = \sqrt{2 \cdot \frac{s}{a}}$$

Du kannst das Merkmal der gleichmäßig beschleunigten Bewegung angeben und die Geschwindigkeit oder die zurückgelegte Strecke berechnen, wenn Beschleunigung und Zeit gegeben sind.

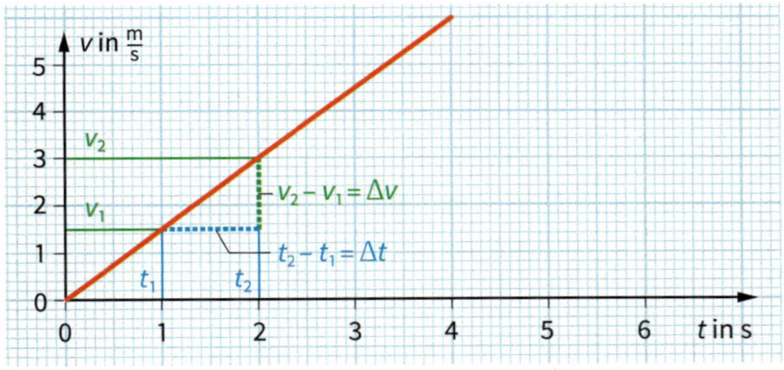

2 Zeit-Geschwindigkeits-Diagramm

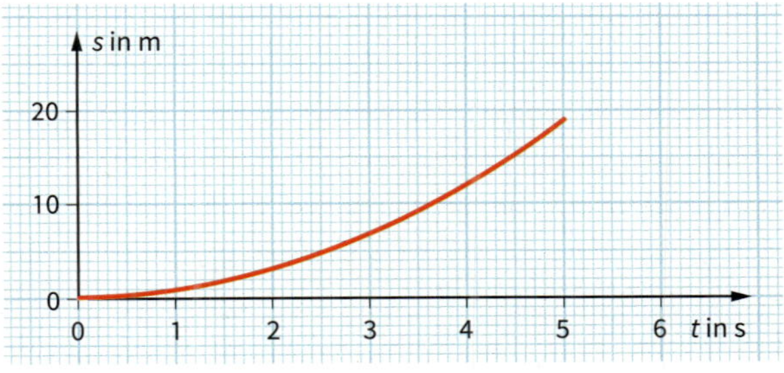

3 Zeit-Weg-Diagramm

Beschleunigung und Zeit bestimmen …

1. Ein elektrisches Spielzeugauto wird aus dem Stand 3 s lang mit $a = 0{,}2\,\frac{m}{s^2}$ beschleunigt. Berechne die Geschwindigkeit, die es erreicht.

2. Ein Läufer erreicht nach 4 s eine Geschwindigkeit von $6\,\frac{m}{s^2}$. Berechne die Beschleunigung des Läufers.

3. Ein Auto wird mit $a = 1{,}5\,\frac{m}{s^2}$ beschleunigt und erreicht eine Geschwindigkeit von $6\,\frac{m}{s}$. Berechne, wie lange das Auto beschleunigt wurde.

Die Beschleunigung und die Zeit bestimmen die Geschwindigkeit

- Je größer der Wert der Beschleunigung *a* in einer bestimmten Zeit *t* ist, desto schneller steigt die Geschwindigkeit *v* der gleichmäßig beschleunigten Bewegung.
- Je geringer der Wert der Beschleunigung *a* in einer bestimmten Zeit *t* ist, desto geringer wächst die Geschwindigkeit *v*.

- Je länger die Zeit *t* ist, während der die Beschleunigung *a* wirkt, desto größer wird die Geschwindigkeit *v*.
- Je kürzer die Zeit *t* ist, während der die Beschleunigung *a* wirkt, desto geringer wächst die Geschwindigkeit *v*.

Gehe bei der Berechnung der Aufgaben folgendermaßen vor:
1. Bestimme erst die Größen, die gegeben sind.
2. Überlege, welche Größe berechnet werden soll.
3. Suche die entsprechende Formel aus der Tabelle.
4. Setze die gegebenen Werte mit den dazu gehörigen Einheiten in die entsprechende Formel ein und berechne die gesuchte Größe.
5. Formuliere eine Antwort.

	Geschwindigkeit	Beschleunigung	Zeit
Formel	$v = a \cdot t$	$a = \frac{v}{t}$	$t = \frac{v}{a}$
Einheit	$\frac{m}{s^2} \cdot s = \frac{m}{s}$ (Meter je Sekunde)	$\frac{\frac{m}{s}}{s} = \frac{m}{s^2}$ (Meter je Quadratsekunde)	$\frac{\frac{m}{s}}{\frac{m}{s^2}} = s$ (Sekunde)
Beispielaufgabe	Ein Wagen wird 5 s lang mit $a = 3\,\frac{m}{s^2}$ beschleunigt. Welche Geschwindigkeit erreicht er?	Ein Wagen erreicht aus dem Stand nach 4 s eine Geschwindigkeit von $8\,\frac{m}{s}$. Wie groß ist seine Beschleunigung?	Wie lange wurde ein Wagen mit $a = 1{,}5\,\frac{m}{s^2}$ beschleunigt, der eine Endgeschwindigkeit von $12\,\frac{m}{s}$ erreicht?
Rechnung	**geg.:** $a = 3\,\frac{m}{s^2}$ $t = 5\,s$	**ges.:** $v = 8\,\frac{m}{s}$ $t = 4\,s$	**geg.:** $v = 12\,\frac{m}{s}$ $a = 1{,}5\,\frac{m}{s^2}$
	ges.: v	**ges.:** a	**ges.:** t
	Lösung: $v = a \cdot t$ $v = 3\,\frac{m}{s^2} \cdot 5\,s$ $\underline{\underline{v = 15\,\frac{m}{s}}}$	**Lösung:** $a = \frac{v}{t}$ $a = \frac{8\,\frac{m}{s}}{4\,s}$ $\underline{\underline{a = 2\,\frac{m}{s^2}}}$	**Lösung:** $t = \frac{v}{a}$ $t = \frac{12\,\frac{m}{s}}{1{,}5\,\frac{m}{s^2}}$ $\underline{\underline{t = 8\,s}}$
	Antwort: Der Wagen erreicht eine Geschwindigkeit von $15\,\frac{m}{s}$.	**Antwort:** Der Wagen wird mit $2\,\frac{m}{s^2}$ beschleunigt.	**Antwort:** Der Wagen wurde 8 s lang beschleunigt.

... die Geschwindigkeit und die Strecke

4. A
Ein Wagen wird 4 s lang aus dem Stand mit $a = 1{,}5\ \frac{m}{s^2}$ beschleunigt. Berechne die Strecke, die er zurücklegt.

5. A
Für eine Strecke von 200 m braucht ein Wagen aus dem Stand eine Zeit von 10 s. Berechne, wie groß die Beschleunigung des Wagens ist.

6. A
Berechne die Zeit, in welcher ein Auto, das mit $a = 3\ \frac{m}{s^2}$ beschleunigt wird, eine Strecke von 150 m zurücklegt.

7. A
Ein Wagen legt aus dem Stand in 3 s eine Strecke von 18 m zurück.
a) Berechne seine Beschleunigung.
b) Berechne, welche Strecke ein anderer Wagen bei gleicher Beschleunigung wie in Aufgabe a) in 6 s zurücklegt.

2 Von 0 $\frac{km}{h}$ auf 1000 $\frac{km}{h}$ in 22 s

Die Beschleunigung und die Zeit bestimmen die Strecke

- Je größer die Beschleunigung *a* in einer bestimmten Zeit ist, desto länger ist die Strecke *s*, die der Körper zurücklegt.
- Je länger die Zeit *t* ist, während der ein Körper beschleunigt wird, desto länger ist die Strecke *s*, die der Körper zurücklegt. Dabei wächst die Strecke bei einer Verdoppelung der Zeit auf das Vierfache, bei einer Verdreifachung der Zeit auf das Neunfache.

Du kannst bei der gleichmäßig beschleunigten Bewegung die Geschwindigkeit, die Zeit, die Beschleunigung und die zurückgelegte Strecke berechnen, wenn von diesen vier Größen drei gegeben sind.

	Strecke	**Zeit**	**Beschleunigung**
Formel	$s = \frac{1}{2} \cdot a \cdot t^2$	$t = \sqrt{2 \cdot \frac{s}{a}}$	$a = 2 \cdot \frac{s}{t^2}$
Einheit	$\frac{m}{s^2} \cdot s^2 = m$ (Meter)	$\sqrt{\frac{m}{\frac{m}{s^2}}} = s$ (Sekunde)	$\frac{m}{s^2}$ (Meter je Quadratsekunde)
Beispielaufgabe	Ein Wagen wird 6 s lang mit $a = 2{,}5\ \frac{m}{s^2}$ beschleunigt. Welche Strecke legt der Wagen in dieser Zeit zurück?	In welcher Zeit legt der Wagen bei einer Beschleunigung von $a = 2{,}5\ \frac{m}{s^2}$ eine Strecke von 125 m zurück?	Wie groß ist die Beschleunigung des Wagens, der aus dem Stand in 8 s eine Strecke von 96 m zurücklegt?
Rechnung	**geg.:** $a = 2{,}5\ \frac{m}{s^2}$ $t = 6\ s$	**ges.:** $s = 125\ m$ $a = 2{,}5\ \frac{m}{s^2}$	**geg.:** $s = 96\ m$ $t = 8\ s$
	ges.: *s*	**ges.:** *t*	**ges.:** *a*
	Lösung: $s = \frac{1}{2} a \cdot t^2$ $s = \frac{1}{2} \cdot 2{,}5\ \frac{m}{s^2} \cdot (6\ s)^2$ $s = \frac{1}{2} \cdot 2{,}5\ \frac{m}{s^2} \cdot 36\ s^2$ $\underline{\underline{s = 45\ m}}$	**Lösung:** $t = \sqrt{2 \cdot \frac{s}{a}}$ $t = \sqrt{\frac{2 \cdot 125\ m}{2{,}5\ \frac{m}{s^2}}}$ $t = \sqrt{100\ s^2}$ $\underline{\underline{t = 10\ s}}$	**Lösung:** $a = 2 \cdot \frac{s}{t^2}$ $a = 2 \cdot \frac{96\ m}{(8\ s)^2}$ $a = \frac{192\ m}{64\ s^2}$ $\underline{\underline{a = 3\ \frac{m}{s^2}}}$
	Antwort: Der Wagen legt eine Strecke von 45 m zurück.	**Antwort:** Der Wagen braucht eine Zeit von 10 s.	**Antwort:** Der Wagen wird mit 3 $\frac{m}{s^2}$ beschleunigt.

Grafische Darstellung beschleunigter Bewegungen

METHODE

1.
Zeichne ein *t*-*v*-Diagramm und ein *t*-*s*-Diagramm
a) für eine gleichförmige Bewegung mit $v = 3\ \frac{m}{s}$.
b) für eine gleichmäßig beschleunigte Bewegung mit $a = 2\ \frac{m}{s^2}$.

Diagramme erstellen und lesen

Aus einer Messreihe zu einer Bewegung kannst du ein **Diagramm** erstellen. Dabei trägst du die vorgegebene Größe, die Zeit *t*, auf der Rechtsachse ab. Die dazu gemessene Größe, die Geschwindigkeit *v* oder die Strecke *s*, wird auf der Hochachse abgetragen. Dann werden die Wertepaare aus der Wertetabelle in das Diagramm eingetragen und die Punkte zu einem Grafen verbunden.
Aus Diagrammen kannst du auch ablesen, welche Art von Bewegung vorliegt.

Zeit-Geschwindigkeits-Diagramm

Bei der gleichförmigen Bewegung bleibt die Geschwindigkeit zu jedem Zeitpunkt gleich. Der Graf ist eine **Parallele** zur Zeit-Achse. Bei der gleichmäßig beschleunigten Bewegung ist die Geschwindigkeit proportional zur Zeit. Ihr Graf ist eine **Ursprungsgerade.**

Zeit-Weg-Diagramm

Bei gleichbleibender Geschwindigkeit ist der zurückgelegte Weg proportional zur Zeit. Der Graf ist eine **Ursprungsgerade.** Bei der gleichmäßig beschleunigten Bewegung werden in gleichen Zeitabschnitten immer längere Wege zurückgelegt. Der Weg wächst quadratisch mit der Zeit. Der Graf ist ein **Parabelast.**

Gleichförmige Bewegung

Formeln	Einheiten
$v = \frac{s}{t}$	*s* in m, *t* in s
$s = v \cdot t$	*v* in $\frac{m}{s}$

Gleichmäßig beschleunigte Bewegung

Formeln	Einheiten
$a = \frac{v}{t}$	*t* in s, *v* in $\frac{m}{s}$
$v = a \cdot t$	*a* in $\frac{m}{s^2}$
$s = \frac{1}{2} \cdot a \cdot t^2$	*s* in m

Zeit-Geschwindigkeits-Diagramm für $v = 2\ \frac{m}{s}$

t in s	0	1,0	2,0	2,5	3,0
v in $\frac{m}{s}$	2,0	2,0	2,0	2,0	2,0

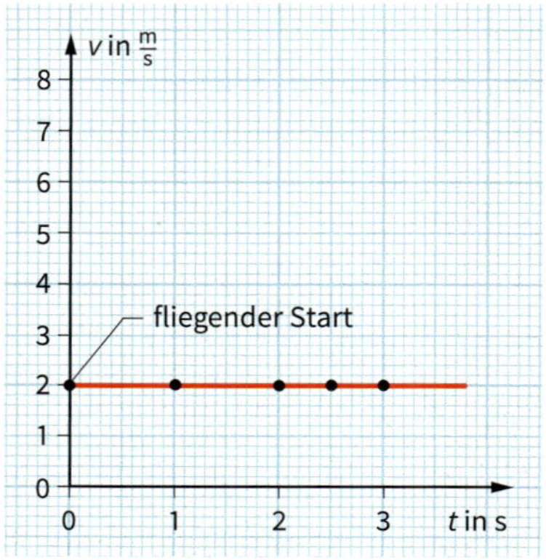

Zeit-Geschwindigkeits-Diagramm für $a = 1{,}5\ \frac{m}{s^2}$

t in s	0	1,0	2,0	2,4	3,0
v in $\frac{m}{s}$	0	1,5	3,0	3,6	4,5

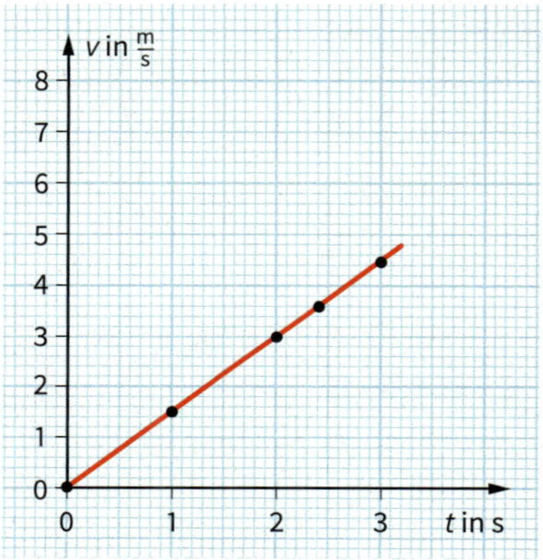

Zeit-Weg-Diagramm für $v = 2\ \frac{m}{s}$

t in s	0	1,0	2,0	3,0	3,5
s in m	0	2,0	4,0	6,0	7,0

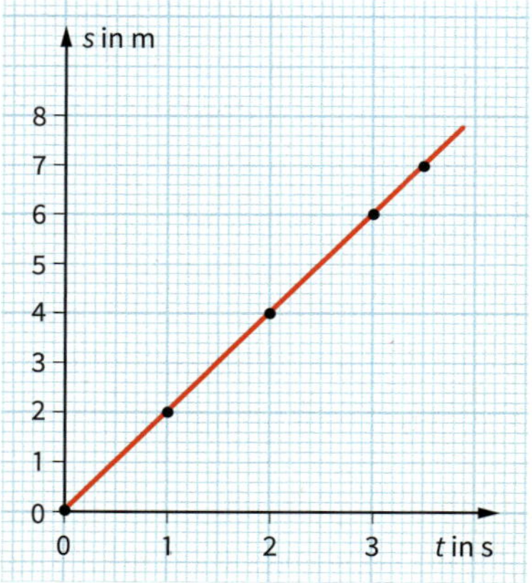

Zeit-Weg-Diagramm für $a = 1{,}5\ \frac{m}{s^2}$

t in s	0	1,0	1,5	2,0	3,0
s in m	0	0,75	1,69	3,0	6,75

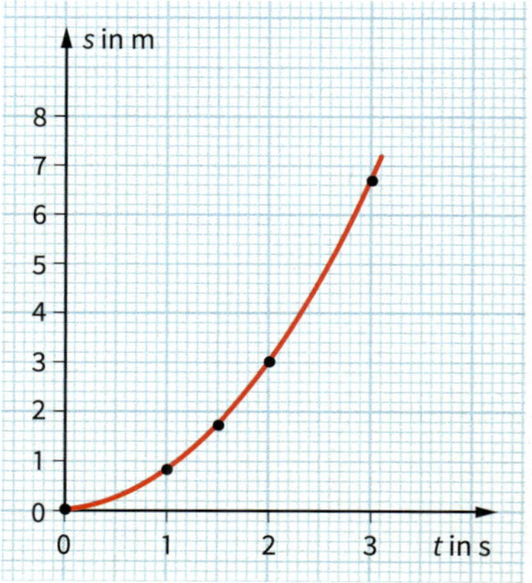

Der Fallschirmsprung

1. Ⓐ
a) Beschreibe die einzelnen Phasen des Fallschirmsprungs.
b) Klassifiziere die Phasen des Fallschirmsprungs hinsichtlich ihrer Bewegungsart.

2. Ⓐ
Erstelle ein Zeit-Weg-Diagramm für Kathis Sprung.

3. Ⓐ
Entnimm für die Bereiche A bis D passende Messwerte aus Diagramm 2 Berechne die Geschwindigkeiten in $\frac{km}{h}$.

4. Ⓐ
Skydiver erreichen beim Fallen mit geschlossenem Fallschirm Geschwindigkeiten bis 300 $\frac{km}{h}$. Begründe eine auf 6 s verlängerte Öffnungszeit des Fallschirms.

5. Ⓥ
Stelle aus Papierserviette, Fäden, Klebestreifen und Weinkorken ein Fallschirmmodell her. Teste dein Modell, indem du es aus vorsichtig aus deiner hochgestreckten Hand gleiten lässt.

1 Kathis Fallschirmsprung in Bildern

Kathis großer Sprung

Kopfüber stürzt sich Kathi in 4100 m Höhe aus dem Flugzeug. Nach wenigen Sekunden hat sie die stabile Bauchlage erreicht und fällt 40 s lang mit konstanter Geschwindigkeit. Ein Blick auf den Höhenmesser zeigt, dass die 1000 m erreicht sind. Es ist Zeit, den Fallschirm auszulösen. Durch einen Zug am Auslösegriff entfaltet sich der Fallschirm während der nächsten 200 m und bremst Kathi innerhalb von 4 s stark ab. Mit den Beinen sicher im Gurtzeug gleitet sie die nächsten 3 min gleichmäßig zu Boden. Kurz vor der Landung dreht sie sich gegen den Wind, sodass sie weich auf dem Boden ankommt. Nach zwei Schritten steht sie sicher und kann den Fallschirm einziehen. Ein toller Sprung!

Du kannst Bewegungen mithilfe von Diagrammen beschreiben und klassifizieren.

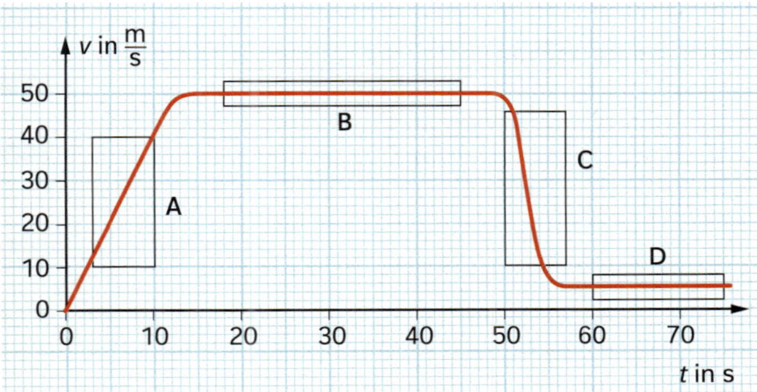

2 t-v-Diagramm eines Fallschirmsprungs

Bewegung und Geschwindigkeit

Die Grundgrößen der Bewegung

Name	Größe	Name der Einheit	Einheit	Gesetz	Umrechnungen	Messgerät
Länge, Weg, Strecke	ℓ s	Meter	m		1 km = 1000 m; 1 m = 100 cm; 1 cm = 10 mm	Lineal, Maßband
Zeit	t	Sekunde	s		1 h = 60 min = 3600 s; 1 min = 60 s	Uhr
Geschwindigkeit	v	Meter je Sekunde Kilometer je Stunde	$\frac{m}{s}$ $\frac{km}{h}$	$v = \frac{s}{t}$	$1{,}0\,\frac{m}{s} = 3{,}6\,\frac{km}{h}$	Tachometer

Gleichförmige Bewegungen

Bei gleichförmigen Bewegungen bleibt die Geschwindigkeit immer konstant.

Umrechnung der Einheiten von Geschwindigkeiten

$10\,\frac{m}{s}$ → ·3,6 → $36\,\frac{km}{h}$

$36\,\frac{km}{h}$ → :3,6 → $10\,\frac{m}{s}$

Ungleichförmige Bewegungen

Bei ungleichförmigen Bewegungen ändert sich die Geschwindigkeit. Bei einer beschleunigten Bewegung steigt die Geschwindigkeit. Bei einer verzögerten Bewegung sinkt die Geschwindigkeit.

	gleichförmige Bewegung	E - gleichmäßig beschleunigte Bewegung
t-v-Diagramm	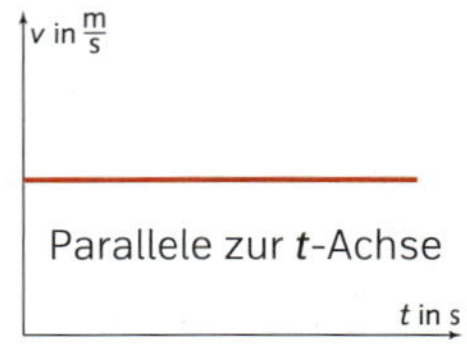	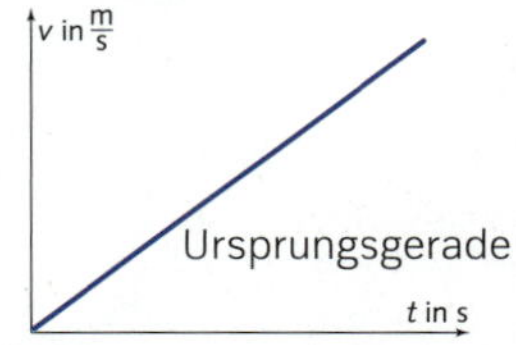
t-s-Diagramm	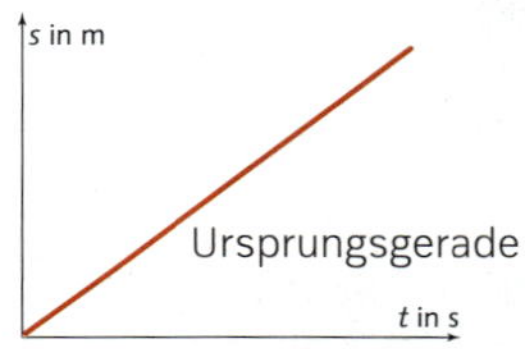	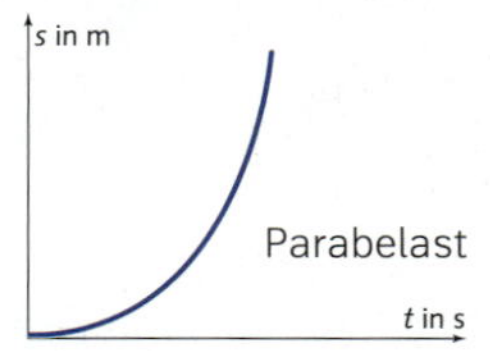
v	$v = \frac{s}{t}$	⊕ $v = a \cdot t$
s	$s = v \cdot t$	⊕ $s = \frac{1}{2} \cdot a \cdot t^2$
t	$t = \frac{s}{v}$	⊕ $t = \sqrt{2 \cdot \frac{s}{a}}$
a	–	⊕ $a = \frac{v}{t}$; $a = 2 \cdot \frac{s}{t^2}$

E - Betrag und Richtung der Geschwindigkeit

Die Geschwindigkeit hat zu jedem Zeitpunkt einen Wert und eine Richtung. Die Richtung der Geschwindigkeit ändert sich in einer Kurve. Der Wert der Geschwindigkeit ändert sich beim Bremsen und Beschleunigen.

E- Momentangeschwindigkeit

Aus dem Quotienten von Streckenlänge und Zeitspanne kannst du die Geschwindigkeit zwischen zwei Punkten berechnen. Werden Streckenlänge und Zeitspanne sehr klein, so erhältst du die Momentangeschwindigkeit.

$$v = \frac{\Delta s}{\Delta t}$$

Anhalteweg und Sicherheitsabstand

Um auf ein Ereignis zu reagieren, benötigst du die Reaktionszeit. Der Anhalteweg ergibt sich daher aus Reaktionsweg und Bremsweg. Der Sicherheitsabstand beträgt etwa die halbe Tachoanzeige in Metern.

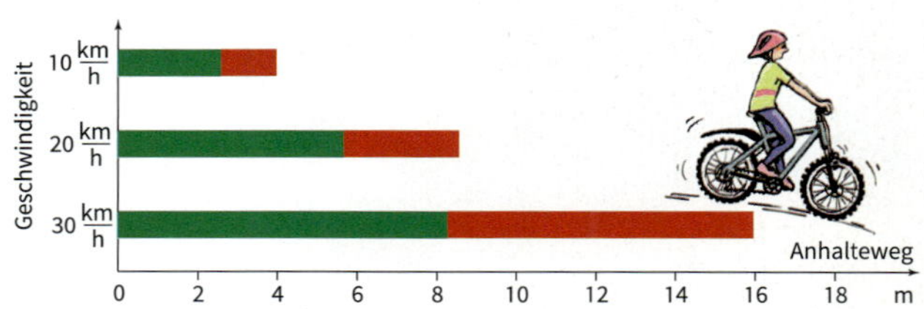

Newtonsche Grundgesetze

1. Wirkt keine Kraft auf einen Körper ein, so behält der Körper seinen Bewegungszustand bei.

2. Die Kraft *F*, die den Bewegungszustand eines Körpers ändert, hängt ab von der Beschleunigung *a*, die der Körper erfährt, und seiner Masse *m*:

$$F = m \cdot a.$$

3. Kräfte treten immer paarweise auf. Es gilt: actio = reactio.

AUF EINEN BLICK

→ METHODE S. 12/13

System

Wechsel-
wirkung

Energie

System, Energie

1. A

a) Nenne verschiedene technische Erfassungssysteme, mit denen die momentane Geschwindigkeit und die Durchschnittsgeschwindigkeit angezeigt werden können.

b) Nenne die Systeme, bei denen nur die momentane Geschwindigkeit des Fahrzeugs angezeigt wird.

→ S. 46

Wechselwirkung

2. A

Begründe, warum der Start einer Rakete erst auf Grundlage des newtonschen Gesetzes actio = reactio möglich ist.

→ S. 55

Energie

3. A

Zähle Auswirkungen auf, die die Gültigkeit des Energieerhaltungssatzes bei einem Auffahrunfall hat.

→ S. 52

4. A

a) Nenne die Größen, von denen die kinetische Energie eines Körpers abhängt.

b) Beschreibe, wie die abhängigen Größen die kinetische Energie beeinflussen.

→ S. 52

5. A

Zeichne je ein Energieflussdiagramm für einen Auffahrunfall mit und ohne Zusammenstoß.

→ S. 52, 53

Bewegung und Geschwindigkeit

Bewegungen beschreiben

Kannst du schon ...

... die physikalische Größe Geschwindigkeit beschreiben? (S. 40)
... Geschwindigkeiten in unterschiedliche Einheiten umrechnen? (S. 40)
... eine gleichförmige Bewegung von einer ungleichförmigen Bewegung unterscheiden? (S. 41)
... die Richtung der Bewegung angeben? (S. 41)
... die Geschwindigkeit *v*, den Weg *s* oder die Zeit *t* der Bewegung berechnen? (S. 42–43)
... eine gleichförmige Bewegung in einem *t*-*v*-Diagramm und in einem *t*-*s*-Diagramm grafisch darstellen? (S. 44)
... die Momentangeschwindigkeit von der Durchschnittsgeschwindigkeit unterscheiden? (S. 46)
... die Geschwindigkeit zwischen zwei Punkten und die Momentangeschwindigkeit berechnen? (S. 47)
... die Geschwindigkeit aus experimentellen Messdaten bestimmen? (S. 47)
... die Grundgesetze der Mechanik angeben? (S. 55)
... eine beschleunigte Bewegung in einem *t*-*v*-Diagramm und in einem *t*-*s*-Diagramm grafisch darstellen? (S. 60)
... Bewegungen mithilfe von Diagrammen beschreiben und klassifizieren? (S. 61)

LERNCHECK

Zeig, was du kannst!

1. A
Gib an, von welchen Größen die Geschwindigkeit *v* eines sich bewegenden Körpers abhängt.

2. A
Ein Körper legt in 5 s einen Weg von 20 m zurück. Berechne seine Geschwindigkeit.

3. A
Ein Körper bewegt sich mit einer Geschwindigkeit von 14 $\frac{km}{h}$. Gib seine Geschwindigkeit in $\frac{m}{s}$ an.

4. A
Ein Auto fährt mit einer Geschwindigkeit von 30 $\frac{km}{h}$.
a) Nach welcher Zeit hat es eine Strecke von 100 m zurückgelegt?
b) Welche Strecke legt es in 30 s zurück?

5. A
Berechne, wie schnell ein Zug im Durchschnitt gefahren ist, wenn er die Strecke Hannover-Stuttgart mit einer Länge von 511 km in 3 h und 54 min zurückgelegt hat.

Zeig, was du kannst!

6. A
Nenne drei verschiedene Bewegungsarten und finde dazu jeweils ein Beispiel aus deinem Alltag.

7. A
In einem Bewegungsdiagramm ist die waagerechte Achse die Zeitachse. Auf der senkrechten Achse wurde die Beschriftung vergessen. Der Graf ist eine Ursprungsgerade.
a) Nenne eine vorliegende Bewegungsart.
b) Zeichne ein zugehöriges Diagramm und ergänze die fehlende Bezeichnung an der Achse.
c) Finde eine weitere Bewegungsart und begründe deine Aussage.

8. A
Berechne die Geschwindigkeit eines Zuges in $\frac{km}{h}$, der zwischen Kilometer 579,3 und 629,1 genau 12 min benötigt.

9. A
Nenne die Bewegungsarten, die jeweils durch die verschiedenen Grafen dargestellt sind.

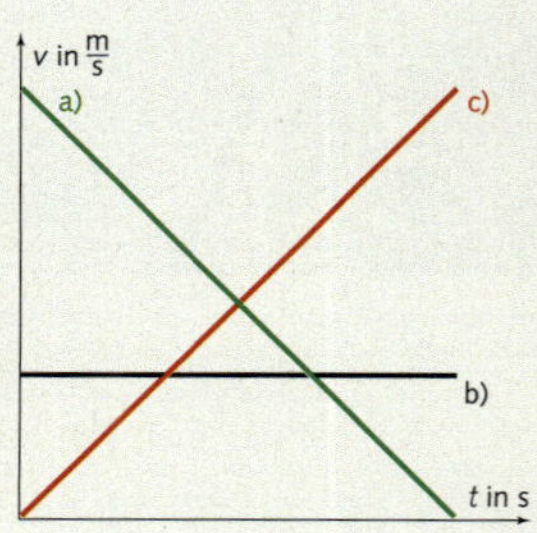

Bewegung im Straßenverkehr

Kannst du schon ...

... den Zusammenhang von Anhalteweg, Reaktionsweg und Bremsweg erklären? (S. 48)
... Gründe für einen ausreichenden Sicherheitsabstand nennen? (S. 48)
... einen verlängerten Reaktionsweg begründen? (S. 50)
... den Sicherheitsabstand mit der Faustformel berechnen? (S. 50)
... den Zusammenhang von Bewegungsenergie und Geschwindigkeit nennen? (S. 52)
... Regeln für sicheres Verhalten im Straßenverkehr darstellen? (S.48, 50, 52, 55)

Zeig, was du kannst!

10. ☰ Ⓐ
Nenne fünf Faktoren, die die Reaktionszeit verlängern.

11. ☰ Ⓐ
Begründe die Notwendigkeit des Sicherheitsabstands.

12. ☰ Ⓐ
Erläutere, wie sich der Anhalteweg zusammensetzt und beschreibe, welche Faktoren die Länge des Anhaltewegs verändern.

13. ☰ Ⓐ
Berechne mit der Faustformel jeweils den Sicherheitsabstand für die Geschwindigkeiten 30 $\frac{km}{h}$, 80 $\frac{km}{h}$ und 180 $\frac{km}{h}$.

14. ☰ Ⓐ
Vergleiche die Bewegungsenergie eines Fahrzeugs, dass mit einer Geschwindigkeit von 50 $\frac{km}{h}$, 100 $\frac{km}{h}$ und 150 $\frac{km}{h}$ unterwegs ist.

15. ☰ Ⓐ
Nenne Newtons Gesetze und leite davon Regeln für sicheres Verhalten im Straßenverkehr ab.

⊕ Beschleunigte Bewegungen

Kannst du schon ...

... den Begriff Beschleunigung erklären? (S. 57)
... die Beschleunigung bestimmen? (S. 56–57)
... die Abhängigkeiten der Beschleunigung mit Formeln darstellen? (S. 57)
... die Geschwindigkeit und Strecke aus der Beschleunigung berechnen? (S. 58–59)

Zeig, was du kannst!

16. ☰ Ⓐ
Nenne wichtige Formeln zum Berechnen beschleunigter Bewegungen.

17. ☰ Ⓐ
Ein Auto ändert seine Geschwindigkeit innerhalb von 4 s von 108 $\frac{km}{h}$ auf 36 $\frac{km}{h}$. Berechne seine Beschleunigung.

18. ☰ Ⓐ
Ein Körper erfährt aus der Ruhelage 6s eine Beschleunigung von 3 $\frac{m}{s^2}$. Berechne den zurückgelegten Weg und die Geschwindigkeit, die der Körper dann hat.

Wichtige Begriffe

- Geschwindigkeit
- Gleichförmige Bewegung, beschleunigte Bewegung, verzögerte Bewegung
- Durchschnittsgeschwindigkeit, Momentangeschwindigkeit
- Bewegungsenergie
- Reaktionszeit, Reaktionsweg, Bremsweg, Anhalteweg, Sicherheitsabstand
- Faustformel im Straßenverkehr
- Grundgesetze der Mechanik, Trägheitsgesetz, Kraftgesetz, actio = reactio

Spannung und Induktion

Welchen Schrott hebt ein Elektromagnet?

Warum werden Transformatoren häufig gekühlt?

Warum sind Hochspannungsleitungen notwendig? Wie sind sie aufgebaut und was verbinden sie?

Die Stromstärke ist abhängig vom Widerstand

1.
Baue einen Stromkreis mit einer Lampe (3,8 V | 0,2 A) wie in Bild 1 auf. Erhöhe die Spannung an der Stromquelle schrittweise von 0 V bis 4 V. Beobachte die Helligkeit der Lampe und formuliere einen Je-desto-Satz.

2.
a) Wiederhole Versuch 1 mit einem Strommessgerät im Stromkreis. Notiere die Werte für die Stromstärke in einer Tabelle.
b) Erstelle mit den Werten aus Versuch a) ein *U*-*I*-Diagramm und interpretiere den Grafen.

3.
Stelle in dem Aufbau aus Versuch 1 eine Spannung von 4 V ein. Schalte dann nacheinander Widerstände mit 56 Ω, 47 Ω, 33 Ω, 22 Ω und 10 Ω in Reihe zur Lampe. Beobachte die Helligkeit der Lampe und formuliere einen Je-desto-Satz.

4.
a) Wiederhole Versuch 3 mit einem Strommessgerät. Notiere die Werte für die Stromstärke in der Tabelle.
b) Erstelle mit den Werten aus Versuch a) ein $\frac{1}{R}$-I-Diagramm und interpretiere den Grafen.

U in V	*R* in Ω	$\frac{1}{R}$ in $\frac{1}{\Omega}$	*I* in mA
4	56	0,018	

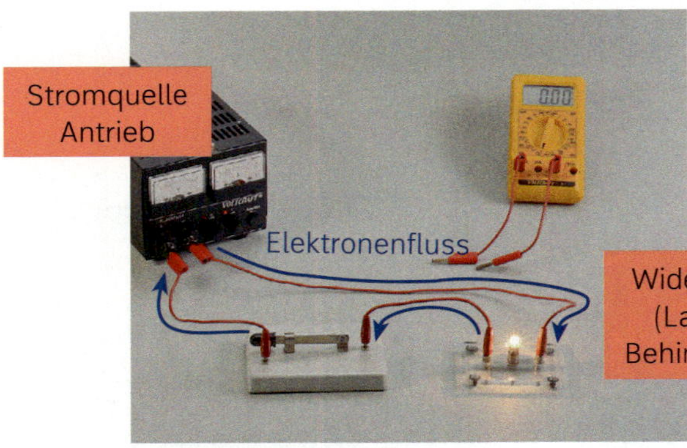

1 Antrieb und Behinderung im Stromkreis

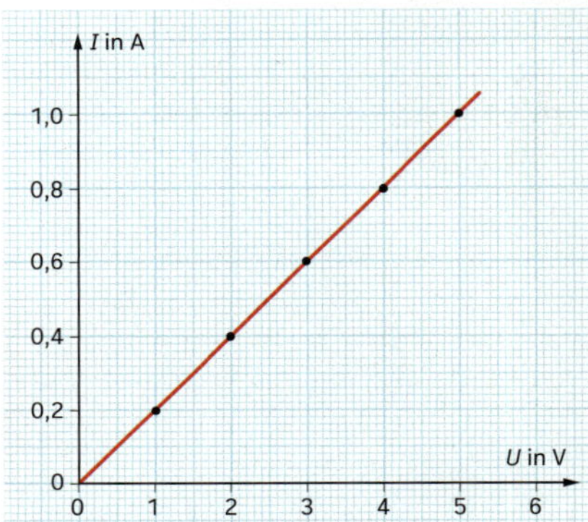

2 *U*-*I*-Diagramm zum Widerstand

Der Antrieb im Stromkreis

In einem geschlossenen Stromkreis bewirkt die Spannung der Stromquelle den Antrieb der Elektronen. Es kommt zu einem Elektronenfluss. Wenn die **Spannung** verändert wird, so ändert sich auch die **Stromstärke** im angeschlossenen Stromkreis. Wird die Spannung erhöht, so erhöht sich auch die Stromstärke. Diesen proportionalen Zusammenhang kennst du bereits als ohmsches Gesetz. Es gilt: $I \sim U$.

Der Widerstand im Stromkreis

Schaltest du bei gleich bleibender Spannung einen **Widerstand** in den Stromkreis, so verringert sich die Stromstärke. Je größer der elektrische Widerstand ist, desto geringer ist die Stromstärke. Die Stromstärke ist umgekehrt proportional zum elektrischen Widerstand. Es gilt: $I \sim \frac{1}{R}$.

Zwei Proportionalitäten – eine Formel

Aus der proportionalen Abhängigkeit der Stromstärke I zur Spannung U und zum Kehrwert des Widerstandes $\frac{1}{R}$ ergibt sich die Gleichung: $I = \frac{U}{R}$. Stellst du diese Gleichung nach R um, erhältst du die Formel zur Berechnung des elektrischen Widerstandes:

$$R = \frac{U}{I}\text{, Einheit: } 1\,\Omega = \frac{1\,\text{V}}{1\,\text{A}}$$

Antrieb und Behinderung

Während die Spannung im Stromkreis den Antrieb bewirkt, behindert ein Widerstand den Elektronenfluss und damit die Stromstärke im Stromkreis.

Du kannst den Zusammenhang zwischen Antrieb und Behinderung im elektrischen Stromkreis mithilfe der physikalischen Größen *U*, *I* und *R* beschreiben.

Die Abhängigkeiten des elektrischen Widerstandes

1.
a) Baue den Versuch aus Bild 1 auf. Spanne 20 cm eines 1 m langen Konstantandrahtes mit $d = 0{,}2$ mm zwischen die Isolatoren. Miss die Stromstärke bei einer Spannung von 6 V und notiere den Wert.
b) Verlängere das Drahtstück jeweils um weitere 20 cm und wiederhole die Messung. Berechne für jedes Wertepaar den Quotienten $\frac{U}{I}$.
c) Beschreibe den Zusammenhang zwischen der Länge des Drahtes und seinem Widerstand.

ℓ in cm	U in V	I in A	$R = \frac{U}{I}$ in Ω
20	6		
40	6		

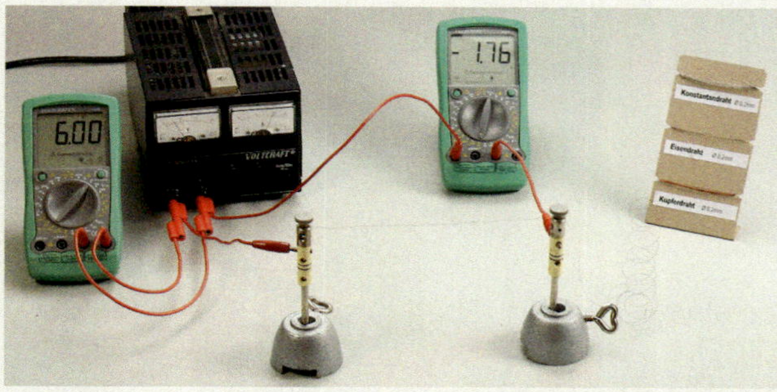

1 Spannung- und Stromstärkemessung an einem elektrischen Leiter

2.
a) Miss die Spannung und die Stromstärke wie in Bild 1 für den Konstantandraht mit $d = 0{,}2$ mm und $\ell = 1$ m. Verdopple die Querschnittsfläche, indem du einen gleichen Draht parallel zum ersten einspannst, und wiederhole die Messung.
b) Beschreibe den Zusammenhang zwischen der Querschnittsfläche des Drahtes und seinem Widerstand.

ℓ in m	$A = \pi \cdot r^2$ in mm²	U in V	I in A	$R = \frac{U}{I}$ in Ω
1				
1				

3.
a) Miss wie in Versuch 2 die Werte für die Spannung und die Stromstärke für einen Eisendraht mit $d = 0{,}2$ mm und $\ell = 1$ m und für einen Kupferdraht mit gleichen Abmessungen. Berechne für beide Drähte die Widerstände.
b) Beschreibe den Zusammenhang zwischen dem Material der Drähte und ihrem Widerstand.

Elektronenstrom und Widerstand
Der Widerstand eines Leiters behindert den Elektronenstrom in einem Stromkreis. Je geringer der Widerstand ist, desto größer kann der Elektronenstrom sein und umgekehrt. Wenn der Elektronenstrom vergrößert werden soll, muss entweder ein Leiter mit geringerem Widerstand verwendet oder der Antrieb muss vergrößert werden. Dazu muss die Spannung an der Stromquelle erhöht werden. Die Spannung als Antrieb und der Widerstand beeinflussen die Stromstärke.

Widerstand und Länge
Bei allen elektrischen Leitern steigt der Wert ihres Widerstandes R mit zunehmender Länge ℓ kontinuierlich an. Es gilt: $R \sim \ell$.

Widerstand und Querschnittsfläche
Wenn die Querschnittsfläche A eines Leiters verdoppelt wird, reduziert sich der Widerstand R auf die Hälfte. Bei einer dreifachen Querschnittsfläche beträgt der Widerstand ein Drittel des ursprünglichen Wertes. Es gilt: $R \sim \frac{1}{A}$.

E - Widerstand und Material
Bei gleichen Abmessungen des Drahtes haben Leiter aus unterschiedlichen Materialien unterschiedliche Widerstandswerte. Damit die Werte für verschiedene Materialien verglichen werden können, werden sie jeweils für einen Leiter mit einer Länge ℓ von 1 m und einer Querschnittsfläche A von 1 mm² bestimmt. Dieser Wert wird als **spezifischer Widerstand** bezeichnet. Er hat das Formelzeichen ϱ und die Einheit $\frac{\Omega \cdot mm^2}{m}$.

E - Die Formel für den Widerstand
Unter Beachtung des Materials eines Leiters und seiner Abmessungen ergibt sich als Formel für den Widerstand eines elektrischen Leiters:

$$R = \varrho \cdot \frac{\ell}{A}$$

Du kannst die Abhängigkeiten des elektrischen Widerstandes und ihre Bedeutung für den Elektronenstrom beschreiben.

Eine Formel für den Widerstand

1. ≡ Ⓐ
Berechne die fehlende Größe.
a) $U = 4$ V, $R = 4\ \Omega$
b) $I = 0{,}62$ A, $R = 16{,}12\ \Omega$

2. ≡ Ⓐ
Berechne die fehlende Größe.
a) $R = 0{,}85\ \Omega$, $\varrho = 0{,}017\ \Omega\ \frac{\text{mm}^2}{\text{m}}$, $A = 1{,}5\ \text{mm}^2$
b) $R = 3{,}4\ \Omega$, $\varrho = 0{,}028\ \Omega\ \frac{\text{mm}^2}{\text{m}}$, $\ell = 365$ m

3. ≡ Ⓠ
Aus 1 kg Kupfer kann ein Draht mit einem Querschnitt von 1 mm² und einer Länge von 112 m hergestellt werden. Bei gleicher Masse und gleichem Querschnitt wäre ein Aluminiumdraht 370 m lang.
a) Informiere dich in einer Tageszeitung über die Weltmarktpreise von Kupfer und Aluminium.
b) Berechne für die beiden Leiter jeweils den Preis für eine Länge von 1 m.

Der elektrische Widerstand

Zur Berechnung des elektrischen Widerstandes benötigst du ein Wertepaar für die Spannung und die Stromstärke, das du beispielsweise aus einem *U*-*I*-Diagramm ablesen kannst.
Die mathematische Darstellung des ohmschen Gesetzes lautet in seinen drei Formen:

$$R = \frac{U}{I};\quad U = I \cdot R;\quad I = \frac{U}{R}$$

Bei den Berechnungen musst du die Spannung *U* in Volt (V) und die Stromstärke *I* in Ampere (A) angeben. Dann erhältst du den Widerstand *R* in Ohm (Ω).
Als **Maßeinheit** für den Widerstand ergibt sich $\frac{1\ \text{V}}{1\ \text{A}} = 1\ \Omega$.

E - Spezifische Widerstand

Für die Berechnung des Widerstandes eines Drahtes musst du wissen, aus welchem Material er besteht. Diese vom Material abhängige Größe heißt spezifischer Widerstand. Sein Formelzeichen ist ϱ (gelesen: rho). Bei der Berechnung des Widerstandes eines Drahtes unter Berücksichtigung des Materials und seiner Abmessungen gilt die Formel:

$$R = \varrho \cdot \frac{\ell}{A}$$

ℓ – Länge des Leiters
A – Querschnitt des Leiters

Beispielaufgaben zum elektrischen Widerstand

❶ An einen Stromkreis wird eine Spannung von 10 V angelegt. Das Strommessgerät zeigt 0,25 A an. Berechne den Widerstand.
geg.: $U = 10$ V, $I = 0{,}25$ A ges.: R
Lös.: $R = \frac{U}{I}$
$R = \frac{10\ \text{V}}{0{,}25\ \text{A}}$
$\underline{\underline{R = 40\ \Omega}}$
Antwort: Der Widerstand beträgt 40 Ω.

❷ Mit welcher Spannung muss ein Gerät betrieben werden, damit bei einem Widerstand von 460 Ω ein Strom von 0,5 A gemessen werden kann?
geg.: $R = 460\ \Omega$, $I = 0{,}5$ A ges.: U
Lös.: $U = I \cdot R$
$U = 0{,}5\ \text{A} \cdot 460\ \Omega$
$\underline{\underline{U = 230\ \text{V}}}$
Antwort: Die Spannung muss 230 V betragen.

❸ Bei einem Bügeleisen wird ein Widerstand von 46 Ω angegeben. Es wird mit 230 V betrieben. Wie groß ist dabei die Stromstärke?
geg.: $R = 46\ \Omega$, $U = 230$ V ges.: I
Lös.: $I = \frac{U}{R}$
$I = \frac{230\ \text{V}}{46\ \Omega}$
$\underline{\underline{I = 5\ \text{A}}}$
Antwort: Die Stromstärke beträgt 5 A.

E - Beispielaufgaben zum spezifischen Widerstand

❶ Ein Kupferdraht ist 125 m lang und hat einen Querschnitt von 1,5 mm². Wie groß ist sein Widerstand? ($\varrho_{\text{Kupfer}} = 0{,}017\ \frac{\Omega \cdot \text{mm}^2}{\text{m}}$)

geg.: $\ell = 125$ m, $A = 1{,}5\ \text{mm}^2$
ges.: R
Lös.: $R = \varrho \cdot \frac{\ell}{A}$
$R = \frac{0{,}017\ \frac{\Omega \cdot \text{mm}^2}{\text{m}} \cdot 125\ \text{m}}{1{,}5\ \text{mm}^2}$
$\underline{\underline{R = 1{,}42\ \Omega}}$
Antwort: Der Kupferdraht hat einen Widerstand von 1,42 Ω.

❷ Berechne den Widerstand eines Aluminiumdrahtes mit den gleichen Abmessungen.
($\varrho_{\text{Aluminium}} = 0{,}028\ \frac{\Omega \cdot \text{mm}^2}{\text{m}}$)

geg.: $\ell = 125$ m, $A = 1{,}5\ \text{mm}^2$
ges.: R
Lös.: $R = \varrho \cdot \frac{\ell}{A}$
$R = \frac{0{,}028\ \frac{\Omega \cdot \text{mm}^2}{\text{m}} \cdot 125\ \text{m}}{1{,}5\ \text{mm}^2}$
$\underline{\underline{R = 2{,}33\ \Omega}}$
Antwort: Der Aluminiumdraht hat einen Widerstand von 2,33 Ω.

Du kannst die Formeln für den elektrischen Widerstand anwenden.

Widerstände und ihre Anwendungen

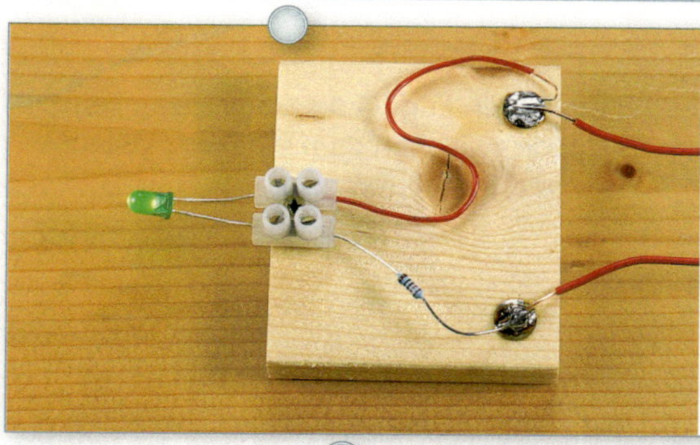

LED mit Schutzwiderstand

In vielen Bausätzen und elektronischen Schaltungen werden Leuchtdioden (LED) als Kontroll- oder Anzeigelampen verwendet. Da sie nur mit kleiner Stromstärke betrieben werden dürfen, muss ein **Schutzwiderstand** vorgeschaltet werden. Er begrenzt die Stromstärke. So wird die LED nicht zerstört.

Regelbarer Widerstand

Bei dem **regelbaren Widerstand** hat der Keramikkörper die Form einer Röhre (Bild A). Darauf wurde der Widerstandsdraht gewickelt. Der dreieckige Schleifkontakt lässt sich mit einer Achse drehen. Zwischen der mittleren Klemme und dem Anfang des Widerstandsdrahtes kannst du den eingestellten Widerstandswert abgreifen. Regelbare Widerstände werden auch **Potenziometer** genannt.

Die **Potenziometerschaltung** (Bild B) zeigt, dass die Spannung an der Lampe von der Position des Abgriffs abhängig ist.

A

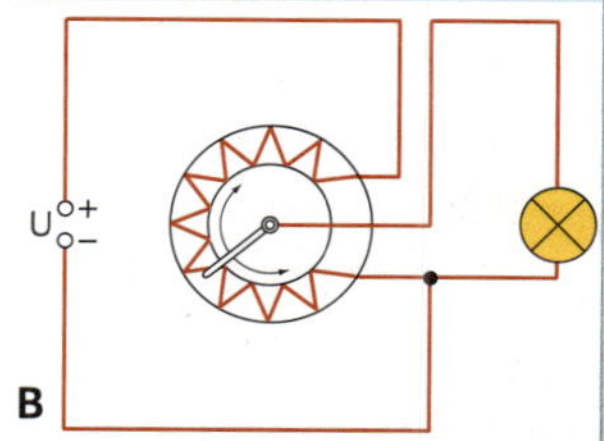

B

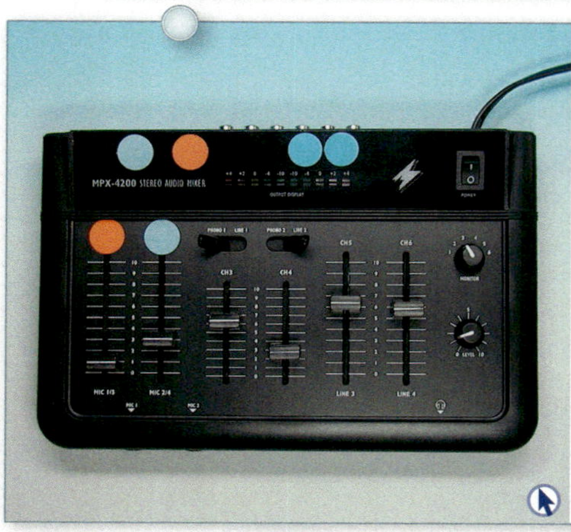

Mischpult mit Schiebewiderständen

Für die Regelung von Tonaufnahmen oder -wiedergaben wird ein **Mischpult** eingesetzt. Es regelt die Lautstärke und die Klangfarbe. Das Zusammenspiel mehrerer Instrumente und Stimmen lässt sich so steuern.

In das Mischpult sind Schiebewiderstände eingebaut. Das Leitermaterial besteht aus einer Grafitschicht auf einer Kunststoffschiene als Träger. Der Schiebeknopf bewegt einen Schleifkontakt über die Leiterschicht. Dadurch lässt sich die Höhe der Spannung verändern.

Über eine elektronische Schaltung wird dieses Signal an die Lautsprecher weitergeleitet.

1. ≡ A

Begründe den Namen Schutzwiderstand für einen Widerstand, der einer Leuchtdiode vorgeschaltet ist.

2. ≡ Q

Finde weitere Geräte, die Potenziometer enthalten.

3. ≡ A

a) Zeichne das Schaltzeichen für einen regelbaren Widerstand.

b) Erläutere, dass ein regelbarer Widerstand drei Anschlüsse benötigt.

4. ≡ A

Nenne bei einem Mischpult den Vorteil eines Schiebereglers gegenüber einem Drehpotenziometer.

PINNWAND

Stromstärke - Spannung - Widerstand

1. Vergleiche in den Bildern 1 und 2 die Bewegung der Menschen mit der Bewegung der Elektronen. Beschreibe deine Feststellung.

2. Beschreibe für die Bilder 3 und 4 die Gemeinsamkeiten und die Unterschiede zwischen dem Wasserkreislauf und dem elektrischen Stromkreis.

Menschenstrom

Fußgänger, die eine Brücke in einer Richtung passieren, stellen einen Menschenstrom dar. Die Anzahl der Menschen, die in einer Stunde eine bestimmte Markierung überqueren, gibt die Stärke des Menschenstromes an. Sie ist klein, wenn wenige Menschen die Stelle passieren, und groß, wenn es viele sind.

Elektronenstrom

In einem geschlossenen Stromkreis fließen Elektronen in einer Richtung durch einen elektrischen Leiter. Wenn wenige Elektronen in einer Sekunde durch den Leiter fließen, ist die elektrische Stromstärke gering. Sie ist hoch, wenn viele Elektronen fließen. Die elektrische Stromstärke gibt die Anzahl der Elektronen an, die pro Sekunde durch einen Leiter fließen. Das Formelzeichen für die Stromstärke ist I. Die Einheit ist Ampere (A).

1 Alle gehen in eine Richtung.

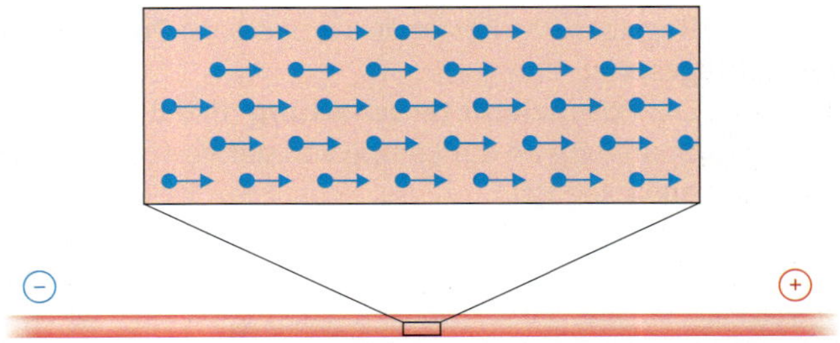

2 Auch die Elektronen fließen in eine Richtung.

Antrieb im Wasserkreislauf

In einem Wasserkreislauf sorgt die Pumpe für die Bewegung des Wassers und für den Höhenunterschied des Wasservorrates. Sie ist der Antrieb für das Wasser.

Antrieb im Stromkreis

In einem elektrischen Stromkreis sorgt die Batterie als Stromquelle für den Antrieb der Elektronen. Diese Fähigkeit der Stromquelle wird als elektrische Spannung bezeichnet. Bei einer geringen Spannung werden nur wenige Elektronen angetrieben. Je mehr Elektronen fließen sollen, desto höher muss die Spannung der Stromquelle sein. Das Formelzeichen für die elektrische Spannung ist U. Die Einheit ist Volt (V).

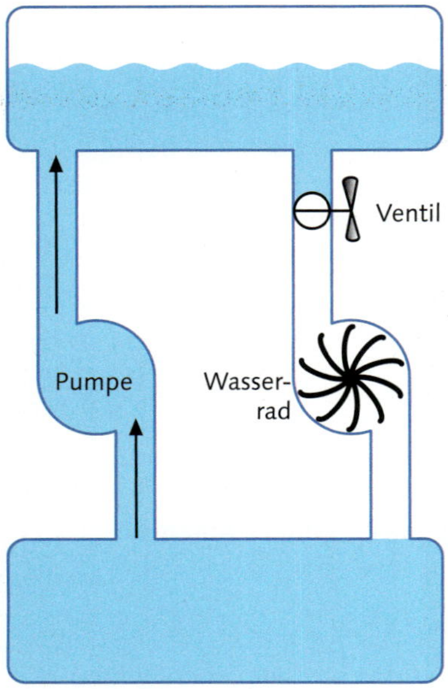

3 Die Pumpe treibt an.

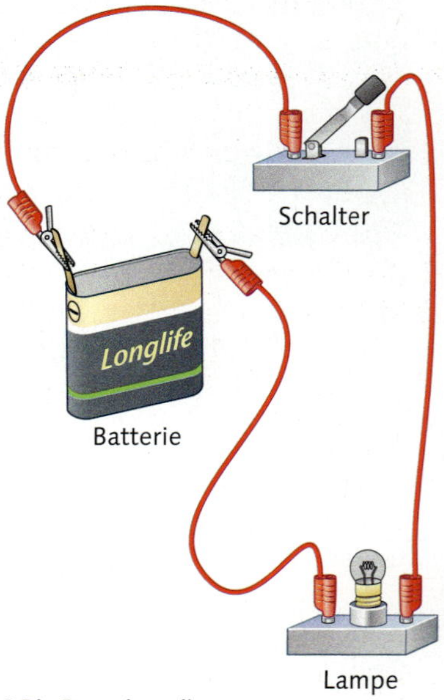

4 Die Batterie treibt an.

3. ☰ Ⓥ
a) Messt die Zeit, bis alle Schülerinnen und Schüler den Raum verlassen haben.
b) Stellt einen Stuhl in die Tür und wiederholt Versuch a). Begründet euer Ergebnis.

5 Hier geht es zum Check-in.

Gerichteter Menschenstrom

Zu Beginn der Flugreise müssen alle Passagiere zum Check-in an den Abfertigungsschalter. Jedoch können nicht alle Reisende zur gleichen Zeit abgefertigt werden. Zu ihrer Sicherheit werden sie über markierte Wege geleitet, auf denen sie einige Male quer zur eigentlichen Richtung zum Schalter gehen müssen. Dadurch wird die Stärke des Menschenstroms beim Check-in verringert.

Gerichteter Elektronenstrom

In einem Metall sind die Atomrümpfe gitterförmig angeordnet. Zwischen ihnen bewegen sich die freien Elektronen in alle Richtungen (Bild 6A). Sie sind die Ursache für die elektrische Leitfähigkeit der Metalle.

Wird ein metallischer Leiter an eine Stromquelle angeschlossen, beginnt ein gerichteter Elektronenstrom. Da am Minuspol ein Elektronenüberschuss besteht und am Pluspol ein Elektronenmangel herrscht, bewegen sich die Elektronen vom Minuspol der Stromquelle durch den Leiter zum Pluspol der Stromquelle.

Behinderung des Elektronenstroms

Auf ihrem Weg durch den elektrischen Leiter stoßen die freien Elektronen immer wieder gegen die feststehenden Atomrümpfe oder gegen andere Elektronen (Bild 6B). Dadurch werden sie in ihrer Bewegung behindert. Diese Eigenschaft des elektrischen Leiters wird als elektrischer Widerstand bezeichnet.

Ein elektrischer Leiter hat einen geringen Widerstand, wenn viele freie Elektronen zur gleichen Zeit durch den elektrischen Leiter fließen können. Kann sich nur eine geringe Anzahl bewegen, ist der elektrische Widerstand des Leiters groß.

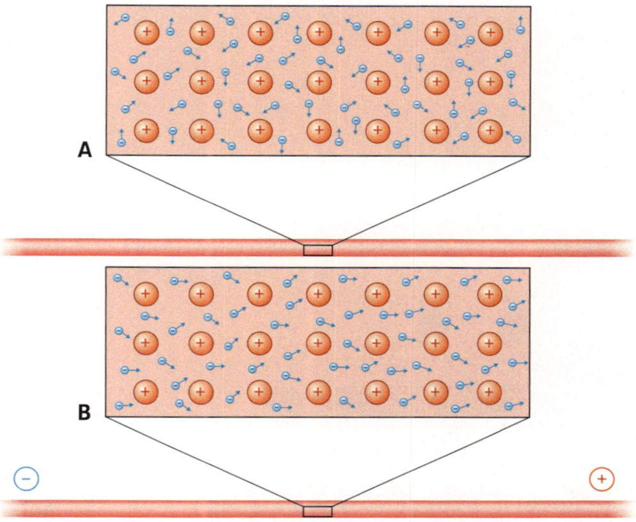

6 Elektronenbewegung im Leiter: **A** ungeordnet, **B** gerichtet

Der elektrische Widerstand

Nach dem ohmschen Gesetz ist für einen elektrischen Leiter der Quotient aus Spannung und Stromstärke immer gleich. Daraus ergibt sich eine dritte Größe. Sie ist der elektrische Widerstand des Leiters.
Das Formelzeichen ist *R*. Seine Einheit ist Ohm (Ω). Die mathematische Form des ohmschen Gesetzes lautet:

$$R = \frac{U}{I}$$

Aus der mathematischen Form des ohmschen Gesetzes ergeben sich für die elektrischen Größen drei Gleichungen:

physikalische Größe	Stromstärke	Spannung	Widerstand
Formel	$I = \frac{U}{R}$	$U = I \cdot R$	$R = \frac{U}{I}$
Einheit	$1\,A = \frac{1\,V}{1\,\Omega}$	$1\,V = 1\,A \cdot 1\,\Omega$	$1\,\Omega = \frac{1\,V}{1\,A}$

Du kannst mit Beispielen aus dem Alltag die elektrischen Größen verdeutlichen.

Basiskonzepte S. 105

Messen von Widerständen

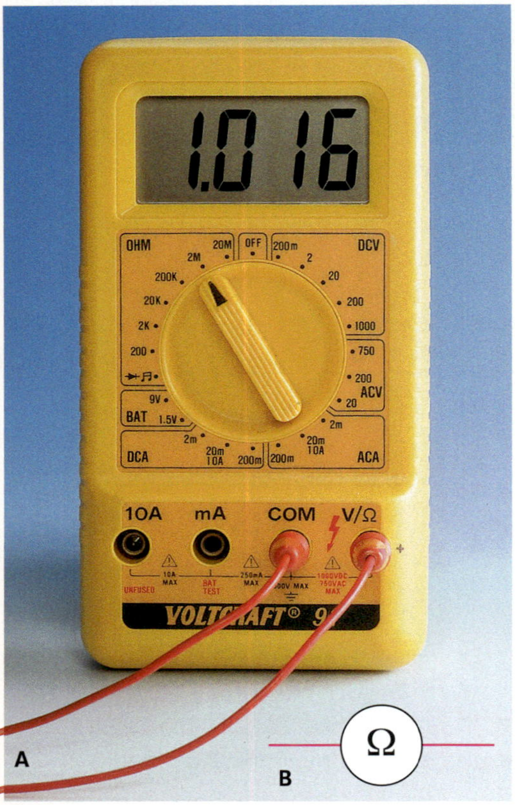

1 A Vielfachmessgerät, **B** Schaltzeichen für Widerstandsmessung mit einem Vielfachmessgerät

Vielfachmessgerät

Mit **Vielfachmessgeräten** lassen sich neben Spannung und Stromstärke auch die Werte von Widerständen messen. In Bild 1 steht der Wahlschalter eines solchen Gerätes auf diesem Bereich. Für eine Messung können geeignete Messbereiche eingestellt werden. Die Anzeige des gemessenen Widerstandswertes erfolgt auf dem Display.

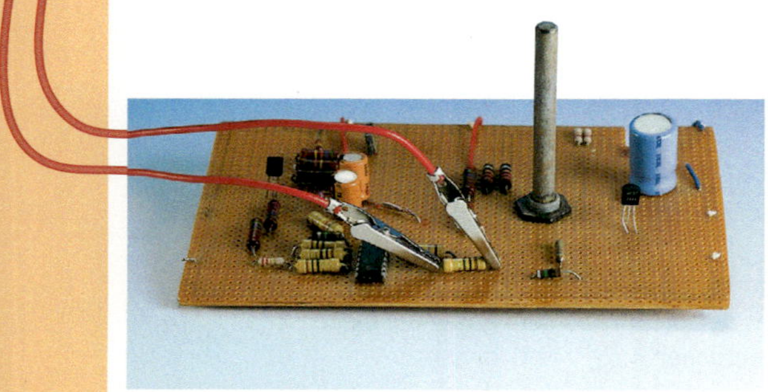

2 Widerstandsmessung auf einer Platine

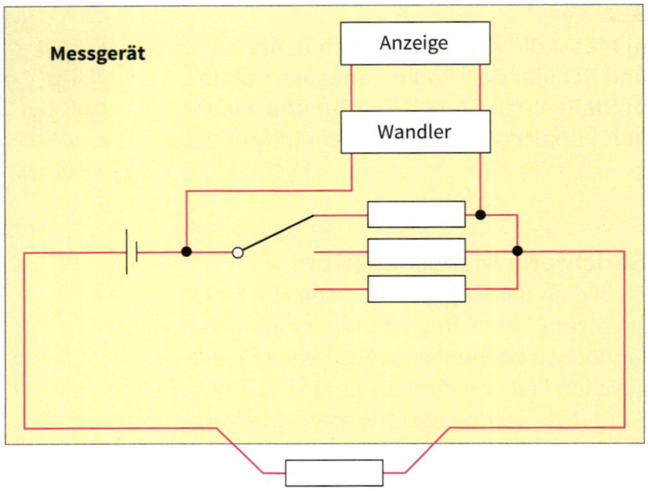

zu messender Widerstand

3 Schaltung zur Widerstandsmessung

Indirektes Messverfahren

Die Messung des elektrischen Widerstandes erfolgt in einem indirekten Verfahren. Die Basis dafür bietet die Spannungsmessung an einem Widerstand. Auf Bild 3 siehst du den Schaltplan für eine **Widerstandsmessung**.

Das Messgerät muss zur Messung mit einer eigenen Stromquelle ausgestattet sein. Dies ist in der Regel eine Batterie im Gehäuse.

Widerstandsmessungen

Für die Widerstandsmessung sind im Messgerät die Stromquelle und ein Widerstand in Reihe geschaltet. Ein elektronisches Bauteil stellt die Verbindung zur Anzeige her. Die Anschlüsse für den zu messenden Widerstand sind über Steckbuchsen und Kabel nach außen geführt.

Bei Verbindung der Anschlusskabel miteinander entsteht ein geschlossener Stromkreis. Die gesamte Spannung liegt an einem der gewählten Widerstände im Inneren des Messgerätes an. Ihren Wert wandelt das elektronische Bauteil so um, dass in der Anzeige 00,0 Ω erscheint.

Wird nun über die Messkabel ein äußerer Widerstand in den Kreis geschaltet, ändern sich – wie in einer Reihenschaltung – die Spannungsverhältnisse.
Bedingt durch den zweiten Widerstand tritt jetzt am Widerstand im Messgerät eine andere Spannung auf.
Ihr Wert wird umgewandelt und als Größe des zu bestimmenden Widerstandes auf der Anzeige ausgegeben.

Kennlinien von Widerständen

1. ≡ V

a) Baue eine Schaltung zur Aufnahme des Spannung-Stromstärke-Diagramms eines Leiters nach Bild 1 auf. Dazu benötigst du unter anderem: ein regelbares Stromversorgungsgerät, ein Verbindungsleiter und zwei Vielfachmessgeräte.
b) Miss die Stromstärke bei verschiedenen Spannungen und dokumentiere sie in einer Tabelle. Erstelle aus deinen Messergebnissen eine Kennlinie.
c) Interpretiere die von dir aufgenommene Kennlinie.

2. ≡ A

Erkläre, warum Grafit kein ohmscher Widerstand ist.

3. ≡ A

a) Entnimm der Kennlinie für Eisendraht zwei Wertepaare und berechne daraus die Quotienten von Spannung und Stromstärke. Erkläre dein Ergebnis.
b) Interpretiere die Kennlinie von Eisendraht in Bild 4.

4. ≡ A

In Elektromotoren werden Kohlenbürsten aus Grafit als Kontakte zu dem beweglichen Rotor verbaut. Begründe die Verwendung dieses Leiters.

Leiter mit unterschiedlichen Kennlinien

Leitende Materialien ändern oft ihren Widerstand mit der angelegten Spannung. Diese Änderung stellst du mit der **Kennlinie**, dem Spannung-Stromstärke-Diagramm, dar. Für jeden elektrischen Leiter kannst du Messwertpaaren von Spannung und Stromstärke aufnehmen. Die Kennlinie erhältst du, indem du die Messwerte in einem Diagramm aufträgst. Einer Kennlinie kannst du auch Wertepaare entnehmen, die du nicht gemessen hast. Aus ihrem Quotienten erhältst du den elektrischen Widerstand.

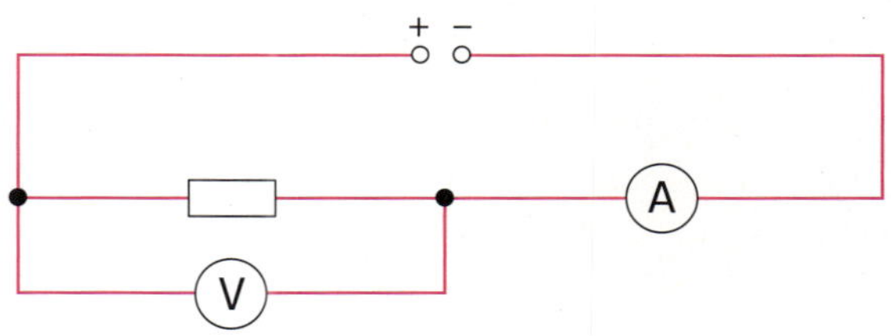

1 Schaltbild zur Aufnahme einer Kennlinie

U in Volt (V)	0	2	4	6	8
I in Ampere (A)	0	0,025	0,050	0,075	0,100
$\frac{U}{I}$ in $\frac{\text{Volt (V)}}{\text{Ampere (A)}}$	–	80	80	80	80

2 Messwertpaare für einen ohmschen Widerstand

Konstantandraht

Konstantandraht ist ein ohmscher Widerstand. Dies bedeutet, dass Stromstärke und Spannung proportional sind. Daher ist die Kennlinie von Konstantandraht eine Ursprungsgerade. Ihr Anstieg ist für jede Spannung gleich.

Eisendraht

Ein Eisendraht ist kein ohmscher Widerstand. Stromstärke und Spannung sind bei einem Eisendraht nicht proportional. Die Stromstärke nimmt bei niedrigen Spannungen stärker zu als bei hohen Spannungen.

Du kannst Kennlinien aufnehmen und interpretieren.

Grafitstab

Die Stromstärke durch einen Grafitstab nimmt bei niedrigen Spannungen weniger stark zu als bei hohen Spannungen.

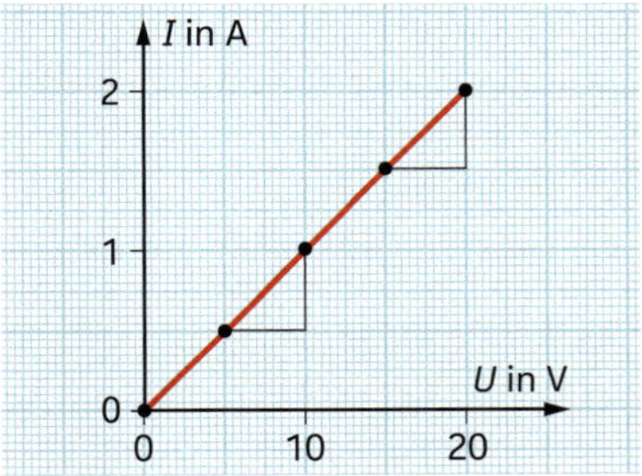

3 Kennlinie eines Konstantandrahts

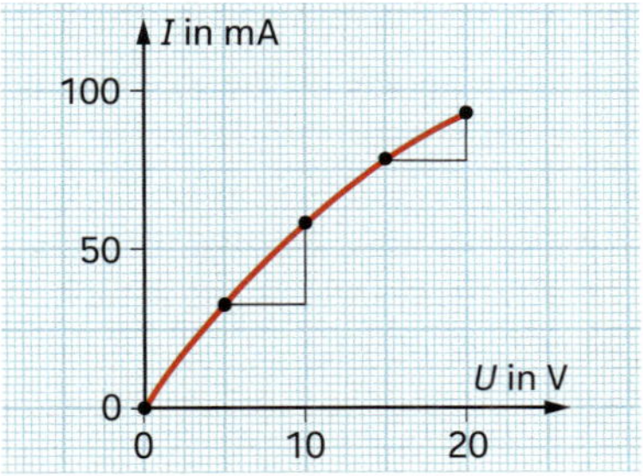

4 Kennlinie eines Eisendrahts

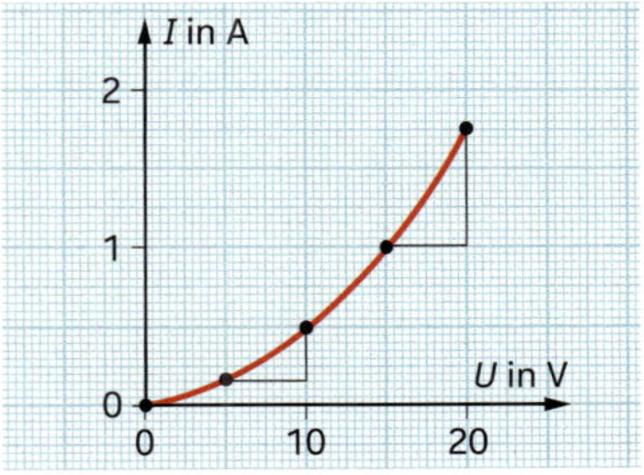

5 Kennlinie eines Grafitstabs

Basiskonzepte S. 105

Widerstände in der Reihenschaltung

1.
a) Miss mit einem Vielfachmessgerät die Widerstandswerte von drei Keramikwiderständen. Trage die Werte in eine Tabelle ein.
b) Bestimme die Werte für die Widerstände aus Versuch a) mit der Farbcodetabelle für Widerstände. Trage sie ebenfalls in die Tabelle ein und vergleiche.

2.
a) Schalte die Widerstände aus Versuch 1 in Reihe. Miss nacheinander den Widerstandswert über ein, zwei und drei Widerstände. Notiere die Werte.
b) Vergleiche die Messwerte mit den Ergebnissen aus Versuch 1. Erläutere deine Feststellung.

3.
Drei Widerstände mit den Werten 47 Ω, 220 Ω und 470 Ω sind hintereinander geschaltet. Berechne die Größe des Gesamtwiderstandes.

4.
Vier Widerstände mit den Werten 180 Ω, 1,2 kΩ, 560 Ω und 1,7 MΩ sind in Reihe geschaltet. Berechne den Wert des Ersatzwiderstandes.

5.
Der Ersatzwiderstand einer Schaltung beträgt 1240 Ω. R_1 hat einen Wert von 220 Ω, R_3 einen Wert von 470 Ω. Berechne R_2.

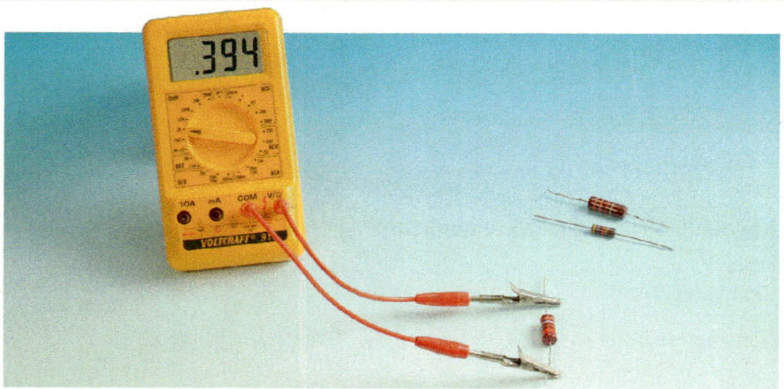

1 Widerstandsmessung in der Reihenschaltung

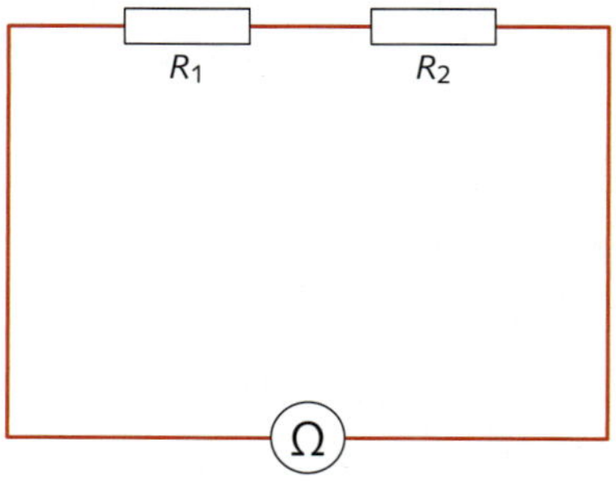

2 Schaltplan zur Widerstandsmessung

Bestimmen des Widerstandes
Werden in einem Stromkreis Widerstände in Reihe geschaltet, fließen die Elektronen nacheinander durch alle Widerstände. Die Widerstände zusammen bestimmen die elektrische Stromstärke. Der Wert der Stromstärke verringert sich, wenn bei konstanter Spannung weitere Widerstände hintereinander in den Stromkreis geschaltet werden. Der Widerstand kann aus den Messungen von Spannung und Stromstärke errechnet werden.

Gesamtwiderstand berechnen
Ein einzelner Widerstand kann die gleiche Wirkung erzielen wie zwei andere, wenn die Summe ihrer Widerstandswerte mit dem Wert des einzelnen Widerstandes übereinstimmt. Auch drei Widerstände können durch einen einzelnen Widerstand ersetzt werden, wenn sein Wert der Summe der Werte der drei einzelnen Widerstände entspricht. Die Summe der Werte der Einzelwiderstände ergibt den Wert des **Gesamtwiderstandes R_{ges}**. Der Gesamtwiderstand in einer Reihenschaltung mit drei Einzelwiderständen wird berechnet mit der Formel:

$$R_{ges} = R_1 + R_2 + R_3$$

Ersatzwiderstand messen
Anstelle von mehreren in Reihe geschalteten Widerständen kannst du auch einen einzelnen Widerstand mit dem Wert des Gesamtwiderstandes verwenden. Er heißt **Ersatzwiderstand**. Anstelle einer Messung von Spannung und Stromstärke kann der Wert des Ersatzwiderstandes auch direkt bestimmt werden. Für die Messung müssen Anfang und Ende der Widerstände in Reihenschaltung mit dem Messgerät verbunden werden.

Du kannst für eine Reihenschaltung von Widerständen den Gesamtwiderstand berechnen und den Ersatzwiderstand messen.

Widerstände in der Parallelschaltung

1. Ⓐ
Bestimme die Widerstandswerte für zwei gleich große Keramikwiderstände mit dem Widerstandsfarbcode und notiere sie in einer Tabelle.

2. Ⓥ
Schalte die Widerstände aus Aufgabe 1 parallel. Bestimme mit einem Vielfachmessgerät den Widerstandswert. Notiere den Wert in der Tabelle und vergleiche ihn mit den einzelnen Widerstandswerten.

3. Ⓥ
Wiederhole Aufgabe 1 und Versuch 2 für zwei ungleiche Widerstände. Formuliere ein Ergebnis.

4. Ⓥ
a) Miss die Werte von drei ungleichen Widerständen.
b) Schalte die drei Widerstände parallel und miss ihren Gesamtwiderstand.
c) Vergleiche den Gesamtwiderstand mit den Werten der Einzelwiderstände. Formuliere das Ergebnis.

5. Ⓐ
a) Drei Widerstände $R_1 = 20\ \Omega$, $R_2 = 30\ \Omega$ und $R_3 = 60\ \Omega$ sind parallel geschaltet. Schätze ab, welchen Wert der Widerstand haben muss, der sie ersetzen kann.
b) Berechne den Ersatzwiderstand. Beachte, dass du vor der Angabe des Gesamtwiderstandes den Kehrwert bilden musst.

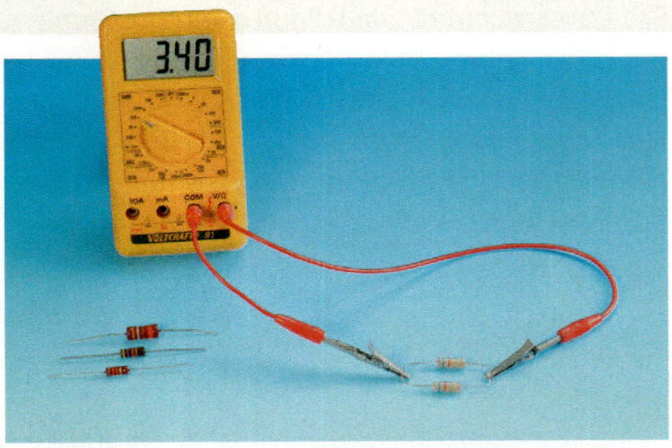

1 Widerstandsmessung in der Parallelschaltung

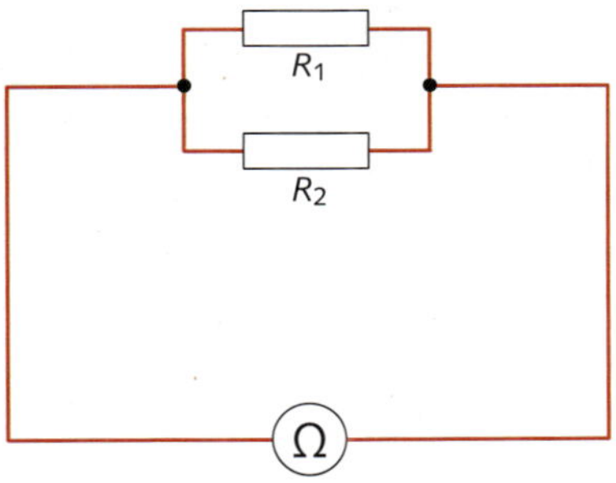

2 Schaltplan zur Widerstandsmessung

Gesamtwiderstand berechnen

Bei einer Parallelschaltung von Widerständen werden den fließenden Elektronen jeweils mehrere Stromwege angeboten. Bei gleicher Spannung können dann in derselben Zeit mehr Elektronen im Stromkreis fließen.

Der **Gesamtwiderstand** verringert sich mit jedem zusätzlich parallel geschalteten Einzelwiderstand. Bei gleich großen, parallel geschalteten Widerständen ergibt sich ein Gesamtwiderstand mit dem halben Wert der Einzelwiderstände. Sind die Widerstände nicht gleich groß, ist ihr Gesamtwiderstand kleiner als der kleinste der Einzelwiderstände. Der Gesamtwiderstand in einer Parallelschaltung mit drei Einzelwiderständen wird berechnet mit der Formel:

$$\frac{1}{R_{ges}} = \frac{1}{R_1} + \frac{1}{R_2} + \frac{1}{R_3}$$

Um den Wert für den Gesamtwiderstand R_{ges} zu erhalten, musst du die Kehrwerte addieren und nach der Addition den Kehrwert bilden.

Ersatzwiderstand messen

Neben der Berechnung des Gesamtwiderstandes und der Messung von Spannung und Stromstärke ist es ebenfalls möglich, den **Ersatzwiderstand** bei der Parallelschaltung mit einem Vielfachmessgerät wie in Bild 1 direkt zu messen.

TIPP
Benutze für die Berechnung des Gesamtwiderstandes die $\frac{1}{x}$- oder x^{-1}-Taste des Taschenrechners.

Du kannst für eine Parallelschaltung von Widerständen den Gesamtwiderstand berechnen und den Ersatzwiderstand messen.

Das Magnetfeld eines Dauermagneten

1.
Halte einen Dauermagneten an Gegenstände aus verschiedenen Materialien. Notiere deine Beobachtungen in einer Tabelle.

2.
Führe einen Stabmagneten in 20 cm Abstand rings um einen Kompass herum. Beschreibe deine Beobachtung.

3.
Halte einen Eisennagel nacheinander an die Pole und an die Mitte eines Stabmagneten. Beschreibe, was du spürst.

4.
Lege einen Zeichenkarton auf einen Stabmagneten und bestreue ihn mit Eisenfeilspänen. Klopfe leicht an den Karton. Zeichne, was du auf dem Karton siehst.

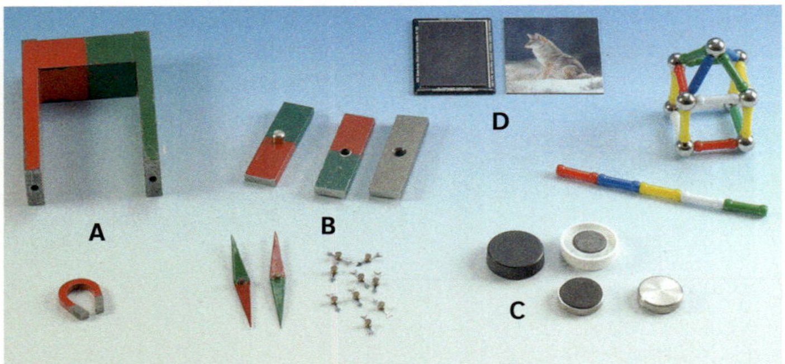

1 A Bügelmagnet, **B** Stabmagnet, **C** Scheibenmagnet, **D** Magnetfolie

Bauformen von Dauermagneten

Dauermagnete werden in verschiedenen Formen angeboten. Am häufigsten findest du Scheibenmagnete, mit denen du Notizzettel an Pinnboards heften kannst. Andere Bauformen siehst du in Bild 1. Auch Computer, Lautsprecher von Fernseh- oder Musikanlagen und andere Elektrogeräte sind mit Dauermagneten ausgerüstet.

Worauf Magnete wirken

Holz oder Kunststoffe reagieren nicht auf Magnete und ebenso werden Magnete durch sie nicht beeinflusst. Nur zwischen Magneten und den **ferromagnetischen Metallen** Eisen, Nickel und Cobalt gibt es eine Wechselwirkung. Sie werden von Magneten angezogen und ziehen auch Magnete an. Diese Wirkung heißt **Magnetismus.** Mit Cobaltgegenständen kommst du im Alltag kaum in Berührung, Nickel findest du in Modeschmuck und Münzen. Eisen hingegen ist in vielen Alltagsgegenständen enthalten.

Die Wechselwirkung von Magneten untereinander

Jeder Magnet hat zwei Pole, einen **magnetischen Nordpol** und einen **magnetischen Südpol.** Die **Polregel** beschreibt, wie sich Magnete gegenseitig beeinflussen. Werden ungleichnamige Pole gegeneinander gehalten, ziehen sich die Magnete an, sind es gleichnamige Pole, stoßen sie sich ab.

Das Magnetfeld im Raum

Magnete wirken mit ihrem **Magnetfeld** in den Raum, der sie umgibt. Es ist noch in großen Entfernungen nachweisbar. So werden durch den Erdmagnetismus Kompassnadeln auf der Erde ausgerichtet. Die Wirkung eines Magneten ist an seinen Polen am stärksten. Dazwischen gibt es einen Bereich, in dem fast kein Magnetismus feststellbar ist. Bild 2 zeigt einen Stabmagneten, der mit Eisenfeilspänen bestreut worden ist.

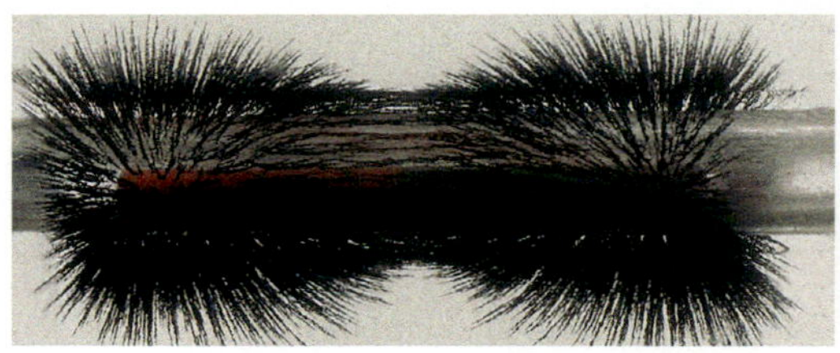

2 Der Magnetismus ist an den Polen am stärksten.

Das Magnetfeld sichtbar gemacht.

Eisenfeilspäne um einen Magneten ordnen sich zu Linien an, die die Pole verbinden (Bild 3). Diese Linien heißen **magnetische Feldlinien.** Sie machen das Magnetfeld sichtbar und zeigen die Wirkung des Magneten im Raum.

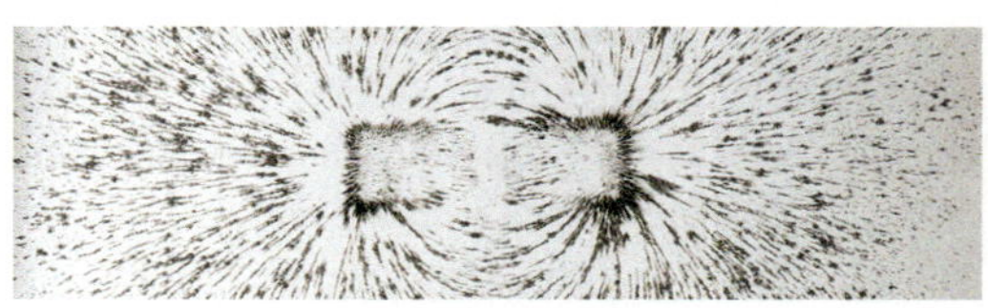

3 Eisenfeilspäne zeigen das Magnetfeld an.

Du kannst die Eigenschaften von Dauermagneten beschreiben und Stoffe nennen, die durch sie angezogen werden.

Das Magnetfeld eines elektrischen Leiters

1.
a) Schließe eine Spule wie in Bild 1 an ein Stromversorgungsgerät an. Streue Eisenfeilspäne in und um die Spule. Beschreibe das Verhalten der Späne.
b) Beschreibe den Verlauf der magnetischen Feldlinien.

2.
a) Baue den Versuch wie in Bild 2 auf. Richte den elektrischen Leiter so aus, dass er parallel zu den Kompassnadeln steht. Schließe und öffne mehrmals kurz den Stromkreis. Beschreibe das Verhalten der Kompassnadeln.
b) Vertausche die Anschlüsse des Leiters. Beobachte erneut die Kompassnadeln.

3.
a) Führe wie in Bild 3 einen elektrischen Leiter senkrecht durch einen Karton und schließe den Leiter an eine Gleichstromquelle an. Streue Eisenfeilspäne herum.
b) Beschreibe den Verlauf der Feldlinien.

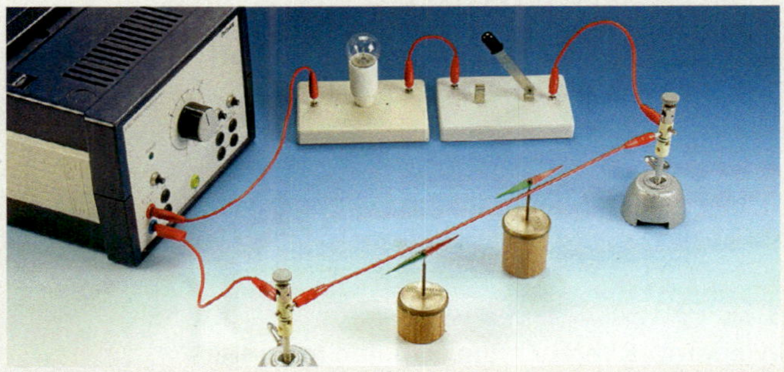
2 Elektronenfluss bewirkt ein Magnetfeld.

Ein Magnet aus Kupferdraht und Eisen

Wird eine **Kupferdrahtspule** mit Eisenkern von Elektronen durchflossen, so entsteht ein **Magnetfeld** um die Spule herum. Nordpol und Südpol liegen an den Enden des Eisenkerns. Eisenfeilspäne zeigen ein Feldlinienbild wie bei einem Stabmagneten. Eine Spule mit Eisenkern ist ein Magnet, der sich ein- und ausschalten lässt, ein **Elektromagnet.** Ändert sich durch Umpolen die Elektronenrichtung, so werden Nord- und Südpol vertauscht.

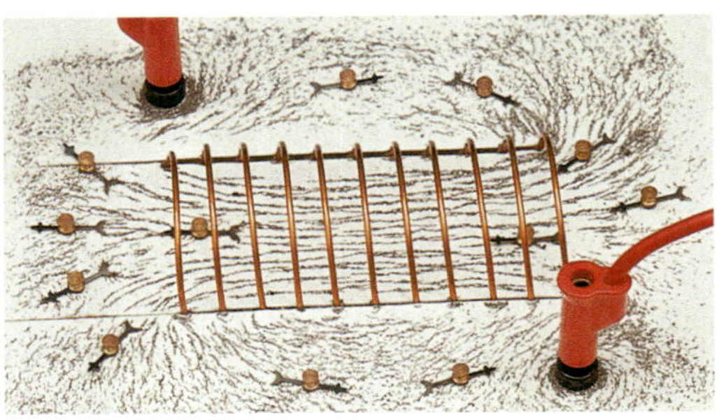
1 Das Magnetfeld einer Spule

Das Magnetfeld einer Spule

In Bild 1 zeigen Eisenfeilspäne das Feldlinienbild einer Spule ohne Eisenkern. Die Feldlinien sind in sich geschlossen. Im Außenraum der Spule verlaufen sie vom Nord- zum Südpol, in ihrem Inneren vom Süd- zum Nordpol. Dort ist das Magnetfeld homogen. Die Feldlinien verlaufen in gleichem Abstand parallel zueinander.

Das Magnetfeld eines Leiters

Eine Spule besteht aus einem aufgewickelten elektrischen Leiter. Bild 2 zeigt einen Draht, der in Nord-Süd-Richtung zeigt. Wird der Stromkreis geschlossen, zeigen die Kompassnadeln in der Umgebung des Drahtes ein Magnetfeld an. In Bild 3 zeigen Eisenfeilspäne die magnetischen Feldlinien. Sie sind in konzentrischen Kreisen um den Leiter angeordnet. Die Radien der Ringe werden mit zunehmendem Abstand zum Leiter größer. Es gibt keine Magnetpole.

3 Das Magnetfeld um einen Leiter

Richtung des Magnetfeldes

Mit der **Linke-Faust-Regel** kann die Richtung des Magnetfeldes um einen elektrischen Leiter ermittelt werden. Zeigt der Daumen der linken Hand in die Fließrichtung der Elektronen, so zeigen die gekrümmten Finger die Richtung der magnetischen Feldlinien an (Bild 4).

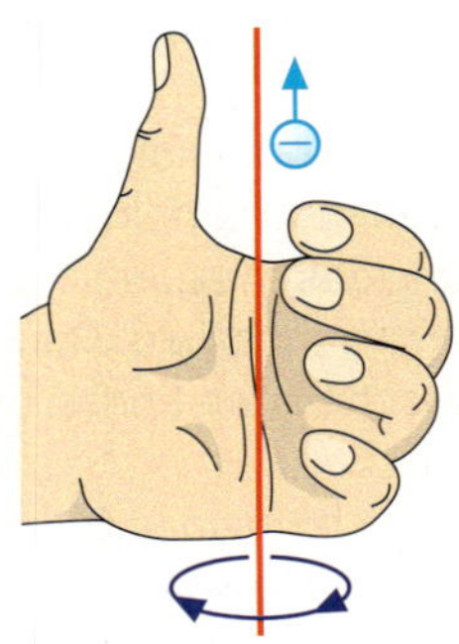
4 Die Richtung der magnetischen Feldlinien

Du kannst angeben, was fließende Elektronen in einem Leiter und in seiner Umgebung bewirken.

Basiskonzepte S. 105

Die elektromagnetische Induktion

1. V
a) Schließe eine Spule mit 1200 Windungen an ein Spannungsmessgerät mit Mittelstellung des Zeigers an. Bewege einen Dauermagneten in die Spule hinein und wieder heraus. Beobachte dabei jeweils die Bewegung des Zeigers im Messgerät.
b) Bewege die Spule über den Magneten und beobachte auch hierbei das Messgerät.

2. V
Drehe den Magneten um und wiederhole Versuch 1.

3. V
Wiederhole Versuch 1 mit Spulen mit unterschiedlicher Windungszahl.

4. V
a) Wiederhole Versuch 1 und bewege den Magneten mit unterschiedlichen Geschwindigkeiten in die Spule.
b) Gib den Einfluss der Geschwindigkeit an, den sie auf die Höhe der entstehenden Spannung hat.

5. V
Führe Versuch 1 a) mit verschieden starken Magneten, aber jeweils gleicher Geschwindigkeit durch. Vergleiche die Messergebnisse.

6. A
Formuliere die Ergebnisse aus allen Versuchen in Je-desto-Sätzen.

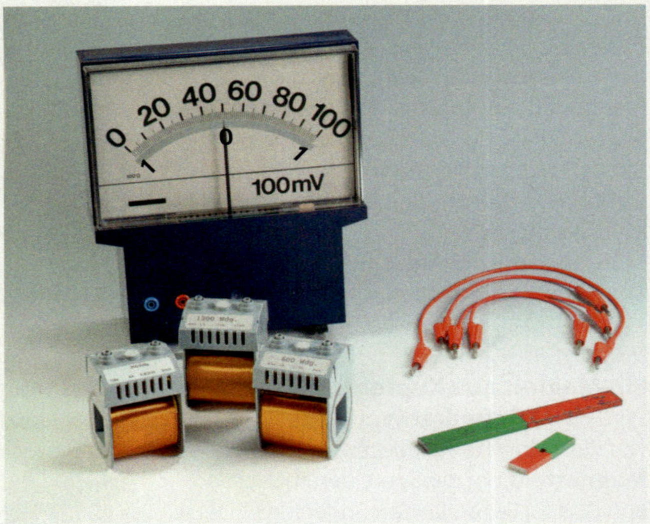

1 Spule und Magnet im Zusammenspiel

Bewegung erzeugt Spannung

Bewegst du einen Magnet durch eine Spule, so entsteht zwischen den Anschlüssen der Spule eine Spannung. Genauso entsteht eine Spannung zwischen den Anschlüssen der Spule, wenn du die Spule über einen Magneten bewegst. Beide Vorgänge werden unter dem Begriff **elektromagnetische Induktion** zusammengefasst. Die Spannung wird in beiden Fällen **induziert.**

Bei der Induktion entsteht ein Wechselspiel zwischen magnetischem und elektrischem Feld. Durch die Bewegung des magnetischen Feldes entsteht in der Spule ein elektrisches Feld. Dadurch ändert sich die Spannung zwischen den Enden der Spule.

Die Richtung des Stromes in der Spule hängt von der Richtung der Bewegung und von der Lage der Pole des Magneten ab. Mit einem Messgerät, das sowohl positive wie auch negative Spannungen anzeigen kann, kannst du den Wechsel der Stromrichtung beobachten.

Wovon hängt die Höhe der induzierten Spannung ab?

- Werden Magnet und Spule schnell gegeneinander bewegt, so entsteht eine höhere Spannung als bei langsamer Bewegung.
- In einer Spule mit einer höheren Windungszahl wird bei sonst gleichen Bedingungen eine höhere Spannung induziert als in einer Spule mit weniger Windungen.
- Mit einem starken Magneten wird bei sonst gleichen Bedingungen eine höhere Spannung induziert als mit einem schwächeren Magneten.

Die induzierte Spannung hängt also von der **Geschwindigkeit der Bewegung,** der **Windungszahl der Spule** und der **magnetischen Kraft des Magneten** ab.

Du kannst den Vorgang der elektromagnetischen Induktion beschreiben und angeben, wovon die Höhe der induzierten Spannung abhängt.

Basiskonzepte S. 105

Induktion durch Drehbewegung

1.
a) Baue einen Versuch wie in Bild 1 auf. Schließe die Spule an ein Spannungsmessgerät mit Mittelstellung an.
b) Drehe den Bügelmagneten langsam. Beobachte dabei das Messgerät.
c) Drehe den Magneten schneller und beobachte wieder das Messgerät. Vergleiche mit dem Ergebnis aus Versuch b) und begründe.

2.
Wiederhole Versuch 1 mit einem Messgerät, das du auf das Zeichen ~ gestellt hast. Erkläre deine Beobachtungen.

3.
Überlege, was für eine Art Spannung in Versuch 1 induziert wird.

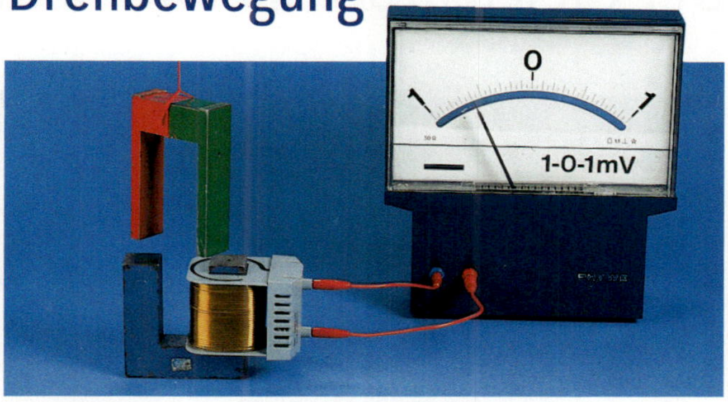

1 Elektrizität durch sich drehenden Dauermagneten

Drehbewegung erzeugt Spannung

Wird ein Magnet über einer Spule gedreht, so entsteht zwischen den Enden der Spule eine Spannung, es baut sich ein elektrisches Feld auf. Durch die Drehbewegung ändern sich die Richtung und die Stärke des Magnetfeldes der Spule. Ein Eisenkern verstärkt diese Wirkung.
Beim Nabendynamo drehen sich Dauermagnete um eine Spule. In Kraftwerksgeneratoren drehen sich Elektromagnete. Hier entsteht eine Induktionsspannung, da sich die magnetische Wirkung auf die Spule ständig ändert.

Du kannst erläutern, wie durch die Drehung eines Magneten eine Spannung in einer Spule induziert wird.

FARADAY and the discovery of induction

STREIFZUG

CHRISTIAN OERSTED

In 1820, the Danish scientist CHRISTIAN OERSTED (1777–1851) discovered that compass needles are deflected in the presence of live conductors. OERSTED had discovered electromagnetism.

MICHAEL FARADAY

Consequently, the English scientist MICHAEL FARADAY (1791–1867) experimented with the idea of reversing this process. He concluded that if it was possible for electricity to influence a compass it must also be possible to generate electricity with a magnet. In 1831, eleven years after the discovery of electromagnetism, he succeeded in creating a weak current by using a home-made coil with two bar magnets. He proved it with a compass wrapped in several of the coils.
The discovery of induction by MICHAEL FARADAY made it possible to produce as much electricity as necessary.

vocabulary
discovery – Entdeckung
scientist - Naturwissenschaftler
to deflect – ablenken
conductor – Leiter
to reverse – umkehren
to conclude – folgern
to be possible – möglich sein
to influence – beeinflussen
electromagnetism – Elektromagnetismus
weak – schwach
current – Strom
coil – Spule, Windung
bar magnet – Stabmagnet
to prove – nachweisen
to be wrapped – umwickelt sein
several – einige
necessary – nötig

Basiskonzepte S. 105

Der Gleichstrom-Elektromotor

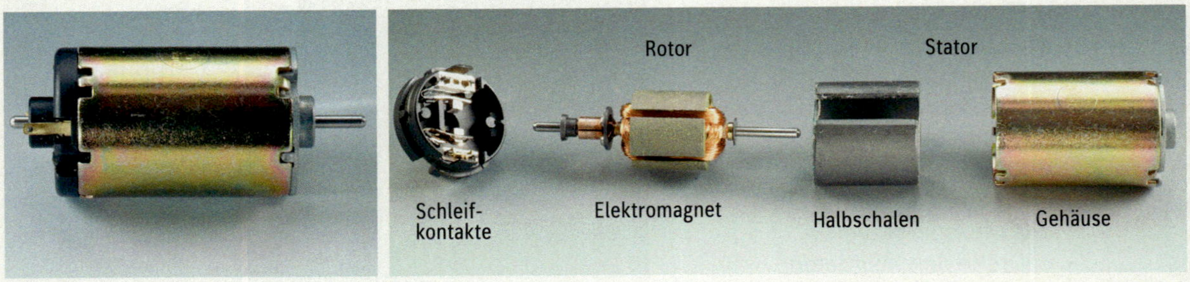

1 Teile eines Gleichstrom-Elektromotors

1. (A)
Nenne die feststehenden und beweglichen Teile des Gleichstrom-Elektromotors in Bild 1.

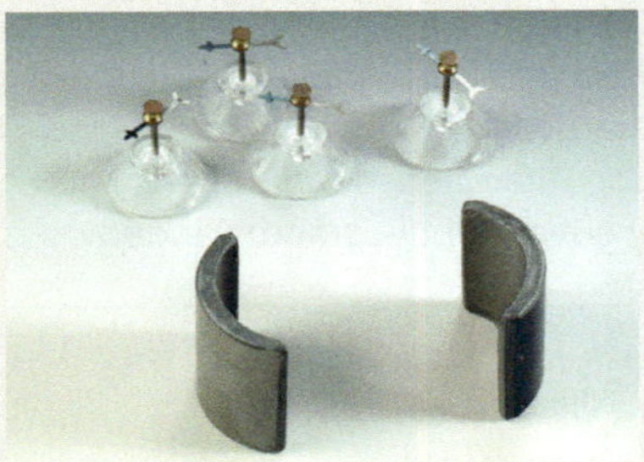

2 Überprüfen der Pole

2. (V)
Bild 2 zeigt die Halbschalen eines Stators. Überprüfe mit Kompassnadeln, wo sich die Pole befinden.

3. (V)
a) Baue den Versuch nach Bild 3A auf. Schließe den Schalter und beobachte die Spule.
b) Vertausche die Anschlüsse an der Batterie und beobachte.

4. (V)
Wiederhole Versuch 3 mit einem Motor wie in Bild 3B. Setze die Schleifkontakte auf je einen der ungeteilten Schleifringe und beobachte das Verhalten der Spule.

5. (A)
Begründe, warum es bei den Versuchen 3 und 4 nicht zu einer vollen Drehung der Spule kommt.

Die Teile eines Elektromotors

Bild 1 zeigt einen **Gleichstrom-Elektromotor** und seine wichtigsten Teile. Das sind zwei magnetische Halbschalen und der **Rotor,** ein drehbar gelagerter Elektromagnet. Die eine Halbschale hat innen einen Nordpol, die andere einen Südpol. Sie bilden zusammen mit dem Gehäuse den **Stator.**

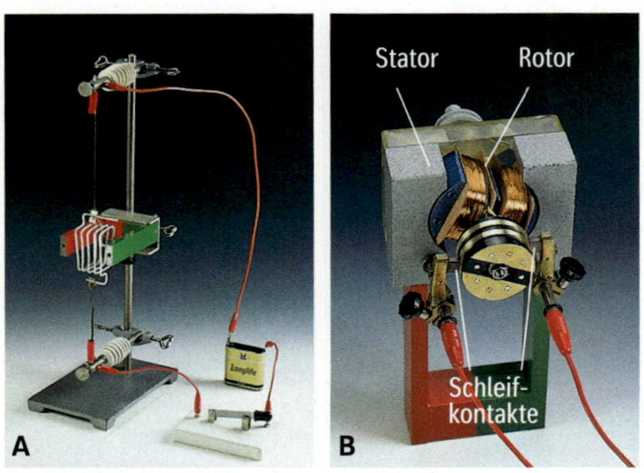

3 Drehbare Spulen: **A** Modell, **B** Aufbaumotor

Eine Spule dreht sich zwischen den Polen

Eine Spule im Stromkreis bildet einen Nord- und einen Südpol aus. Hängt die Spule wie in Bild 3A zwischen den Polen eines Bügelmagneten, so werden die Pole der Spule von den Polen des Magneten angezogen oder abgestoßen. Die Spule dreht sich, bis ihr Nordpol dem Südpol des Magneten und ihr Südpol seinem Nordpol möglichst nahe sind. Dann bleibt sie stehen. Werden die Anschlüsse der Batterie vertauscht, so dreht sich die Spule in umgekehrter Richtung.

Auch der Rotor des Motors in Bild 3B bildet einen Elektromagneten. Wird er an eine Stromquelle angeschlossen, so dreht er sich bis zu einer Ruhelage. Für eine vollständige Drehbewegung müssen die Anschlüsse vertauscht werden, wenn der Rotor die Ruhelage erreicht hat.

Du kannst erklären, warum eine Strom führende Spule zwischen den Polen eines Dauermagneten eine halbe Umdrehung ausführt und wovon die Drehrichtung der Spule abhängt.

Der Kommutator – ein automatischer Umschalter

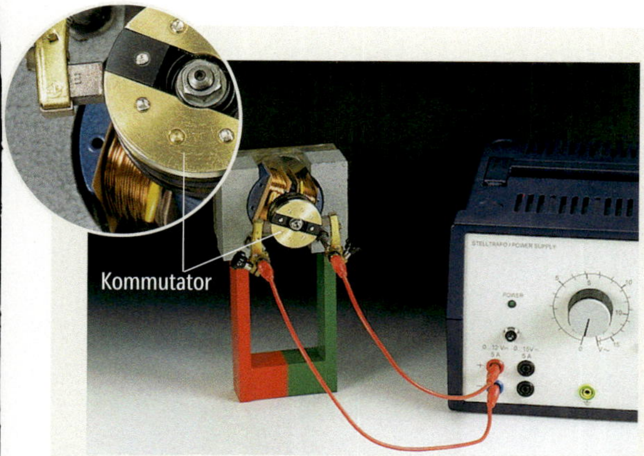

1 Modellmotor mit Kommutator

1. ☰ V
Baue den Motor wie in Bild 1 auf. Verbinde je einen Halbring mit einem Pol des Stromversorgungsgerätes. Bringe den Rotor in die Position wie in Bild 2. Schalte das Stromversorgungsgerät ein und regle es langsam hoch, bis sich der Rotor bewegt.

2. ☰ A
a) Erkläre die Drehung des Rotors in Versuch 1.
b) Erkläre, warum der Rotor keine fortlaufende Drehung vollführen kann.

3. ☰ V
Drehe den Rotor aus Versuch 1 mit der Hand weiter, bis die Schleifkontakte wieder die Halbringe berühren. Begründe, dass sich der Rotor jetzt eine halbe Umdrehung weiter dreht.

4. ☰ V
Wiederhole Versuch 3 mit doppelter Spannung.

5. ☰ A
Nenne die Aufgaben der beiden Halbringe und der Schleifkontakte.

6. ☰ V
Verändere die Spannung am Stromversorgungsgerät bei laufendem Motor bis auf maximal 12 V. Beschreibe deine Beobachtung.

7. ☰ A
Formuliere in einem Je-desto-Satz den Zusammenhang zwischen der Spannung und der Drehzahl des Motors.

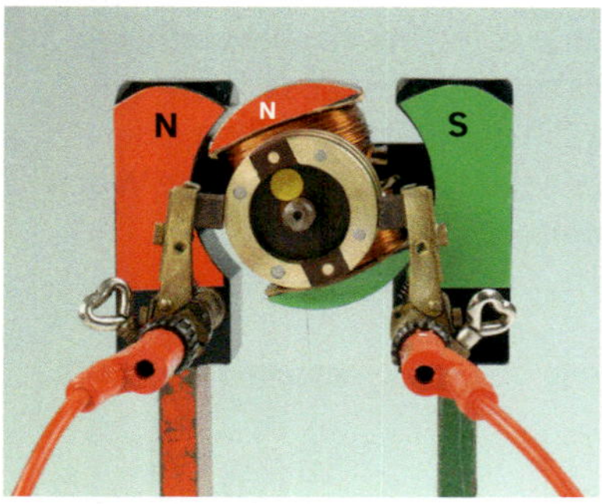

2 Rotor beim Start

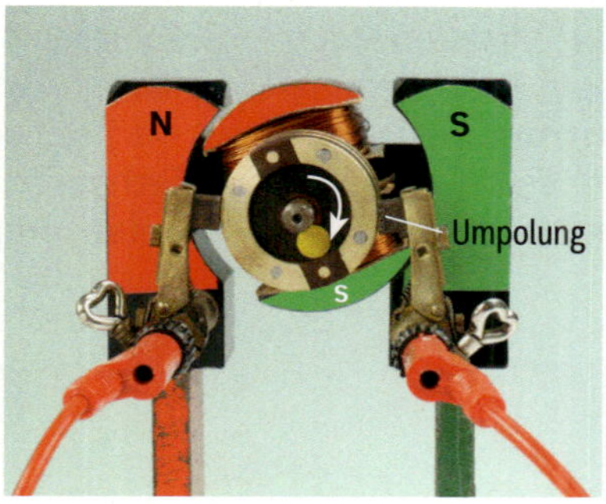

3 Rotor nach einer halben Umdrehung

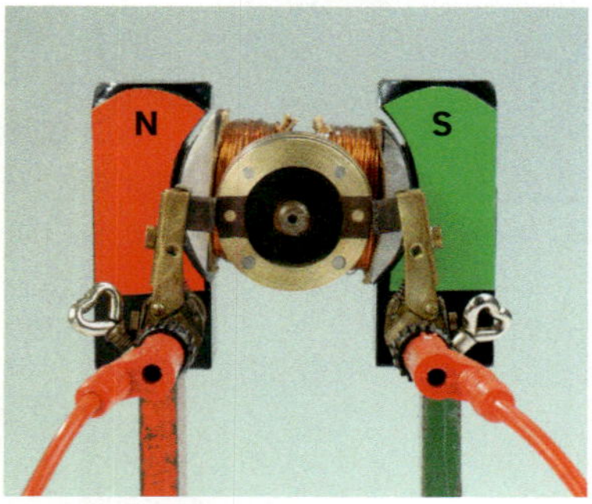

4 Rotor in Totpunkt-Position

Ein Stromwender

Es ist sehr schwierig, mit der Hand die Pole an der Spule so schnell zu wechseln, dass eine fortlaufende Drehbewegung des Motors entsteht. Der **Kommutator** oder **Stromwender** ist eine Vorrichtung, die diesen Wechsel automatisch vornimmt. Er besteht aus zwei Halbringen, die gegeneinander isoliert sind und er ist auf derselben Achse angebracht wie die Spule. An den Halbringen ist jeweils ein Spulenende angelötet. Die Halbringe sind über zwei Schleifkontakte mit dem Stromversorgungsgerät verbunden. Wenn der Kommutator die Stromrichtung in der Spule umkehrt, werden auch die Magnetpole der Spule vertauscht. Dieser Vorgang wiederholt sich nach jeder halben Umdrehung. Dadurch kommt es zu einer fortlaufenden Drehbewegung.

Der Totpunkt

Wenn die Schleifkontakte auf den isolierten Stellen zwischen den beiden Schleifringen stehen, wird der Stromkreis unterbrochen. Die Spule ist nun nicht mehr magnetisch. (Bild 4). Ist der Motor aber erst einmal in Bewegung, so sorgt die Trägheit des Rotors dafür, dass er sich über diesen **Totpunkt** hinweg weiterdreht.

Du kannst beschreiben, wie mithilfe des Kommutators eine kontinuierliche Drehung des Rotors möglich wird.
Du kannst den Begriff Totpunkt erklären.

Elektrische Stromquellen

1.
Baue einen einfachen elektrischen Stromkreis mit einem Oszilloskop auf. Vertausche die Anschlüsse und beobachte.

2.
Tausche die Batterie aus Versuch 1 gegen einen Fahrraddynamo. Drehe das Antriebsrad langsam und möglichst gleichmäßig. Vergleiche die Bilder auf dem Oszilloskop mit den Bildern aus Versuch 1.

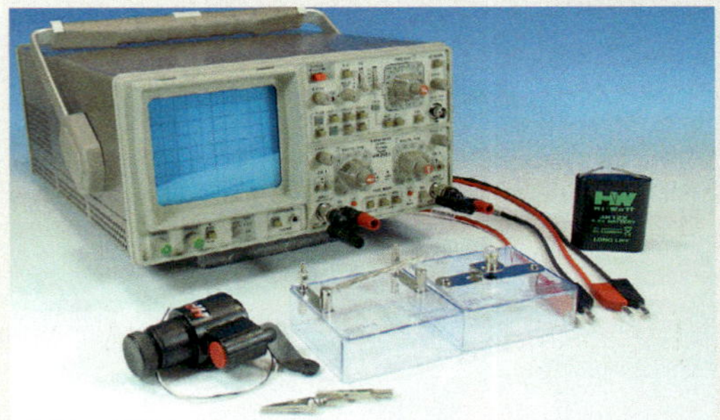

1 Batterie oder Fahrraddynamo als Stromquelle

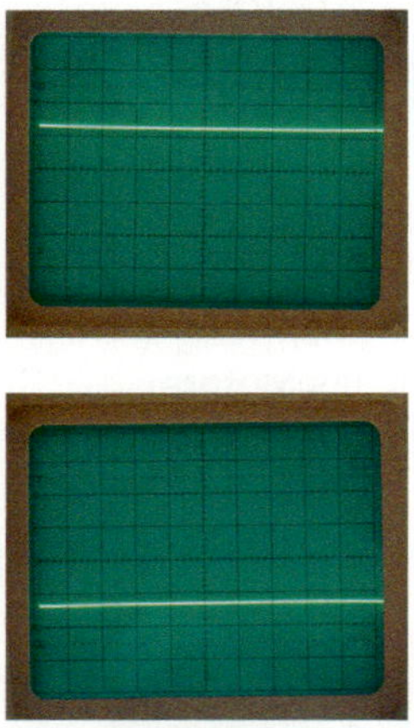

2 Gleichspannung

Batterie

Wird ein **Oszilloskop** an eine Batterie angeschlossen, so zeigt der Schirm eine waagerechte Linie. Je nach Polung der Batterie liegt die Linie oberhalb oder unterhalb der Mittellinie des Schirms. Die Batterie liefert **Gleichspannung.** In einem geschlossenen Stromkreis mit Batterie bewegen sich die Elektronen von deren Minuspol zum Pluspol. Diese Stromart heißt **Gleichstrom.** Den Antrieb für die Elektronen liefert die Batterie, sie ist eine **Gleichstromquelle.**

Fahrraddynamo

Die Spannung an einem Fahrraddynamo wird auf dem Schirm eines Oszilloskops als regelmäßige wellenförmige Kurve dargestellt. Sie heißt **Sinuskurve.** Plus- und Minuspol wechseln in rascher Folge. Der Fahrraddynamo liefert **Wechselspannung.** Ist die Fahrradbeleuchtung eingeschaltet, so wechselt der Elektronenstrom ständig die Richtung. Der Fahrradldynamo ist eine **Wechselstromquelle.**

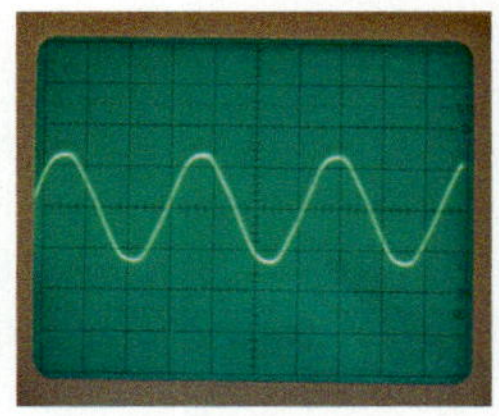

4 Wechselspannung

3 Gleichstromquellen

5 Wechselstromquellen

Weitere Stromquellen

Solarzellen, Batterien und wiederaufladbare Akkumulatoren, kurz Akkus, sind Gleichstromquellen. Windgeneratoren, Dynamo-Taschenlampen und Lichtmaschinen im Auto sind, wie alle Generatoren, Wechselstromquellen. Sie können nur Energie abgeben, solange sie gedreht werden.

Du kannst mithilfe eines Oszilloskops eine Gleichstromquelle von einer Wechselstromquelle unterscheiden.
Du kannst Beispiele für elektrische Stromquellen nennen.

Bau von Elektrofahrzeugen

Ein Wettbewerb ist möglich!

In diesem Projekt baut ihr unter gleichen Bedingungen und mit denselben Baumaterialien gleiche Fahrzeuge. So ist ein abschließender Wettbewerb möglich.
Ihr könntet zum Beispiel ein 10 m-Rennen veranstalten oder messen, welches Fahrzeug die geringste Abweichung beim Geradeausfahren hat. Viel Spaß!

TEAM 1
Ein Propeller treibt ein Boot an

In diesem Team baut ihr ein Boot. Als Antrieb dient euer selbstgebauter Elektromotor. Das Fahrzeug darf nur ein geringes Eigengewicht haben. Hartschaum hat sich hier als Baumaterial gut bewährt. Den Bootskörper könnt ihr aus übereinander geklebten Hartschaumplatten gestalten. Holzleim ist ein geeigneter Klebstoff. Auf der Achse des Motors wird eine vorgebohrte Holzscheibe befestigt. Sie ist im Bausatz enthalten. Ein dreiflügeliger Propeller wird dann auf diese Holzscheibe geklebt. Der Bootskörper muss so weit aus dem Wasser ragen, dass der Propeller nicht ins Wasser eintaucht. Ihr könnt die Blätter des Propellers auch verkürzen.
Damit das Boot nicht umkippt, muss ein Kiel vorhanden sein. Dafür könnt ihr kleine, schwere Metallteile nehmen, zum Beispiel einen Zimmermannsnagel. Die oberste Hartschaumschicht muss so ausgehöhlt werden, dass eine passende Vertiefung für den 9 V-Block entsteht.

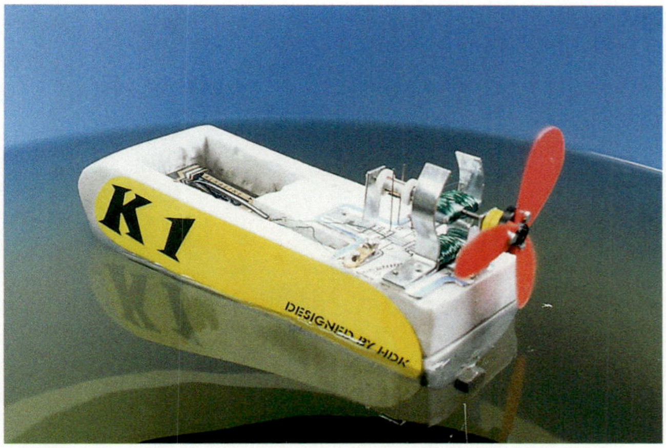

1 Schiff ahoi!

2 Ein schneller Flitzer

TEAM 2
Ein Propeller auf vier Rädern

In diesem Team baut ihr ein Fahrzeug, das durch einen industriell hergestellten Elektromotor angetrieben wird. Der dreiblättrige Propeller sorgt für erstaunlich zügige Fahrt der Leichtkonstruktion.

Dem Bausatz liegt eine ausführliche Bauanleitung bei. Zusätzlich solltet ihr folgendes beachten:

1. Setzt beim Zusammenleimen von Ober- und Unterteil die Klemmzwingen nicht direkt auf das Sperrholz. Legt gerade, stabile Lattenreste dazwischen, dann entstehen keine Werkzeugspuren.
2. Schlagt mit einem kleinen Nagel Vertiefungen an die Stellen, an denen die Ringschrauben zur Achsenhalterung befestigt werden. Dann sind sie leicht einzudrehen.
3. Lötet die elektrischen Verbindungen am Motor und an den Klemmsteckern zur Batterie an. Nur so ist ein zuverlässiger Kontakt möglich.

Der Nabendynamo – ein Generator

1 Ein Fahrrad-Nabendynamo

1. ≡ Ⓐ
Beschreibe den Nabendynamo in Bild 2. Nenne alle beweglichen und feststehenden Teile.

2. ≡ Ⓥ
Spanne die Achse eines Nabendynamos zwischen zwei Stativstangen und baue mit dem Nabendynamos und einer Lampe (6 V|0,1 A) einen Stromkreis auf. Befestige eine Schnur am Nabendynamo, wickle sie um die Nabe und versetze den Nabendynamo mithilfe der Schnur in schnelle Drehung. Beschreibe deine Beobachtung.

3. ≡ Ⓥ
a) Baue in Versuch 2 parallel zur Lampe ein Spannungsmessgerät ein, dessen Zeiger in der Mitte der Skala steht.
b) Drehe den Nabendynamo langsam und beobachte den Zeiger des Messgerätes.
c) Drehe den Nabendynamo schnell und beobachte den Zeiger des Messgerätes erneut.
d) Wiederhole Versuch c). Stelle dabei den Wahlschalter des Messgerätes auf das Zeichen ~. Beschreibe das Verhalten des Zeigers erneut.
e) Erläutere deine Beobachtungen.

4. ≡ Ⓐ
Erkläre, wie in den Spulen des Nabendynamos Wechselspannung induziert wird.

2 Der Nabendynamo im Detail

Der Aufbau

Beim **Nabendynamo** in Bild 2 erkennst du eine Spule, die auf der Achse befestigt ist, sie bildet zusammen mit ihrem Eisenkern den Stator. Die Statorspule ist außen von Eisenkeilen umgeben, die von beiden Spulenenden ausgehen. Die Eisenkeile beider Spulenenden wechseln sich jeweils ab. Als Rotor dreht sich ein Kranz von Dauermagneten um den Stator.

Ein Nabendynamo liefert Wechselspannung

Wenn sich das Rad mit den Magneten über den Eisenkeilen dreht, wird in der Spule eine Wechselspannung induziert. Zum Messen der Spannung muss also ein Messgerät mit einem Wechselspannungsbereich gewählt werden. Die Geschwindigkeit der Drehbewegung bestimmt die Höhe der induzierten Spannung. Je größer die Drehzahl des Rotors ist, desto heller leuchten die Glühlampen des Scheinwerfers. LED-Lampen erreichen ihre höchste Lichtstärke schon bei niedriger Drehzahl des Rotors.

Elektrische Energie von Generatoren

Maschinen, die durch eine Drehbewegung elektrische Energie bereitstellen, heißen **Generatoren.** Alle Generatoren haben einen Rotor und einen Stator. Hier wird durch die Bewegung von Magnet und Spule eine Wechselspannung induziert.

3 Fahrrad mit Nabendynamo

Du kannst am Beispiel des Nabendynamos erklären, wie ein Generator aufgebaut ist und wie in ihm eine Spannung induziert wird.

Das Motor-Generator-Prinzip

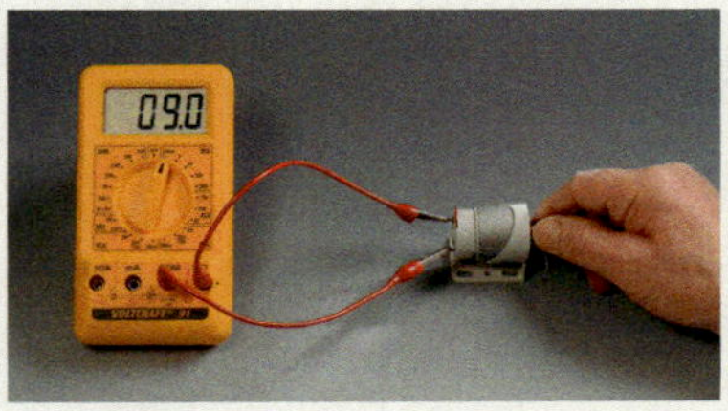

1 Ein Motor als Generator

1. Wähle am Messgerät den kleinsten Messbereich für Gleichspannung. Verbinde es mit dem Elektromotor und drehe an der Motorachse. Beschreibe deine Beobachtung.

2. Nenne Einsatzbereiche
a) für Elektromotoren unterschiedlicher Größe.
b) für Generatoren unterschiedlicher Größe.

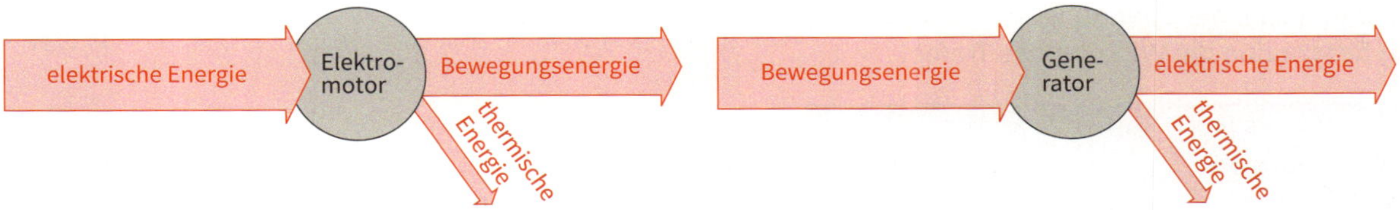

Stator und Rotor – ein Motor
Elektromotoren sind Wandler. Sie wandeln elektrische Energie in Bewegungsenergie und thermische Energie um.

Einsatz von Elektromotoren
Elektromotoren gibt es in vielen verschiedenen Größen. Millimeter kleine Motoren verstellen die Optik von Kameras. Mehrere Meter große Elektromotoren bewegen die Schaufelradbagger im Braunkohlebergbau. Auch du hast jeden Tag mit Elektromotoren zu tun. Kleine Motoren drehen die Computerfestplatte oder versetzen die elektrische Zahnbürste in Schwingung. Größere Motoren treiben Staubsauger an oder bringen Automotoren auf Startdrehzahl. Sehr viel größere Motoren bringen den ICE auf Touren.

2 Elektrobusse verwenden oft Rekuperationsbremsen.

Stator und Rotor – ein Generator
Generatoren sind Wandler. Sie wandeln Bewegungsenergie in elektrische Energie und thermische Energie um.

Einsatz von Generatoren
Generatoren findest du in unterschiedlichen Größen und in unterschiedlichen Einsatzgebieten. Du kennst den Fahrraddynamo, der beim Fahren elektrische Energie für die Beleuchtung liefert. Generatoren in Windkraftanlagen speisen elektrische Energie in das öffentliche Versogungsnetz ein. Auch die Energie für die Motoren elektrischer Schiffsantriebe wird von Generatoren geliefert.

Motoren und Generatoren
Elektromotoren und Generatoren arbeiten nach demselben Prinzip. Oft kann dieselbe Maschine sowohl als Elektromotor als auch als Generator eingesetzt werden. Dies wird als **Motor-Generator-Prinzip** bezeichnet.

Energierückgewinnung in Fahrzeugen
Bremst ein Fahrzeug, so wird die Bewegungsenergie vor allem in thermische Energie gewandelt. Diese Energie kann nicht weiter genutzt werden. Fahrzeuge mit einem Elektromotor können mithilfe von **Rekuperationsbremsen** einen Teil der Bewegungsenergie zurück in elektrische Energie wandeln. Dadurch nutzt das Fahrzeug die Energie effizienter. Bei einem Elektroauto wird die zurückgewonnene elektrische Energie im Akku gespeichert.

Du kannst das Motor-Generator-Prinzip an Beispielen erklären.

Basiskonzepte S. 105

Der Transformator – eine elektrische Maschine

1. V Demonstrationsversuch
Bild 1 zeigt einen Transformator aus einer Spule und einem aufgewickelten langen Experimentierkabel. Beide Spulen sitzen auf einem U-Kern aus Eisen. Die Eingangsspule wird an 230 V angeschlossen, die Ausgangsspule liegt in einem Stromkreis mit einer Lampe (2,5 V).

2. A
a) Vergleiche die Spannungen in Versuch 1.
b) Beschreibe die Wirkung des Trafos.

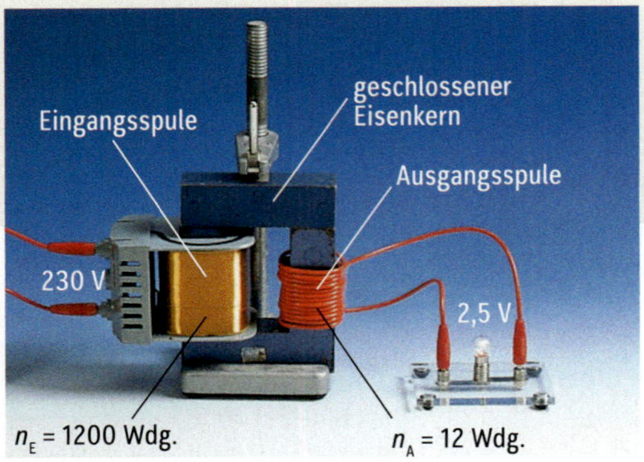

1 Eine 2,5 V-Lampe an 230 V

3. V
a) Baue einen Versuch wie in Bild 2 auf. Verwende eine Eingangsspule mit 300 Windungen. Stelle am Stromversorgungsgerät eine Wechselspannung von 3 V ein. Die Spule am Ausgang hat 600 Windungen. Miss die Spannungen und Stromstärken an den Spulen. Trage die Messwerte in eine Tabelle ein.
b) Vergleiche die Energiestromstärken (Leistungen) und formuliere ein Ergebnis.
c) Beschreibe die Wirkung des Trafos.

U_E in V	I_E in A	P_E in W	U_A in V	I_A in A	P_A in W

4. A
Begründe anhand von Bild 2, warum die Energiestromstärke (Leistung) auf der Ausgangsseite stets geringer ist als auf der Eingangsseite des Trafos.

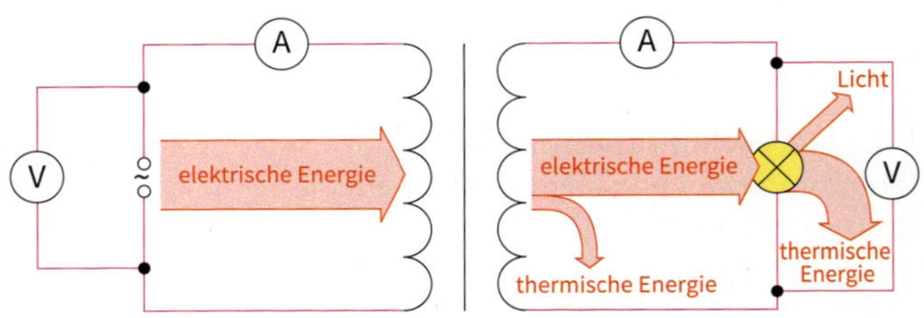

2 Energieströme am Transformator

Aufbau des Trafos
Im elektrischen Versorgungsnetz werden unterschiedliche Spannungen benötigt. Die entsprechende Anpassung erfolgt über einen **Transformator,** auch kurz **Trafo** genannt.

Bild 1 zeigt den Aufbau eines Transformators. Er besteht aus einer **Eingangsspule** und einer **Ausgangsspule**, die jeweils um einen Eisenkern gewickelt sind. Die Spulen und die Eisenkerne haben keine elektrisch leitende Verbindung.

Wirkungsweise des Trafos
Die Eingangsspule wird an eine Wechselspannung angeschlossen. Durch den Wechselstrom baut die Spule ein wechselndes Magnetfeld auf, das durch einen Eisenkern verstäkt wird. Das wechselnde Magnetfeld induziert in der Ausgangsspule eine Wechselspannung. So wird im Transformator durch die Änderung eines Magnetfeldes eine Spannung übertragen.

Veränderung der Spannung
Der Trafo kann die elektrische Spannung und die Stromstärke in einem angeschlossenen Stromkreis verändern. Dabei hängt die Wirkungsweise eines Trafos vom Verhältnis der Windungszahlen der Spulen zueinander ab. Soll der Trafo eine Spannung verringern, muss die Windungszahl der Eingangsspule größer sein als die der Ausgangsspule. Soll die Spannung erhöht werden, muss die Windungszahl der Ausgangsspule größer sein als die der Eingangsspule.

Wirkungsgrad des Trafos
Der Trafo ist eine elektrische Maschine mit einem Wirkungsgrad $\eta < 1$. Da der Trafo beim Transformieren warm wird, ist die Energiestromstärke (elektrische Leistung) an der Eingangsspule stets größer als an der Ausgangsspule.

Du kannst den Aufbau und die Wirkungsweise eines Transformators beschreiben.

Basiskonzepte S. 105

Spannungs- und Stromstärkenübersetzung ➕

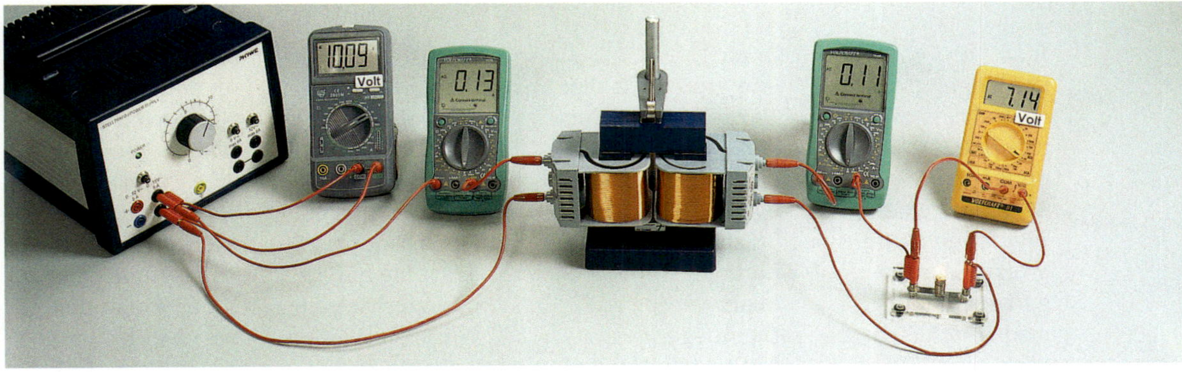

1 Übersetzung von Spannung und Stromstärke

1. V

a) Baue den Versuch wie in Bild 1 auf. Verwende zwei Spulen mit je 300 Windungen. Stelle am Stromversorgungsgerät eine Wechselspannung von 10 V ein. Miss die Spannung an den Spulen. Trage alle Werte in eine Tabelle ein.

n_E	n_A	$\frac{n_E}{n_A}$	U_E	U_A	$\frac{U_E}{U_A}$

b) Tausche die Eingangsspule gegen eine mit 600 Windungen. Wiederhole die Messung.

c) Verwende eine Eingangsspule mit 300 Windungen. Setze die Spule mit 600 Windungen am Ausgang ein und wiederhole die Messung.

2. A

Berechne jeweils den Quotienten $\frac{n_E}{n_A}$ sowie $\frac{U_E}{U_A}$ und vergleiche die Ergebnisse.

3. V

Miss die Stromstärken im Aufbau aus Versuch 1. Notiere die Windungszahlen und die jeweiligen Stromstärken in einer Tabelle.

n_E	n_A	$\frac{n_E}{n_A}$	I_E	I_A	$\frac{I_E}{I_A}$	$\frac{I_A}{I_E}$

4. A

Berechne die fehlenden Werte in der Tabelle aus Versuch 3. Was kannst du feststellen?

5. A

Ein Transformator hat eine Eingangsspule mit 250 Windungen und eine Ausgangsspule mit 750 Windungen. Berechne die Spannung an der Ausgangsspule, wenn die Eingangsspule an 6 V angeschlossen wird.

Unterschiedliche Spannungen

Haushalte erhalten vom Elektrizitätswerk elektrische Energie mit einer Spannung von 230 V oder 400 V. Es werden aber auch kleinere Spannungen benötigt. Eine Türklingel wird an 6 V angeschlossen, eine Halogenbeleuchtung an 12 V. Alle diese Geräte benötigen einen Transformator.

Die Wirkung des Transformators

Aus den Versuchen ergibt sich, dass das Übersetzungsverhältnis der Spannungen so groß ist wie das Verhältnis der Windungszahlen.

Spannungsübersetzung: $\frac{U_E}{U_A} = \frac{n_E}{n_A} = Ü$

Die Stromstärken stehen dagegen im umgekehrten Verhältnis zu den Windungszahlen.

Stromstärkenübersetzung: $\frac{I_A}{I_E} = \frac{n_E}{n_A}$

Eingangsspule: n_E – Windungszahl, U_E – Spannung, I_E – Stromstärke
Ausgangsspule: n_A – Windungszahl, U_A – Spannung, I_A – Stromstärke

Wirkungsgrad eines Trafos

Ein Teil der zugeführten elektrischen Energie wird in den Spulendrähten und in dem Eisenkern des Transformators in thermische Energie umgewandelt. Der Wirkungsgrad eines Transformators liegt zwischen 50 % und 99 %.

Du kannst die Spannungs- und Stromstärkenübersetzungen beim Transformator angeben und damit Berechnungen am Transformator durchführen.

Berechnungen am Transformator

1. ☰ (A)
Die Eingangsspule eines Transformators hat 300 Windungen, die Ausgangsspule hat 15 Windungen. Wie groß ist die Eingangsspannung, wenn die Ausgangsspannung 12 V betragen soll?

2. ☰ (A)
Wie groß muss die Anzahl der Windungen der Eingangsspule sein, wenn eine Spannung von 380 kV auf 230 V herunter transformiert werden soll? Die Ausgangsspule besitzt 115 Windungen.

3. ☰ (A)
In einem Transformator beträgt die Stromstärke der Eingangsspule 10 mA. Die Stromstärke der Ausgangsspule mit 20 Windungen beträgt 1 A. Wie viele Windungen hat die Eingangsspule?

4. ☰ (A)
An der Ausgangsspule mit 200 Windungen soll eine Stromstärke von 15 A gemessen werden. Die Eingangsspule hat 1000 Windungen. Welche Stromstärke misst du an der Eingangsspule?

$$\frac{U_E}{U_A} = \frac{n_E}{n_A}$$

a) geg.: Eingangsspule: $n_E = 5000$ Windungen
Ausgangsspule: $n_A = 50$ Windungen, $U_A = 10$ V
ges.: U_E
Lösung: $U_E = \frac{n_E}{n_A} \cdot U_A$
$U_E = \frac{5000}{50} \cdot 10$ V
$\underline{\underline{U_E = 1000 \text{ V}}}$

Antwort: Die Eingangsspannung beträgt 1000 V.

b) geg.: Eingangsspule: $U_E = 1000$ V
Ausgangsspule: $U_A = 10$ V
$n_A = 50$ Windungen
ges.: n_E
Lösung: $n_E = \frac{U_E}{U_A} \cdot n_A$
$n_E = \frac{1000 \text{ V}}{10 \text{ V}} \cdot 50$
$\underline{\underline{n_E = 5000}}$

Antwort: Die Eingangsspule hat 5000 Windungen.

$$\frac{n_E}{n_A} = \frac{I_A}{I_E}$$

c) geg.: Eingangsspule: $I_E = 20$ mA $= 0{,}02$ A
Ausgangsspule: $I_A = 2$ A
$n_A = 50$ Windungen
ges.: n_E
Lösung: $n_E = \frac{I_A}{I_E} \cdot n_A$
$n_E = \frac{2 \text{ A}}{0{,}02 \text{ A}} \cdot 50$
$\underline{\underline{n_E = 5000}}$

Antwort: Die Eingangsspule hat 5000 Windungen.

d) geg.: Eingangsspule: $n_E = 5000$ Windungen
Ausgangsspule: $n_A = 50$ Windungen
$I_A = 2$ A
ges.: I_E
Lösung: $I_E = \frac{n_A}{n_E} \cdot I_A$
$I_E = \frac{50}{5000} \cdot 2$ A
$\underline{\underline{I_E = 0{,}02 \text{ A}}}$

Antwort: Die Eingangsstromstärke beträgt 0,02 A.

Eingangsseite des Trafos
Größen der Eingangsspule:
- Wechselspannung U_E
- Stromstärke I_E
- Windungszahl n_E

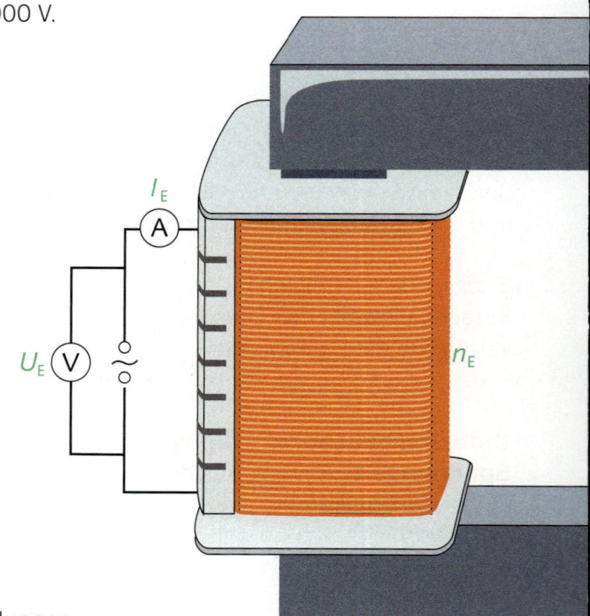

Die Eingangsspule des Trafos wird beschrieben durch ihre Windungszahl n_E sowie ihre elektrischen Größen Eingangsstromstärke I_E und Eingangsspannung U_E, die transformiert werden soll.

5. ☰ Ⓐ
Die Eingangsspule eines Transformators hat 600 Windungen, die Ausgangsspule hat 15 Windungen. Wie groß ist die Ausgangsspannung, wenn die Eingangsspannung 10 V beträgt?

6. ☰ Ⓐ
Wie groß muss die Anzahl der Windungen der Ausgangsspule sein, wenn eine Spannung von 230 V auf 380 V transformiert werden soll? Die Eingangsspule besitzt 115 Windungen.

7. ☰ Ⓐ
In einem Transformator beträgt die Stromstärke der Eingangsspule mit 20 Windungen 10 A. Die Stromstärke an der Ausgangsspule beträgt 1 A. Wie viele Windungen hat die Ausgangsspule?

8. ☰ Ⓐ
An der Eingangsspule mit 1000 Windungen liegt eine Stromstärke von 15 A an. Die Ausgangsspule hat 200 Windungen. Welche Stromstärke misst du an der Ausgangsspule?

Ausgangsseite des Trafos

Größen der Ausgangsspule:
- Wechselspannung U_A
- Stromstärke I_A
- Windungszahl n_A

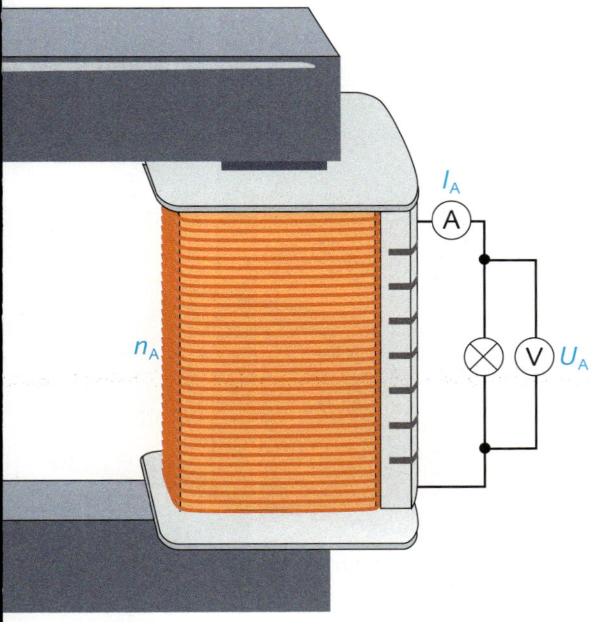

Die Ausgangsspule des Trafos wird beschrieben durch ihre Windungszahl n_A sowie ihre elektrischen Größen Ausgangsstromstärke I_A und Ausgangsspannung U_A, die transformiert worden ist.

Du kannst Berechnungen am Transformator durchführen.

a) geg.: Eingangsspule: $n_E = 5000$ Windungen
$U_E = 1000\ \text{V}$
Ausgangsspule: $n_A = 50$ Windungen
ges.: U_A
Lösung: $U_A = \frac{n_A}{n_E} \cdot U_E$ $\quad U_A = \frac{50}{5000} \cdot 1000\ \text{V}$
$\underline{\underline{U_A = 10\ \text{V}}}$

Antwort: Die Ausgangsspannung beträgt 10 V.

b) geg.: Eingangsspule: $U_E = 1000\ \text{V}$
$n_E = 5000$ Windungen
Ausgangsspule: $U_A = 10\ \text{V}$
ges.: n_A
Lösung: $n_A = \frac{U_A}{U_E} \cdot n_E$ $\quad n_A = \frac{10\ \text{V}}{1000\ \text{V}} \cdot 5000$
$\underline{\underline{n_A = 50}}$

Antwort: Die Ausgangsspule hat 50 Windungen.

$$\frac{U_A}{U_E} = \frac{n_A}{n_E}$$

c) geg.: Eingangsspule: $I_E = 20\ \text{mA} = 0{,}02\ \text{A}$
$n_E = 5000$ Windungen
Ausgangsspule: $I_A = 2\ \text{A}$
ges.: n_A
Lösung: $n_A = \frac{I_E}{I_A} \cdot n_E$ $\quad n_A = \frac{0{,}02\ \text{A}}{2\ \text{A}} \cdot 5000$
$\underline{\underline{n_A = 50}}$

Antwort: Die Ausgangsspule hat 50 Windungen.

d) geg.: Eingangsspule: $n_E = 5000$ Windungen
$I_E = 20\ \text{mA} = 0{,}02\ \text{A}$
Ausgangsspule: $n_A = 50$ Windungen
ges.: I_A
Lösung: $I_A = \frac{n_E}{n_A} \cdot I_E$ $\quad I_A = \frac{5000}{50} \cdot 0{,}02\ \text{A}$
$\underline{\underline{I_A = 2\ \text{A}}}$

Antwort: Die Ausgangsstromstärke beträgt 2 A.

$$\frac{n_A}{n_E} = \frac{I_E}{I_A}$$

Typenschilder

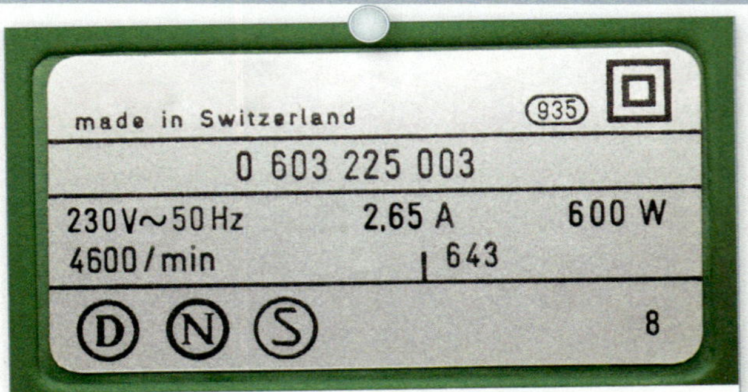

Stromversorgung einer Bohrmaschine

Das Typenschild einer Bohrmaschine gibt Auskunft über die benötigte Spannung, Stromstärke und über die **Leistungsaufnahme**. Das Zeichen ~ steht für Wechselspannung. Die Angabe 230V~ zeigt an, dass du die Maschine mit einer Steckdose verbinden kannst. Diese versorgt die Bohrmaschine mit einer Wechselspannung von 230 V.

Typenschild einer Autobatterie

Das Typenschild einer Autobatterie gibt Auskunft über die Sicherheitsvorschriften und die elektrischen Kenngrößen. Dazu gehören die Spannung und die Kapazität der Batterie. Die **Kapazität** ist die Menge der elektrischen Ladung, die eine Batterie speichern und wieder abgeben kann. Die Kapazität wird in Amperestunden (Ah) gemessen. Hat eine Batterie eine Kapazität von 10 Ah, dann kann sie zum Beispiel eine h lang eine Stromstärke von 10 A oder 5 h lang eine Stromstärke von 2 A liefern.

Auch Laptops haben Typenschilder

Typenschild eines Handy-Akkus

Auf den Typenschildern von Handy-Akkus findest du Informationen zur **gespeicherten Energie** (Wh), zur Spannung (V) und zur Kapazität (mAh). Die Kapazität ist in Milliampere-Stunden (mAh) angegeben. Außerdem sind auf Akkus immer auch Hinweise zur Entsorgung angegeben.

1. Ⓐ
Nenne die Bedeutung von Typenschildern.

2. Ⓐ
Nenne und erläutere mögliche Kenngrößen auf Typenschildern.

3. Ⓠ
Recherchiere, welche Kenngrößen auf Laptop-Akkus zu finden sind. Erläutere ihre Bedeutung.

HINWEIS
1 Ah = 1000 mAh

PINNWAND

Die elektrische Zahnbürste – ein Energiewandler

1. A

a) In Bild 2 siehst du den Schaltplan einer elektrischen Zahnbürste. Nenne die Aufgaben der einzelnen Bauteile.
b) Beschreibe die Energieumwandlungen, wenn die Zahnbürste in Betrieb ist.

2. V

Miss mit einem Energiemessgerät die zum Laden einer elektrischen Zahnbürste benötigte Leistung *P* in W.

3. A

Die Ladestation einer elektrischen Zahnbürste ist an eine Spannung von 230 V angeschlossen. Während des Ladevorgangs beträgt die Eingangsstromstärke 0,04 A. Berechne die elektrische Leistung, die der Trafo aufnimmt.

4. A

Vergleiche den Wert aus Aufgabe 3 mit dem Wert aus Versuch 2.

5. A

Der Akku der Zahnbürste aus Aufgabe 3 stellt eine Gleichspannung von 2,4 V zur Verfügung. Die Stromstärke beträgt 4,5 A. Berechne, welche Leistung über den Motor an den Bürstenkopf abgegeben wird.

6. A

Begründe, warum die von der elektrischen Zahnbürste aufgenommene und abgegebene Leistung nicht übereinstimmen.

Bequem und gründlich

Eine elektrische Zahnbürste übernimmt die kreisende Bewegung der Hand. Ein Trafo, ein Akku und ein Motor wandeln die elektrische Energie dabei schrittweise in Bewegungsenergie um.

1 Elektrische Zahnbürste

Der Akku wird geladen

In der Ladestation der Zahnbürste wird eine Spule mit hoher Windungszahl an eine Spannung von 230 V angeschlossen. Im unteren Teil der Zahnbürste ist eine zweite Spule mit weniger Windungen integriert. Steht die Zahnbürste auf der Ladestation, bilden die beiden Spulen einen Transformator, der die Spannung auf ungefähr 3 V herabsetzt. Die Leistung *P* in der Eingangsspule ist größer als die in der Ausgangsspule, da der Trafo warm wird. Je mehr thermische Energie abgegeben wird, desto geringer ist der Wirkungsgrad des Trafos und desto länger dauert der Ladevorgang des Akkus.

Der Energiefluss

Ein Schalter schließt den Stromkreis. Der Akku gibt die gespeicherte elektrische Energie an den Motor ab. Er wandelt diese Energie in Bewegungsenergie der Bürste um. Dabei wird ein Teil der zugeführten Energie in Form von thermischer Energie entwertet. Je mehr thermische Energie abgegeben wird, desto geringer ist der Wirkungsgrad der Zahnbürste.

Du kannst die Energieumwandlung beim Betrieb der elektrischen Zahnbürste beschreiben.

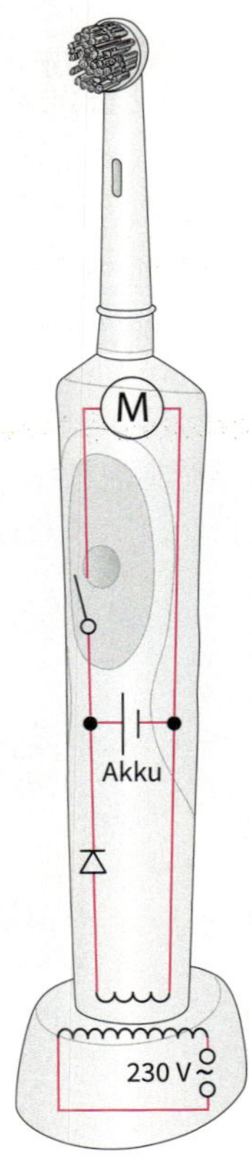

2 Das Innenleben einer Zahnbürste

Hochstrom- und Hochspannungstransformator

1. Demonstrationsversuch
Ein Trafo wird wie in Bild 1 aufgebaut und an 230 V angeschlossen. Die Anschlüsse der Ausgangsspule werden durch einen dicken Nagel miteinander verbunden.

2.
a) Beschreibe, was mit dem Nagel in Versuch 1 passiert. Wodurch wird dies verursacht?
b) Berechne die Stromstärke im Stromkreis der Ausgangsspule.

3. Demonstrationsversuch
Ein Trafo wird wie in Bild 2 aufgebaut. An die Ausgangsspule werden zwei Metallstäbe angeschlossen. Diese müssen sich zu Beginn des Versuches kurzzeitig berühren.

4.
a) Beschreibe deine Beobachtung, nachdem sich die Metallstäbe berührt haben.
b) Beschreibe die Wirkung, die von dem Trafo ausgeht.

5.
Informiere dich, wo
a) Hochstromtransformatoren,
b) Hochspannungstransformatoren eingesetzt werden.

6.
a) Berechne die Ausgangsspannung für einen Trafo mit $n_E = 300$ Wdg., $n_A = 12\,000$ Wdg., wenn er an 400 V angeschlossen ist.
b) Begründe, um welche Art von Trafo es sich dabei handelt.

Hohe Stromstärken

Für das Elektroschweißen wird eine hohe Stromstärke benötigt. Die Energie dafür liefert ein Hochstromtransformator mit einem Übersetzungsverhältnis von 100 : 1 oder größer. Im Ausgangsstromkreis ist die Spannung gering, die Stromstärke aber hoch.
Ihren Wert erhältst du über eine Berechnung. Dazu wird die Gleichung $\frac{I_A}{I_E} = \frac{n_E}{n_A}$ nach I_A umgestellt. Mit den Werten aus Bild 1 ergibt sich:

$$I_A = I_E \cdot \frac{n_E}{n_A}$$
$$I_A = 1\text{ A} \cdot \frac{1200}{6}$$
$$\underline{\underline{I_A = 200\text{ A}}}$$

Diese Stromstärke reicht aus, um einen dicken Nagel zum Glühen zu bringen.

Hohe Spannungen

Bei dem Versuch in Bild 2 hat die Eingangsspule eine wesentlich geringere Windungszahl im Vergleich zur Ausgangsspule. Für die Ausgangsspannung ergibt sich:

$$U_A = U_E \cdot \frac{n_A}{n_E}$$
$$U_A = 230\text{ V} \cdot \frac{12\,000}{600}$$
$$\underline{\underline{U_A = 4600\text{ V}}}$$

Diese Spannung reicht aus, um zwischen den Metallstäben einen Lichtbogen entstehen zu lassen.

Du kannst die Wirkungsweisen von Hochstrom- und Hochspannungstransformator beschreiben.

1 Hochstromtransformator

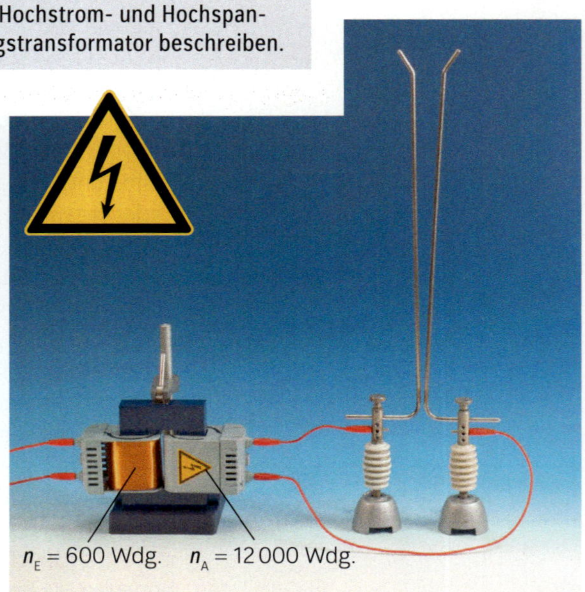

2 Hochspannungstransformator

Transformatoren im Einsatz

Induktives Ladegerät

Der Akku einiger Smartphones kann mithilfe eines drahtlosen Ladegeräts aufgeladen werden. Dabei kommt ein Transformator zum Einsatz. Die Primärspule befindet sich im Ladegerät. Im Smartphone ist die Sekundärspule mit dem Akku verbunden. Durch Induktion wird der Akku mit Energie versorgt und geladen. Der Wirkungsgrad eines induktiven Ladegeräts ist kleiner als bei kabelgebunden Ladegeräten: Das Aufladen dauert länger.

Computer-Netzteil

Die Netzspannung im Haushalt beträgt in Europa 230 V. Viele Geräte werden aber mit Spannungen zwischen 6 V und 24 V betrieben. Bei solchen Geräten ist ein Netzteil zwischengeschaltet. Darin reduziert ein Transformator die Spannung. Zusätzlich wird die Wechselspannung in Gleichspannung gewandelt.

Induktions-Kochfeld

Ein Induktions-Kochfeld überträgt keine thermische Energie an den Topf, sondern elektrische Energie. Dies geschieht mithilfe eines Transformators. Unter dem Kochfeld befindet sich die Primärspule. Der Boden des Topfes bildet die Sekundärspule mit nur einer Windung. So entsteht eine hohe Stromstärke im Topfboden. Die durch den Widerstand des Metalls abfallende thermische Energie wärmt schließlich den Topfboden.

Schweißtransformator

1. A
Finde Elektrogeräte mit Netzteil. Stelle die Angaben auf dem Typenschild in einer Tabelle dar.

2. A
Vergleiche kabelgebundene und induktive Ladegeräte für Handys. Leite jeweils die Vor- und Nachteile ab.

3. Q
Beschreibe die Funktionsweise eines Schweißroboters.

4. Q
Begründe, warum nicht jeder Topf für ein Induktionskochfeld geeignet ist.

PINNWAND

Energieübertragung vom Kraftwerk zur Steckdose

1.
a) Suche im Wirtschaftsteil einer Tageszeitung die Weltmarktpreise für Aluminium und Kupfer. Berechne den prozentualen Unterschied.
b) Begründe, dass für Überlandleitungen Aluminium verwendet wird.

2.
a) Berechne aus der Verlustleistung und der Ausgangsleistung im Beispiel im Text den Wirkungsgrad der Überlandleitung.
b) Gib die Größen an, von denen die Verluste abhängen.

Leitungen begrenzen die Stromstärke

Der größte Teil unserer elektrischen Energie wird an Standorten erzeugt, die von den Nutzern weit entfernt sind. Die elektrische Energie muss deshalb oft über lange Leitungen transportiert werden. Würde bei einem Kraftwerk mit einer **Ausgangsleistung** von 125 MW die Energie bei 230 V übertragen, würde sich folgende Stromstärke ergeben:

$$P = U \cdot I$$

$$I = \frac{P}{U} = \frac{125\,000\,000\ \text{W}}{230\ \text{V}}$$

$$\underline{\underline{I = 543\,478\ \text{A}}}$$

Der Leitungsdraht aus Kupfer müsste für diese Stromstärke bei einer Länge von 35 km einen Durchmesser von über 130 cm haben. Der Materialaufwand dafür wäre viel zu hoch und eine solche Leitung ließe sich auch nicht verlegen.

Stromstärke und Spannung

Die Stromstärke muss möglichst klein gehalten werden. Nach der Formel $P = U \cdot I$ ist dies möglich, wenn der Wert für die Spannung heraufgesetzt wird. Mit einer Ausgangsleistung von 125 MW und einer Spannung von 110 000 V beträgt die Stromstärke nur noch 1136 A. Dieser Strom wird auf ein Drehstromnetz mit drei Leitungen verteilt.

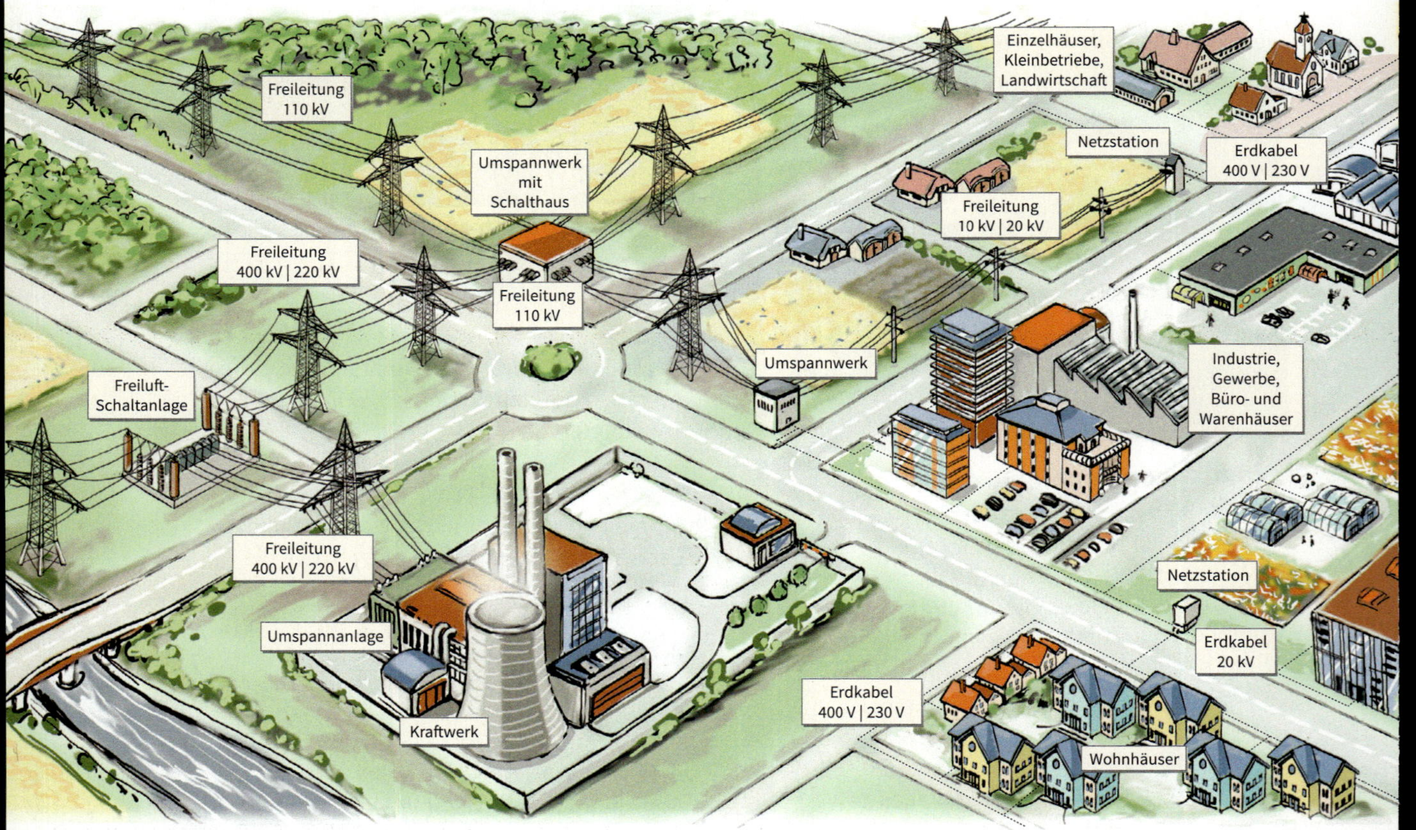

1 Transport elektrischer Energie vom Kraftwerk zum Nutzer

Die Betriebssicherheit begrenzt die Leistung

Aus Gründen der Betriebssicherheit werden Hochspannungsleitungen im Normalbetrieb nur mit 60 % der zulässigen Belastung betrieben. Bei einer 110 kV-Hochspannungsleitung mit einem Querschnitt von 240 mm² beträgt die Grenzleistung der Übertragung 125 MW. Die Stromstärke beträgt dann 1136 A. Von der Grenzleistung werden 60 % genutzt, also 75 MW. Das ergibt eine Stromstärke von 682 A in den Hochspannungsleitungen.

Leistungsverlust auf der Überlandleitung

Die Verlustleistung kann aus der Formel für die Leistung und das ohmsche Gesetz berechnet werden. Für die direkte Berechnung der Verlustleistung aus diesen beiden Angaben müssen die Formeln für die Leistung und den Widerstand zusammengeführt werden. Beide werden nach U umgestellt und dann gleichgesetzt.

$$U = I \cdot R \quad \text{und} \quad \frac{P}{I} = U$$

$$\Rightarrow I \cdot R = \frac{P}{I}$$

Nach P umgestellt ergibt sich:

$$P = I^2 \cdot R.$$

Abhängigkeiten der Verlustleistung

Für die Verluste, die durch Umwandlung in thermischer Energie entstehen, sind die Stromstärke zum Quadrat und der Widerstand der Leitung maßgebend. Damit kann unmittelbar die **Verlustleistung** berechnet werden. Sie beträgt hier:

$$P = (682\ \text{A})^2 \cdot 4{,}7\ \Omega$$

$$P = 2\,186\,083\ \text{W}$$

$$\underline{\underline{P \approx 2{,}19\ \text{MW}}}$$

Die besondere Rolle der Stromstärke

Weil die Stromstärke in der Formel $P = I^2 \cdot R$ im Quadrat steht, ergibt sich für die doppelte Stromstärke eine vierfache Verlustleistung. Dies zeigt, wie wichtig bei der Energieübertragung eine möglichst geringe Stromstärke ist.

Du kannst die Leistungsverluste bei der Übertragung elektrischer Energie beschreiben.

Der Widerstand einer Hochspannungsleitung

STREIFZUG

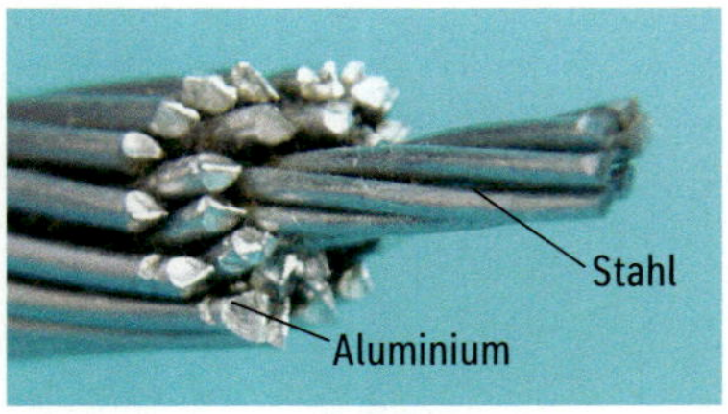

2 Eine Hochspannungsleitung

Aufbau einer Hochspannungsleitung

Energieversorgungsunternehmen verwenden für eine 110 kV-Hochspannungsleitung einen Querschnitt von 240 mm², die aus Aluminium mit einer Stahlseele besteht. Das Aluminium sorgt für eine gute Leitfähigkeit und ein geringes Gewicht, die Stahlseele gibt der Leitung eine hohe Zugfestigkeit. Vom Gesamtquerschnitt entfallen 200 mm² auf das Aluminium und 40 mm² auf den Stahl.

Berechnung der Widerstände

Bei der Berechnung des Widerstandes der Leitung muss berücksichtigt werden, dass die Werkstoffe unterschiedliche spezifische Widerstände haben. Es müssen also zunächst die Widerstände des Aluminiumleiters und des Stahlleiters berechnet werden. Bei einer angenommenen Länge von 35 km betragen sie

a) für Aluminium

$$R_1 = \varrho \cdot \frac{\ell}{A}$$

$$R_1 = 0{,}028 \cdot \frac{\Omega \cdot \text{mm}^2}{\text{m}} \cdot \frac{35\,000\ \text{m}}{200\ \text{mm}^2}$$

$$\underline{\underline{R_1 = 4{,}9\ \Omega}}$$

b) für Stahl

$$R_2 = \varrho \cdot \frac{\ell}{A}$$

$$R_2 = 0{,}14 \cdot \frac{\Omega \cdot \text{mm}^2}{\text{m}} \cdot \frac{35\,000\ \text{m}}{40\ \text{mm}^2}$$

$$\underline{\underline{R_2 = 122{,}5\ \Omega}}$$

Beide Leiter liegen parallel

Beide Leiter müssen nun als parallel geschaltete Widerstände betrachtet werden:

$$\frac{1}{R_{ges}} = \frac{1}{R_1} + \frac{1}{R_2}$$

$$\frac{1}{R_{ges}} = \frac{1}{4{,}9\ \Omega} + \frac{1}{122{,}5\ \Omega}$$

$$\underline{\underline{R_{ges} = 4{,}7\ \Omega}}$$

Für diese 110 kV-Hochspannungsleitung ergibt sich also ein Widerstand von 4,7 Ω.

Spezifische Widerstände ϱ

Aluminium	$0{,}028\ \Omega \cdot \frac{\text{mm}^2}{\text{m}}$
Kupfer	$0{,}017\ \Omega \cdot \frac{\text{mm}^2}{\text{m}}$
Stahl	$0{,}14\ \Omega \cdot \frac{\text{mm}^2}{\text{m}}$

Gleichstromnetz – Energiebahnen der Zukunft

1. Ⓐ

Erläutere den Begriff Energiewende.

2. Ⓠ

Stelle mithilfe eines Vortrages dar, warum das Reaktorunglück in Fukushima im März 2011 in Japan als Auslöser für die Energiewende in Deutschland gilt.

1 Offshore-Windpark Riffgat vor Borkum

Die Energiewende in Deutschland

Im Jahr 2011 gab es in Fukushima in Japan ein Unglück in einem Kernkraftwerk mit schlimmen Folgen für die Bevölkerung und die Umwelt. Als politische Konsequenz daraus wurde in Deutschland entschieden, nach einer Übergangszeit keine elektrische Energie mehr aus Kernkraftwerken zu nutzen. Im Jahr 2022 soll das letzte deutsche Kernkraftwerk abgeschaltet werden. Als Ersatz dafür soll die Nutzung regenerativer Energien weiter ausgebaut werden.

Energie vom Nordseewind

Der Wind der Nordsee kann in elektrische Energie gewandelt werden. Dazu sind im Meer vor der Nordseeküste Windparks errichtet worden. Sie werden als **Offshore-Anlagen** bezeichnet.

30 km nordwestlich vor der Insel Borkum befindet sich der Windpark Riffgat. Dort wurden 30 Windkraftanlagen mit einer Gesamtleistung von 108 MW gebaut. Ihre Energie muss über Seekabel an die 50 km entfernte Küste geleitet werden. Von dort erfolgt der Weitertransport der elektrischen Energie über das Versorgungsnetz in das Inland.

Energieübertragung durch Gleichstrom

Auch bei der Übertragung der elektrischen Energie wird ein neuer Weg beschritten. Im bisherigen Leitungsnetz wird elektrische Energie durch Wechselstrom übertragen. Dabei treten Verluste durch thermische Energie auf, die durch den Widerstand der Leitungsdrähte und durch den ständigen Richtungswechsel des Elektronenstromes und dem damit verbundenen ständigen Wechsel des magnetischen Feldes um die Leiter verursacht werden. Dadurch ist im Wechselstromnetz eine Übertragung nur bis zu einer Länge von 200 km wirtschaftlich.

Bei einer Übertragung durch Gleichstrom treten die Verluste durch wechselnde magnetische Felder nicht auf. Der Wirkungsgrad bei der Übertragung von elektrischer Energie ist bei Gleichstrom also höher als bei der Übertragung von Wechselstrom. Denn es wirken sich nur die Verluste durch den Leitungswiderstand aus. In einem Gleichstromnetz dürfen die Übertragungswege deshalb länger sein. Bild 3 zeigt die neuen Gleichstromtrassen, die in Nord-Süd-Richtung verlaufen.

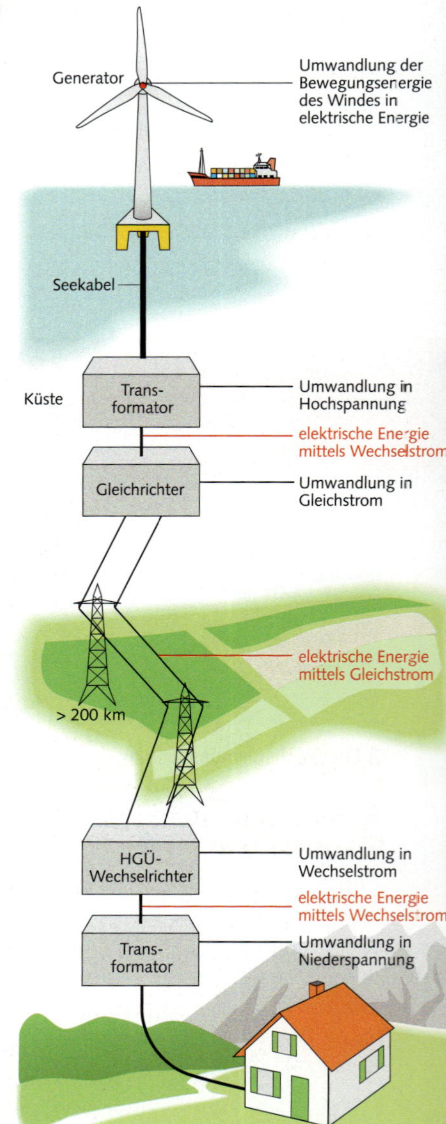

2 Energiefluss bei der Gleichstromübertragung

Hochspannung im Gleichstromnetz

Das Gleichstromnetz muss in ein Wechselstromnetz eingebunden werden. In Bild 2 siehst du den Transportweg der elektrischen Energie als Diagramm.

Das HGÜ-Verfahren

Am Anfang stehen die Wechselstromgeneratoren der Windkraftanlagen. Von dort wird die elektrische Energie an Hochspannungstransformatoren geleitet. Dann folgt eine Gleichrichteranlage. Sie wandelt den Wechselstrom in Gleichstrom um. Im Gleichstromnetz erfolgt die Übertragung bei einer Spannung von 150 kV.
Dieses Verfahren wird als **Hochspannungs-Gleichstrom-Übertragung (HGÜ)** bezeichnet. Am Ende der Gleichstromtrasse steht eine HGÜ-Wechselrichteranlage, die den Gleichstrom wieder in Wechselstrom umformt. Dieser wird in das bestehende Wechselstromnetz abgegeben. Dieses Verfahren erzielt einen höheren Wirkungsgrad als eine reine Wechselstromübertragung.

Du kannst die Vorteile eines Gleichstromnetzes angeben.

3 Gleichstromtrassen in Deutschland, in Bau und in Planung

Vielseitige Energieberufe

Elektroanlagenmonteurinnen und -monteure

Sie arbeiten im Bereich der Verteilung der elektrischen Energie. Sie installieren Anlagen wie Generatoren, Transformatoren oder Überlandleitungen. Monteurinnen und Monteure arbeiten bei Anlagenherstellern, in Unternehmen der Elektroinstallation und in Energieversorgungsunternehmen.
Mit einer Zusatzausbildung werden sie auch beim Bau und bei der Wartung von Windkraftanlagen eingesetzt. Die Ausbildungszeit beträgt dreieinhalb Jahre.

Elektronikerinnen und Elektroniker der Fachrichtung Energie- und Gebäudetechnik

Sie planen, errichten und warten Anlagen der Energieversorgung in Gebäuden. Dazu zählen Leitungen zum Energietransport zu Maschinen und Beleuchtungseinrichtungen. Auch der Bau von Steuereinrichtungen dafür gehört zu ihren Aufgaben. Die Ausbildungszeit dauert ebenfalls dreieinhalb Jahre.

PINNWAND

Das Verbundnetz in Deutschland und Europa

1. ☰ Q

a) Informiere dich über Kraftwerksstandorte im Umkreis von 100 km um deinen Wohnort.
b) Erkundige dich nach der elektrischen Leistung dieser Kraftwerke. Erstelle aus diesen Angaben eine Übersicht in Form eines Säulendiagramms.

Ein europäisches Verbundnetz

Um jederzeit die Versorgung mit elektrischer Energie sicherzustellen, sind alle Kraftwerke in Deutschland zu einem Netz, dem **Verbundnetz,** zusammengeschaltet (Bild 1). Zwischen den eigentlichen Kraftwerken stehen Umspannstationen als Bindeglieder. Hier werden die Leitungen zwischen benachbarten Kraftwerksstandorten zusammengeführt. Deutschland ist durch das Verbundnetz mit den europäischen Nachbarländern in einem **europäischen Verbundnetz** verbunden. Dadurch werden sowohl der Austausch als auch die Durchleitung elektrischer Energie ermöglicht. Elektrische Energie ist ein wichtiges Wirtschaftsgut, das in Deutschland an der Strombörse in Leipzig gehandelt wird.

Die Netzfrequenz

Damit alle Kraftwerke problemlos in einem europäischen Verbundnetz betrieben werden können, müssen sie die elektrische Energie mit einer Netzfrequenz von 50 Hz erzeugen. Alle Kraftwerksgeneratoren laufen deshalb mit 3000 $\frac{U}{min}$.

Übertragungswege

Im Verbundnetz gibt es mehrere Spannungsebenen. In der Ebene **Höchstspannung** wird die elektrische Energie über Freileitungen mit einer Spannung von 220 kV oder 380 kV übertragen. Die Ebene **Hochspannung** hat einen Wert von 110 kV. Hier wird die Energie über Freileitungen transportiert. Die **Mittelspannung** kann mittels Freileitungen oder Erdkabel übertragen werden und hat eine Bandbreite von 10 kV bis 30 kV. Auf der Ebene **Niederspannung** kommt die elektrische Energie über Erdkabel mit einer Spannung von 400 V oder 230 V bei den Nutzern an.

1 Das Verbundnetz in Deutschland

Das Verbundnetz in Europa

Auch wenn sich das Verbundnetz flächendeckend über das ganze Land erstreckt, sind die einzelnen Übertragungswege in ihrer Länge begrenzt. Aus wirtschaftlichen Gründen dürfen die Verluste im Übertragungsnetz 7% nicht übersteigen. Deshalb darf der Übertragungsweg bei einer Wechselspannungsleitung 200 km nicht überschreiten. In dieses Verbundnetz müssen auch die neuen HGÜ-Trassen integriert werden. Diese dürfen länger als 200 km sein. Für Windkraft- oder Fotovoltaikanlagen mit niedrigeren Spannungen müssen die Leitungen kürzer sein. Dafür muss in Zukunft das Verbundnetz im Bereich der Niederspannung und Mittelspannung umfassend ausgebaut werden.

Du kannst das deutsche und das europäische Verbundnetz beschreiben und die verschiedenen Spannungsebenen angeben.

Verteilung des Energiebedarfes über einen Tag

1.

a) Erstelle für den Haushalt deiner Familie eine Übersicht, zu welchen Zeiten elektrische Haushaltsgeräte und Beleuchtungseinrichtungen jeweils in Betrieb sind.

b) Recherchiere die Leistungsdaten der Geräte und Beleuchtungseinrichtungen und berechne damit die Gesamtleistung und den Gesamtenergiebedarf in den Morgenstunden, in der Mittagszeit und während der Abendstunden.

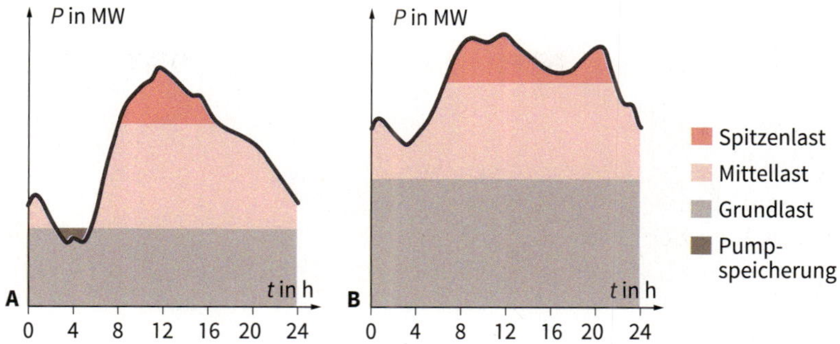

1 Tageslastkurve: **A** Sommertag, **B** Wintertag

Tageslastkurve

Der Bedarf an elektrischer Energie ist im Tagesverlauf unterschiedlich stark.
Bild 1 zeigt die **Tageslastkurve** für einen Sommertag und einen Wintertag. Zu unterschiedlichen Uhrzeiten besteht ein unterschiedlicher Bedarf an elektrischer Energie. Durch einen angepassten Einsatz der Kraftwerke muss dieser Bedarf jederzeit gedeckt werden. An der Bereitstellung der elektrischen Energie sind verschiedene Kraftwerkstypen beteiligt.

Einsatz von Kraftwerkstypen

Die **Grundlast** muss während des ganzen Tages zur Verfügung stehen. Für ihre Abdeckung sorgen Laufwasserkraftwerke, Braunkohlekraftwerke und noch bis zum Jahr 2022 Kernkraftwerke.

Im Bereich der **Mittellast** arbeiten die Steinkohlekraftwerke. Auch die Energie aus regenerativen Quellen wie Wind, Biomasse und Fotovoltaik ist diesem Bereich zuzuordnen. Ihre Verfügbarkeit unterliegt jedoch Schwankungen.

Den Bereich der **Spitzenlast** decken Speicher- und Pumpspeicherkraftwerke und Kraftwerke mit Erdgasturbinen ab. Sie können in wenigen Minuten auf ihre Volllast hochgefahren werden.

Erneuerbare Energien

Bild 2 zeigt die Anteile der verschiedenen Energieträger an der Erzeugung elektrischer Energie. In der Zukunft kommt den erneuerbaren Energien eine besondere Bedeutung zu. Im Jahr 2015 betrug ihr Anteil bereits mehr als 30% bei der Bereitstellung von elektrischer Energie.

In Deutschland wird die Kernenergie bis 2022 stufenweise zurückgefahren. Dieser Anteil soll vor allem durch den Ausbau der erneuerbaren Energien ersetzt werden.

Du kannst die verschiedenen Kraftwerkstypen nennen und ihren Einsatz beschreiben.

Bereitgestellte elektrische Energie 2017: 654,2 Mrd. kWh (brutto)

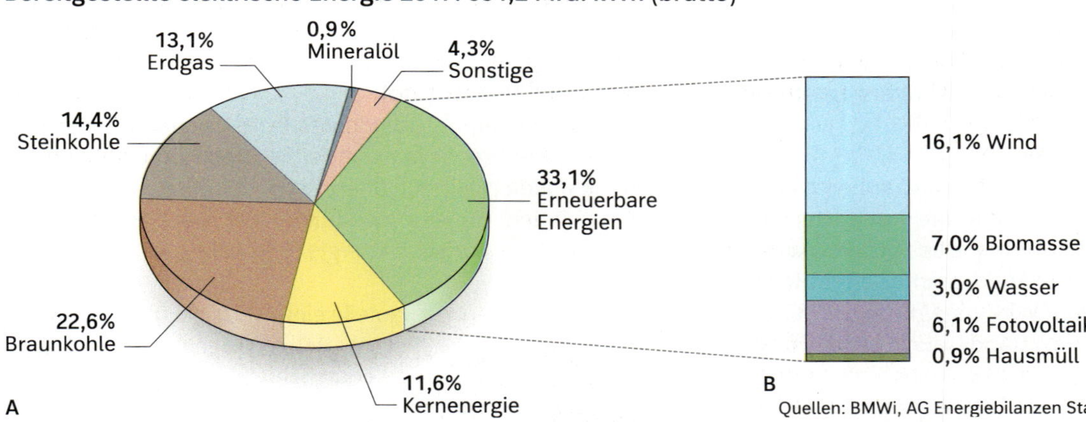

Quellen: BMWi, AG Energiebilanzen Stand: 12/2017

2 Anteile an der Versorgung mit elektrischer Energie: **A** Primärenergieträger, **B** Träger erneuerbarer Energien

Wirkungsgrad einer Großanlage

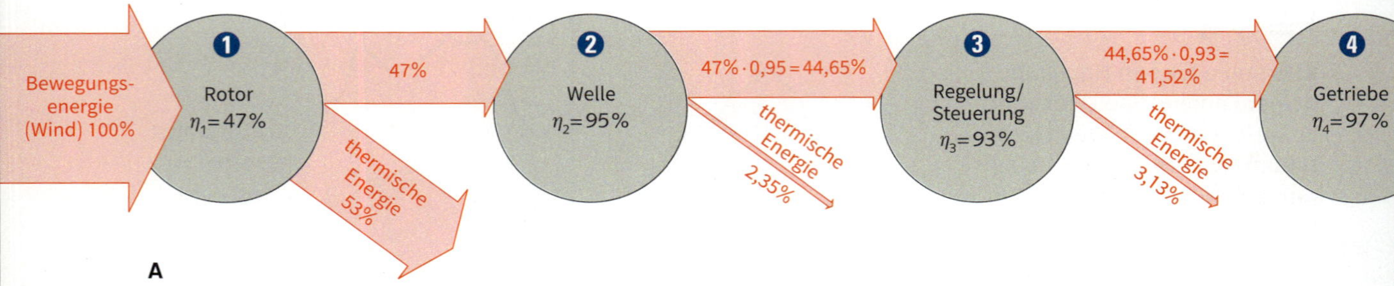

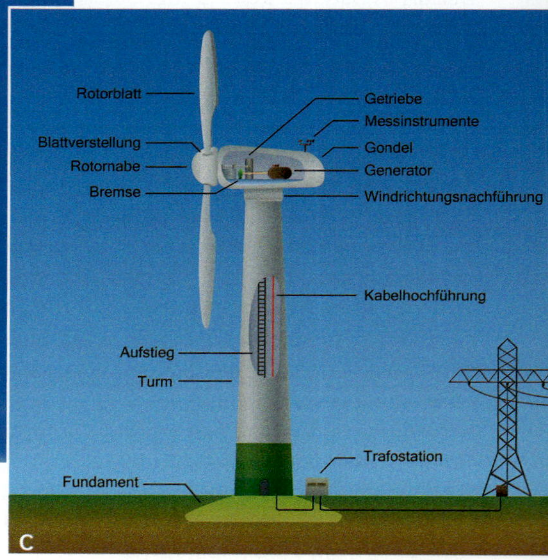

1 Windkraftanlage: **A** Energieflussdiagramm, **B** Gondel, **C** Schnittbild

1. ≡ Ⓐ
Ein Staubsauger ($\eta = 76\,\%$) hat eine Saugleistung von 820 W. Er wird mit einer Spannung von 230 V betrieben.
a) Berechne die Ausgangsleistung.
b) Berechne die Stromstärke, die beim Betrieb des Staubsaugers entsteht.

2. ≡ Ⓐ
Auf einem Förderband sollen pro Stunde 25 t Getreide 4 m hoch transportiert werden. Das Förderband wird von einem Elektromotor angetrieben, der einen Wirkungsgrad von 90 % hat. Das Förderband hat einen Wirkungsgrad von 79 %. Berechne die Mindestleistung des Elektromotors in kW.

Berechnung des Wirkungsgrades

Den Quotienten aus nutzbarer Energie und zugeführter Energie kennst du als Wirkungsgrad η (griech.: Eta). Er wird meistens als Prozentanteil der zugeführten Energie angegeben.

Aufbau einer Gondel

Die Rotorblätter des Windrades werden vom Wind angetrieben. Die Drehbewegung der Rotoren wird über eine Welle auf das Getriebe übertragen, das über eine Kupplung mit dem Generator verbunden ist. Der Generator erzeugt die elektrische Energie (Bild 1C).

Zusätzlich sind noch Bauteile eingebaut, die die Übertragung der Drehbewegung der Rotoren regeln, bremsen, die Rotorblätter in den Wind optimal ausrichten, Daten übertragen und die elektrische Energie so umformen, dass sie in das öffentliche Versorgungsnetz eingespeist werden kann.

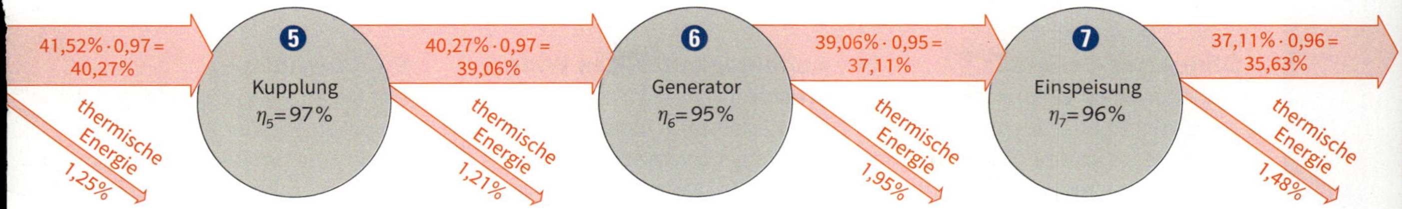

Der Wirkungsgrad der Bauteile

Die in der Gondel des Windrades verbauten Teile haben unterschiedliche Wirkungsgrade, die du der Tabelle 2 entnehmen kannst.

Bauteil	Wirkungsgrad
1 Rotor	$\eta_1 = 47\,\%$
2 Welle	$\eta_2 = 95\,\%$
3 Regelung, Steuerung, Bremsen	$\eta_3 = 93\,\%$
4 Getriebe	$\eta_4 = 97\,\%$
5 Kupplung	$\eta_5 = 97\,\%$
6 Generator	$\eta_6 = 95\,\%$
7 Einspeisung	$\eta_7 = 96\,\%$

2 Bauteile und Wirkungsgrade

Der Gesamtwirkungsgrad der Anlage

Der Gesamtwirkungsgrad einer Windkraftanlage setzt sich aus den einzelnen Wirkungsgraden der Bauteile zusammen (Bild 2). Der Wirkungsgrad der Rotoren erscheint sehr niedrig. Es muss aber berücksichtigt werden, dass die Bewegungsenergie des Windes nur zum Teil an die Rotorblätter abgegeben wird. Die Blätter haben die Form einer Tragfläche und sind aus physikalischen Gründen schmal gebaut.

Schritt für Schritt zur elektrischen Energie

Die Bewegungsenergie des Windes treibt die 1 Rotornabe mit den Rotorblättern an. Der Rotor ist durch eine 2 Welle mit dem 3 Getriebe verbunden. Durch die Drehbewegung entstehen Reibung und damit thermische Energie. Die 4 Steuerung der Gondel und die Regelung brauchen ebenso Energie wie die Bremsen der Welle. Das Getriebe überträgt die Drehbewegung auf die 5 Kupplung. Auch hier entstehen Reibung und damit thermische Energie Die Kupplung verbindet das Getriebe mit dem 6 Generator oder trennt es vom Generator. Der Generator wird jetzt angetrieben und erzeugt elektrische Energie. Dabei wird er heiß und wird mit einem Wasser-Öl-Gemisch gekühlt. Die elektrische Energie wird bei der 7 Einspeisung in Frequenz und Spannung so gewandelt, dass sie in das öffentliche Versorgungsnetz eingespeist werden kann.Der Gesamtwirkungsgrad einer Windkraftanlage beträgt etwa 36 % (Bild 1A).

Der Wirkungsgrad wird berechnet

Der Gesamtwirkungsgrad einer Anlage ist das Produkt der Wirkungsgrade der einzelnen Bauteile. Beim Windrad müssen die Wirkungsgrade η_1 bis η_7 multipliziert werden, um den Gesamtwirkungsgrad η_{ges} zu erhalten.

$$\eta_{ges} = \eta_1 \cdot \eta_2 \cdot \eta_3 \cdot \eta_4 \cdot \eta_5 \cdot \eta_6 \cdot \eta_7$$
$$\eta_{ges} = 0{,}47 \cdot 0{,}95 \cdot 0{,}93 \cdot 0{,}97 \cdot 0{,}97 \cdot 0{,}95 \cdot 0{,}96$$
$$\underline{\underline{\eta_{ges} = 0{,}356}}$$

Windkraftanlagen der neuesten Generation kommen auf einen Wirkungsgrad von über 40 %. Das wird durch Änderung des Querschnitts der Rotorblätter, durch verbesserte Getriebe oder sogar durch das Weglassen des Getriebes erreicht.

Vom Windrad zur Steckdose

Bei der Weiterleitung der elektrischen Energie durch die Versorgungsnetze wird mit einem Wirkungsgrad von $\eta_8 = 95\,\%$ gerechnet. Der Wirkungsgrad vom Windrad zur Steckdose deiner Wohnung beträgt dann

$$\eta_9 = \eta_{ges} \cdot \eta_8 = 0{,}356 \cdot 0{,}95 = \underline{0{,}338}$$

Schaltest du eine LED-Lampe mit einem Wirkungsgrad von 50 % ein, beträgt der Wirkungsgrad η_{10} vom Windrad zur LED-Lampe

$$\eta_{10} = \eta_9 \cdot 0{,}50 = 0{,}338 \cdot 0{,}50$$
$$\underline{\underline{\eta_{10} = 0{,}169}}$$

Nur 16,9 % der Bewegungsenergie des Windes kannst du bei der Lampe in deiner Wohnung nutzen.

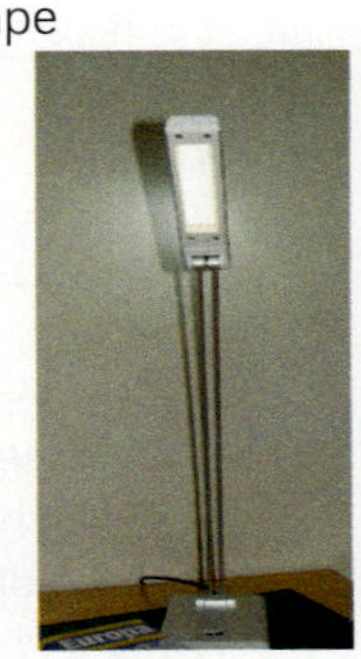

3 LED-Lampe

Du kannst die Berechnung des Gesamtwirkungsgrades einer Windkraftanlage erläutern.

Basiskonzepte S. 105

Spannung und Induktion

Ohmsches Gesetz
Wenn für einen elektrischen Leiter der Quotient aus Spannung und Stromstärke immer gleich ist, dann gilt das **ohmsche Gesetz:** $U \sim I,\ \frac{U}{I} = R$

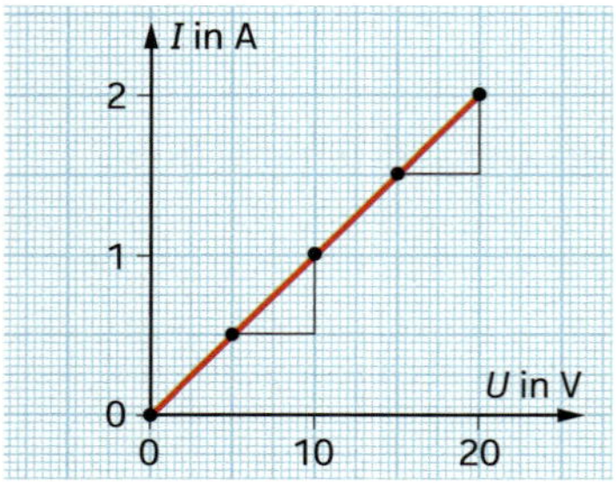

Abhängigkeiten des Widerstandes
Der Widerstand eines Leiters ist abhängig vom **Material,** der **Länge,** der **Querschnittsfläche** und der **Temperatur.**

E - Kennlinien
Der Widerstand eines Materials hängt oft von der angelegten Spannung ab. Diese Abhängigkeit stellst du mithilfe einer **Kennlinie** dar.

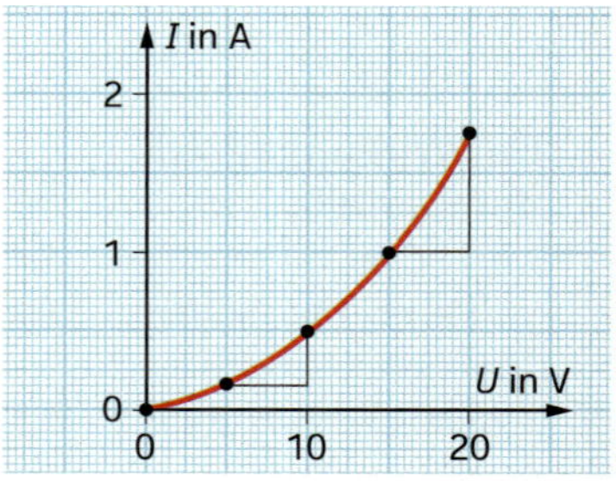

Magnetfeld

Dauermagnet | **Elektromagnet**

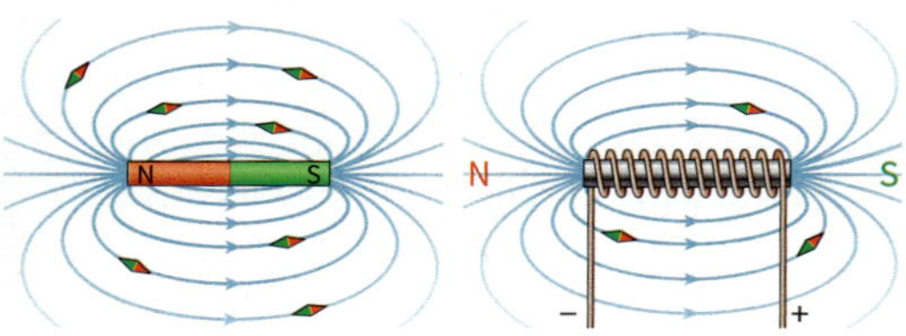

Elektromagnetische Induktion
Durch die Bewegung eines Magneten in einer Spule entsteht in der Spule eine elektrische Spannung. Dieser Vorgang heißt **elektromagnetische Induktion.**
Die Höhe der induzierten Spannung ist abhängig von der Windungszahl der Spule, des magnetischen Feldes und der Geschwindigkeit, mit der sich der Magnet in der Spule bewegt.

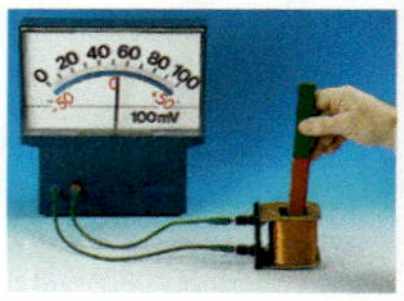

Energiewandler

Motor
Ein **Motor** wandelt elektrische Energie in Bewegungsenergie.

Generator
Ein **Generator** wandelt Bewegungsenergie in elektrische Energie.

Transformator
Mit einem **Trafo** können Wechselspannungen geändert werden.

Motor-Generator-Prinzip

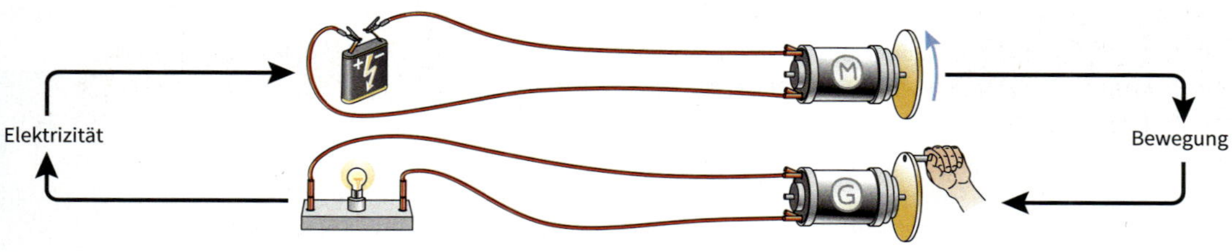

Energieversorgung
In Deutschland erfolgt die Versorgung mit elektrischer Energie durch **herkömmliche Kraftwerke** wie Kohlekraftwerke und durch **Kraftwerke für regenerative Energien** wie Wasser- und Windkraftwerke sowie Solaranlagen.

Windkraftwerke
In **Windkraftwerken** wird die Bewegungsenergie des Windes mithilfe von Generatoren in elektrische Energie gewandelt. Der **Wirkungsgrad** der Anlage beträgt etwa 36 %.

Struktur der Materie | **System** | **Wechselwirkung** | **Energie**

Struktur der Materie

1. A

Beschreibe mithilfe der folgenden Bilder die Elektronenbewegung in einem elektrischen Leiter.

→ S. 72–73

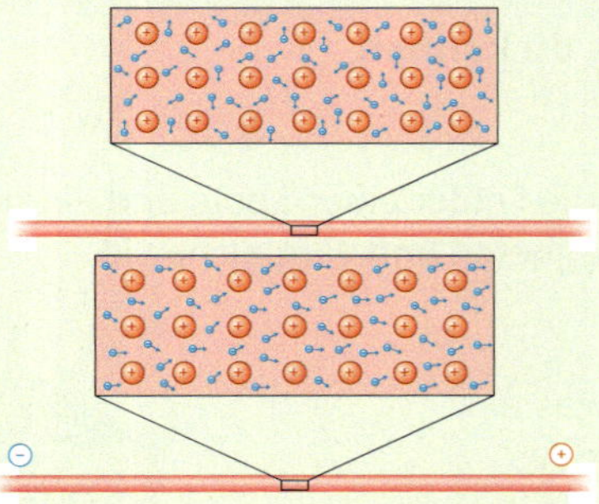

2. A

Erläutere die Auswirkung, die die angelegte Spannung auf den Wert des Widerstandes hat.

→ S. 75

System, Wechselwirkung

3. A

Die Spulen eines Transformators sind nicht leitend miteinander verbunden. Begründe, warum es im System Tranformator trotzdem zu Wechselwirkungen zwischen den Spulen kommt.

→ S. 88

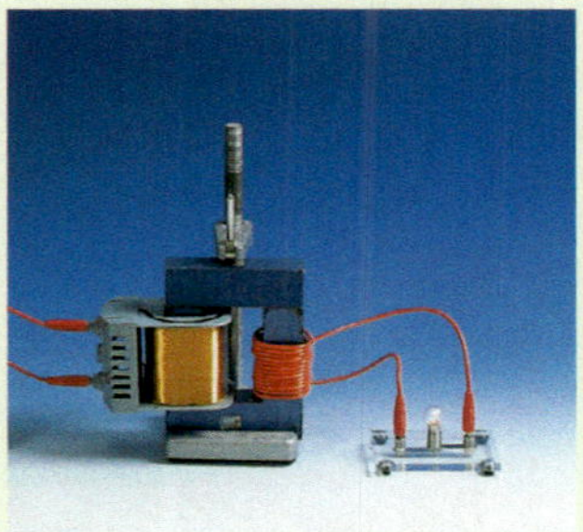

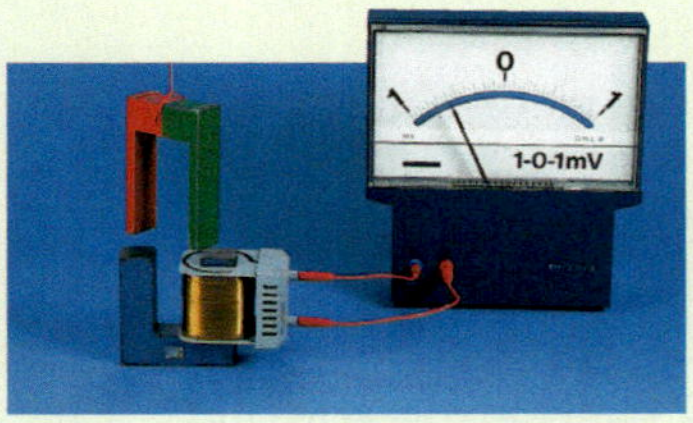

Wechselwirkung

4. A

Erkläre mithilfe der Begriffe Magnetfeld und Induktion, wieso sich ein Elektromotor auch als Generator nutzen lässt.

→ S. 79–81, 87

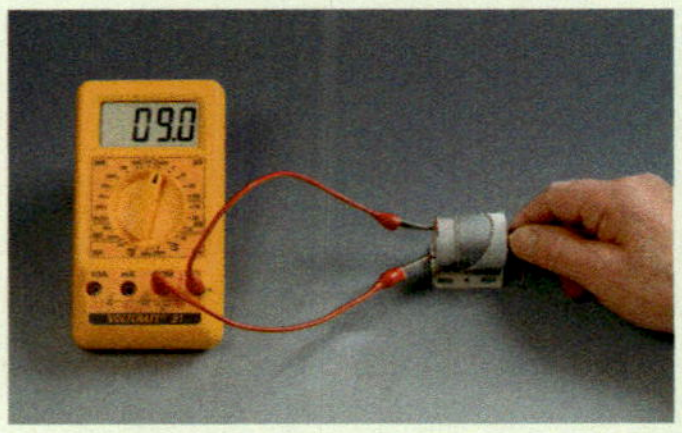

Energie

5. A

Erläutere die Bedeutung des Wirkungsgrades bei der Übertragung von Energie.

→ S. 102–103

Spannung und Induktion

LERNCHECK

Elektrischer Widerstand

Kannst du schon ...

... das ohmsche Gesetz in einer Formel ausdrücken und anwenden? (S. 68)
... die Abhängigkeiten des elektrischen Widerstandes eines Leiters nennen und in einer Formel ausdrücken? (S. 69 – 70)
... die elektrischen Größen erläutern? (S. 72 – 73)
... Widerstandsmessungen mit einem Vielfachmessgerät durchführen? (S. 74)
... die Kennlinien von Widerständen aufnehmen und interpretieren? (S. 75)
... den Gesamtwiderstand in einer Reihen- und Parallelschaltung berechnen? (S. 76 – 77)

Zeig, was du kannst!

1. A
In einem *U*-*I*-Diagramm sind drei Grafen gezeichnet. Welcher der Grafen entspricht dem ohmschen Gesetz? Begründe deine Wahl.

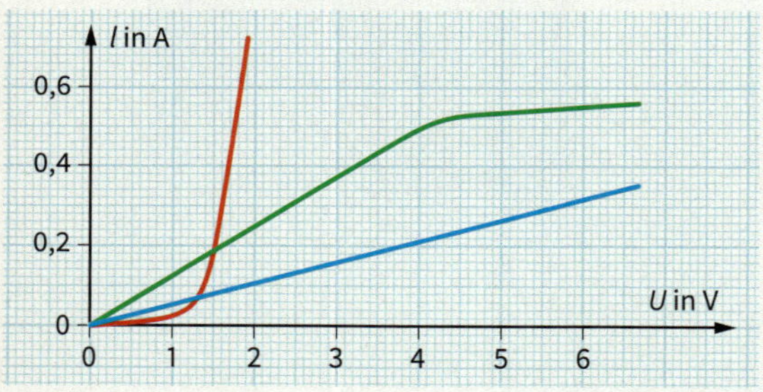

2. A
Vergleiche die Leitfähigkeit von zwei Leitern mit gleicher Länge und unterschiedlichen Querschnitt aus Kupfer. Begründe, welcher Draht der bessere Leiter ist.

3. A
a) Nenne die Formel zur Berechnung des Gesamtwiderstandes in einer Parallelschaltung und in einer Reihenschaltung.
b) Erkläre die unterschiedliche Wirkung von Widerständen in einer Parallelspaltung und in einer Reihenschaltung.

Induktion, Elektromotor, Generator

Kannst du schon ...

... die Funktion und Struktur des magnetischen Feldes eines Leiter beschreiben? (S. 78 – 79)
... den Vorgang der elektromagnetischen Induktion beschreiben? (S. 80 – 81)
... die wichtigsten Bauteile eines Elektromotors nennen? (S. 82 – 83)
... Beispiele für elektrische Stromquellen nennen und vergleichen? (S. 84)
... am Beispiel des Nabendynamos den Aufbau eines Generators beschreiben? (S. 86)
... erklären, warum Elektromotoren auch als Generatoren eingesetzt werden können? (S. 87)

Zeig, was du kannst!

4. A
Zeichne die Felder einer Spule und eines Dauermagneten und vergleiche sie.

5. A
Nenne, was ein wechselndes Magnetfeld in einer Spule bewirkt.

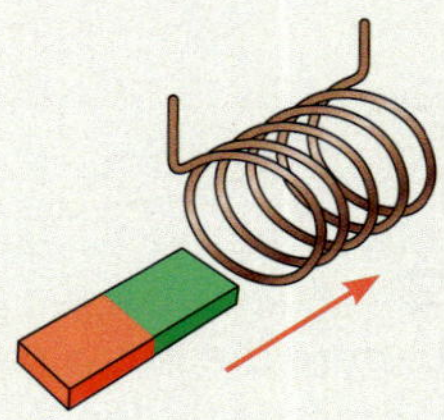

6. A
Formuliere in Je-desto-Sätzen, wovon die Höhe einer induzierten Spannung abhängt.

7. A
a) Nenne die Bauteile eines Gleichstrom-Elektromotors.
b) Erkläre, wozu die Bauteile jeweils dienen.

8. A
Nenne mindestens zwei Beispiele für den Einsatz von Generatoren.

9. A
a) Nenne die Bauteile des Nabendynamos.
b) Gib an, welche Spannungsart am Nabendynamo entsteht und wie du das feststellen kannst.

Transformator

Kannst du schon ...

... die Bauteile des Trafos benennen? (S. 88)
... erklären, wie mithilfe eines Trafos die Spannung vergrößert werden kann? (S. 88 – 89)
... Berechnungen am Trafo durchführen? (S. 90 – 91)
... Elektrogeräte anhand ihrer Typenschilder vergleichen? (S. 92)
... die Wirkungsweise von Hochstromtransformatoren erläutern? (S. 94)
... erklären, wie bei kabellosen Geräten mithilfe eines Trafos elektrische Energie übertragen werden kann? (S. 93, 95)

Zeig, was du kannst!

10.
a) Beschreibe den Aufbau eines Transformators unter Verwendung der Fachsprache.
b) Nenne die Aufgabe des Eisenkerns im Trafo.

11.
Begründe, warum die Eingangsspule eines Trafos an einer Wechselspannung angeschlossen werden muss.

12.
Berechne die Ausgangsspannung am Trafo, wenn $U_E = 230$ V, $n_E = 400$ Windungen und $n_A = 2000$ Windungen betragen.

13.
Du kennst vom Trafo folgende Daten: $U_E = 12$ V, $I_E = 2$ A, $U_A = 360$ V. Berechne I_A.

14.
Begründe, warum der Wirkungsgrad eines Trafos < 1 ist.

15.
Berechne die Energiemenge, die das elektrische Gerät mit diesem Typenschild benötigt, wenn es 3 h am Tag eingeschaltet ist.

Transport elektrischer Energie

Kannst du schon ...

... beschreiben, wie elektrische Energie vom Kraftwerk in die Wohnung transportiert wird und was dabei beachtet werden muss? (S. 96 – 97)
... begründen, warum die elektrische Energie über Hochspannungsleitungen mit hoher Spannung und geringer Stromstärke transportiert wird? (S. 98 – 99)
... das deutsche und europäische Verbundnetz beschreiben? (S. 100)
... die Berechnung des Gesamtwirkungsgrades einer Windkraftanlage erläutern? (S. 102–103)

Zeig, was du kannst!

16.
a) Begründe, warum der Transport der elektrischen Energie im Netz mit einer hohen Spannung erfolgt.
b) Erkläre die besondere Rolle der Stromstärke bei der Energieübertragung im Netz.

17.
Ermittle, wie sich der Leistungsverlust bei der Übertragung elektrischer Energie ändert, wenn die Stromstärke verdreifacht wird.

18.
Berechne die Verlustleistung für eine Kupferleitung mit einer Länge von 80 km und einem Querschnitt von 120 mm². Die übertragene Leistung beträgt 40 MW bei einer Spannung von 110 kV.

Wichtige Begriffe

- Ohmsches Gesetz, Kennlinie
- elektrischer und spezifischer Widerstand
- Gesamt- und Ersatzwiderstand
- Magnetfeld einer Spule, Elektromagnet
- elektromagnetische Induktion
- Elektromotor, Kommutator, Generator
- Wechselstrom- und Gleichstromquellen
- Transformator, Hochspannung
- Transport elektrischer Energie

Halbleiter im Alltag

Was sind Halbleiter?

Wie werden Halbleiter in Sensoren genutzt?

Wie funktioniert eine Fotovoltaikanlage?

Halbleiter erobern unsere Umwelt

1 Chinesischer Kompass

1. A
Zähle elektrische und mechanische Sensoren auf, die du in deinem Alltag häufig nutzt.

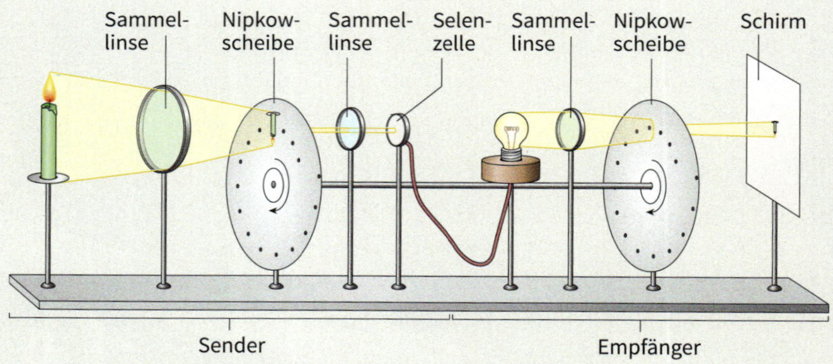

2 Die erste Fernsehkamera nutze einen Halbleiter.

2. Q
Recherchiere die häufigsten Halbleiter, die sich in modernen Elektrogeräten befinden.

3. Q
Recherchiere die Funktionsweise der Nipkow-Scheibe. Benutze dazu Bild 2.

Sensoren – tausend Jahre alt

Mit **Sensoren** arbeiten Menschen schon sehr lange: Magnetgestein reagiert auf das Erdmagnetfeld, Thermometerflüssigkeit auf Temperaturveränderungen und Metallfedern auf wechselnde Krafteinwirkung.

Bereits vor 5000 Jahren war in China der Kompass bekannt, ein Sensor, der auf das Magnetfeld der Erde reagiert.
1780 entdeckte der Italiener LUIGI GALVANI (1737–1798), dass Muskeln von Froschschenkeln reagieren, wenn ihre Rezeptoren mit einer Anordnung aus unterschiedlichen Metallen in Berührung kommen. GALVANI hatte einen Sensor für elektrischen Strom entdeckt.
Am 8. November 1895 machte WILHELM C. RÖNTGEN (1845–1923) in seinem Labor in Würzburg eine entscheidende Entdeckung: Einige Meter von einer Entladungsröhre entfernt befand sich ein speziell beschichtetes Papier. Bei eingeschalteter Entladungsröhre begann es zu leuchten. Das Papier wirkte als Sensor für Röntgenstrahlen.

Sensoren im Stromkreis

Mit der Nutzung der Elektrizität fanden sich Stoffe zur Konstruktion neuer Sensortypen. Ende des 19. Jahrhunderts wurde mit Stoffen experimentiert, die weder Leitern noch Isolatoren zuzuordnen waren. Diese Stoffe erhielten den Namen **Halbleiter.** Ein Halbleitermaterial, das **Selen,** nutzte PAUL NIPKOW (1860–1940) für die erste Fernsehkamera. An der Fotozelle aus Selen ist bei Lichteinfall eine Spannung messbar.

Halbleiter als Sensoren

Selenzellen wurden noch lange in Belichtungsmessern von Fotoapparaten eingesetzt. Sie arbeiten aber ungenau und sie altern. Heute werden an Stelle von Selenzellen die lichtempfindlichen **CCD-Sensoren** eingebaut.
Auch Temperatur- und Röntgensensoren werden heute aus Halbleitermaterialien gebaut. Fotodioden und Fotowiderstände nutzen ebenfalls die besonderen Stoffeigenschaften von Halbleitern. Bei Lichteinfall oder Erwärmung werden Ladungsträger frei, das Material wird elektrisch leitend.

Halbleiter in der Elektronik

Halbleiterschaltungen können sehr klein und sehr robust gebaut werden. So ist es möglich, minimale Spannungsänderungen zu verarbeiten. Die Ausgangswerte können auf Displays von Messgeräten sichtbar gemacht werden. Auch andere Empfänger können so angesteuert werden:
- Hitzesensoren lösen Alarm aus.
- Mit den Induktionsströmen winziger Spulen wird die Drehzahl von Elektromotoren reguliert.
- Manche Metalllegierungen ändern können Magnetfeld verändern. Dies wird in Leitungssuchern genutzt.
- Die Trägheit winziger Masseteilchen beeinflusst in Beschleunigungssensoren ein elektrisches Feld. Eine Elektronik registriert die daraus resultierende Spannungsänderung.
- Touchscreens von Smartphones erkennen die Änderungen in elektrischen Feldern.

Du kannst die Entwicklung und die Bedeutung von Halbleitern beschreiben.

Basiskonzepte S. 129

Leiter und Halbleiter

1. Betrachte die Bilder 1 bis 3 und beschreibe jeweils die Anordnung der Atome.

2. Begründe, dass ein Siliciumkristall unterhalb der Raumtemperatur ein Isolator ist.

3. Erkläre, warum Isolatoren durch Erwärmung nicht zu elektrischen Leitern werden.

Warum sind Metalle elektrische Leiter?

Alle Stoffe bestehen aus kleinen Teilchen, den Atomen. Atome enthalten elektrische Ladungen. Der Atomkern ist positiv geladen. Die negativ geladenen Elektronen bilden die Atomhülle. Metallatome können leicht ein oder mehrere Elektronen aus ihrer Atomhülle abgeben. Zurück bleiben positiv geladene Atomrümpfe und freie Elektronen.

Die Metalle bilden ein Gitter, in dem die Atomrümpfe an festen Plätzen angeordnet sind. Die positiv geladenen Atomrümpfe werden durch die negativ geladenen Elektronen, das Elektronengas, im Metallgitter fest zusammengehalten (Bild 1). Da die freien Elektronen elektrische Ladungen transportieren, sind Metalle gute **elektrische Leiter.** Legst du von außen an den Leiter eine elektrische Spannung an, bewegen sich die Elektronen in die Richtung des Pluspols der Stromquelle und bewirken so einen elektrischen Strom.

In **Isolatoren** fehlen frei bewegliche Ladungsträger. Deshalb entsteht in ihnen durch eine von außen angelegte elektrische Spannung kein elektrischer Strom.

Halbleiter – Isolator oder elektrischer Leiter?

Eine besondere Rolle spielen die **Halbleiter.** Zu ihnen gehört das **Silicium.** Im Unterschied zu Metallen enthält ein Siliciumkristall keine freien Elektronen. Im Siliciumkristall sind die Atome durch gemeinsame Elektronenpaare miteinander verknüpft (Bild 2). Dadurch sind die Elektronen an feste Plätze gebunden. Bei Temperaturen weit unter der Zimmertemperatur ist Silicium ein Isolator.

Wird Silicium erwärmt, so schwingen seine Atome und damit auch die Elektronenpaare zunehmend heftiger. Bei Zimmertemperatur können vereinzelt Elektronen frei werden. Wird von außen eine elektrische Spannung angelegt, bewegen sich diese Elektronen zum Pluspol. Im äußeren Stromkreis ist ein elektrischer Strom messbar. Der Siliciumkristall ist zum Leiter geworden.

Wird eine bestimmte Temperatur überschritten, so werden Halbleiterbauteile zerstört. Diese Temperatur hängt vom Halbleitermaterial ab.

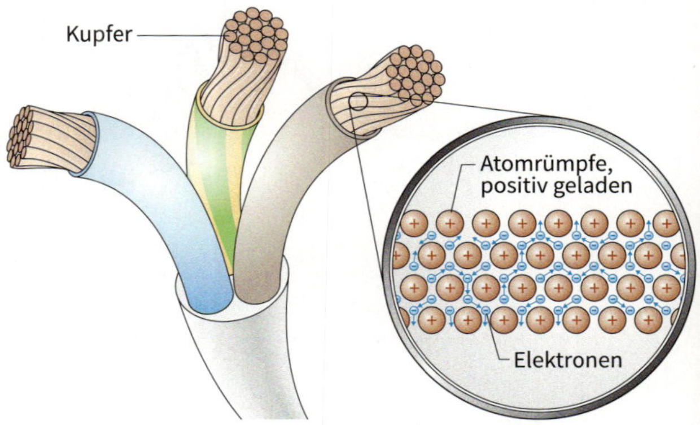

1 Gittermodell eines Metalls mit freien Elektronen

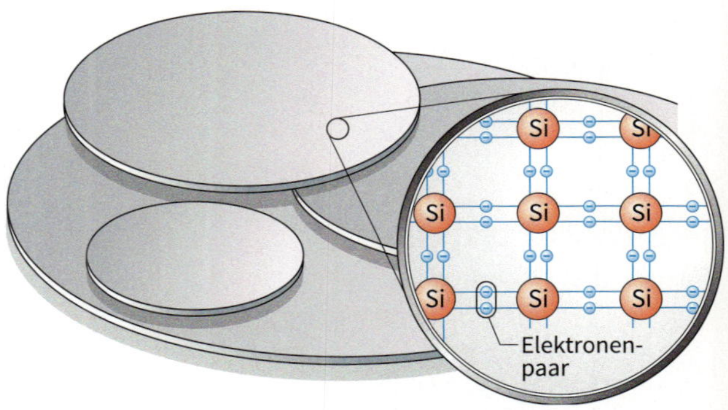

2 Elektronenpaare halten den Siliciumkristall zusammen.

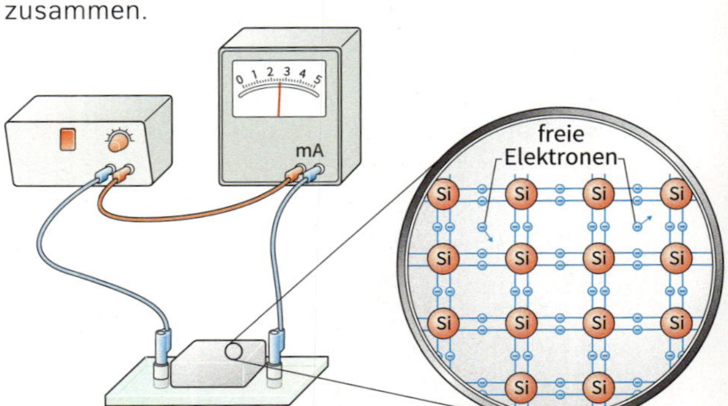

3 Der Siliciumkristall erwärmt sich.

Du kannst erklären, wodurch sich Leiter, Halbleiter und Nichtleiter unterscheiden und wodurch die Unterschiede hervorgerufen werden.

Basiskonzepte S. 129

Leitungsvorgänge in Halbleitern

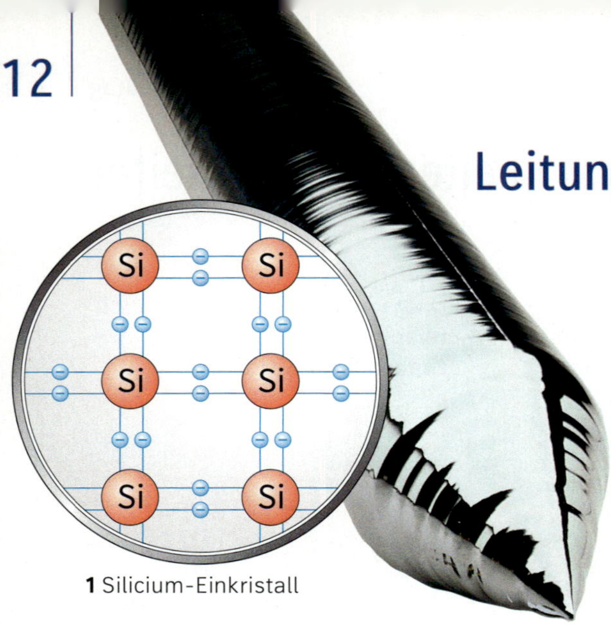

1 Silicium-Einkristall

1. Beschreibe drei Möglichkeiten, wie ein Siliciumkristall zum elektrischen Leiter werden kann.

Halbleitereigenschaften gezielt verändern

Halbleiter haben bei Raumtemperatur fast keine freien Elektronen. Es gibt aber die Möglichkeit, in die Kristallstruktur Fremdatome einzubauen, sodass zusätzliche Elektronen zur Verfügung stehen oder Elektronen fehlen. Dieser Vorgang heißt **Dotierung.** Es gibt zwei Verfahren.

n-Dotierung

In Siliciumkristalle werden Phosphoratome eingebaut. Diese haben jeweils ein Elektron mehr als die Siliciumatome. Wenn Siliciumatome und Phosphoratome durch Elektronenpaare gebunden werden, bleibt deshalb jeweils ein Elektron frei. Es wird zur Bindung nicht gebraucht. Der Kristall aus Silicium und Phosphor enthält jetzt freie Elektronen und ist zu einem Leiter geworden. In dem n-dotierten Stoff funktioniert die **Elektronenleitung** wie in einem metallischen Leiter. Wird er als Leiter in einen elektrischen Stromkreis geschaltet, entsteht im Inneren des Kristalls ein gerichteter Elektronenstrom.

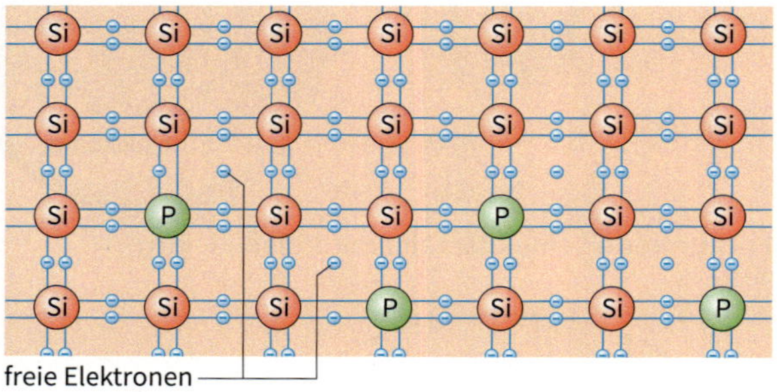

2 n-Dotierung

p-Dotierung

Aluminiumatome haben ein Elektron weniger als die Atome des Siliciums. Beim Einbau in einen Siliciumkristall kann ein Atom nur für drei benachbarte Siliciumatome je ein Bindungselektron zur Verfügung stellen. Beim vierten Atom fehlt ein Elektron zur Bindung. Diese Fehlstelle wird **Loch** genannt. Auf ein freies Elektron wirkt es wie eine positive Ladung. In diesem Kristall findet keine gerichtete Elektronenbewegung statt. Die freien Elektronen werden durch die Löcher eingefangen. Auf einen freien Platz kann auch ein Elektron von einem Nachbaratom wechseln. Dies ist infolge der thermischen Bewegung der Atome möglich. Durch die Bewegung der Atome um ihre Ruhelage werden immer wieder Elektronen aus ihrem Verband losgerissen. Sie setzen sich dann auf einen freien Platz. Damit wird an der bisherigen Stelle ein Platz frei. Auf diese Weise wandern auch die Löcher durch den Kristall. Es entsteht eine **Löcherleitung.**

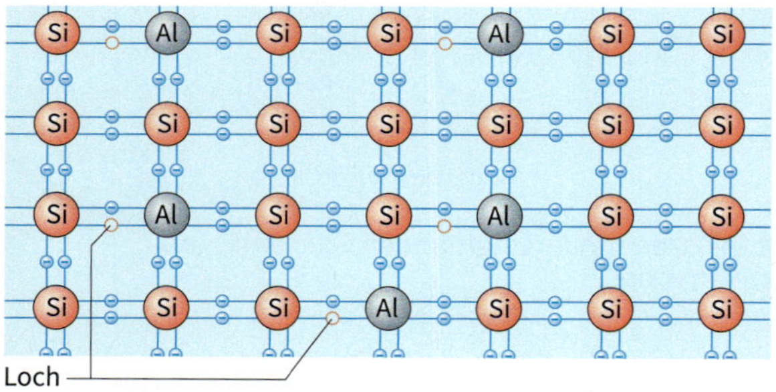

3 p-Dotierung

Dotierung lässt leiten

Das Dotieren verändert den Ladungszustand des Siliciumkristalls. Gegenüber seinem Grundzustand hat er nun zusätzliche Elektronen oder Löcher. Die Elektronen oder Löcher in den dotierten Stoffen können jetzt wandern, sodass ein elektrischer Strom fließt.

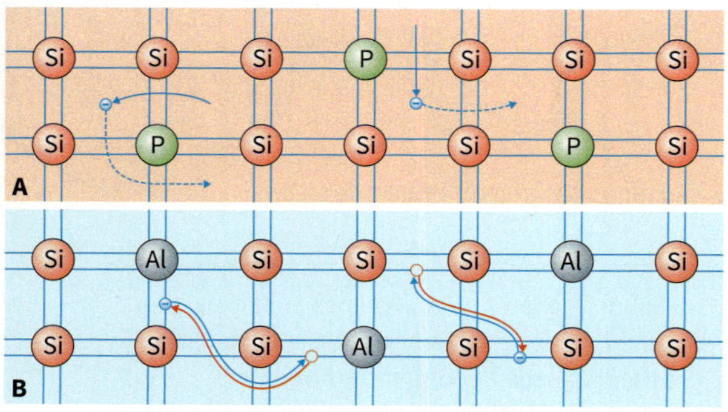

4 A Elektronenleitung, **B** Löcherleitung

2. Beschreibe mit Bild 4 den Unterschied zwischen der Elektronenleitung und der Löcherleitung im Halbleiter.

3. Begründe, dass Dioden den Transport von Ladungsträger nur in einer Richtung zulassen.

Der Aufbau einer Halbleiterdiode

In einer **Diode** grenzen eine p-dotierte und eine n-dotierte Schicht aneinander. In dem Bereich, in dem sich die beiden Schichten berühren, kommt es durch thermische Bewegung zu einem räumlich begrenzten Ladungsaustausch. Elektronen aus der n-dotierten Schicht besetzen freie Löcher in der p-dotierten Schicht. So entsteht an diesem **p-n-Übergang** eine neutrale Zone ohne freie Ladungsträger, eine **Grenzschicht.** Sie schafft eine räumliche Distanz zwischen den beiden Schichten. Die Leitungselektronen der n-dotierten Schicht können diese Grenzschicht nicht mehr durchdringen. Erst durch den Anschluss an eine Stromquelle kann sie von Elektronen überwunden werden.

Diode in Durchlassrichtung

Ist die n-dotierte Schicht am Minuspol einer Batterie angeschlossen, werden weitere Elektronen in die Grenzschicht gedrückt, die Diode ist in **Durchlassrichtung** geschaltet. Ab einem bestimmten Spannungswert können die Elektronen die Grenzschicht überwinden. Dieser Spannungswert wird **Schwellenspannung** genannt. Dann zieht der Pluspol Elektronen aus der n-dotierten Schicht durch die Grenzschicht in die p-dotierte Schicht ab. Es kommt zu einem Ladungstransport im äußeren Stromkreis. Die Schwellenspannung beträgt für eine Siliciumdiode etwa 0,7 V. Übersteigt der Ladungstransport an einer Diode ein bestimmtes Maß, so wird sie zerstört.

Diode in Sperrrichtung

Ist die n-dotierte Schicht an den Pluspol der Stromquelle angeschlossen, zieht dieser die freien Elektronen aus der Schicht ab, die Diode ist in **Sperrrichtung** geschaltet. Vom Minuspol wandern Elektronen in die p-dotierte Schicht und besetzen dort die Löcher. Die Grenzschicht wird so zu einer breiten Isolierschicht. Ein Ladungstransport ist nicht möglich. Die Spannung, gegen die diese Schicht isoliert, ist die **Durchbruchspannung.** Je nach Aufbau der Diode kann ihr Wert unterschiedlich hoch sein. Wird an einer Diode die Durchbruchspannung überschritten, so wird sie zerstört.

Du kannst den Begriff Dotierung erklären und beschreiben, wie Halbleitereigenschaften durch sie verändert werden.
Du kannst den Aufbau und Funktionsweise von Halbleiterdioden beschreiben.

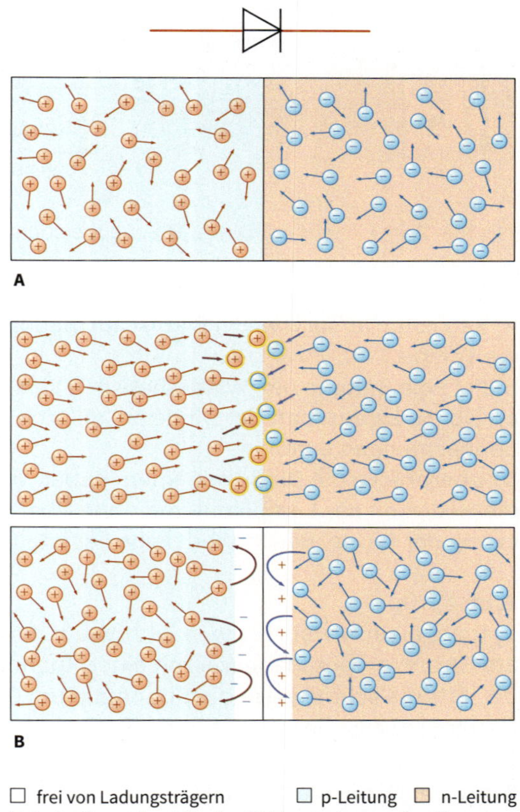

5 A Aufbau der Diode, **B** Entstehung der Sperrschicht

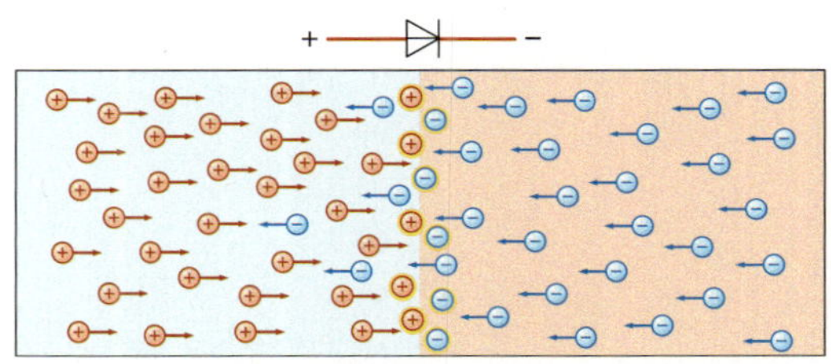

6 Diode in Durchlassrichtung

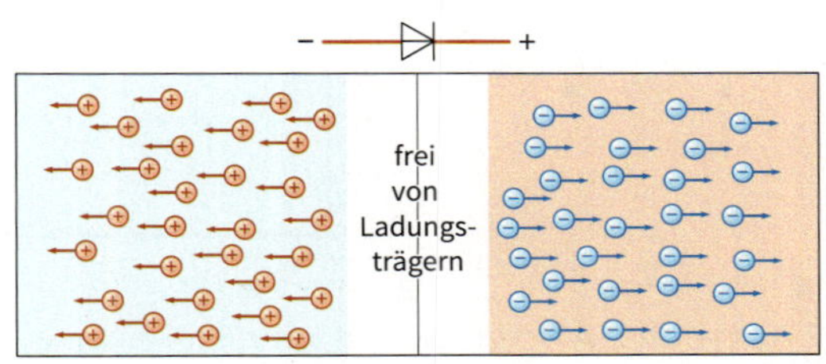

7 Diode in Sperrrichtung

Basiskonzepte S. 129

Halbleiterdioden im Stromkreis

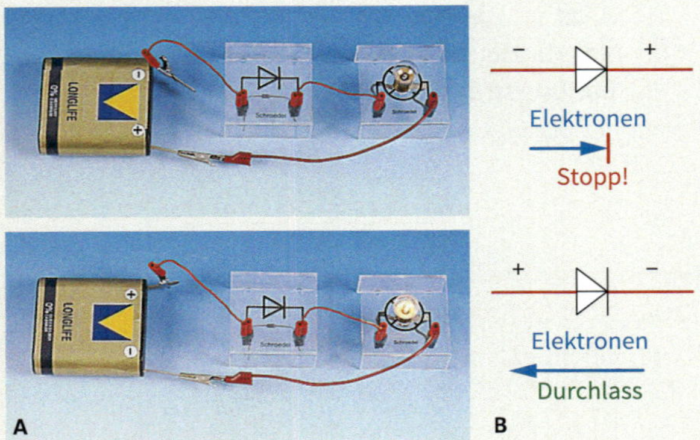

1 Diode: **A** im Gleichstromkreis, **B** Schaltzeichen

1.

a) Baue den Versuch wie in Bild 1A auf. Beobachte die Lampe.
b) Pole die Batterie um. Wiederhole den Versuch.
c) Gib die Eigenschaft der Diode an, die sich aus den Beobachtungen ergibt.
d) Überbrücke die Diode mit einem Kabel. Vergleiche die Helligkeit der Lampe mit und ohne Überbrückung der Diode. Beschreibe deine Feststellung.

2.

a) Baue einen Versuch wie in Bild 2A auf. Beginne am Stromversorgungsgerät mit einer Spannung von 0 V. Erhöhe schrittweise die Spannung um 0,1 V. Notiere jeweils die Werte für die Spannung und die Stromstärke in einer Tabelle. Beende den Versuch, wenn die Diode leitend wird.
b) Vergleiche die Tabellenwerte. Formuliere die Bedingung, unter der eine Diode leitend wird.

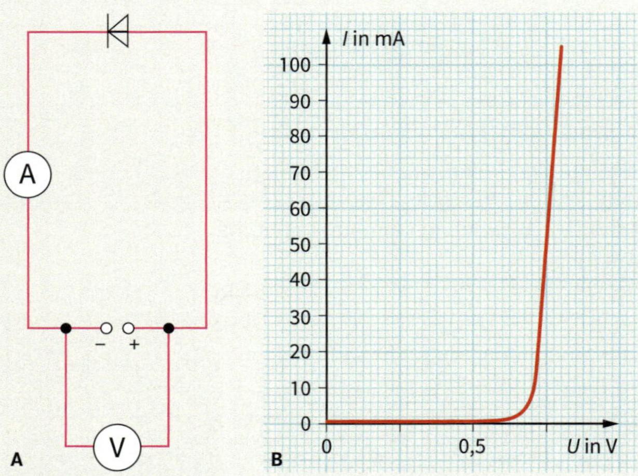

2 Aufnahme: **A** Schaltplan, **B** Kennlinie einer Diode

Die Diode, ein Elektronenventil

Halbleiterdioden sind elektronische Bauteile, durch die Elektronen nur in eine Richtung fließen können. Die Anschlüsse der Diode heißen **Anode** und **Kathode.** Auf den Bauteilen ist die Kathodenseite durch einen Ring gekennzeichnet. Die Diode liegt in Durchlassrichtung, wenn ihre Anode an den Minuspol einer Batterie und die Kathode an den Pluspol angeschlossen werden. Bei umgekehrter Polung erfolgt kein Ladungstransport, die Diode liegt in Sperrrichtung. Die Diode arbeitet also ähnlich wie ein **Ventil.** Das Verhalten einer Diode im Stromkreis lässt sich in einem Spannung-Stromstärke-Diagramm darstellen. Der Graph ist die **Kennlinie der Diode** (Bild 2B). Eine Diode benötigt eine Mindestspannung, damit sie leitet. Dieser Wert ist die **Schwellenspannung.** Sie beträgt je nach Material 0,3 V bis 0,7 V.

Die Diode, ein Gleichrichter

In einem Wechselstromkreis arbeitet die Diode als **Gleichrichter.** In Bild 3 sind der Verlauf einer Wechselspannungskurve und ihre Veränderung durch eine Diode dargestellt. Aufgrund ihrer Ventilwirkung leitet die Diode immer nur während einer Halbwelle der Wechselspannung. Für die Welle in Gegenrichtung sperrt sie. So können die Elektronen nur in eine Richtung fließen. Das entspricht einer **Einweggleichrichtung.** Dadurch steht in diesem Stromkreis nur die Hälfte der elektrischen Energie zur Verfügung.

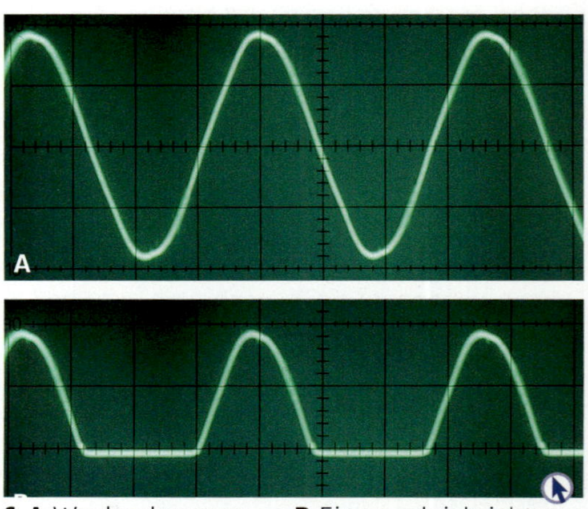

3 **A** Wechselspannung, **B** Einweggleichrichtung

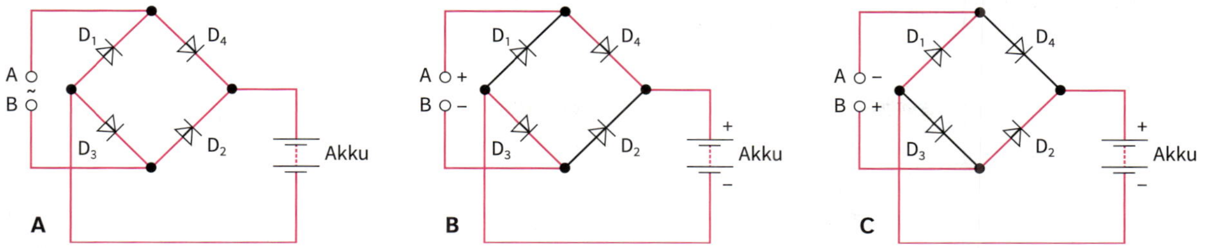

4 Zweiweggleichrichtung von Wechselspannung: **A** Schaltung, **B** Stromkreis der oberen Halbwelle, **C** der unteren Halbwelle

Zweiweggleichrichtung

Bei der Einweggleichrichtung wird das Leistungsangebot einer Wechselstromquelle nur zur Hälfte genutzt. Meist wird Wechselspannung deshalb durch eine **Zweiweggleichrichtung** mithilfe einer Brückenschaltung in **pulsierende Gleichspannung** (Bild 5) umgewandelt. Für diese Schaltung sind 4 Dioden notwendig (Bild 4A).

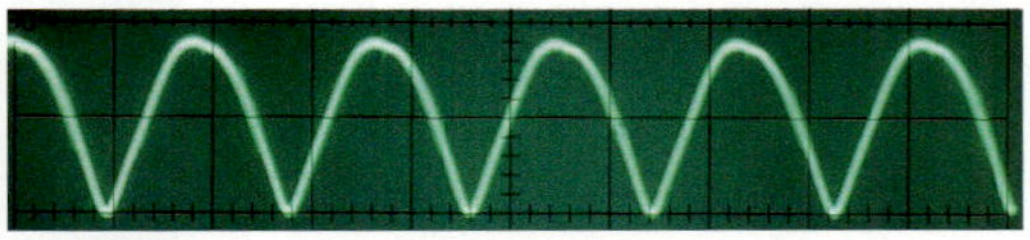

5 Pulsierende Gleichspannung

Die Wege der Ladungen

Bild 4B zeigt den Stromkreis während des Durchlaufes der oberen Halbwelle der Wechselspannung. Diode 3 und Diode 4 liegen in Durchlassrichtung, Diode 1 und Diode 2 sperren. Während des Durchlaufes der unteren Halbwelle (Bild 4C) liegen Diode 1 und Diode 2 in Durchlassrichtung, Diode 3 und Diode 4 sperren.
Für den Akku ändert sich die Richtung nicht. Er nutzt auch die Energie der unteren Halbwelle.

Du kannst beschreiben, wie eine Diode den Ladungsfluss in einem Gleichstromkreis und in einem Wechselstromkreis beeinflusst.
Du kannst erklären, wodurch sich Einweg- und Zweiweggleichrichtung unterscheiden.

Kondensatoren glätten die Kurve

STREIFZUG

Der Kondensator speichert Ladungen

Für viele Anwendungen ist eine Stromquelle mit möglichst konstanter Spannung erforderlich. Die pulsierende Gleichspannung am Ausgang der Gleichrichterschaltungen schwankt aber ständig zwischen einem Höchstwert und dem Wert Null. Mithilfe von **Kondensatoren** kann diese Schwankung gemindert werden.

Kondensatoren können Ladungen speichern. Wenn die Spannung am Ausgang der Brückenschaltung hoch ist, nimmt der Kondensator einen Teil der Ladung auf. Liegt am Ausgang der Brückenschaltung keine Spannung, so gibt der Kondensator Ladung ab.

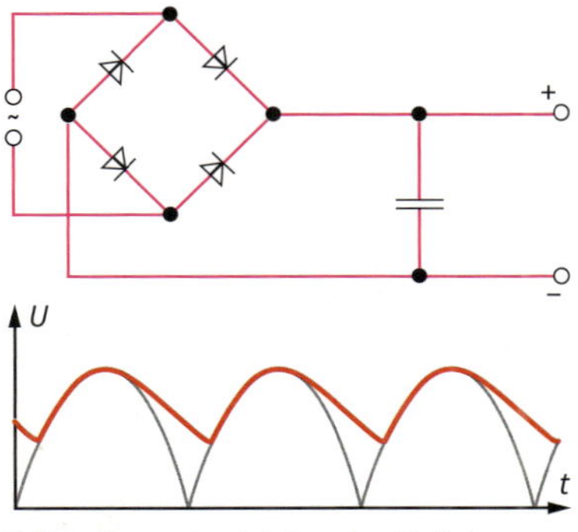

6 Kondensator hinter der Brückenschaltung

Die Spannung sinkt nicht mehr auf Null

Der Kondensator in der Schaltung in Bild 6 hat Ladungen zwischengespeichert. Die Spannung sinkt deshalb nicht mehr auf den Wert Null. Die Schaltung gibt **geglättete Gleichspannung** ab.

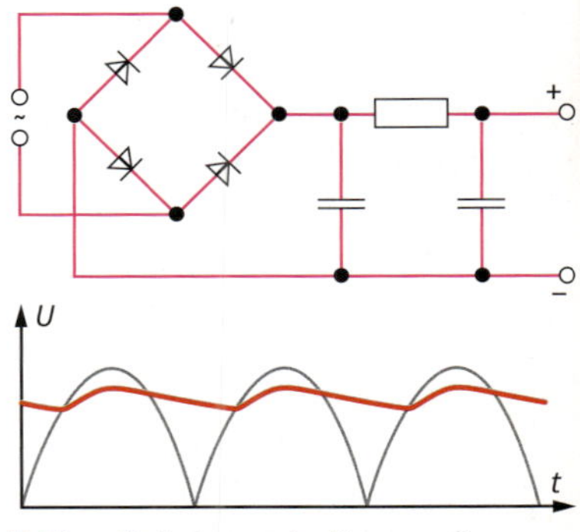

7 Eine Brückenschaltung mit Siebkette

Mit der Siebkette schon fast perfekte Gleichspannung

Zwei Kondensatoren mit einem zwischengeschalteten Widerstand bilden eine **Siebkette** (Bild 7). An deren Ausgang zeigt die Spannungskurve den Verlauf einer fast reinen Gleichspannung.

Basiskonzepte S. 129

Dioden in Elektrogeräten

PINNWAND

Halbleiterdioden als Sensoren

Damit Halbleiterdioden leiten können, müssen in der Grenzschicht um den p-n-Übergang freie Elektronen vorhanden sein. Wird der Diode Energie zugeführt, so lösen sich Elektronen aus den Kristallen.
Bei den Sensoren in Temperaturfühlern geschieht das durch Erwärmung. Andere Sensoren reagieren, wenn Infrarotlicht, wahrnehmbares Licht, UV-Licht, Röntgenstrahlung oder radioaktive Strahlung in die Grenzschicht einfällt.

Halbleiterdioden als Temperaturfühler

Dioden leiten mit steigender Temperatur besser. Da sie mechanisch robust sind und sehr schnell reagieren, eignen sie sich gut zur Temperaturmessung. Der messbare Bereich ist allerdings begrenzt, da Halbleitermaterial schon bei verhältnismäßig niedriger Temperatur zerstört wird.

Halbleiterdioden in Bewegungsmeldern

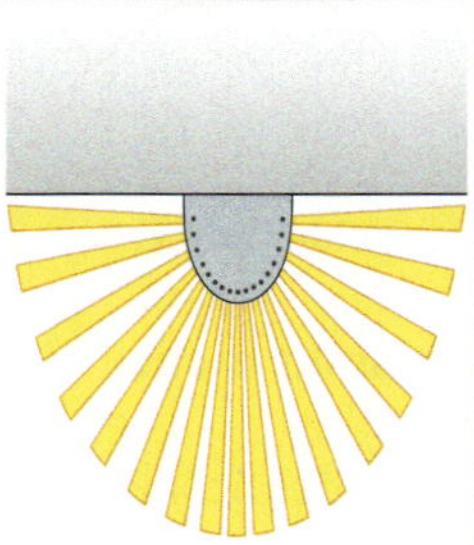

Die meisten Bewegungsmelder sind mit Halbleiterdioden ausgerüstet, die Wärmestrahlung messen. In den Geräten ist eine große Zahl solcher Dioden nebeneinander angeordnet. Jede der Dioden wird durch die Strahlung aus einer bestimmten Richtung erreicht. Wenn sich die Einstrahlrichtung ändert, werden andere Dioden angesprochen und die angeschlossene Elektronik gibt ein Signal.

Leuchtdioden zur Anzeige

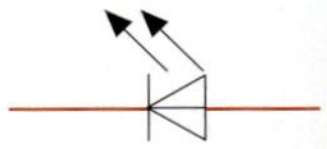

1962 wurde die **Leuchtdiode** entwickelt, kurz **LED** (**L**ight **E**mitting **D**iode). Leuchtdioden haben eine sehr viel größere Lebensdauer und benötigen weniger Energie als Glühlampen. Daher werden sie oft zur Anzeige in elektrischen Geräten, zur Zimmerbeleuchtung und in Straßenlaternen eingesetzt.

LED senden Signale

Da LED fast ohne Verzögerung auf äußere Signale reagieren, können mit ihnen Signale übertragen werden. Dies wird unter anderem in Fernbedienungen, in der Steuerung von Industrieanlagen oder in den Glasfasern der Telefonnetze genutzt.

LED härten Kunststoff

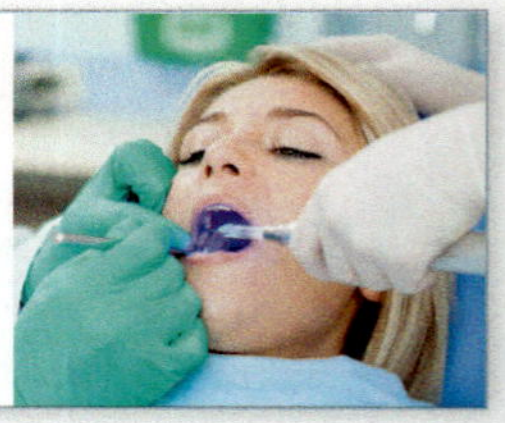

Ultraviolettes Licht aus Leuchtdioden härtet den Kunststoff von Zahnfüllungen.

OLED-Bildschirm

OLED-Bildschirme sind in kleine Einheiten unterteilt. Jede der Einheiten enthält je eine Leuchtdiode, die rotes, grünes oder blaues Licht abstrahlt. Mit diesen drei Farben kann jeder Farbeindruck im Auge hervorgerufen werden. Jede Einheit wird mit einem Signal für die Helligkeit und je einem Signal für die drei Farben angesteuert.

Wärmesensoren

1.
a) Überklebe das Sichtfenster eines Strommessgerätes mit einer Klarsichtfolie und baue den Stromkreis nach Bild 1 auf.
b) Tauche den NTC-Widerstand und ein Thermometer in Eiswasser. Stelle das Stromversorgungsgerät so ein, dass es gerade reagiert. Markiere die Stellung des Zeigers auf der Folie als Skalenbeginn mit 0 °C.
c) Erhöhe die Temperatur schrittweise um 10 K und markiere jeweils die Zeigerstellung auf der Folie.

2.
a) Erstelle aus den Messwerten aus Versuch 1 ein Spannungs-Stromstärke-Diagramm.
b) Erkläre die entstandene Kennlinie.

3.
Recherchiere den typischen Verlauf der Kennlinie eines PTC-Widerstandes und beschreibe ihn.

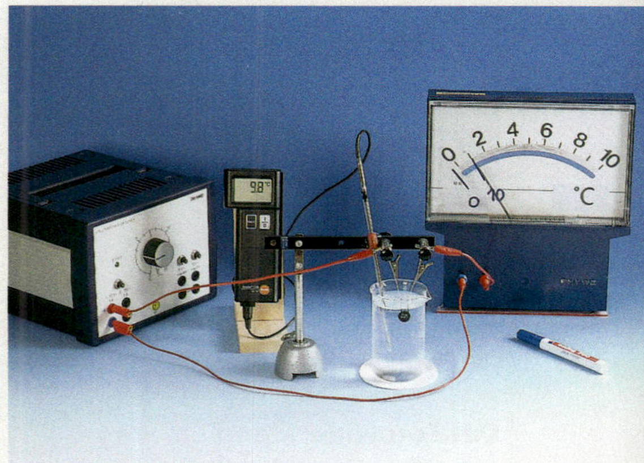

1 Versuchsaufbau zur Aufnahme einer Kennlinie

PTC- und NTC-Widerstände sind Wärmesensoren

Fast alle metallischen Leiter sind **Kaltleiter**. Sie leiten bei tiefen Temperaturen gut. Der spezifische Widerstand des Materials wird bei steigender Temperatur größer. Aus Kaltleitern werden **PTC-Widerstände** (positive temperature coefficient) hergestellt. Einige Metalllegierungen, bestimmte Metalloxide und Halbleitermaterialien leiten bei höherer Temperatur besser. Sie sind **Heißleiter**. Mit diesen Materialien werden **NTC-Widerstände** (negative temperature coefficient) hergestellt. PTC- und NTC-Widerstände wandeln als Sensoren Temperaturwerte in Widerstandswerte um (Bild 2).

E - Kennlinien

Um die Eigenschaften von PTC- und NTC-Widerständen zu vergleichen, benutzen wir ihre Kennlinien.

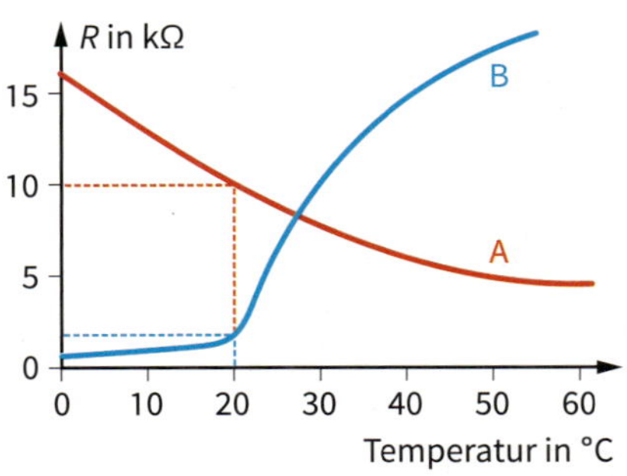

2 Kennlinien: **A** Heißleiter, **B** Kaltleiter

In Bild 2 sind die Kennlinien eines Kaltleiters und eines Heißleiters dargestellt. Diese Kennlinien zeigen den Zusammenhang zwischen der Temperatur des Halbleiters und seinem Widerstand. Alle Heißleiter besitzen eine ähnliche Kennlinie. Heißleiter besitzen bei höheren Temperaturen einen geringeren Widerstand. Kaltleiter haben bei niedrigeren Temperaturen einen geringeren Widerstand.

NTC-Widerstände aus Halbleitermaterial

Temperatursensoren aus Halbleitermaterial können sehr klein gebaut werden. Sie reagieren durch ihre kleine Masse schnell auf Temperaturänderungen.

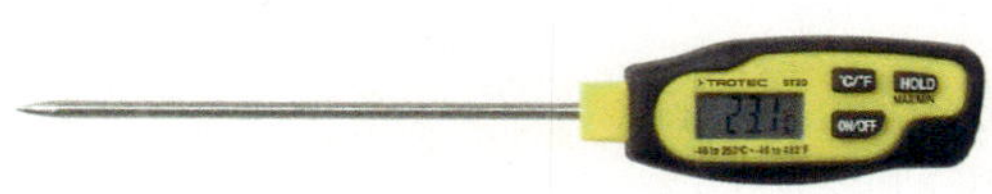
3 Ein elektronisches Lebensmittelthermometer

Der Temperatursensor des **Lebensmittelthermometers** in Bild 3 ist in der Spitze der Nadel untergebracht. Er zeigt die Temperatur im Inneren von Lebensmitteln. Das Signal wird verarbeitet und an das Display weitergeleitet. Das Display zeigt die Temperatur an.

NTC-Widerstände werden auch zur präzisen Temperaturregelung genutzt. Bei Abweichung von der eingestellten Temperatur schaltet die Elektronik eine Heizung ein oder aus.

Du kannst den Unterschied zwischen Kaltleitern und Heißleitern nennen und sie anhand ihrer Kennlinien beschreiben.

Basiskonzepte S. 129

Lichtsensoren

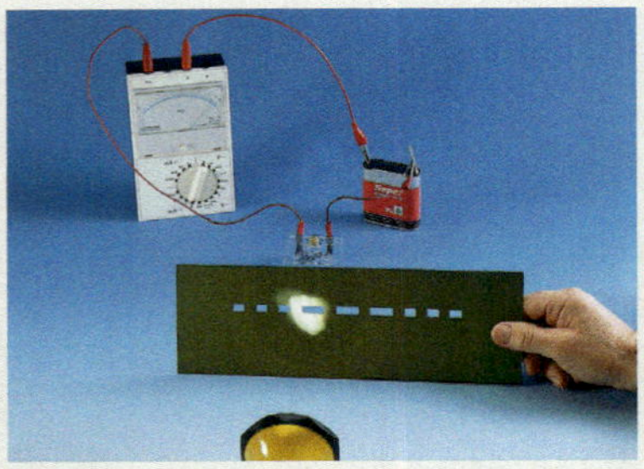
1 Ein LDR als Datenwandler

1. ≡ V
a) Baue einen Stromkreis wie in Bild 1 mit einem Fotowiderstand auf und richte ein Lichtbündel auf ihn.
b) Schneide in ein Blatt Papier hintereinanderliegende Schlitze. Bewege das Blatt vor den Fotowiderstand. Beschreibe deine Beobachtung.

2. ≡ A
Erkläre, wodurch die Daten in Versuch 1 übertragen werden.

3. ≡ A
Beschreibe den Vorteil einer Fotodiode gegenüber einem Fotowiderstand.

Der Fotowiderstand

Die Aufzugstür steht offen. Du siehst eine Person heraneilen, die noch in den Aufzug möchte. Damit die Tür sich nicht schließt, hältst du einfach deine Hand vor eine der beiden kleinen Öffnungen an den Seiten der Aufzugstür. Wieso schließt sich die Tür jetzt nicht?

2 A Fotowiderstände mit Schaltzeichen, **B** Fotodiode mit Schaltzeichen

Auf den gegenüberliegenden Türseiten eines Aufzuges befindet sich auf gleicher Höhe jeweils eine Öffnung. In der einen Öffnung ist eine Laserdiode, in der anderen ist ein **Fotowiderstand**, ein **LDR** (engl.: **l**ight **d**epending **r**esistor) eingelassen. Wird der LDR beleuchtet, so wird sein Widerstand umso kleiner, je mehr Licht auf ihn fällt. Der LDR registriert somit „viel Licht" oder „wenig Licht", also Daten in Form von Veränderungen der Lichtstärke. Er reagiert mit „Elektronenfluss" oder „kein Elektronenfluss". Ein LDR ist also ein Sensor, der auf Licht reagiert. LDRs werden als Beleuchtungsstärkemesser, Dämmerungsschalter oder als Sensor in Lichtschranken verwendet.

Fotodioden können mehr

Fotowiderstände sind unempfindlich und zum Verarbeiten ihrer Signale ist keine aufwendige Elektronik erforderlich. Auf schnell aufeinander folgende Signale können sie aber nicht reagieren. Dafür sind **Fotodioden** besser geeignet. Fotodioden können Licht in elektrische Energie umwandeln. Zugleich leiten sie besser, wenn sie von Licht getroffen werden. Fotodioden eignen sich daher gut für Lichtschranken und Fernbedienungen.

E - Kennlinien für die Beleuchtungsstärke

Die Kennlinien in Bild 3 und 4 zeigen den Zusammenhang zwischen Widerstand und **Beleuchtungsstärke**. Die Einheit der Beleuchtungsstärke ist Lux.

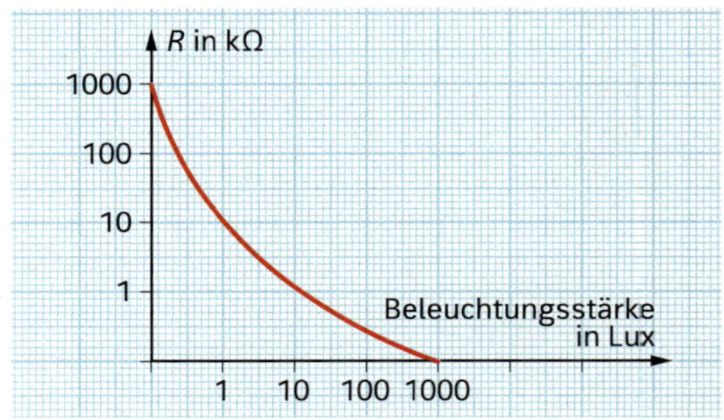

3 Kennlinie eines Fotowiderstandes

Je mehr Licht auf einen Fotowiderstand fällt, desto kleiner ist der Widerstand.

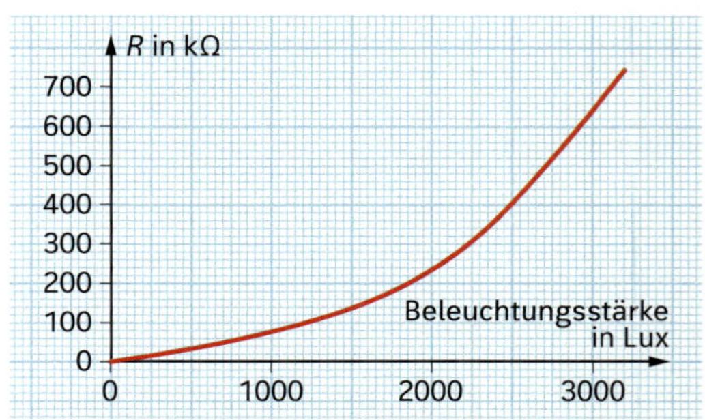

4 Die Kennlinie einer Fotodiode

Je mehr Licht auf die Fotodiode fällt, desto größer ist der Widerstand.

Du kannst Lichtsensoren mithilfe ihrer Kennlinie funktional beschreiben und Anwendungen erläutern.

Kennlinien von Bauteilen

Kennlinien

Eine Kennlinie beschreibt die Eigenschaften eines elektronischen Bauteils. Du erhältst eine Kennlinie, indem du die Abhängigkeit zweier physikalischer Größen in einem Diagramm gegeneinander aufträgst. Verwendest du die beiden Bezugsgrößen Spannung und Stromstärke, so ergibt sich eine Spannung-Stromstärke-Kennlinie.

Material

- 1 Regelbare Stromquelle
- 2 Vielfachmessgeräte
- 1 Schalter
- 6 Verbindungsleiter
- 1 Widerstand mit 1 kΩ
- 1 Widerstand mit 100 Ω
- 1 Silicium-Diode Typ 1N4001 (I_{max} = 1A) oder 1N4148 (I_{max} = 100 mA)
- 1 Germanium-Diode Typ 1N60

1 Dioden können unterschiedlich aussehen.

Vorbereitung der Versuche

1. Für die Erstellung der Kennlinie eines Festwiderstandes legst du eine Wertetabelle wie in Bild 3 an. Anschließend baust du den Versuch nach Bild 2 auf.
2. Für die Erstellung der Kennlinie einer **Silicium-Diode** legst du eine Wertetabelle wie in Bild 5 an. Anschließend baust du den Versuch nach Bild 4 auf.
3. Für die Erstellung der Kennlinie einer **Germanium-Diode** legst du eine Wertetabelle wie in Bild 5 an. Anschließend baust du den Versuch nach Bild 4 auf.

Durchführung der Versuche

Für alle Versuche gilt: Um die Wertepaare für die Erstellung der Kennlinie zu ermitteln, musst du die folgende Reihenfolge genau einhalten.

1. Erhöhe die Spannung schrittweise.
2. Lies jeweils die Werte für die Stromstärke ab und trage sie in die Wertetabelle ein.
3. Erstelle aus den Werten ein Spannung-Stromstärke-Diagramm.
4. Beschreibe die entstandene Kennlinie.

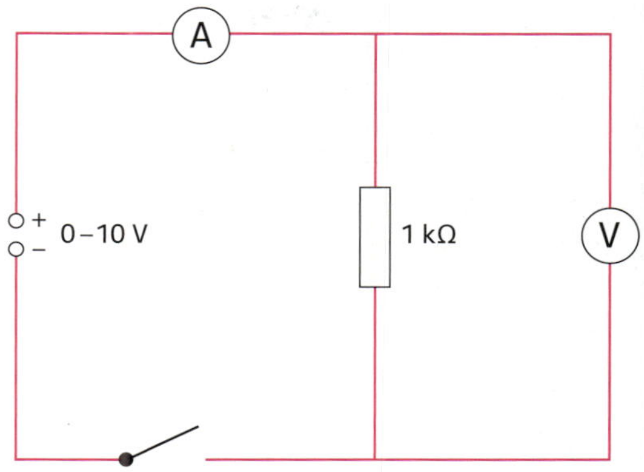

2 Schaltplan zum Festwiderstand

U(V)	0	0,5	1	1,5	...	10
I(mA)						

3 Wertetabelle zum Festwiderstand

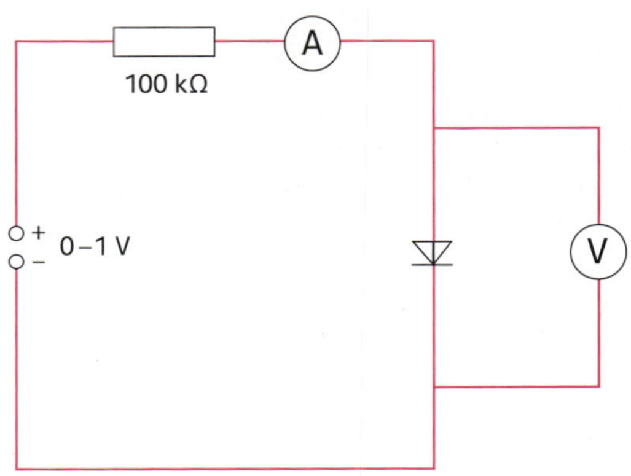

4 Schaltplan zur Diode

U(V)	0	0,05	0,1	0,15	...	1
I(mA)						

5 Wertetabelle zur Diode

Du kannst elektronische Bauteile untersuchen, indem du ihre Spannung-Stromstärke-Kennlinie aufnimmst.

PRAKTIKUM

Sensoren im Alltag

PINNWAND

Sensoren dienen der Sicherheit

Bei voller Aufmerksamkeit können Menschen in etwa 0,4 s auf ein unvorhergesehenes Ereignis reagieren. In der Regel liegt die Reaktionszeit im Straßenverkehr bei etwa 1 s. In dieser Zeit hat das Fahrzeug eine beträchtliche Strecke zurückgelegt. Bei elektronischen Bauteilen vergehen von der Signalerfassung bis zur Reaktion, etwa dem Einleiten des Bremsvorgangs, nur wenige Millisekunden. So misst beispielsweise das Abstandsradar Entfernungen sehr präzise. Wenn weitere Sensoren Temperatur, Straßenzustand, Beladung und Reifendruck übermitteln, leitet die Elektronik die bestmögliche Reaktion ein.

Rauchmelder retten Leben

Feuer oder Rauch in der Wohnung kann Leben gefährden. **Rauchmelder** können vor der Gefahr warnen. Ihren Kern bildet eine dunkel ausgekleidete Kammer, in die in rascher Folge Lichtbündel einfallen. Ist Rauch in die Kammer eingedrungen, so wird das Licht gestreut. Ein Teil davon fällt auf eine Fotodiode. Die eingebaute Elektronik verarbeitet dieses Signal und sendet einen durchdringenden Warnton.

LED-Technik in Fahrradlichtanlagen

Neue Fahrräder werden fast immer mit **LED-Beleuchtungsanlagen** ausgerüstet. Der Fahrraddynamo versorgt die Leuchtdioden mit elektrischer Energie. Da der Dynamo Wechselspannung erzeugt, muss die Energie über eine Gleichrichterschaltung zu den Lampen geleitet werden. Wenn das Rad stehen bleibt, reagiert ein Sensor mit einem Signal und die Elektronik schaltet auf Standlicht um. Dann versorgt ein Kondensator die LED für einige Minuten mit Energie. Bei der Weiterfahrt wird der Kondensator wieder aufgeladen. Eine Automatik mit einer Fotodiode als Sensor kann sicherstellen, dass bei Dunkelheit das Licht eingeschaltet wird.

1. Q
Recherchiere die Begriffen „Aktive Sicherheit“ und „Passive Sicherheit“ und nenne jeweils Sensoren, die der Sicherheit dienen.

2. A
Setze dich auf einen Beifahrersitz und prüfe, ob der Gurtsensor im Auto richtig arbeitet. Beschreibe, was du für diese Prüfung tun musst.

3. A
Nenne Sensoren, die das Autofahren für Fahrer und Beifahrer einfacher, sicherer oder bequemer machen.

4. Q
Untesuche einen LED-Fahrradscheinwerfer. Ermittle den Sensor, der bei Dunkelheit das Einschalten veranlasst.

5. A
Begründe, warum LED-Fahrradbeleuchtungen so geschaltet sind, dass das Licht im Stand weniger hell ist als während der Fahrt.

Sensoren in der Medizin

Mit Schall Blutdruck messen

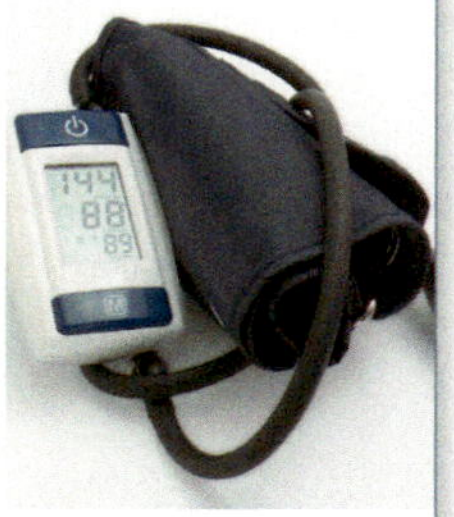

Solange wir leben, wird Blut durch die Arterien gepumpt. Wenn das Herz zu heftig pumpt, werden die Blutgefäße überlastet und dadurch können schwere Schäden an den Gefäßwänden entstehen. Eine **Blutdruckmessung** hilft, eine mögliche Überlastung frühzeitig zu erkennen.
An Blutdruckmessgeräten ist eine Manschette mit Luftkammern angeschlossen. Bei automatischen Geräten trägt die Manschette zusätzlich ein Mikrofon als Schallsensor. Die Manschette wird um den Oberarm gelegt und dann wird so lange Luft hineingepumpt, bis das Herz kein Blut mehr durch die Oberarmarterien treiben kann. Dann ist der **systolische Blutdruckwert** erreicht. Der Schallsensor in der Manschette registriert, dass kein Strömungsgeräusch mehr zu hören ist, und die Luft wird in kleinen Schritten aus den Kammern abgelassen. Wenn das Blut wieder völlig frei strömen kann, ändert sich das Strömungsgeräusch erneut. Das geschieht beim **diastolischen Blutdruckwert.** Die Elektronik registriert beide Blutdruckwerte und zeigt sie auf dem Display an.

Eine Kamera, klein wie eine Tablette

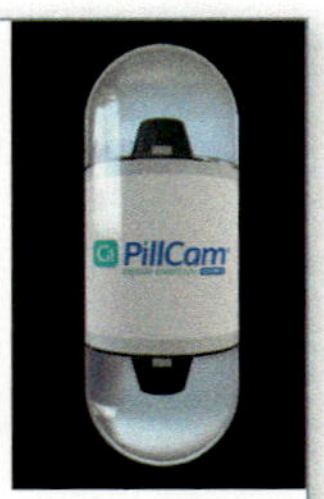

Diese kleine Kapsel enthält an beiden Enden je eine Kamera. Sie wird wie eine Tablette geschluckt und wandert dann in 8 h durch den Verdauungstrakt.
In dieser Zeit erfassen die Bildsensoren der Kameras etwa 50 000 Bilder. Die Daten werden per Funk an einen Empfänger außerhalb des Körpers übertragen und dort gespeichert. Zum Abschluss können sie auf ein Wiedergabegerät überspielt werden.
An dessen Monitor lässt sich dann beurteilen, ob weitere Untersuchungen oder Behandlungen erforderlich sind.

Blut muss Sauerstoff tragen

Das Blut transportiert den Sauerstoff von der Lunge zu den Körperorganen. Bei kritischer körperlicher Verfassung, aber auch beim Aufenthalt im Hochgebirge kann das Blut nicht genug Sauerstoff aufnehmen.
Mit einem **Pulsoxymeter** kann erfasst werden, wie viel Sauerstoff das Blut aufgenommen hat. Ein Finger oder ein Ohrläppchen wird von einer Seite angeleuchtet und auf seiner anderen Seite misst ein Fotosensor, wie viel Licht bestimmter Farben durchgelassen wird. Bei Patienten in kritischem Zustand wird die Sauerstoffsättigung kontinuierlich gemessen. Auf einem Monitor, wird dann der Sauestoffsättigungswert neben anderen Werten als Kurve dargestellt.

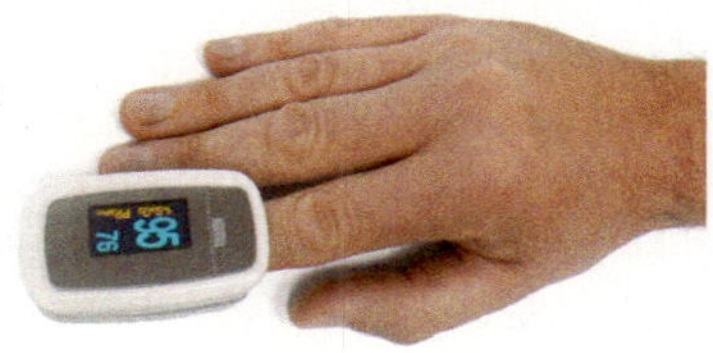

Fieber messen – ganz einfach

Jeder Körper, auch der menschliche, gibt Wärme in Form von Infrarotstrahlung ab. Die Strahlung ist von seiner Temperatur abhängig. Deshalb kann die Temperatur mithilfe eines Infrarotsensors indirekt ermittelt werden.
Die Körpertemperatur kann durch Messung auf der Hautoberfläche nicht bestimmt werden. Die Haut wird von der Luft gekühlt und hat daher nicht dieselbe Temperatur wie das Körperinnere. Das Trommelfell aber liegt tief genug. Mit dem Infrarotsensor des **Ohrthermometers** wird seine Wärmestrahlung erfasst. Die Signale des Sensors werden von der Elektronik verarbeitet und auf dem Display kann die Temperatur abgelesen werden.

Die Messung kann nur dann korrekt sein, wenn der Sensor genau auf das Trommelfell zeigt. Es ist sicherer, wenn du die Temperatur in beiden Ohren misst und den Mittelwert bildest.

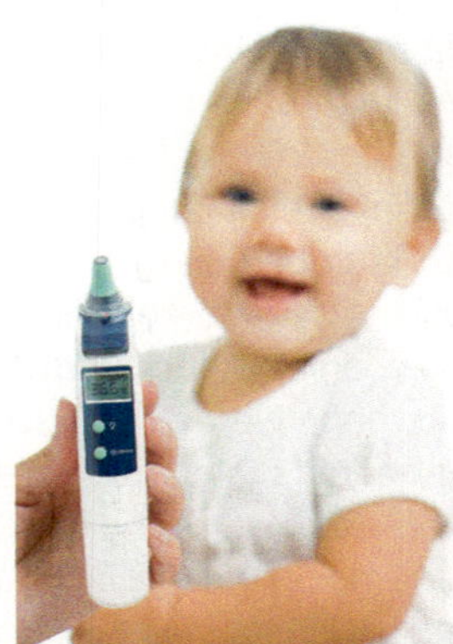

PINNWAND

Der Touchscreen – ein besonderer Sensor

1. ☰ Ⓥ
a) Taste mit einem Radiergummi auf ein Icon deines Smartphones. Beschreibe, was passiert.
b) Rolle einen Streifen Alufolie zusammen. Taste damit auf das Icon. Beschreibe, was passiert.

2. ☰ Ⓐ
Erkläre die Ergebnisse aus Versuch 1.

3. ☰ Ⓥ
Berühre den Touchscreen mit einem Handschuh. Erkläre, was du beobachtest.

4. ☰ Ⓐ
Erläutere, warum spezielle Stifte und Handschuhe für die Bedienung von Smartphones angeboten werden.

5. ☰ Ⓥ
Baue den Versuch in Bild 3 auf. Nähere den Ladungslöffel einer der beiden Metallkugeln. Erkläre die Reaktion des Elektroskopes.

Der Touchscreen – mehr als ein Bildschirm

Der Hintergrund eines **Touchscreens** bildet einen normalen Bildschirm. Du kannst auf ihm Fotos oder Filme anschauen. Für den eigentlichen Zweck des Touchscreens werden auf ihm Icons (griech., Bild) dargestellt. Das sind Symbole für einen Auftrag an das zugehörige Gerät. Ausgelöst wird die Reaktion durch eine Berührung mit dem Finger oder einem elektrisch leitenden Material. Bei Berührung mit einem Isolator erfolgt keine Reaktion.

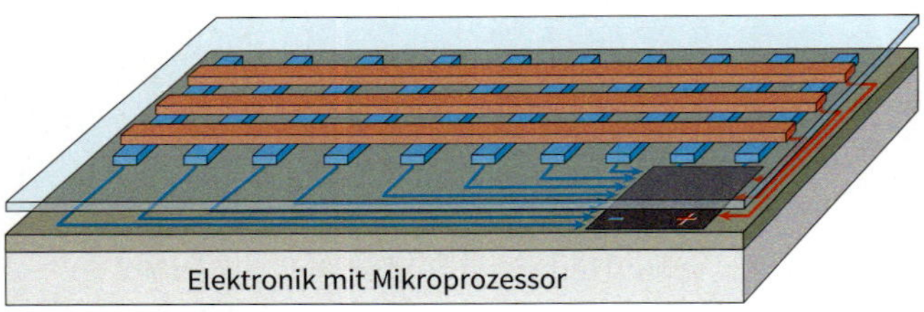

1 Aufbau des Touchscreens

Aufbau und Funktionsweise

Die Oberfläche des Touchscreens besteht meist aus kratzfestem Glas, einem Isolator. Unter der Glasscheibe liegen zwei Schichten mit sehr feinen, parallel liegenden Leiterbahnen, die gegeneinander isoliert und rechtwinklig zueinander angeordnet sind. Jede der Leiterbahnen ist mit der Elektronik verbunden. Die Leiterbahnen der oberen Schicht werden elektrisch positiv, die der unteren Schicht negativ aufgeladen (Bild 1). Zwischen den Stellen, an denen eine Leiterbahn der oberen Schicht über einer Leiterbahn der unteren Schicht liegt, entsteht ein elektrisches Feld. Da ein Finger elektrisch leitend ist, befinden sich Ladungen auf der Hautoberfläche. Sobald er die Oberfläche des Touchscreens berührt, kommt es im Finger und in der oberen Leiterbahn zu einer **Ladungsverschiebung.** In der Leiterbahn werden positive Ladungen von ihrer Unterseite zur oberen Seite gezogen. Dadurch ändern sich an dieser Stelle das elektrische Feld zwischen den Leiterbahnen und damit die Spannung. Die Elektronik registriert die Veränderung und leitet die programmierte Reaktion ein.

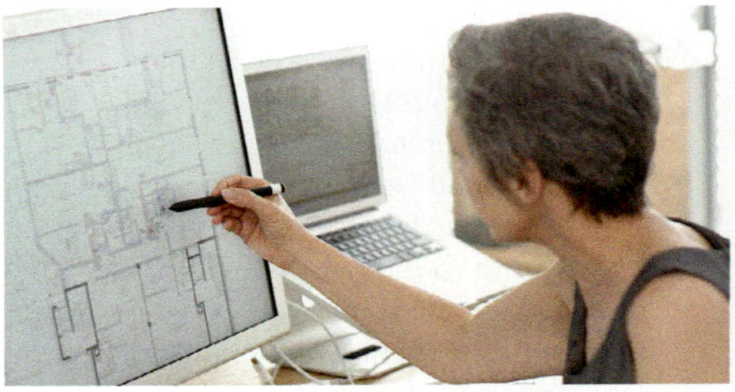

2 Stift zur Bedienung eines Touchsceens

Eine Spannung berührungslos ändern

Der Versuch in Bild 3 verdeutlicht die Wirkungsweise des Touchscreens. Zwischen zwei entgegengesetzt geladenen Kugeln besteht eine Spannung. Wird einer der Kugeln ein weiterer Ladungsträger genähert, so werden die Ladungen auf ihrer Oberfläche verschoben. Das Elektroskop zeigt, wie sich die Spannung zwischen den beiden Kugeln ändert.

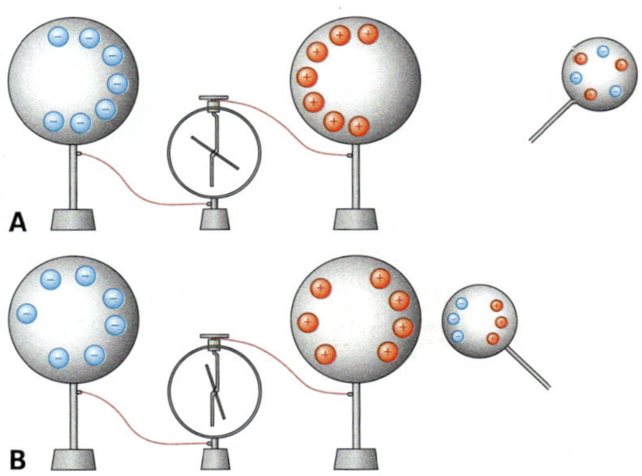

3 Spannung zwischen Ladungsträgern: **A** bei ungestörter Ladungsverteilung, **B** bei Verschiebung von Ladungen

Du kannst den Aufbau eines Touchscreens beschreiben und seine Arbeitsweise erklären.

Basiskonzepte S. 129

Sensoren und Aktoren im Überblick

1.
a) Erstelle eine Liste mit mindestens fünf Sensoren.
b) Notiere für jeden Sensor aus a), worauf er reagiert.
c) Nenne für jeden Sensor aus a) das Signal, mit dem er reagiert.

2.
a) Erstelle eine Liste, in der du jedem Sensor aus Aufgabe 1 mögliche Aktoren zuordnest.
b) Erkläre, warum Sensoren immer Aktoren nachgeschaltet sind.

3.
Begründe, warum die Daten der Sensoren vor der Weiterleitung an Aktoren im Allgemeinen durch einen Datenwandler bearbeitet werden müssen.

Sensoren

Du kennst **Sensoren** für Schall, Wärme, Licht und für das elektrische Feld.

Datenverarbeitung

Meistens verarbeitet eine Elektronik mit der zugehörigen Software die Signale, die der Sensor liefert. Sie werden als **elektronische Daten** weitergeleitet.

Aktoren

Ein **Aktor** reagiert auf elektronische Daten mit Schall, einer optischen Anzeige oder einer mechanischen Reaktion.

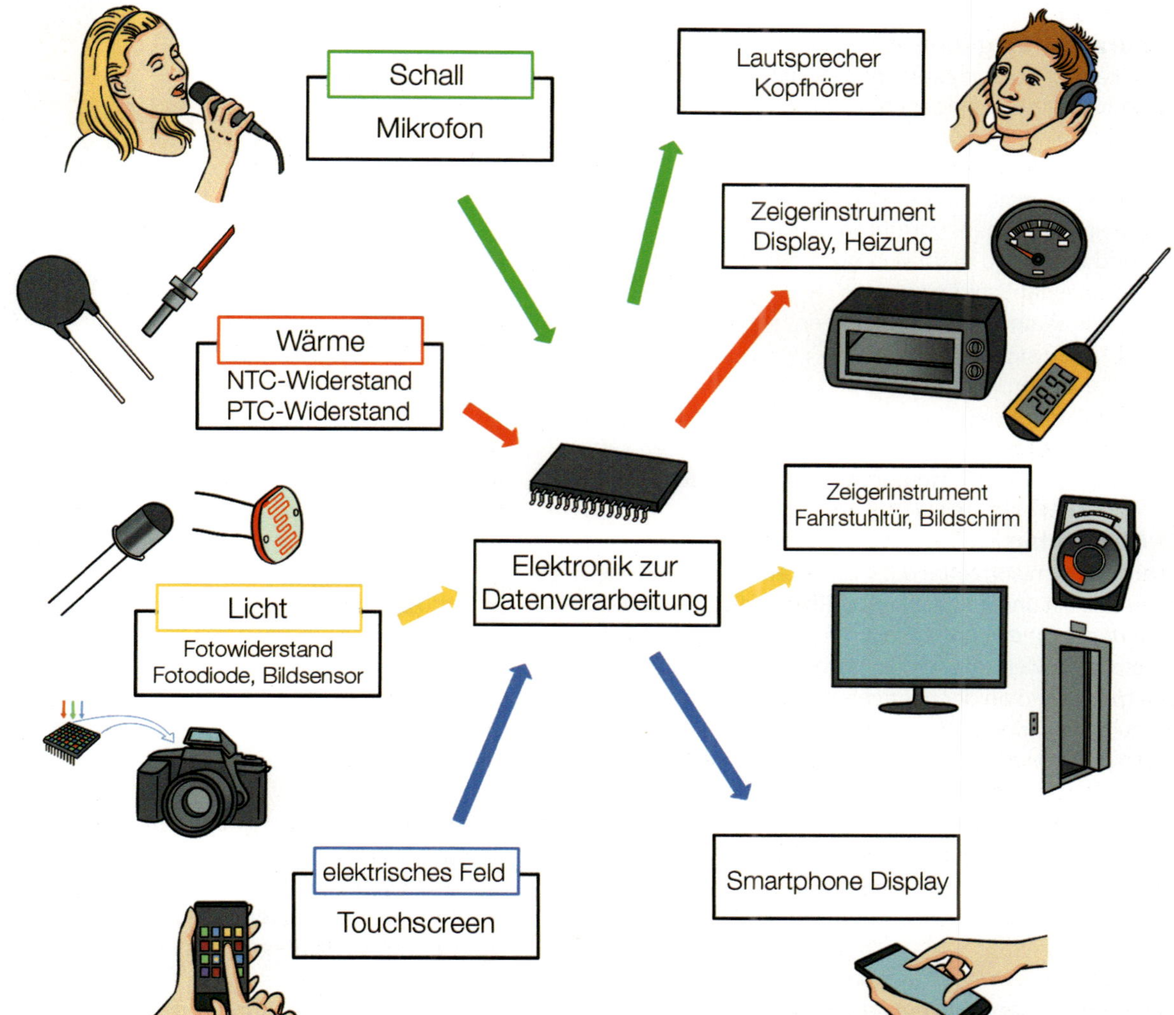

Du kannst einen Überblick über Sensoren und Aktoren geben.

Basiskonzepte S. 129

Einen kurzen Vortrag halten

METHODE

Planung
In folgenden Schritten kannst du einen Vortrag vorbereiten. Er sollte nicht länger als 10 Minuten dauern.

❶ Thema erfassen
Sammle Ideen zum Thema für den Kurzvortrag. Halte deine Einfälle in Stichworten fest und formuliere Fragen.
- Worum geht es und was gehört zum Thema?

❷ Informationen sammeln
- Wo findest du Informationen?
- Wozu und wie kannst du sie nutzen?
- Was ist für dich sowie deine Mitschülerinnen und Mitschüler interessant, wichtig und neu?

❸ Kurzvortrag gliedern
- Wie kannst du den Einstieg spannend gestalten?
- Welchen Schluss findest du geeignet?

❹ Genaue Vorbereitung
Überlege, an welchen Stellen du etwas zeigen möchtest, ob du ein Experiment vorführen kannst, welche Materialien und Geräte du dafür benötigst. Bereite die Materialien zur Veranschaulichung vor.
- Sollen Plakate oder Handzettel entworfen werden? Wie groß sollen sie sein?
- Welche Zeichnung für die Tafel kannst du vorbereiten?
- Sind Folien für den Overhead-Projektor anzufertigen?
- Gibt es Videos, CDs oder DVDs, die du einsetzen kannst?
- Kannst du einen Computer mit Beamer einsetzen?

❺ Ablaufplan
Schreibe Stichwortzettel oder Karteikarten. Gestalte sie übersichtlich und gut lesbar. Die Reihenfolge deiner Gliederung muss gut erkennbar sein.
- Welche Hinweise helfen dir, damit alle Teile zum richtigen Zeitpunkt und an der richtigen Stelle vorgetragen werden?
- Welche wichtigen Inhalte können mit Unterstreichungen oder farbiger Markierung hervorgehoben werden?

❻ Der Vortrag
Der Vortrag soll möglichst frei gehalten werden. Beachte die Zeitvorgabe. Übe deinen Kurzvortrag, in dem du ihn laut und deutlich sprichst. Kürze ihn, wenn er zu lang ist.

❼ Tipps
Atme tief ein, wenn du aufgeregt sein solltest. Halte Blickkontakt zu den Zuhörern. Überlege, welche Fragen von den Zuhörern gestellt werden könnten und suche schon vorher nach Antworten.

1 Einen Kurzvortrag vorbereiten

1. ☰ Ⓐ
a) Überlege dir ein Thema für einen Kurzvortrag, das sich auf die Inhalte des Physikunterrichts bezieht.
b) Vergleiche deinen Vorschlag mit anderen Vorschlägen aus deiner Klasse.
c) Gestalte einen Kurzvortrag zum formulierten Thema. Beachte dazu die Anleitung.

Bau eines Solarbootes

Material
- 1 Styrodurplatte (30 cm x 40 cm x 4 cm)
- 1 Styrodurplatte (15 cm x 15 cm x 0,5 cm)
- 1 Solarmotor (0,5 V)
- 4 einzelne Solarzellen 400 mA
- 1 Fahrradspeiche
- Gummischlauch mit Innendurchmesser 2 mm
- 1 Schiffsschraube
- Schaltdraht, Lötzinn, Klebstoff für Styrodur, Stahlmuttern M3, Stecknadeln

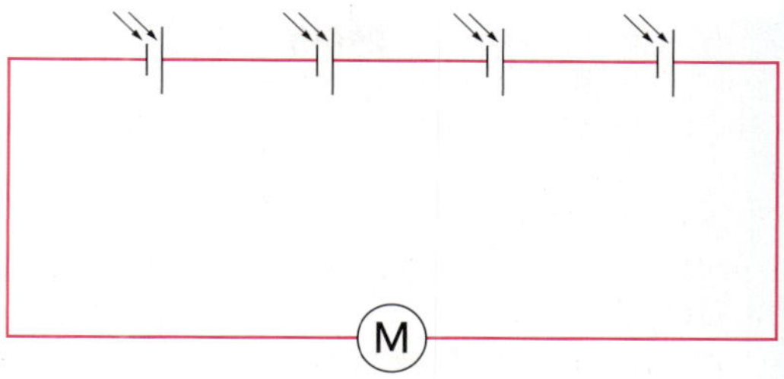

2 Schaltplan des Solarbootes

1 Solarboot-Bausatz

Einfahren und Fehlerbehebung
Achte darauf, dass das Boot gut ausbalanciert ist, wenn es auf dem Wasser schwimmt. Ungleichheiten kannst du durch Stahlmuttern ausgleichen. Befestige sie mit Stecknadeln. Das Ruder sollte das Boot auf eine Kreisbahn lenken. Sichere dein Boot in jedem Fall mit einer Angelschnur, wenn du es auf einem größeren Gewässer fahren lässt.

Bauanleitung
- Stelle den Bootsrumpf aus Styrodur her. Dieses Material ist schwimmfähig. Es nimmt kein Wasser auf und es lässt sich leicht bearbeiten. Am besten stellst du dein Boot in Form eines Katamarans her.
- Skizziere den Grundriss und übertrage ihn auf die Styrodurplatte.
- Säge den Grundriss mit einer Laubsäge aus.
- Trage weiteres Material mit einem Cuttermesser ab, bis du zur typischen Bootsform gelangst. Mit einer Holzfeile und mit Schleifpapier erledigst du die Details.
- Konstruiere die Aufbauten nach deinen eigenen Ideen. Die Seitenleitwerke kannst du aus der dünnen Styrodurplatte schneiden.
- Die Solarzellen sind die Energiewandler des Bootes. Sie schaltest du mit dem Schaltdraht in Reihe und verbindest sie mit dem Motor wie in Bild 2 angegeben.
- Nutze eine Fahrradspeiche als Antriebsachse zwischen Schiffsschraube und Motor und einen Gummischlauch als Kupplung.

1. ≡ Ⓐ
a) Erstelle für dein Solarboot ein Energieflussdiagramm.
b) Überlege, an welchen Stellen beim Betrieb des Bootes Wärme entsteht.
c) Erweitere das Energieflussdiagramm durch die Energiepfeile für die thermische Energie.

3 Das fertige Solarboot

PRAKTIKUM

Solarzellen – Halbleiter als Energiewandler

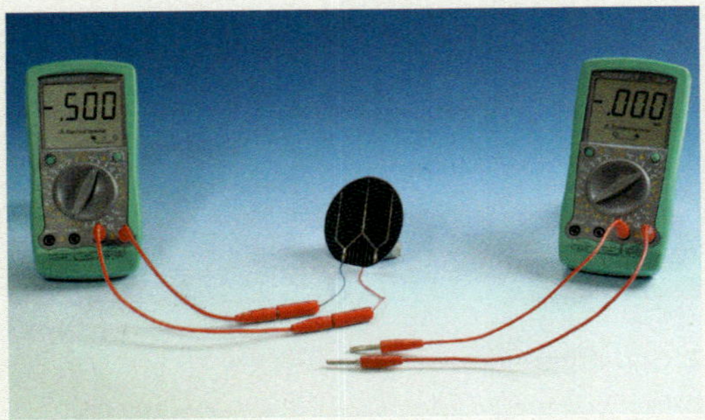

1 Leerlaufspannung und Kurzschlussstromstärke

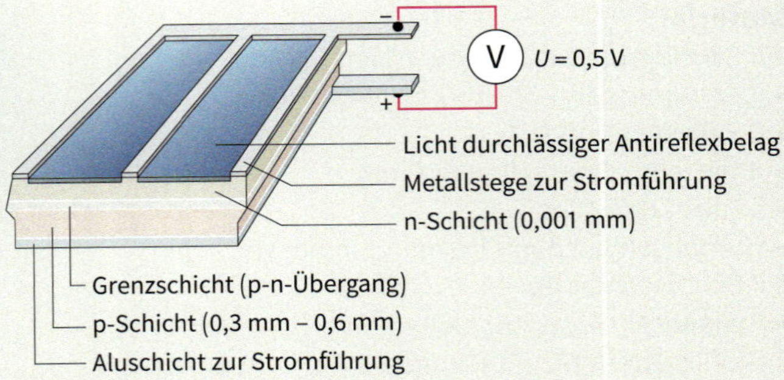

2 Aufbau einer Solarzelle

HINWEIS
Nutze für die Versuche das Licht der Sonne oder das Licht eines Halogenstrahlers.

1. Baue einen Versuch wie in Bild 1 auf. Richte die Solarzelle so aus, dass das Licht senkrecht auftrifft. Miss die Spannung und die Stromstärke und notiere die Werte.

2. Verändere den Einstrahlwinkel des Lichtes zur Solarzelle kontinuierlich, sodass das Licht zunächst senkrecht auftrifft und schließlich parallel zur Oberfläche verläuft. Lies die Messgeräte ab und beschreibe deine Beobachtung.

3. Decke die Fläche der Zelle aus Versuch 1 in Viertelsegmenten mit Pappe ab. Vergleiche die Werte für die Spannung und die Stromstärke mit den Werten aus Versuch 1. Beschreibe deine Feststellung.

Unerschöpfliche Energie

Die Sonne versorgt die Erde ständig mit einer riesen Energiemenge. 1000 kWh pro m^2 im Jahr strahlt sie als Licht und Wärme auf die Erde. Das ist genug Energie um die gesamte Menschheit damit zu versorgen. Die Energie der Sonne kann mit **Solarzellen** für den Menschen nutzbar gemacht werden.
Solarzellen sind wie Fotodioden aufgebaut und wandeln ebenfalls Licht in elektrische Energie um. Die Fotodioden in Bildsensoren sind winzig. Für die Weiterleitung ihrer Signale an eine Elektronik reichen minimale Energiemengen aus. Dagegen sind Solarzellen weit größer und für die Umwandlung von Licht in elektrische Energie optimiert.

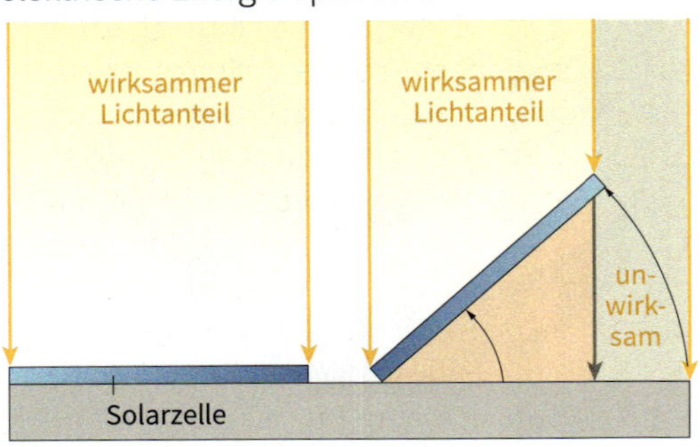

3 Der Einstrahlwinkel ist wichtig.

Der Aufbau einer Solarzelle

Das Verfahren der Umwandlung von Licht in elektrische Energie heißt **Fotovoltaik.** Die Solarzelle ist das zentrale Bauelement. Ihr Hauptbestandteil ist das Halbleitermaterial **Silicium.** Bild 2 zeigt den Aufbau einer Solarzelle. Sie besteht, wie eine Diode, aus einer n-leitenden Schicht und einer p-leitenden Schicht.

Die Kenngrößen einer Solarzelle

Das Licht ist in der Lage, im p-n-Übergang Elektronen aus ihrer Bindung zu den jeweils benachbarten Atomen zu lösen. Sie lagern sich in der oberen Schicht an den Kontaktdrähten an. Es entsteht eine Spannung zwischen der Ober- und der Unterseite der Solarzelle. Sie wird **Leerlaufspannung** genannt und beträgt 0,5 V. Werden die Schichten über einen Leiter verbunden, kommt es zu einem Elektronenstrom im äußeren Stromkreis.

Die maximale Stromstärke, die eine Zelle zulässt, ist die **Kurzschlussstromstärke.** Sie ist, wie die Leerlaufspannung, abhängig von der Intensität der Lichteinstrahlung. Ein weiterer wichtiger Faktor für die Höhe der Stromstärke ist der Winkel des einfallenden Lichtes. Der höchste Wert wird erreicht, wenn das Licht senkrecht auftrifft (Bild 3). Zugleich besteht eine direkt proportionale Abhängigkeit zur Größe der Zellenoberfläche. Leerlaufspannung und Kurzschlussstromstärke sind die **Kenngrößen** einer Solarzelle.

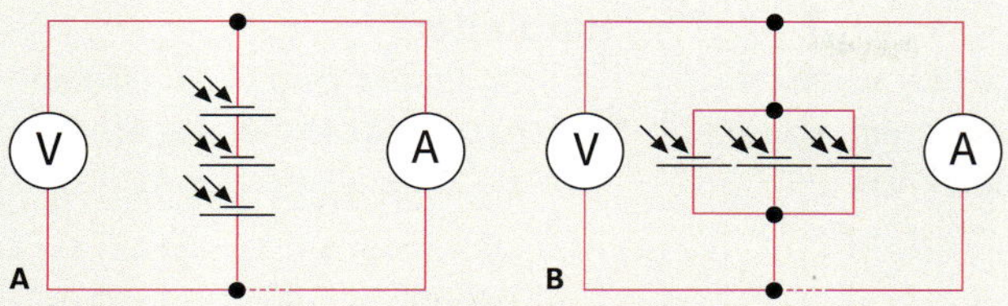

4 A Reihenschaltung, **B** Parallelschaltung

4. ☰ V

Schalte mehrere Solarzellen gleicher Bauart und gleicher Größe in Reihe. Miss nacheinander die Spannung und die Stromstärke. Notiere die Werte.

5. ☰ V

Baue den Aufbau aus Versuch 4 zu einer Parallelschaltung der Zellen um und wiederhole den Versuch.

6. ☰ A

Vergleiche die Ergebnisse aus den Versuchen 4 und 5. Schreibe auf, welche Unterschiede zwischen den beiden Schaltungsarten sich an den Messgeräten zeigen.

Schaltung von Solarzellen

Die Höhe der Spannung einer einzelnen Zelle ist mit 0,5 V vergleichsweise gering. Durch eine Reihenschaltung aus mehreren Zellen kann der Wert schrittweise vervielfacht werden.
Die Stromstärke, die mit Solarzellen im äußeren Stromkreis erreicht werden kann, lässt sich durch eine Parallelschaltung vervielfachen. Es gilt:

Reihenschaltung: $U_{ges} = U_1 + U_2 + U_3 + ...$
Parallelschaltung: $I_{ges} = I_1 + I_2 + I_3 + ...$

U – Leerlaufspannung der Solarzelle
I – Kurzschlussstromstärke der Solarzelle

Du kannst den Aufbau von Solarzellen beschreiben. Du kannst angeben, wie sich die Stromstärke im äußeren Stromkreis und die Spannung jeweils ändern, wenn Solarzellen in Reihe oder parallel geschaltet werden.

Bauarten von Solarzellen ☰

Entwicklung der Solarzelle

Bei der Gesamtversorgung mit elektrischer Energie hat die Nutzung der Fotovoltaik seit dem Jahr 2000 deutlich an Bedeutung gewonnen. Die erste Solarzelle wurde 1873 von dem britischen Ingenieur WILLOUGHBY SMITH (1828–1891) entwickelt. Wegen der geringen elektrischen Spannung, die sie erzeugte, fand sie zunächst keine Anwendung. Erst der Beginn der Weltraumfahrt verlieh ihrer Entwicklung den entscheidenden Schub. Hier ist die Nutzung von Solarenergie besonders attraktiv, da damit zum Beispiel die Energieversorgung von Satelliten sichergestellt werden kann, ohne dass Treibstoff mitgeführt werden muss.

5 Fotovoltaikanlage auf einem Hausdach

Unterschiedliche Wirkungsgrade

In der Technik werden drei grundlegende Bauarten von Solarzellen unterschieden. Für **monokristalline Zellen** wird aus Silicium ein zylinderförmiger Kristall gezogen. Daraus werden sehr dünne Scheiben geschnitten. Monokristalline Zellen sind an ihrer gleichmäßigen Oberfläche zu erkennen. Das Herstellungsverfahren ist aufwendig und teuer. Bei **polykristallinen Zellen** bildet das Silicium viele Kristalle mit unterschiedlicher Größe. **Amorphe Zellen** sind Dünnschichtzellen Bei ihnen wird das Silicium auf eine Glasplatte aufgedampft Diese Zellen sind vergleichsweise günstig in der Herstellung. Von den drei Zellentypen ist die monokristalline Zelle der Energiewandler mit dem höchsten Wirkungsgrad. Danach folgen die polykristalline und die amorphe Zelle.

Basiskonzepte S. 129

Halbleiter im Alltag

Leiter
Ein elektrischer Leiter besitzt frei bewegliche Elektronen, sodass Strom fließen kann.

Nichtleiter
Ein Nichtleiter besitzt keine frei beweglichen Elektronen, sodass kein Strom fließen kann.

Halbleiter
Ein Halbleiter besitzt keine freien Elektronen. Die Dotierung ermöglicht die Leitung von Strom.

n-Dotierung
In einem Siliciumkristall mit jeweils vier Außenelektronen werden Phosphoratome mit jeweils fünf Außenelektronen eingebaut. Dadurch besitzt der Kristall jetzt frei bewegliche Elektronen und wird zum Leiter.

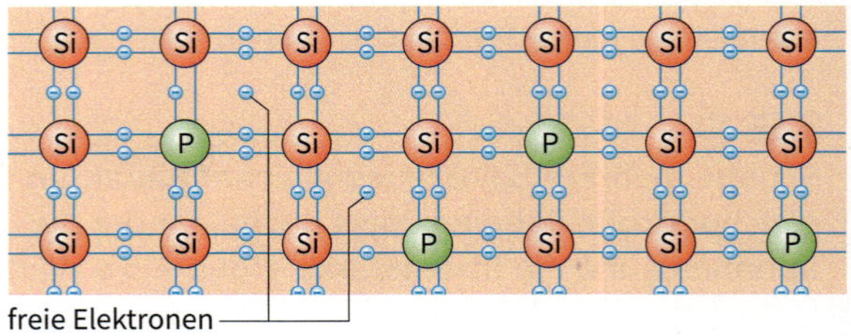

p-Dotierung
In einem Siliciumkristall mit jeweils vier Außenelektronen werden Aluminiumatome mit jeweils drei Außenelektronen eingebaut. Dadurch ist nicht jedes Siliciumatom gebunden. Diese Fehlstelle heißt Loch und wirkt wie eine positive Ladung.

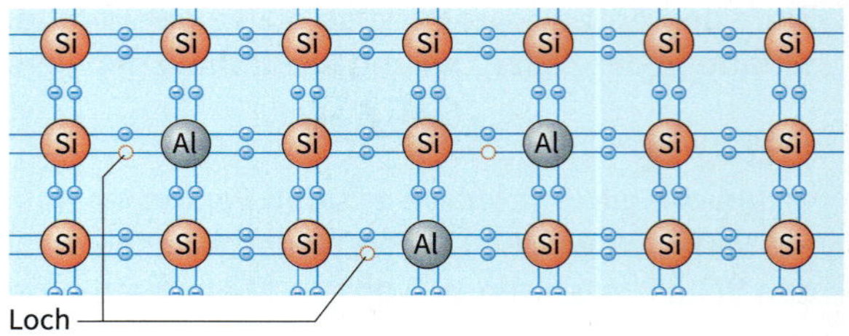

Halbleiterdioden im Stromkreis
Im Wechselstromkreis lässt die Diode den Strom nur in einer Richtung durch. Daher können Dioden als Gleichrichter eingesetzt werden.

Leuchtdioden
Leuchtdioden sind Halbleiterdioden, die in Durchlassrichtung Licht erzeugen Sie wandeln elektrische Energie in Licht um. Die Abkürzung LED steht für "Light Emitting Diode", was auf Deutsch "Licht aussendende Diode" bedeutet.

Lichtsensoren
Je stärker ein Fotowiderstand beleuchtet wird, desto kleiner wird sein Widerstand. Fotodioden leiten hingegen bei stärkerem Lichteinfall immer schlechter. Fotowiderstand und Fotodiode wandeln den Lichteinfall in ein elektrisches Signal.

Wärmesensoren
Fast alle Metalle sind Kaltleiter. Aus ihnen werden PTC-Widerstände gemacht. Halbleiter leiten bei höheren Temperaturen besser. Aus ihnen werden NTC-Widerstände hergestellt. PTC und NTC-Widerstände wandeln die Temperatur in ein elektrisches Signal.

E - Kennlinien
Eine Kennlinie ist die grafische Darstellung der Abhängigkeit zweier physikalischer Größen voneinander. Betrachtest du die beiden Bezugsgrößen Spannung und Stromstärke, so ergibt sich die Spannungs-Stromstärke-Kennlinie eines elektronischen Bauteils.

Solarzelle
Licht kann Elektronen aus einer Bindung mit Atomrümpfen lösen. Bei Solarzellen passiert dies im p-n-Übergang, sodass eine Spannung zwischen den Schichten entsteht. Die Umwandlung der Energie des Lichtes in elektrische Energie wird Fotovoltaik genannt.

Schaltung von Solarzellen
Solarzellen, die in Reihe geschaltet werden, erhöhen die Spannung: $U_{ges} = U_1 + U_2 + U_3 + ...$

Solarzellen, die parallel geschaltet werden, erhöhen die Stromstärke: $I_{ges} = I_1 + I_2 + I_3 + ...$

→ METHODE S. 12/13

Struktur der Materie – **System** – **Wechselwirkung** – **Energie**

Struktur der Materie

1. A
Erkläre, woran es liegt, dass Metalle gute elektrische Leiter sind.

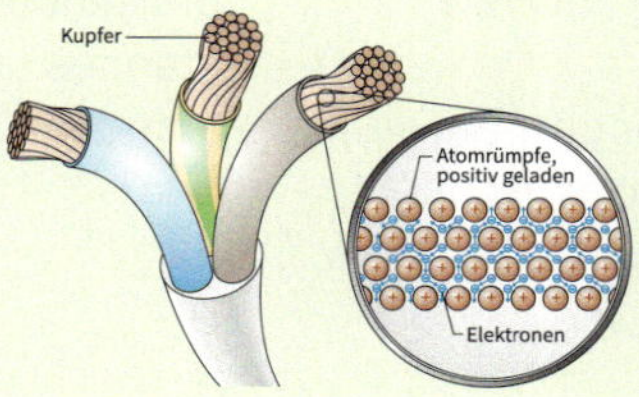

→ S. 111

2. A
Erkläre, wieso sich Ladungen in p-dotiertem Halbleitermaterialien in Gegenrichtung zu den Elektronen bewegen. → S. 112-113

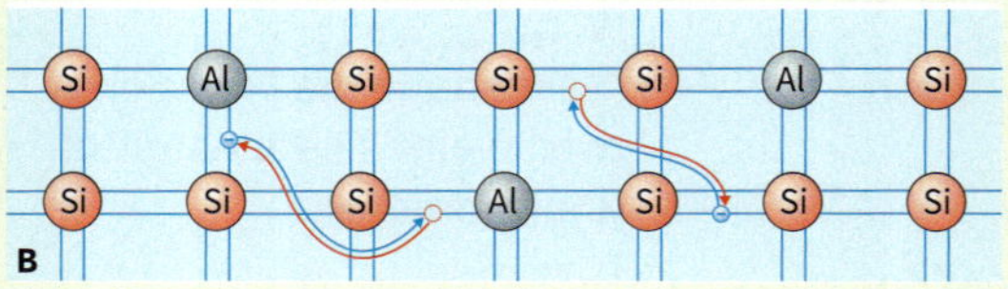

B

System

3. A
Nenne die Stationen, die im System vom Signal bis zur Aktion durchlaufen werden.
→ S. 110, 123

4. A
a) Beschreibe das Problem, das es beim Anschluss einer LED an eine Wechselstromquelle gibt.
b) Erkläre, wie es gelingt, an Nabendynamos Fahrradbeleuchtungen mit LED zu betreiben.
→ S. 114-115

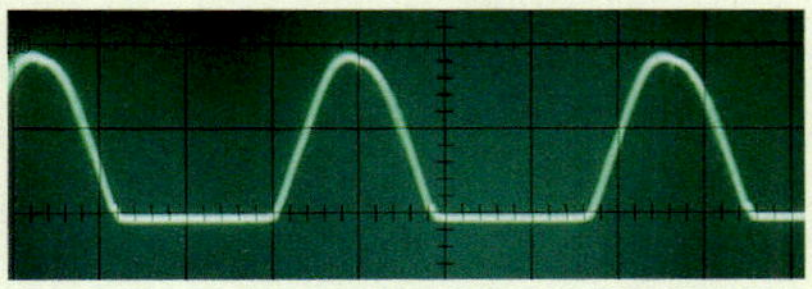

Wechselwirkung

5. A
Begründe, warum das Halbleitermaterial für Wärmesensoren nicht dotiert werden muss.

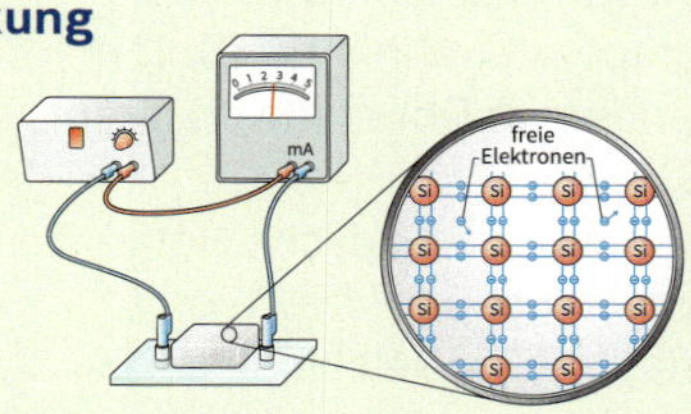

→ S. 117

6. A
Erklläre, welche Art von Daten im Touchscreen bei der Berührung erzeugt werden.
→ S. 122

Energie

7. A
Begründe, welche der beiden Schaltungen beim Zusammenschluss von Solarzellen immer zum Einsatz kommt.

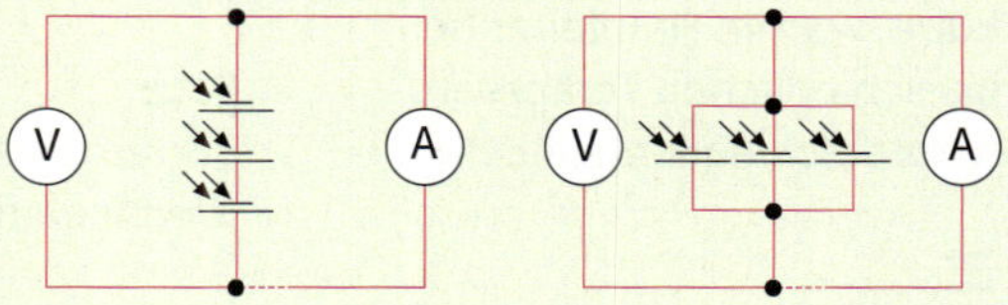

→ S. 126 – 127

8. A
Beschreibe, wie Solarzellen montiert oder gehalten werden müssen, wenn sie möglichst viel Energie umwandeln sollen.
→ S. 126

Halbleiter im Alltag

LERNCHECK

Leiter und Halbleiter

Kannst du schon ...

... erklären, warum Metalle elektrisch leitend sind? (S. 111)
... ein Halbleitermaterial nennen? (S. 111)
... angeben, wie die Leitfähigkeit von Halbleitern von der Temperatur abhängt? (S. 111)
... erklären, warum die Leitfähigkeit von Halbleitern von der Temperatur abhängt? (S. 111)
... den Begriff Dotierung erklären? (S. 112)
... zwei unterschiedliche Dotierungen nennen? (S. 112)
... erläutern, wie elektrische Leitung bei den unterschiedlichen Dotierungen jeweils abläuft? (S. 112)

Zeig, was du kannst!

1. Ⓐ
Erkläre, warum Metalle leiten.

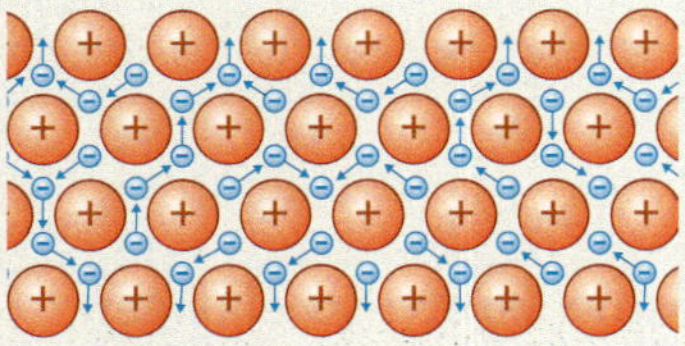

2. Ⓐ
Erkläre, warum Halbleiter bei unterschiedlichen Temperaturen unterschiedlich gut leiten.

3. Ⓐ
a) Beschreibe, was bei der Dotierung von Halbleitermaterial geschieht.
b) Nenne die unterschiedlichen Dotierungsarten und erkläre, wie die elektrische Leitung in unterschiedlich dotierten Materialien abläuft.

Dioden

Kannst du schon ...

... den Aufbau von Halbleiterdioden zeichnen? (S.113)
... das Leitungsverhalten von Dioden im Stromkreis beschreiben? (S. 113)
... die Begriffe Durchlassrichtung und Sperrrichtung erklären? (S. 113)
... erklären, was eine Diode in Durchlassrichtung bewirkt? (S. 114)
... die Schaltbilder für eine Einwege- und eine Zweiwegeschaltung zeichnen? (S. 115)

Zeig, was du kannst!

4. Ⓐ
Zeichne den Aufbau von Halbleiterdioden.

5. Ⓐ
a) Erkläre, welchen Einfluss eine Diode im Stromkreis hat.
b) Erkläre die Begriffe Durchlass- und Sperrrichtung.

6. Ⓐ
Erkläre, was eine Diode im Wechselstromkreis bewirkt.

7. Ⓐ
Zeichne den Schaltplan einer Einweg- und einer Zweiweggleichrichterschaltung.

8. Ⓐ
Beschreibe die Wirkung eines Kondensators bei einem Mehrwegegleichrichter.

Wärmesensoren

Kannst du schon ...

... die Funktionsweise eines Lebensmittelthermometers beschreiben? (S. 117, 121, 123)
... erklären, aus welchen Materialien PTC-Widerstände hergestellt werden? (S. 117)
... erklären, aus welchen Materialien NTC-Widerstände hergestellt werden? (S. 117)
... die Kennlinie eines PTC-Widerstandes und eines NTC-Widerstandes funktional beschreiben? (S. 117)

Zeig, was du kannst!

9. Ⓐ
Beschreibe die Funktionsweise eines Lebensmittelthermometers.

10. Ⓐ
Beschreibe und begründe, aus welchen Materialien ein PTC-Widerstand hergestellt wird.

11. Ⓐ
Begründe die Materialauswahl beim Bau von NTC-Widerständen.

12. Ⓐ
Beschreibe die Kennlinien von NTC- und PTC-Widerständen.

Lichtsensoren

Kannst du schon ...

... die Arbeitsweise von Lichtsensoren erklären? (S. 118, 123)

... beschreiben, wofür sich ein LDR besonders gut eignet? (S. 118)

... Eigenschaften nennen, durch die sich Fotodiode und Fotowiderstand unterscheiden? (S. 118)

... die Kennlinie einer Fotodiode funktional beschreiben? (S. 118)

... die Kennlinie eines Fotowiderstandes funktional beschreiben? (S. 118)

Zeig, was du kannst!

13. ≡ Ⓐ
Erkläre, wie eine Lichtschranke funktioniert.

14. ≡ Ⓐ
Beschreibe, wofür sich ein LDR besonders gut eignet.

15. ≡ Ⓐ
Erläutere, durch welche Eigenschaften sich Fotodiode und Fotowiderstand unterscheiden.

16. ≡ Ⓐ
Beschreibe die Kennlinien einer Fotodiode.

17. ≡ Ⓐ
Beschreibe die Kennlinien eines Fotowiderstandes.

Anwendungen von Halbleiten

Kannst du schon ...

... Anwendungen von Dioden im Alltag nennen? (S. 116)

... Beispiele für Sensoren im Alltag und in der Medizin nennen? (S. 120, 121)

... beschreiben, wie ein Touchscreen aufgebaut ist und funktioniert? (S. 122)

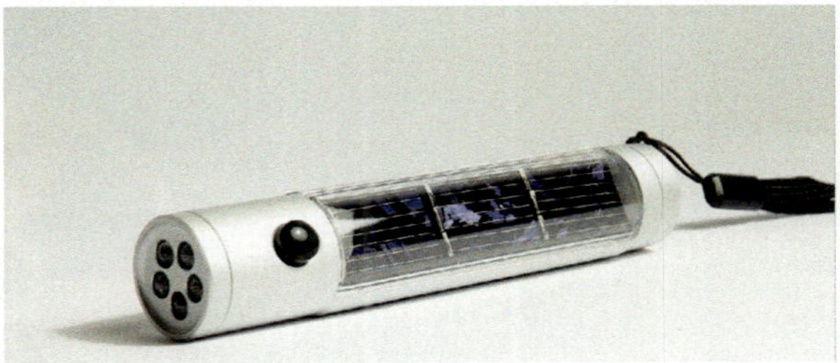

Zeig, was du kannst!

18. ≡ Ⓐ
Nenne verschiedene Anwendungen für LEDs.

19. ≡ Ⓐ
Nenne Beispiele für Sensoren im Alltag.

20. ≡ Ⓐ
Nenne Beispiele für Sensoren in der Medizin.

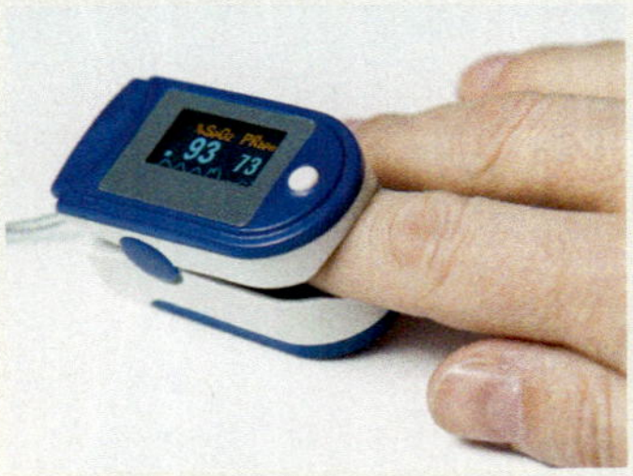

21. ≡ Ⓐ
Beschreibe, wie ein Touchscreen aufgebaut ist und erkläre seine Funktionsweise.

Solarzellen

Kannst du schon ...

... beschreiben, wodurch die Spannung in Solarzellen hervorgerufen wird? (S. 126)

... erklären, warum bei der Nutzung immer mehrere Solarzellen zusammengeschaltet werden? (S. 126 – 127)

... eine Anwendung für Solarzellen nennen? (S. 127)

Zeig, was du kannst!

22. ≡ Ⓐ
Erkläre, wieso an einer Solarzelle eine Spannung messbar ist, wenn Licht auf sie fällt.

23. ≡ Ⓐ
Begründe, warum Solarzellen immer zu mehreren zusammengeschaltet werden.

24. ≡ Ⓐ
Nenne Anwendungen, für die Solarzellen besonders geeignet sind.

Wichtige Begriffe

- Halbleiter, Dotierung
- Durchlass- und Sperrrichtung
- Fotodiode, Fotowiderstand
- Kennlinie
- NTC und PTC-Widerstände
- Touchscreen
- Solarzelle, Fotovoltaik

Radioaktivität und Kernenergie

Was ist ionisierende Strahlung?

Wie wird radioaktiver Abfall entsorgt?

Woher stammt die Energie der Sonne?

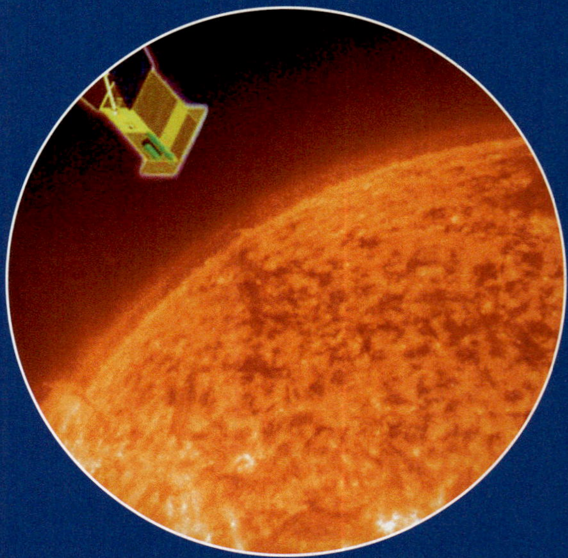

Strahlung durch radioaktive Elemente

1. V

a) Bestimme mit einem Geiger-Müller-Zähler die Anzahl der Impulse in einer vorher festgelegten Zeit, ohne dass sich vor dem Zählrohr etwas befindet. Trage die Zeit und die Anzahl der Impulse in eine Tabelle ein.

b) Berechne die Anzahl der Impulse für 1 min und trage diesen Wert in die 3. Spalte ein.

Messzeit	Impulse	Impulse / 1 min

2. V

Wiederhole Versuch 1 an einem anderen Ort. Erkläre die Messergebnisse.

3. A

Nenne Beispiele, wo Radioaktivität auftritt.

4. A

Nenne die Ursachen für die Umgebungsstrahlung.

5. A

Nenne die Angaben, die die Landkarte in Bild 1 für deinen Wohnort macht.

Die Ursachen der Strahlung

An jedem Ort der Erde kannst du den Einfluss von Strahlung messen. Da diese Strahlung immer und überall vorhanden ist, wird sie **Umgebungsstrahlung** genannt. Für die Umgebungsstrahlung gibt es drei Ursachen: Eine Ursache ist die **terrestrische Strahlung,** die von den natürlichen radioaktiven Stoffen auf der Erde (lat.: terra) selbst kommt. Ihr Ursprung geht auf die Entstehung des Sonnensystems zurück.
Ein zweiter Teil kommt aus dem weit entfernten Weltraum oder von der Sonne zu uns und heißt **kosmische Strahlung.**
Auch von Lebewesen geht Strahlung aus. Diese **Eigenstrahlung** ist auf radioaktive Stoffe zurückzuführen, die Lebewesen zum Beispiel über die Nahrung oder die Luft aufnehmen.

Anzeige von Strahlung

Strahlung kannst du nicht fühlen, nicht hören und nicht sehen. Darum wurden Geräte entwickelt, die diese Strahlung anzeigen. Ein solches Gerät ist der **Geiger-Müller-Zähler.** Er besteht aus einem Zählrohr und einem Zählwerk mit Lautsprecher.

Impulse und Impulsrate

Gelangt Strahlung in das Zählrohr, erzeugt sie dort kleine Stromstöße, die **Impulse.** Diese werden vom Zählwerk gezählt und als Knacken im Lautsprecher hörbar. Die Summe aller Impulse in 1 min heißt **Impulsrate.** Wird radioaktives Material in die Nähe des Zählrohres gebracht, steigt die Impulsrate.

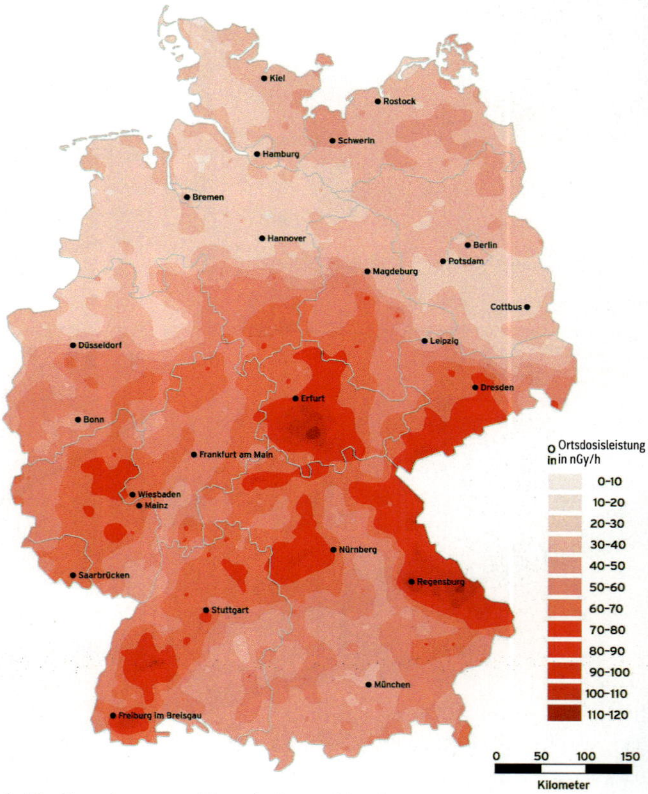

1 Die Umgebungsstrahlung in Deutschland

Die Nullrate

Wenn sich kein zusätzlicher radioaktiver Stoff in der Nähe befindet, misst der Geiger-Müller-Zähler die Umgebungsstrahlung. Die Anzahl der gemessenen Impulse pro Minute heißt **Nullrate.**

Du kannst die Ursachen für Strahlung durch natürliche radioaktive Elemente aufzählen und das Messgeräts nennen.

Die Entdecker der Radioaktivität

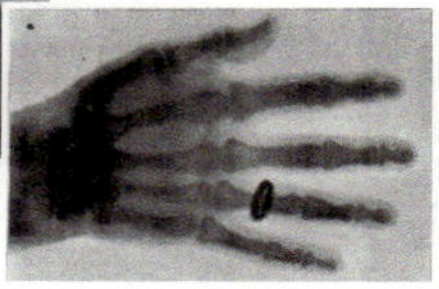

1895 Wilhelm C. Röntgen (1845–1923) entdeckt die X-Strahlen.

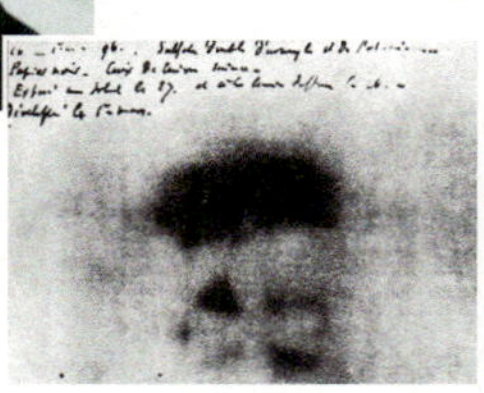

1896 A. Henri Becquerel (1852–1908) beobachtet die Strahlung radioaktiver Elemente.

1898 Marie (1867–1934) und Pierre Curie (1859–1906) entdecken Thorium, Radium und Polonium.

1901 1. Nobelpreis für Physik an Wilhelm C. Röntgen für die Entdeckung der X-Strahlen.

1903 Nobelpreis für Physik an A. Henri Becquerel, Marie und Pierre Curie für die Entdeckung der spontanen Radioaktivität.

1911 Nobelpreis für Chemie an Marie Curie für die Herstellung von Radiumchlorid.

1 Zeitstrahl zur Entdeckung der Radioaktivität

A. Henri Becquerel

Die Radioaktivität wurde von dem französischen Physiker Antoine Henri Becquerel (1852–1908) entdeckt. Im Jahr 1896 untersuchte er uranhaltige Mineralien, die nach der Bestrahlung mit Sonnenlicht im Dunkeln nachleuchten. Er wollte herausfinden, ob das Licht dieses Nachleuchtens so stark ist, dass es auch durch Papier hindurchdringen kann. Becquerel legte dazu die Mineralien auf eine lichtdicht verpackte Fotoplatte und setzte das Ganze einige Stunden der Sonne aus. Nach der Entwicklung der Platte zeichnete sich die Form des Minerals schwach auf der Fotoplatte ab.

Der Zufall kommt zu Hilfe

Als einige Tage die Sonne nicht schien, verschloss er vorbereitete Fotoplatten zusammen mit den Mineralien in einer Schublade. Auf einer dieser Platten lag zufällig ein Stück uranhaltiges Mineral. Erst einige Tage später entwickelte Becquerel diese Platte, ohne sie mit den Mineralien erneut in die Sonne zu legen. Mit großem Erstaunen stellte er fest, dass darauf die Form des Minerals besonders deutlich zu erkennen war, obwohl es im Dunkeln gelegen hatte.
Er deutete die überraschende Entdeckung so, dass vom Uran immer eine Strahlung ausgehen muss, die sogar das schwarze Papier durchdringt. Becquerel hatte durch Zufall die Strahlung radioaktiver Elemente entdeckt.

Wilhelm C. Röntgen

Noch vor Becquerels Experiment hatte Wilhelm Conrad Röntgen (1845–1923) am 08.11.1895 in Würzburg eine neue Art von Strahlen entdeckt. Er nannte sie **X-Strahlen.** Später wurden sie **Röntgenstrahlen** genannt. Sie können undurchsichtige Körper durchdringen. Röntgen erhielt dafür im Jahr 1901 den ersten Nobelpreis für Physik.
Durch diese Entdeckung erweckten die Versuchsergebnisse von Becquerel zunächst wenig Interesse, obwohl die Strahlen aus dem uranhaltigen Mineral ganz ähnliche Eigenschaften hatten wie die Röntgenstrahlen.

Pierre und Marie Curie

Angeregt durch Becquerels Experimente untersuchte die Physikerin Marie Curie (1867 – 1934) im Rahmen ihrer Doktorarbeit von 1898 an die uranhaltigen Mineralien genauer. Unterstützt von ihrem Mann, dem Physiker Pierre Curie (1859 – 1906), entdeckte sie darin ein sehr stark strahlendes Element. Sie nannte es **Radium,** das Strahlende. Für das Auftreten der Strahlung schlug sie die Bezeichnung **Radioaktivität** vor. Zusammen mit Becquerel erhielt das Ehepaar Curie im Jahr 1903 für die Entdeckung der Radioaktivität den Nobelpreis für Physik. 1911 erhielt Marie Curie den Nobelpreis für Chemie. Nach dem 1. Weltkrieg setzte sie ihre Forschung mit ihrer Tochter Irène Joliot-Curie (1897–1956) fort. Die Nobelpreis-Vergabe im Jahr 1935 an Irène erlebte Marie Curie nicht mehr. Im Juli 1934 starb sie an Leukämie, eine Folge der Strahlung der radioaktiven Elementen, denen sie bei ihrer Arbeit ausgesetzt gewesen war.

STREIFZUG

Aktivität radioaktiver Elemente

1.
a) Bestimme die Nullrate.
b) Halte einen nicht aufgeblasenen Luftballon im Abstand von 1 cm vor ein Zählrohr, bestimme die Impulsrate und trage den Messwert in die Tabelle ein.
c) Bestimme die Aktivität aus der gemessenen Impulsrate.

Gegenstand	Abstand zum Zählrohr	$\frac{\text{Impulse}}{\text{1 min}}$
Nullrate	–	
neuer Luftballon	1 cm	
geladener Luftballon	1 cm	

2.
a) Blase den Luftballon aus Versuch 1 auf und lade ihn durch Reibung elektrisch auf. Hänge ihn für 10 min an einem Stativ so auf, dass er sich nicht entladen kann.
b) Lass die Luft aus dem Ballon entweichen und halte ihn im Abstand von 1 cm vor das Zählrohr. Bestimme die Impulsrate und trage den Messwert in die Tabelle ein. Vergleiche den Wert mit dem Wert der Impulsrate aus Versuch 1.

3.
a) Wiederhole Versuch 2 wobei du diesmal den Abstand des Luftballons zum Zählrohr in Schritten von 1 cm vergrößerst.
b) Wiederhole Versuch 2 mit einem nur halb aufgeblasenen Luftballon.
c) Beschreibe deine Feststellungen aus Teilaufgabe b und c.

Spontane Strahlung radioaktiver Elemente

In Atomkernen wirken starke Kräfte, die den Kern zusammenhalten. Es gibt jedoch auch Atome, deren Kerne nicht stabil sind. Diese können sich ohne äußere Einwirkungen spontan in die Atomkerne anderer Elemente umwandeln. Dabei senden sie Strahlung aus. Stoffe, die aus solchen Atomen bestehen, heißen **radioaktiv.** Atome, deren Kerne instabil sind, werden **Radionuklide** (lat. Radius: Strahl) genannt. Sie kommen in der Natur vor, können aber auch künstlich erzeugt werden.

BEACHTE
Bei der Bestimmung der Aktivität eines Stoffes muss stets die Nullrate berücksichtigt werden. Sie muss von der gemessenen Impulsrate subtrahiert werden.

Die Aktivität radioaktiver Stoffe

Um die Stärke der Strahlung, die von den verschiedenen Elementen ausgeht, vergleichen zu können, wird die **Aktivität** jedes Stoffes festgestellt. Das ist die Anzahl der Kernumwandlungen in einer Sekunde. Sie wird in der Einheit **Becquerel** (Bq) angegeben. Wird 1 Impuls in 1 s gemessen, so beträgt die Aktivität des untersuchten Stoffes 1 Becquerel (1 Bq). Diese Einheit wurde nach dem Entdecker der Strahlung radioaktiver Elemente benannt.

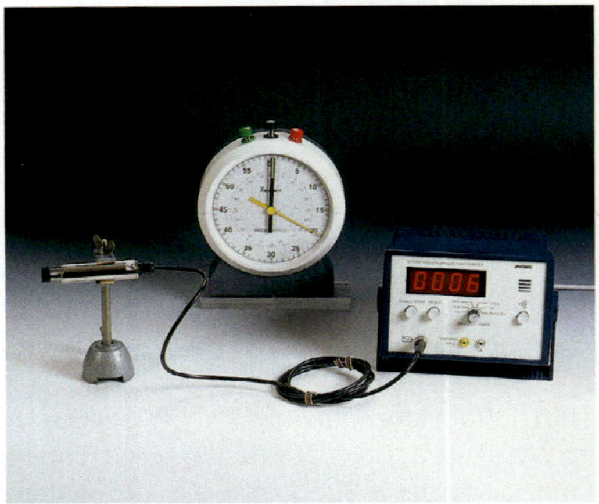

1 Messung der Nullrate

Aktivität einer radioaktiven Probe

Mithilfe der Aktivität lässt sich bestimmen, wie viele Atome eines Radionuklids pro Sekunde zerfallen. Dabei muss angegeben werden, um welches Nuklid es sich handelt und auf welche Masse sich der Wert bezieht. Beispiel: Eine Probe von 1 kg Milch enthält 300 Bq Jod131. Die Angabe lautet dann kurz: 300 $\frac{\text{Bq}}{\text{kg}}$ Jod131.

$$\text{Aktivität} = \frac{\text{Anzahl der Kernumwandlungen}}{\text{Messzeit in s}}$$

$$1\,\text{Bq} = \frac{1\,\text{Kernumwandlung}}{1\,\text{s}}$$

Du kannst einen Versuch zur Ermittlung der Nullrate durchführen und mithilfe der Formel die Aktivität bestimmen.

Ionisierende Strahlung und ihr Nachweis

1. (V) Demonstrationsversuch
a) An die Metallplatte und den Metallstift aus Bild 1 wird eine Hochspannung von 6 kV angelegt. Der Abstand der beiden Elektroden beträgt 3 cm.
b) Stift und Platte werden weiter auseinandergezogen.
c) Auf den Zwischenraum wird ein radioaktiver Strahler gerichtet.

2. ≡ (A)
Beschreibe deine Beobachtungen aus Versuch 1.

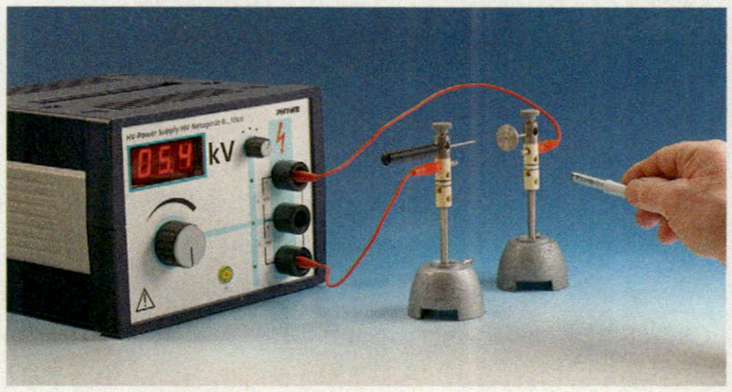

1 Ionisierte Luft leitet.

3. ≡ (A)
Strahlung radioaktiver Elemente ist ionisierende Strahlung. Erkläre diesen Satz mit den Ergebnissen aus Versuch 1.

4. ≡ (A)
a) Nenne die Einzelteile eines Geiger-Müller-Zählers.
b) Gib an, welcher Teil die ionisierende Strahlung registriert.
c) Beschreibe die Funktionsweise des Zählrohrs eines Geiger-Müller-Zählers.

Die Funkenstrecke

Wenn an eine Metallplatte und einen Metallstift, die eng beieinander stehen, eine sehr hohe Spannung angelegt wird, siehst du eine Folge von hellen Funken. Diese entstehen, weil die Luft zwischen diesen beiden Elektroden zum Leuchten gebracht wird. Die Funkenbildung hört jedoch auf, wenn Stift und Platte etwas weiter auseinandergezogen werden. Erstaunlicherweise entstehen aber wieder Funken, wenn ein radioaktiver Strahler unter den Zwischenraum von Stift und Platte gehalten wird. Die radioaktive Strahlung muss also die Eigenschaften der Luft verändern.

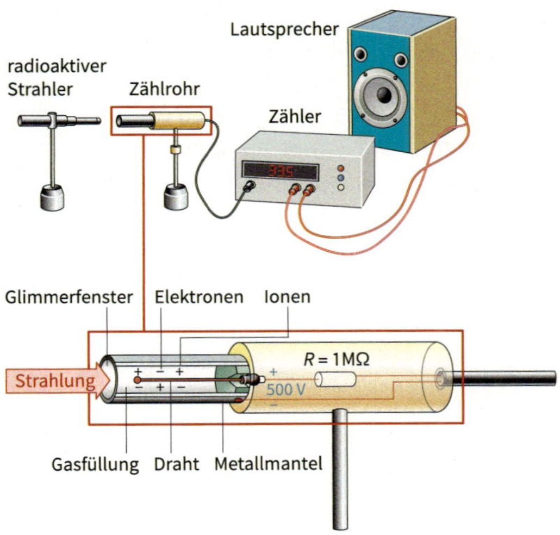

2 Das Geiger-Müller-Zählrohr

Ionisation

Radioaktive Strahlung, die auf Gasmoleküle trifft und dabei Elektronen aus den Atomhüllen herausschlagen kann, heißt **ionisierende Strahlung.** Dabei entstehen positiv geladene **Ionen** und **freie Elektronen.** Die Elektronen stoßen nun an weitere Gasmoleküle und erzeugen so noch mehr Ionen und Elektronen. Die Luft wird **ionisiert** und dadurch elektrisch leitend. Es entsteht eine **Ionenlawine**. Du siehst die Funken. Die positiv geladenen Ionen bewegen sich zur negativen Elektrode (Kathode), die Elektronen zur positiven Elektrode (Anode).

Das Geiger-Müller-Zählrohr

Das **Geiger-Müller-Zählrohr** (Bild 2) ist ein Nachweisgerät für ionisierende Strahlung. In einem luftdicht verschlossenen Rohr befindet sich ein Gas unter geringem Druck. Durch das Rohr verläuft ein dünner Draht, die **Anode.**
Zwischen Anode und der Außenhülle, der **Kathode,** besteht eine Gleichspannung von 500 V. Dringt durch das **Glimmerfenster** des Rohres radioaktive Strahlung ein, so werden die Gasmoleküle ionisiert. Die entstandenen freien Elektronen werden von der Anode angezogen. Auf ihrem Weg erzeugen sie weitere Ionen und Elektronen. Es entsteht eine **Elektronenlawine.** Diese entlädt den Draht und erzeugt so einen kurzen Stromstoß im äußeren Stromkreis. Jeder Stromstoß wird im Zähler elektronisch gezählt. Ein Verstärker erzeugt im Lautsprecher ein Knacken. In modernen Messgeräten bilden Zählrohr, Zähler und Anzeige eine kompakte transportable Einheit.

Du kannst den Begriff ionisierende Strahlung erläutern sowie Aufbau und Funktion des Geiger-Müller-Zählrohres beschreiben.

Basiskonzepte S. 163

Der Aufbau der Atome

1.
Nenne die Anzahl der Protonen, Neutronen und Elektronen der Isotope H1, H2, C12, C14, N14, U235 und U238.

2.
Nenne das Verhältnis, in dem Isotope des Wasserstoffs in der Natur vorkommen.

3.
Erkläre den Begriff schweres Wasser.

4.
a) In der Nuklidkarte auf der nächsten Seite findest du 4 Isotope des Elementes Helium in Kurzschreibweise. Gib für diese Isotope Massen-, Protonen- und Neutronenzahl an.
b) Schreibe diese Isotope in Symbolschreibweise.

5.
a) Gib für die Isotope des Lithiums in der Nuklidkarte Protonen- und Neutronenzahl an.
b) Stelle ihre Häufigkeitsverteilung in einem Kreisdiagramm dar.

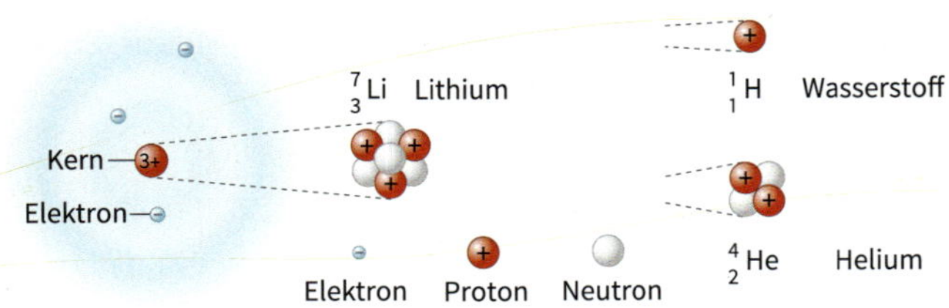

1 Aufbau von Atomen aus Atombausteinen

Nukleonen und Kernkräfte

Jeder Atomkern besteht aus den positiv geladenen Protonen und den elektrisch neutralen Neutronen. Diese Teilchen werden als Kernteilchen oder **Nukleonen** (lat.: nucleus, Kern) bezeichnet. Atomkerne verschiedener Stoffe unterscheiden sich durch die Anzahl ihrer Protonen (Bild 1). Die Protonen im Atomkern werden gegen ihre elektrische Abstoßung durch die **Kernkräfte** zusammengehalten.

Elementarladung

Die Atomhülle wird von negativ geladenen Elektronen gebildet, deren Anzahl jeweils genau so groß ist wie die der Protonen im Atomkern. Die Ladung eines Protons oder eines Elektrons wird **Elementarladung** genannt. Sie ist die kleinste elektrische Ladung, die in der Natur vorkommt.

Atomare Masseneinheit

Die Massenzahlen der Teilchen werden meist als Vielfache der **atomaren Masseneinheit *u*** angegeben. Sie beträgt $u = 1{,}66 \cdot 10^{-27}$ kg. Sowohl Protonen als auch Neutronen besitzen nahezu die gleiche Masse von etwa 1*u*. Die Masse eines Elektrons beträgt dagegen nur etwa $\frac{1}{2000}u$.

Atombaustein	Schreibweise	Masse
Elektron e^-	$^{0}_{-1}e$	$\approx \frac{1}{2000}u$
Proton p	$^{1}_{1}p$	$\approx 1u$
Neutron n	$^{1}_{0}n$	$\approx 1u$

2 Atombausteine und ihre Masse

Grundbegriffe

Die Anzahl der Protonen im Kern eines Atoms ist die **Kernladungszahl Z,** die auch **Ordnungszahl** oder **Protonenzahl** genannt wird. Durch sie wird das Element eindeutig festgelegt. So ist ein Atom mit 3 Protonen im Kern immer ein Lithium-Atom. Die Kernladungszahl entspricht im Atom gleichzeitig der Elektronenzahl.

Die Summe aus der Anzahl der Protonen Z und der Anzahl der Neutronen N ergibt die **Massenzahl A** des Kerns:

$$A = Z + N$$

Schreibweisen

Die Massenzahl wird bei der **Kurzschreibweise** eines Kerns verwendet. So hat das Lithium-Atom 3 Protonen und 4 Neutronen. Die Massenzahl beträgt also A = 3 + 4 = 7 und die Kurzschreibweise lautet Li7.

Ein Atomkern X mit der Massenzahl A und der Kernladungszahl Z wird auch in der **Symbolschreibweise** dargestellt. Für Lithium ergibt sich $^7_3$Li oder allgemein:

$$^A_ZX$$

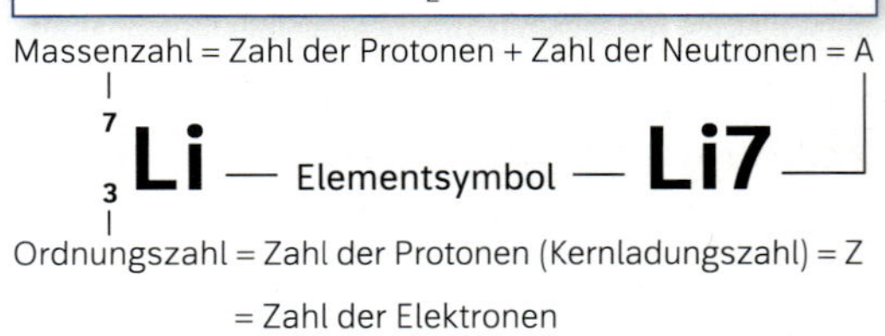

3 Symbolschreibweise und Kurzschreibweise

Größe von Atomen

Der Durchmesser eines Atoms ist etwa 100 000-mal größer als der seines Kerns. Vergrößerst du in deinen Gedanken den Durchmesser eines Atomkerns auf einen Milimeter, so wüchse der Durchmesser des Atoms zu der Größe einer Kathedrale (Bild 4).
Da die Masse der Protonen und Neutronen 2000-mal größer ist als die der Elektronen, befindet sich nahezu die gesamte Masse des Atoms im Kern.

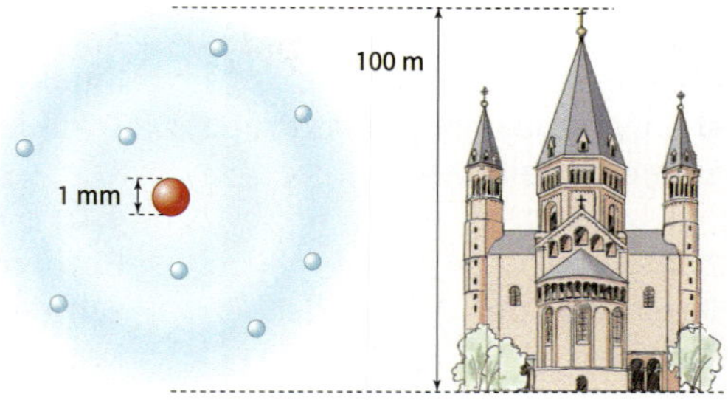

4 Größenverhältnisse im Atom

Isotope eines Elementes

Atomkerne eines Elementes können bei gleicher Protonenzahl unterschiedlich viele Neutronen besitzen. Alle Atome des Elementes reagieren chemisch auf die gleiche Weise. Atomkerne mit abweichender Neutronenzahl besitzen jedoch unterschiedliche physikalische Eigenschaften, zum Beispiel andere Massen. So gibt es Wasserstoffatome mit 0, 1 oder 2 Neutronen. Sie haben sogar verschiedene Namen (Bild 5). Atome eines Elementes, die sich nur in ihrer Neutronenzahl unterscheiden, heißen **Isotope.** Um sie in der Schreibweise auseinanderhalten zu können, wird wie in Bild 5 neben dem Elementsymbol die Zahl der Nukleonen angegeben. H3 ist das Wasserstoffisotop Tritium, das aus 1 Proton und 2 Neutronen, also 3 Nukleonen besteht.

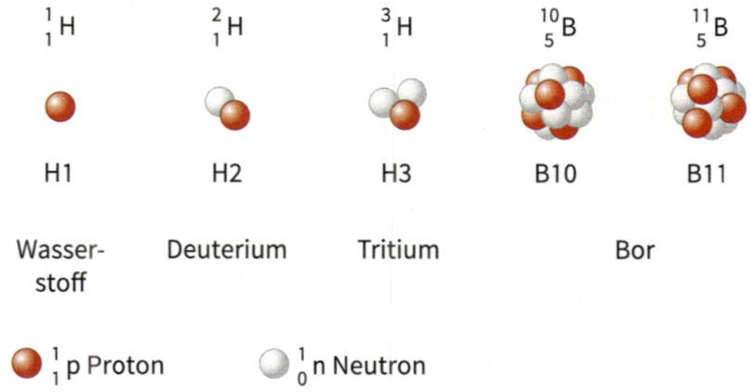

5 Isotope des Wasserstoff- und des Bor-Atoms

Nuklide und ihre Karte

Die verschiedenen Atomkerne eines Elementes werden auch als **Nuklide** bezeichnet und in einer **Nuklidkarte** zusammengefasst.

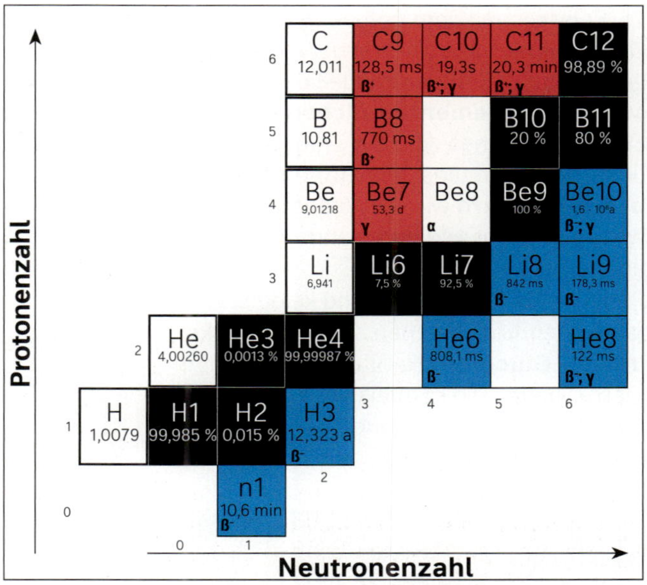

6 Ausschnitt aus der Nuklidkarte

Aufbau der Nuklidkarte

In der Karte (Bild 6) sind die Isotope eines Elementes waagerecht in einer Zeile nebeneinander aufgeführt. Sie haben alle die gleiche Protonenzahl, jedoch eine unterschiedliche Anzahl von Neutronen. Deshalb sind die Isotope eines Elementes parallel zur Rechtsachse der Nuklidkarte angeordnet.
Für das Element Kohlenstoff mit 6 Protonen findest du vier Isotope mit Massenzahlen von 9 bis 12. Die Kerne besitzen 3 bis 6 Neutronen.
Ist die Anzahl der Protonen unterschiedlich, handelt es sich auch um unterschiedliche chemische Elemente. Bor hat 5 Protonen und Kohlenstoff hat 6 Protonen.

Du kannst die Atombausteine charakterisieren und mithilfe der Nuklidkarte die Anzahl der Atombausteine eines Elementes und seiner Isotope bestimmen.

Basiskonzepte S. 163

Der Aufbau der Nukleonen

1. ≡ A
Erkläre den Begriff Atombaustein. Nenne mindestens drei Elementarteilchen.

2. ≡ A
Beschreibe den Aufbau der Protonen.

3. ≡ A
Erläutere den Begriff „elektrische Teilladung".

4. ≡ Q
Recherchiere die Forschungsschwerpunkte des europäischen Kernforschungszentrums CERN.

5. ≡ Q
Stelle die Größenverhältnisse von der makroskopischen Welt bis hin zu den Elementarteilchen in einer Übersicht dar.

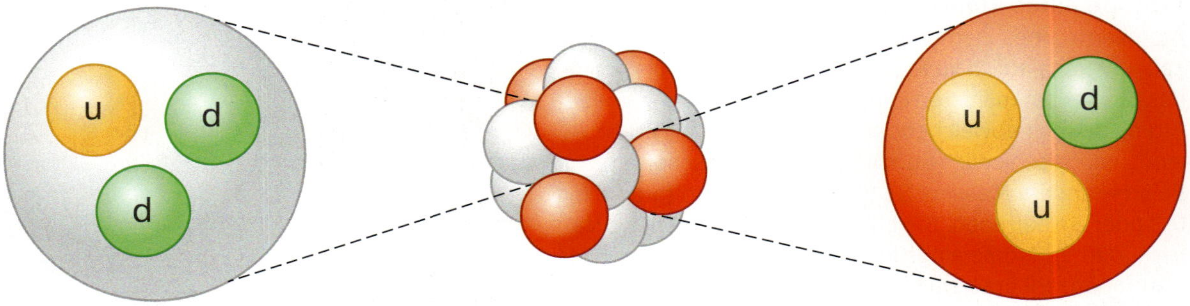

1 Neutronen und Protonen bestehen aus up- und down-Quarks.

Elementarteilchen

Die Menschheit beschäftigt sich seit über 2500 Jahren mit dem Aufbau der Materie. Dazu wurden viele verschiedene Modelle gefunden. Im Standardmodell der Physik ist Materie aus **Elementarteilchen** aufgebaut. Elementarteilchen sind die Grundbausteine unseres Universums. Mithilfe von **Teilchenbeschleunigern** wird der Aufbau der Materie weiter erforscht und das Standardmodell überprüft.
Protonen und Neutronen sind keine Elementarteilchen. Sie bestehen aus drei **Quarks** und aus **Gluonen**. Die Gluonen (engl. glue = Kleber) halten die Kernteilchen fest zusammen. Quarks, Gluonen und Elektronen sind Elementarteilchen.

2 Ein Teilchenbeschleuniger am Europäischen Kernforschungszentrum CERN in Genf

Elektrische Ladung der Elementarteilchen

Protonen haben eine einfache positive Elementarladung, Neutronen sind elektrisch neutral. Beide bestehen aus **up-Quarks** und **down-Quarks**, die eine elektrische Teilladung tragen. Gluonen haben keine elektrische Ladung. Sie sind elektrisch neutral.
Das up-Quark trägt eine 2/3 positive Elementarladung. Das down-Quark trägt eine 1/3 negative Elementarladung. Bei richtiger Zusammensetzung ergibt sich aus den Teilladungen der Quarks ein positiv geladenes Proton oder ein elektrisch neutrales Neutron.

Teilchen	Ladung (e)
up-Quark	2/3
up-Quark	2/3
down-Quark	-1/3
Proton	1

Teilchen	Ladung (e)
up-Quark	2/3
down-Quark	-1/3
down-Quark	-1/3
Neutron	0

Quarks kommen in der Natur nicht einzeln vor, sondern nur zu zweit oder zu dritt. Diese Eigenschaft wird mit dem englischen Begriff **Confinement** bezeichnet.

Du kannst die Struktur der Materie beschreiben. Du kannst den Aufbau eines Atomkerns erläutern.

Geräte zur Anzeige ionisierender Strahlung

Nebelkammer

Im Inneren einer Plexiglaskammer befindet sich eine angefeuchtete Schicht. Die Luft in der Kammer ist dadurch mit Wasserdampf gesättigt. In den Boden der **Nebelkammer** wird ein radioaktiver Strahler eingeschraubt. In der Kammer wird mittels eines Gummiballs, der zusammengedrückt wird, bei gleich bleibender Temperatur ein Überdruck erzeugt. Anschließend wird der Ball schnell entspannt. Durch diese plötzliche Absenkung des Drucks wird die Temperatur erniedrigt. In der Kammer werden die radioaktiven Strahlen als Nebelspuren sichtbar.

1. ≡ Ⓐ
Damit Wasserdampf zu Nebeltröpfchen kondensiert, sind Teilchen notwendig. Erkläre, woran der Wasserdampf in der Nebelkammer kondensiert.

Spinthariskop

Auf dem Bild sind die wesentlichen Bauteile eines **Spinthariskops** zu erkennen. Mit der Lupe wird eine Zink-Sulfid-Schicht betrachtet. In die Halterung wird ein Radiumstrahler eingeschraubt. Bei völliger Dunkelheit sind Lichtblitze auf der Schicht zu beobachten. Die vom Radium ausgehende ionisierende Strahlung lässt das Zinksulfid aufleuchten.

Elektroskop

Wenn ein radioaktiver Strahler auf die geladene Platte eines **Elektroskops** gerichtet wird, geht der Zeiger sofort zurück. Die Strahlung radioaktiver Elemente ionisiert die Luft vor dem Elektroskop. Eine positiv geladene Platte wird durch die freien Elektronen neutralisiert, eine negativ geladenen Platte durch die positiven Ionen. Das Elektroskop wird entladen und zeigt somit ionisierende Strahlung an.

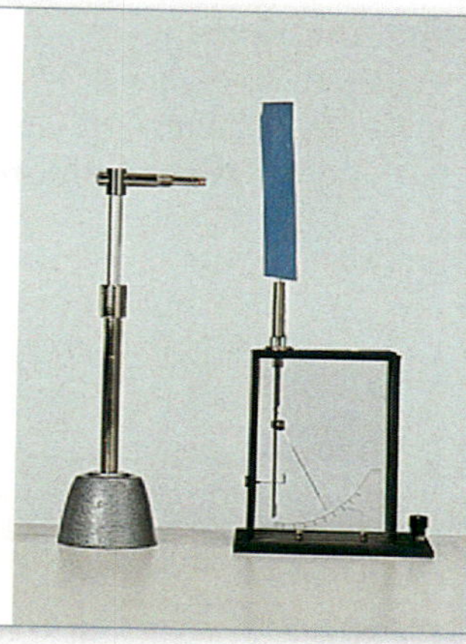

2. ≡ Ⓠ
Erkläre die Funktionsweise eines Stabdosimeters.

Filmdosimeter

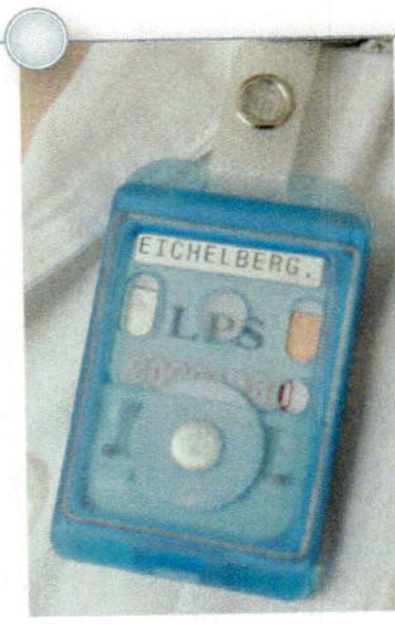

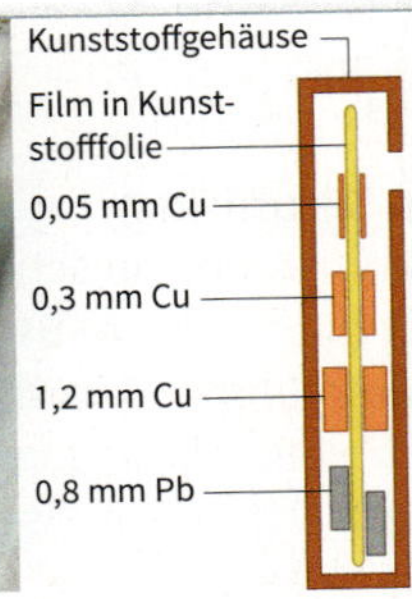

Ionisierende Strahlung kann einen unbelichteten Film schwärzen. Diese Eigenschaft wird genutzt, um die Strahlenbelastung von Menschen zu messen. Der Schwärzungsgrad des Films ist dabei ein Maß für die Strahlungsmenge oder Dosis, der die Person ausgesetzt war.
Das **Filmdosimeter** besteht meistens aus einem Kunststoffgehäuse in Form einer Plakette. Es wird an der Kleidung getragen. Im Dosimeter ist ein Film lichtdicht eingepackt. Auf dem Film liegen verschieden dicke Kupfer- oder Bleiplatten, die die Strahlung unterschiedlich abschirmen. Zur Bestimmung der Strahlenbelastung wird der Film entwickelt.

Basiskonzepte S. 163

Es gibt unterschiedliche Strahlungen

1.
Gib an, woraus
a) ein α-Teilchen
b) ein β-Teilchen besteht.

2.
Schreibe die Kernreaktionsgleichung für einen α-Zerfall von Plutonium239 auf. Benenne das neu entstandene Element.

3.
Stelle die Kernreaktionsgleichung für einen β-Zerfall von Sauerstoff24 auf. Gib an, wie sich die Kernladungszahl verändert.

4.
Nenne die Zerfallsgleichung für eine γ-Strahlung von Xenon137.

5.
Erläutere den radioaktiven Zerfall, wenn aus Curium242 das Isotop Plutonium238 geworden ist.

Der radioaktive Zerfall
Viele Isotope können sich spontan umwandeln und dabei ionisierende Strahlung aussenden. Dieser Vorgang heißt **radioaktiver Zerfall.**

Teilchenstrahlung
Bei einigen radioaktiven Zerfällen werden aus dem Atomkern Teilchen spontan herausgeschleudert. Diese Zerfallsarten sind **Teilchenstrahlungen.**

Energiestrahlung
Zu fast jeder Teilchenstrahlung gibt es auch Strahlungsarten von grundsätzlich anderer Art. Es verlassen keine Teilchen den Kern, sondern Energieportionen, die auch **Quanten** genannt werden. Durch sie nimmt der Energieinhalt des Atomkerns ab. Es handelt sich hierbei um eine reine **Energiestrahlung,** die mit den Eigenschaften des Lichtes vergleichbar ist.

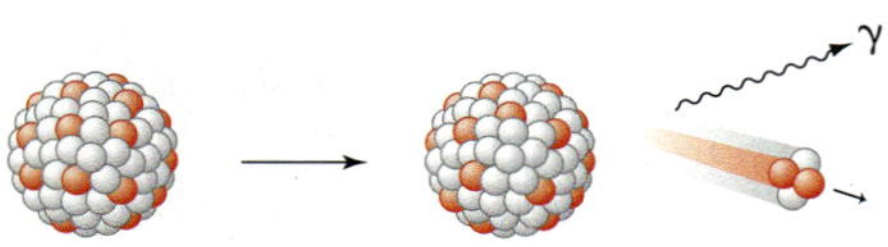

$^{222}_{86}Rn \xrightarrow[-2]{-4} {}^{218}_{84}Po + {}^{4}_{2}He + \gamma$

α-Strahlung
Atomkerne von schweren Elementen zerfallen oft durch eine **α-Strahlung** (sprich: Alpha-Strahlung). So wird beim Zerfall von Radon ein Heliumkern aus dem Atomkern geschleudert. Dieser Kern ist das **α-Teilchen.**
Die Massenzahl wird bei diesem Vorgang um 4 geringer, weil zwei Neutronen und zwei Protonen den Kern verlassen. Dieser Vorgang heißt **α-Zerfall.** Die Kernladungszahl wird um 2 kleiner, weil zwei Protonen den Kern verlassen.
Die Anzahl der Protonen bestimmt, um welches chemische Element es sich handelt. Das neu entstandene Element mit der Kernladungszahl 84 heißt Polonium (Po).

$^{1}_{0}n \rightarrow {}^{1}_{1}p + {}^{0}_{-1}e$

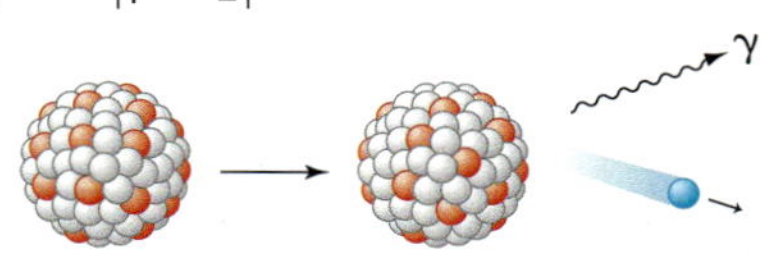

$^{12}_{4}Be \xrightarrow[+1]{} {}^{12}_{5}B + {}^{0}_{-1}e + \gamma$

β-Strahlung
Bei der **β-Strahlung** (sprich: Beta-Strahlung) zerfällt im Atomkern ein Neutron in ein Proton und ein Elektron. Dieses Elektron ist das **β-Teilchen.**
Wenn beispielsweise Beryllium (Be) zerfällt, wird die Kernladungszahl um 1 größer. Die Massenzahl verändert sich nicht, weil die Summe aus Protonen und Neutronen gleich bleibt. Das Elektron verlässt den Atomkern als β-Strahlung. Dieser Vorgang heißt **β-Zerfall.** Das neu entstandene Element mit der Kernladungszahl 5 heißt Bor (B).

γ-Strahlung
Bei der **γ-Strahlung** (sprich: Gamma-Strahlung) verändern sich Kernladungszahl, und Massenzahl nicht. Der Atomkern strahlt eine Energieportion ab und wird dadurch energieärmer. Die γ-Strahlung ist eine **Energiestrahlung,** die bei fast jeder Teilchenstrahlung auftritt.

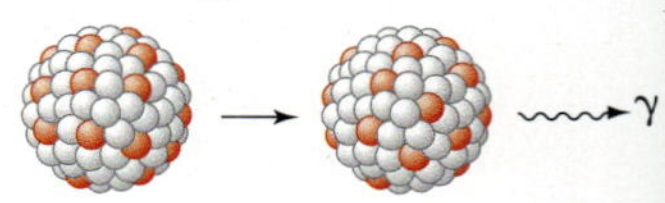

$^{137}_{56}Ba \rightarrow {}^{137}_{56}Ba + \gamma$

Du kannst die Teilchenstrahlungen von der Energiestrahlung unterscheiden.

Basiskonzepte S. 163

Eigenschaften ionisierender Strahlung

1.
Informiere dich, welche Dicke jeweils eine Blei- oder Betonplatte besitzen muss, wenn sie 90 % der γ-Strahlung absorbieren soll.

2.
Recherchiere, worin sich Reichweite und Durchdringungsfähigkeit der Strahlungsarten unterscheiden.

3.
Lege eine Tabelle an, in die du alle Strahlungsarten einträgst und ihnen jeweils mithilfe des Textes ihre Eigenschaften zuordnest.

4.
Erkläre an einem Beispiel: Die Reichweite von α-, β-, γ-Strahlung verhält sich wie: 1 : 100 : 10 000.

Eigenschaften der α-Strahlung

Die Teilchen der α-Strahlung sind verglichen mit β-Teilchen sehr groß. Sie können intakte Haut nicht durchdringen. In Schleimhäute dringen sie jedoch ein. Werden sie **inkorporiert,** also durch die Atem- oder Verdauungswege in den Körper aufgenommen, richten sie dort großen Schaden an. Im elektrischen Feld werden sie wegen ihrer zweifach positiven Ladung zum Minuspol hin gelenkt. In einem Magnetfeld werden sie aufgrund ihrer großen Masse nur wenig abgelenkt. Die α-Teilchen werden bereits durch wenige Blätter Papier absorbiert. Deshalb lässt sich α-Strahlung schon durch Pappe abschirmen. Die Austrittsgeschwindigkeit der Teilchen in Luft beträgt ungefähr 15 000 $\frac{km}{s}$. Sie haben in Luft eine Reichweite von 4 cm bis 6 cm.

Eigenschaften der β-Strahlung

Ein Elektron hat nur etwa $\frac{1}{2000}$ der Masse eines Protons. Weil Elektronen so klein sind, durchdringen sie die Haut des Menschen und verursachen Verbrennungen oder Hautkrebs. Im Körper richten sie nicht so große Schäden an wie α-Teilchen. Da β-Teilchen negativ geladene Elektronen sind, werden sie im elektrischen Feld vom Pluspol angezogen. Im Magnetfeld werden sie wegen der geringen Masse stärker abgelenkt als α-Teilchen.
Aluminium kann β-Strahlung absorbieren. Eine Aluminiumplatte von 1 mm Dicke ist zur Abschirmung ausreichend. Die Geschwindigkeit eines β-Teilchens kann sehr variieren und sogar fast Lichtgeschwindigkeit erreichen. Die Reichweite der β-Strahlung beträgt in Luft mehrere Meter.

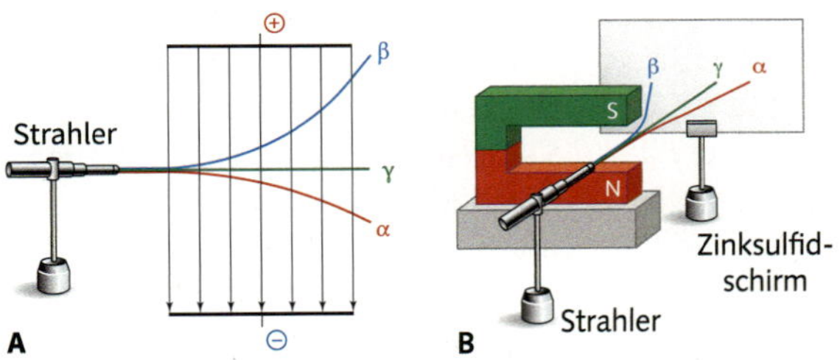

1 Ablenkung: **A** im elektrischen Feld, **B** im magnetischen Feld

Eigenschaften der γ-Strahlung

γ-Strahlung erfährt im elektrischen und magnetischen Feld keine Ablenkung.
Im Körper von Lebewesen bewirkt die γ-Strahlung das Aufbrechen von chemischen Bindungen. Dies kann zu körperlichen und genetischen Schäden führen.
Als Strahlenschutz dient Blei von mindestens 20 cm Dicke oder Beton. Die Strahlung kann aber nie vollständig abgeschirmt werden. Die Reichweite der γ-Strahlung beträgt mehrere Kilometer.

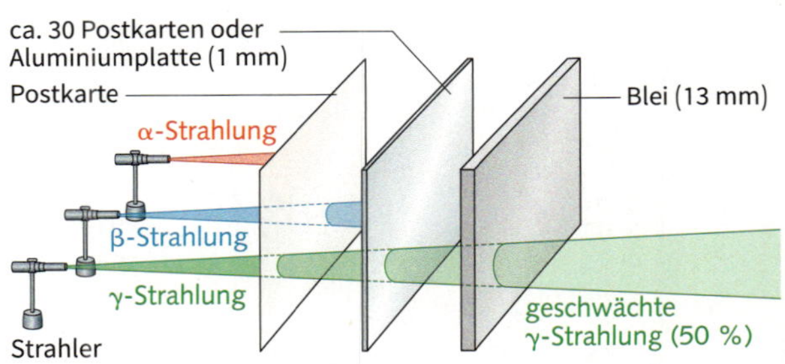

2 Unterschiedliche Abschirmung

HINWEIS
Das **Absorptionsvermögen** ist die Eigenschaft eines Stoffes, ionisierende Strahlung aufzunehmen und in Wärme umzuwandeln.
Die **Durchdringungsfähigkeit** gibt an, wie weit eine ionisierende Strahlung in einen Körper eindringen kann.

Du kannst den verschiedenen Strahlungsarten ihre Eigenschaften zuordnen.

Basiskonzepte S. 163

Der Zerfall dauert seine Zeit

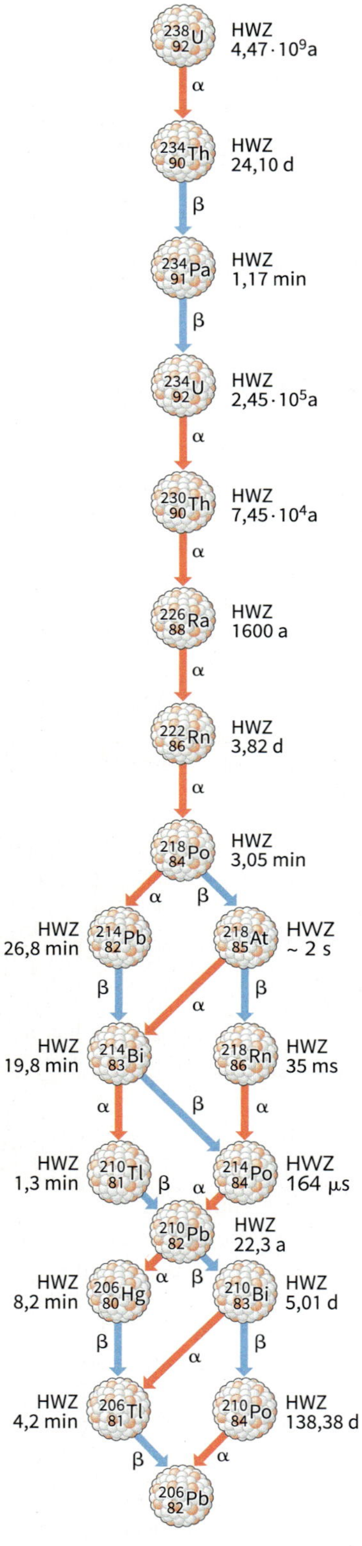

1 U238-Zerfallsreihe

1. Ⓐ
In Bild 1 ist die Uran238-Zerfallsreihe mit ihren Halbwertszeiten (HWZ) dargestellt. Nenne die Elemente, die die kürzeste und die die längste Halbwertszeit haben.

2. Ⓐ
Das Isotop Radon221 kann α- oder β-Strahlung abgeben. Gib den neue Kern an, der
a) bei α-Strahlung,
b) bei β-Strahlung entsteht.

3. Ⓠ
Informiere dich über die Halbwertszeiten der Isotope des Kohlenstoffes.

4. Ⓐ
Ermittle, nach wie vielen Jahren 75 % der Ausgangsmenge von Uran238 abgebaut sind.

Natürliche Zerfallsreihen

Kerne mit einer größeren Ordnungszahl als Blei zerfallen spontan. Durch Aussendung von α- oder β-Strahlung wandeln sie sich in andere Kerne um, die selbst wieder radioaktiv sind. Der spontane **Kernzerfall** geht so lange weiter, bis ein stabiles Isotop entstanden ist.
In der Natur gibt es drei Zerfallsreihen, die Thorium232-, Uran235- und Uran238-Reihe. Diese drei Reihen enden bei Isotopen von Blei. Im Laufe von Millionen Jahren nimmt die Menge radioaktiver Stoffe auf der Erde ab, während die Bleivorräte immer größer werden. Diese natürlichen Zerfallsreihen werden also irgendwann verschwinden.
Zerfallsreihen können auch verzweigt sein. Dabei entscheidet der Zufall, ob ein α- oder β-Zerfall stattfindet.

Physikalische Halbwertszeit

Niemand kann vorhersagen, wann ein bestimmter Kern eines Isotops zerfällt. Durch Messungen wurde aber für jedes Isotop eine Zeit ermittelt, in der sich die Hälfte der ursprünglich vorhandenen Ausgangskerne umgewandelt hat. Diese Zeit wird als **physikalische Halbwertszeit (HWZ)** bezeichnet.

Die Halbwertszeit ist eine charakteristische Stoffeigenschaft. Ihre Dauer reicht von $9 \cdot 10^{-17}$ s (90 Trillionstel Sekunden) für Beryllium6 bis zu $7 \cdot 10^{24}$ a (7 Quadrillionen Jahre) für Tellur128.

Biologische Halbwertszeit

Radioaktive Stoffe wie K40 und C14 sind natürliche Bestandteile der Umwelt. Sie werden von allen Lebewesen durch die Nahrung und beim Atmen aufgenommen. Deshalb enthält jeder lebende Organismus auch einen bestimmten Anteil an radioaktivem Kalium und radioaktivem Kohlenstoff.
Nimmt der Körper nun zusätzliche radioaktive Stoffe auf, so erhöht sich die Strahlenbelastung. Die Aufnahme von radioaktiven Stoffen heißt **Inkorporation.**
Die Zeit, in welcher die Hälfte der zusätzlich aufgenommenen radioaktiven Stoffe vom Körper auf natürlichem Wege wieder abgegeben wird, heißt **biologische Halbwertszeit.**

Iod verringert die Aufnahme
Durch iodhaltige Nahrung können das Aufnahmevermögen und die Verweildauer der belasteten Nahrung im Körper, vor allem in der Schilddrüse, verringert werden.

Cäsium137 wird dagegen nicht ausgeschieden, sondern anstelle von Calcium in das Skelett eingebaut. Dadurch sind die biologische und die physikalische Halbwertszeit von Cäsium gleich.

Grenzwerte für Nahrungsmittel
Es ist auch möglich, dass sich radioaktive Stoffe in Nahrungsmitteln ansammeln und zu einer erhöhten Radioaktivität im Körper führen können. Die Strahlung ist dabei überwiegend auf Cäsium137 zurückzuführen. Daher wurden Grenzwerte für die Aktivität festgelegt, bei deren Überschreiten die Nahrungsmittel nicht mehr verkauft werden dürfen.

BEISPIELRECHNUNG

Aufgabe: Berechne, nach welcher Zeit noch 25 % der Ausgangskerne von Iod131 vorhanden sind.

Lösung: Iod131 hat die HWZ von 8,02 Tagen. Nach der 1. HWZ sind noch 50 % und nach der 2. HWZ noch 25 % der Ausgangskerne vorhanden.

Antwort: Damit sind nach 16,04 Tagen noch 25 % der Ausgangskerne vorhanden.

Du kannst natürliche Zerfallsreihen beschreiben sowie die physikalische und biologische Halbwertszeit definieren.
Du kannst die physikalische Halbwertszeit eines Radionuklids berechnen.

Mit Radioaktivität das Alter bestimmen

STREIFZUG

Die C14-Methode
In der Archäologie werden radioaktive Nuklide benutzt, um das Alter von Tieren oder Pflanzen zu bestimmen. Dazu wird vor allem die **C14-Methode,** die **Radiokarbonmethode** verwendet. C14 ist ein Isotop des Elementes Kohlenstoff und entsteht unter dem Einfluss der Höhenstrahlung aus dem N14-Isotop des Elementes Stickstoff. C14 ist nicht stabil und zerfällt mit einer Halbwertszeit von 5736 Jahren. Gleichzeitig wird in der Atmosphäre neues C14 gebildet. Da die Höhenstrahlung seit tausenden Jahren nahezu konstant ist, bleibt auch der Anteil des C14 in der Atmosphäre konstant. Mit dem Sauerstoff der Luft entsteht aus den Isotopen C14 und C12 Kohlenstoffdioxid. Dieses wird von den Pflanzen aufgenommen und gelangt damit in die Nahrungskette. In lebenden Organismen entsteht damit ein konstantes natürliches Verhältnis zwischen instabilem C14 und stabilem C12. Mit dem Tod wird dieser Prozess beendet und das aufgenommene C14 zerfällt entsprechend seiner HWZ.
Die C14-Methode stellt die genaueste Methode der Altersbestimmung archäologischer Funde bis zu einem Zeitraum von 50 000 Jahren dar. Der Entwickler der Methode, WILLARD FRANK LIBBY (1908–1980), erhielt dafür im Jahre 1960 den Nobelpreis für Chemie.

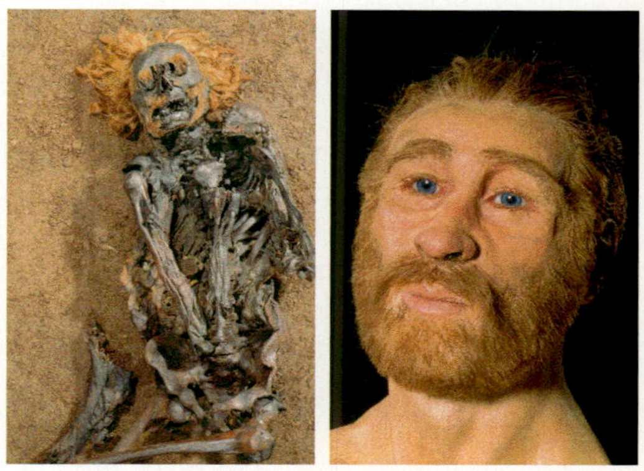

2 Wann lebte der „rote Franz"?

Der „rote Franz"
Im Jahr 1900 wurde beim Torfstechen in der Nähe von Neu Versen bei Meppen im Emsland die gut erhaltene Leiche eines Mannes gefunden. Bei einer gerichtsmedizinischen Untersuchung der Haare wurde der Zeitpunkt des Todes mit der C14-Methode auf die zweite Hälfte des 3. Jahrhunderts datiert. Die Wissenschaftler tauften die Moorleiche wegen der roten Haare auf den Namen „roter Franz".

Basiskonzepte S. 163

Der Zerfall – eine exponentielle Abnahme

1.
In einem Zwischenlager befinden sich 20 kg Krypton85 mit einer Halbwertszeit von 11 Jahren. Ermittle die Masse des Kryptons, die nach 33 Jahren noch vorhanden ist.

2.
Bei dem Reaktorunglück 1986 in Tschernobyl wurden große Mengen Cäsium137 mit der Halbwertszeit von 30 Jahren freigesetzt. Ermittle, wann der Cäsiumanteil unter 10 % fallen wird.

3.
In Tabelle 1 ist der Zerfall des Isotops C14 dargestellt. Gib an, nach welcher Zeit noch 312 C14-Kerne vorhanden sind.

4.
a) Lies aus Bild 2 ab, wie viele C14-Kerne nach etwa 8000 Jahren noch vorhanden sind.
b) Ermittle, nach welcher Zeit nur noch 500 C14-Kerne existieren.

Zerfallsgleichung: $N_t = N_0 \cdot 0{,}5^{\frac{t}{HWZ}}$
N_0: Ausgangsmasse oder Anzahl der radioaktiven Kerne zu Beginn des Zerfalls
N_t: prozentualer Anteil der Ausgangsmasse oder Anzahl der nichtzerfallenen radioaktiven Kerne
t: willkürlich gewählter Beobachtungszeitraum
HWZ: Halbwertszeit

Zeit *t* in Jahren	Menge noch vorhandener Kerne		
	N_t	in %	in Bruchteilen
0. HWZ: 0	10000	100 %	1
1. HWZ: 5736	5000	50 %	$\frac{1}{2}$
2. HWZ: 11472	2500	25 %	$\frac{1}{4}$
3. HWZ: 17208	1250	12,5 %	$\frac{1}{8}$

2 Zerfall des Kohlenstoff-Isotops C14

Die Rechnung

Mithilfe der **Zerfallsgleichung** kannst du berechnen, welche Menge eines radioaktiven Stoffs nach einer bestimmten Zeit noch vorhanden ist. Durch Umstellen der Gleichung ist es möglich, auch die Anzahl der ursprünglich vorhandenen Kerne oder die Halbwertszeit eines Stoffes zu berechnen.
Die Zerfallsgleichung entspricht der Wachstumsgleichung $G_n = G_0 \cdot q^n$, die du aus dem Mathematikunterricht kennst.

Beispielrechnung: Ein Holzaltar soll tausend Jahre alt sein. Wie viel Prozent der C14-Kerne müssten bei einer HWZ von 5736 Jahren heute noch vorhanden sein?

Lösung: $N_t = 100\,\% \cdot 0{,}5^{\frac{1000}{5736}} = 88{,}62\,\%$

Antwort: Es müssen also noch 88,62 % der ursprünglich vorhandenen C14-Kerne vorhanden sein, wenn der Altar tausend Jahre alt sein soll.

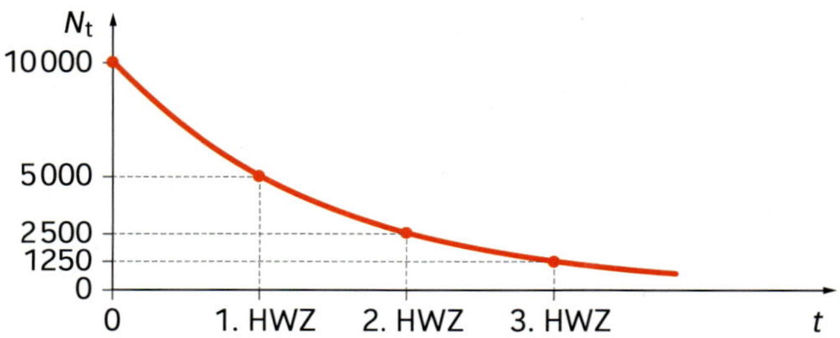

1 Diagramm eines exponentiellen Zerfalls

Die Tabelle

Eine Tabelle wie in Bild 1 gibt an, nach welcher Zeit jeweils die Hälfte der noch vorhandenen Kerne zerfallen ist. Durch Erweiterung der Tabelle erkennst du, wie lange es dauert, bis nur noch $\frac{1}{16}$, $\frac{1}{32}$, ... der anfangs vorhandenen Kerne existiert.
Beim Zerfall der Kerne entstehen kleinere Atome als Spaltprodukt. Manche dieser Atome sind weiterhin radioaktiv. Durch die Halbwertszeit allein lässt sich daher nicht abschätzen, wie lange ein verseuchtes Gebiet gemieden werden sollte. Dazu müssen auch die Spaltprodukte und deren Halbwertszeiten genau untersucht werden.

Das Diagramm

Werden die Werte in ein Diagramm übertragen, so entsteht immer eine zunächst steil abfallende und dann flach auslaufende Kurve, die keinen Berührungspunkt mit der Zeitachse hat (Bild 2). Die grafische Darstellung eines radioaktiven Zerfalls zeigt, dass es sich um eine **exponentielle Abnahme** handelt.

Du kannst den radioaktiven Zerfall als exponentiellen Prozess beschreiben und als Tabelle oder Diagramm darstellen.

Exponentielle Abnahmen – gar nicht so selten

Exponentielle Schaumabnahme
Gießt du Malzbier in ein Glas, entstehen durch das entweichende Kohlenstoffdioxid viele kleine Bläschen. Nach und nach zerplatzen sie wieder. Der Schaum zerfällt dabei zunächst sehr schnell. Am Ende des Zerfalls dauert es sehr lange, bis auch das letzte Bläschen verschwunden ist.

C14 verrät das Alter
1991 wurde in den Ötztaler Alpen die gut erhaltene Leiche eines Mannes gefunden. Es ist die einzige durch natürliche Gefriertrocknung konservierte Mumie aus der Kupferzeit in Mitteleuropa. Wegen des Fundortes wurde sie **Ötzi** genannt. Das Bild zeigt eine Rekonstruktion. Die Wissenschaftler ermittelten einen Kohlenstoff14-Gehalt von 53,35 %. C14-Kerne zerfallen mit einer HWZ von 5736 Jahren.

1. ≡ V
a) Gieße Malzbier in einen Standzylinder, sodass viel Schaum entsteht. Miss mit einem Lineal, wie hoch der Schaum über der Flüssigkeit steht. Miss dann mit einer Stoppuhr die Zeit, bis nur noch die Hälfte des Schaums vorhanden ist.
b) Miss erneut die Zeit, bis nur noch die Hälfte des Schaums aus Versuch a) vorhanden ist. Wiederhole diesen Vorgang bis der Bierschaum fast vollständig zerfallen ist.
c) Lege eine Wertetabelle an. Übertrage die Werte in ein Diagramm und interpretiere sie.

2. ≡ A
Ermittle, vor wie vielen Jahren Ötzi ungefähr gelebt hat.

3. ≡ A
a) Ermittle, wie hoch der Luftdruck in einer Höhe von 1000 m über dem Meeresspiegel ist.
b) Zeichne den Grafen für diese exponentielle Abnahme bis zu einer Höhe von 5 000 m über dem Meeresspiegel.
c) Für untrainierte Menschen kann ein Luftdruck unter 700 hPa gefährlich werden. Berechne die Höhe, für die dies zutrifft.
d) Ermittle den Luftdruck in deinem Wohnort.

Auf dem Grund eines Luftmeeres
Auf der Erdoberfläche lastet eine mehrere hundert Kilometer dicke Luftschicht, die Atmosphäre. Sie ist die Ursache für den **Luftdruck,** der auf Meereshöhe 1013 hPa beträgt. Mit zunehmender Höhe nimmt der Luftdruck um 1,23 % pro 100 m ab.

Das Zeitalter der Atomphysik

STREIFZUG

1789 Der Apotheker MARTIN HEINRICH KLAPROTH entdeckt das Uran.

1895 WILHELM C. RÖNTGEN (1845 – 1923) entdeckt die X-Strahlen.

1896 ANTOINE H. BECQUEREL (1852 – 1908) beobachtet die Phosphoreszenz.

1898 PIERRE (1859 – 1906) und MARIE CURIE (1867 – 1934) entdecken Thorium, Radium und Polonium.

1899 ERNEST RUTHERFORD (1871– 1937) stellt fest, dass es zwei Strahlungsarten gibt.

1900 PAUL U. VILLARD (1860 – 1934) entdeckt die γ-Strahlung. RUTHERFORD benennt die drei Strahlungsarten.

1901 1. Nobelpreis für Physik an WILHELM C. RÖNTGEN für die Entdeckung der X-Strahlen.

1902 ERNEST RUTHERFORD, H. F. GEITEL (1855 – 1923) und J. Elster (1854 – 1920) führen Versuche zum Zerfall radioaktiver Elemente durch.

1903 Nobelpreis für Physik an BECQUEREL, P. und M. CURIE für die Entdeckung der spontanen Radioaktivität.

1903 RUTHERFORD, GEITEL und ELSTER finden die Zerfallsgleichung.

1908 Nobelpreis für Chemie an RUTHERFORD für seine Arbeit zum Zerfall der Elemente und der Chemie der radioaktiven Stoffe.

1908 GEIGER, der Assistent von RUTHERFORD, erfindet das Gerät, das α-Strahlung nachweisen kann. Es wird später Geigerzähler genannt.

1911 Nobelpreis für Chemie an MARIE CURIE. Es gelang ihr 20 mg Radiumchlorid herzustellen.

Ein neues Zeitalter in der Geschichte der Physik

Im auslaufenden 19. Jahrhundert entwickelt sich in der Physik eines neues Teilgebiet. Die Radioaktivität wird entdeckt. Zwar hatte schon 100 Jahre früher der Besitzer der Simonschen Apotheke zu Berlin, ein gewisser KLAPROTH das Uran entdeckt, jedoch erkannte er dessen Bedeutung nicht und bezeichnete es als Halbmetall. WILHELM C. RÖNTGEN war der Erste, der bei seinen Experimenten eine Strahlung entdeckte, der er den Namen X-Strahlung gab. Heute heißt sie, ihm zu Ehren, Röntgenstrahlung.

Die Erforschung der Radioaktivität

Seine Erkenntnisse veranlassten BECQUEREL zu der Vermutung, dass auch Licht in der Lage sein müsste, diese Strahlung zu erzeugen. Nach langen, erfolglosen Versuchen kam der Durchbruch, als er Uransalze zusammen mit einer Fotoplatte in eine dunkle Schublade legte. Die Platte zeigte anschließend eine Schwärzung. Damit war erwiesen, dass das Uran selbst eine Strahlung aussandte. In Paris experimentierten PIERRE und MARIE CURIE mit dem Mineral Pechblende. In Gesundheit gefährdenden Versuchen extrahierten sie die bis dahin unbekannten radioaktiven Elemente Thorium, Radium und Polonium. RUTHERFORD und VILLARD erkannten, dass es drei verschiedene Strahlungsarten gibt: α-Strahlung, β-Strahlung und γ-Strahlung. RUTHERFORD führte mit seinem Forscherteam Messungen durch. Neu war, dass Versuchsergebnisse nach Gesetzmäßigkeiten der Statistik ausgewertet wurden. So wurden Lichtblitze gezählt, die durch α-Teilchen erzeugt wurden. Dabei stellte sich heraus, dass der Zerfall der radioaktiven Stoffe
- nicht vorher bestimmbar ist,
- nach statistischen Gesichtspunkten verläuft,
- charakteristisch für das jeweilige Element ist.

RUTHERFORD entwickelt die Zerfallsgleichung

Durch diese Untersuchungen wurde der Zerfall berechenbar. Das **Zerfallsgesetz** lautet in einer vereinfachten Form:

$$N_t = N_0 \cdot 0{,}5^{\frac{t}{HWZ}}$$

Gültigkeit der Zerfallsgleichung

Die Zerfallsgleichung hat nur für eine große Anzahl von Teilchen Gültigkeit. Wie sich das einzelne Teilchen verhalten wird, kann sie nicht bestimmen. Mithilfe der Zerfallsgleichung kann errechnet werden, wie viele radioaktive Kerne nach einer festgelegten Zeit noch vorhanden sind. Der errechnete Wert unterliegt dabei statistischen Schwankungen, weil nicht mit festgelegten Größen gearbeitet werden kann.

Strahlen schädigen

Absorption von ionisierender Strahlung
Bei der Absorption von ionisierender Strahlung nimmt der Stoff die Energie der Teilchen- oder γ-Strahlung auf. Die aufgenommene Energie wird in Wärme umgewandelt und kann Körperzellen schädigen.

Schutz vor schädigender Strahlung
Der menschliche Körper muss also vor ionisierender Strahlung geschützt werden. Er besitzt zwar die Fähigkeit, geschädigte Zellen zu erkennen und zu reparieren, aber bei zu hoher Dosis versagt das Immunsystem. Dies kann zum Absterben oder zu unkontrolliertem Wachstum der einzelnen Zellen führen. Es entstehen Tumore.

Somatische und genetische Schäden
Röntgenstrahlung und ionisierende Strahlung können im Körper von Lebewesen Krebs hervorrufen. Diese Folgeschäden heißen **somatische Schäden.**
Werden schwangere Frauen einer Bestrahlung ausgesetzt, kann das bei den ungeborenen Kindern zu Missbildungen führen. Schädigt die Strahlung die Keimzellen, wird auch das Erbgut verändert. Es kommt zu **genetischen Schäden,** es treten **Mutationen** auf. Fehlbildungen der Gliedmaßen oder Stoffwechselstörungen bei Embryos sind mögliche Folgen.

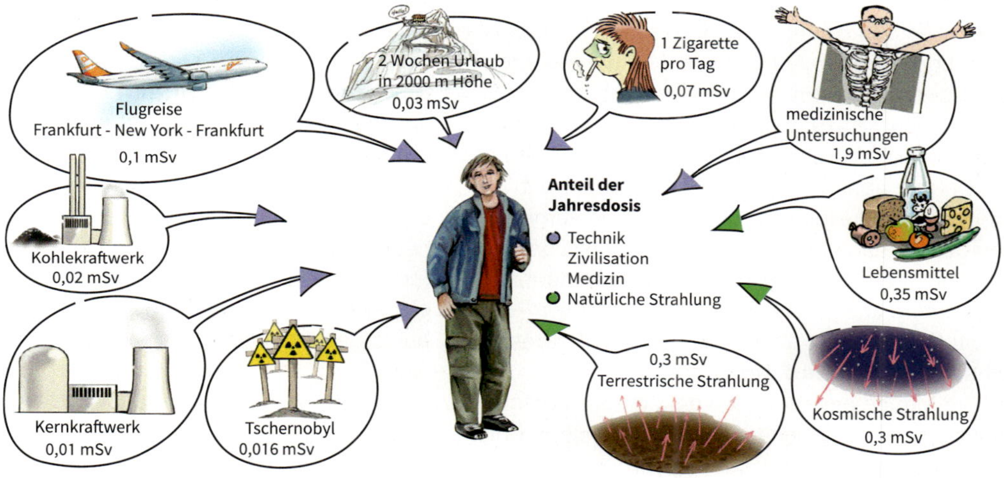

Die Einheit der Strahlenbelastung
Nicht jede Strahlung ruft dieselben Schädigungen hervor. Daher reicht die Angabe der Aktivität nicht aus, um die Strahlenbelastung zu beschreiben. Vielmehr hängt es von der Art der Strahlung, von ihrer Stärke und Dauer ab, ob die Schäden auftreten und wie groß diese Schäden sind. Aus diesem Grund wird für medizinische Zwecke die biologische Wirkung der radioaktiven Strahlung in der Einheit **Sievert (Sv)** angegeben. Sie wurde zu Ehren des schwedischen Mediziners und Physikers ROLF SIEVERT (1896–1966) benannt.

$$1\ \text{Sv} = 1\ \frac{\text{J}}{\text{kg}}$$

Strahlenbelastung für Mitteleuropa
Im Bild kannst du die durchschnittliche jährliche Strahlenbelastung ablesen, der ein Mensch in Deutschland ausgesetzt ist. Das Bild zeigt außerdem die Quellen, aus denen die Strahlenbelastung stammt. Erstaunlicherweise ist in Europa heute keine nennenswerte Strahlung vom Reaktorunglück in Fukushima in Japan mehr messbar.
Die Höhe einer tödlichen Strahlendosis liegt nach heutigen Erkenntnissen bei 7 Sv. Neben der natürlichen Umgebungsstrahlung darf eine Zusatzbelastung durch künstliche Strahlungsquellen höchstens $1{,}5\ \frac{\text{mSv}}{\text{a}}$ betragen.

1. Q
Nenne die Organe des Menschen, die vor Strahlung besonders geschützt werden müssen.

2. Q
Nenne Maßnahmen zum Schutz vor Strahlung.

Strahlen nutzen

STREIFZUG

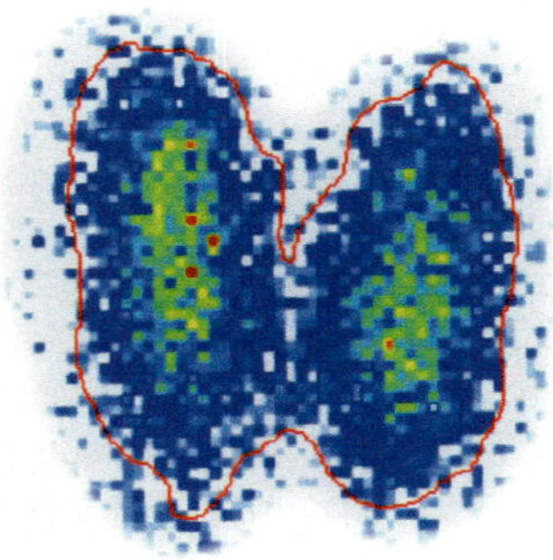

1 Schilddrüsen-Szintigramm

Erkennen

Ionisierende Strahlung kann für den Menschen nützlich sein. Die Funktion mancher Organe wie Schilddrüse oder Nieren lassen sich am besten mithilfe radioaktiven Elementen untersuchen. Dazu wird dem Patienten ein Mittel gespritzt, welches einen sehr schwach radioaktiven Stoff enthält. Die Organe absorbieren diese Substanz. Nach einigen Minuten wird die ionisierende Strahlung gemessen, die von dem Organ ausgeht. Auf einem vom Computer erstellten Bild, dem **Szintigramm,** sind bei einem kranken Organ Bereiche zu sehen, in denen sich der radioaktive Stoff stärker angesammelt hat (Bild 1). Dieses Diagnoseverfahren heißt **Radiographie.**
Die Art und die Menge des radioaktiven Mittels sind so gewählt, dass sich ein deutliches Untersuchungsergebnis ergibt, der Patient aber nicht geschädigt wird. Die Halbwertszeit des eingesetzten Stoffes ist so gering, dass kurze Zeit nach der Untersuchung von dem radioaktiven Stoff im Körper nichts mehr vorhanden ist.

Behandeln

Die ionisierende Strahlung radioaktiver Elemente kann auch zur Bekämpfung von Krebszellen genutzt werden. Dazu wird die Strahlung gezielt auf den Tumor gerichtet. So ist es ausgeschlossen, dass gesunde Organe bestrahlt werden. Nur die Krebszellen werden zerstört und eine Heilung ist in vielen Fällen möglich.

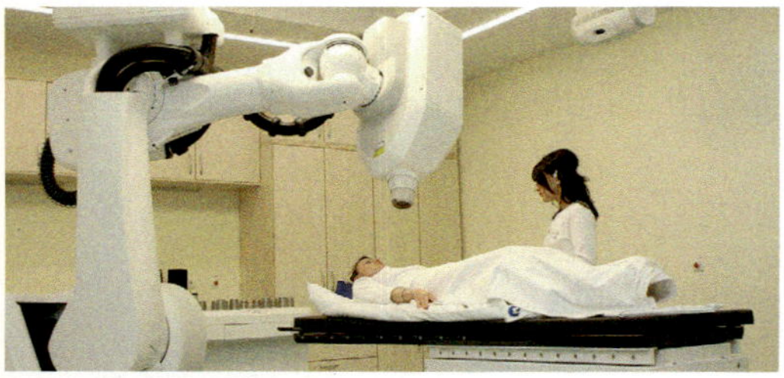

2 Strahlenbehandlung

Sind Röntgenstrahlen gefährlich?

Nach einem Arm- oder Beinbruch wird der betroffene Knochen geröntgt. Der Zahnarzt fertigt eine Röntgenaufnahme der Zähne an. Bei diesen Untersuchungsmethoden müssen alle Beteiligten durch Bleischürzen geschützt werden. Das Röntgengerät wird immer von einem anderen Raum aus bedient.
Es ist besonders wichtig, dass die Keimzellen geschützt werden, damit keine Schädigung des Erbgutes auftritt. Schwangere dürfen nicht geröntgt werden. Werden die Sicherheitsbestimmungen beachtet, sind Röntgenstrahlen nicht gefährlich, denn dann ist die Strahlenbelastung gering.

Röntgenuntersuchungen

Röntgenstrahlen gehen zwar nicht von radioaktiven Elementen aus, sind aber in ihrer ionisierenden Wirkung mit ihnen vergleichbar. Deshalb werden Röntgenuntersuchungen heute so sparsam wie möglich eingesetzt. Jede Untersuchung wird in den **Röntgenpass** eingetragen. So kann eine zu hohe Strahlenbelastung auf Dauer vermieden werden.

3 Röntgenpass

1. Ⓐ
Nenne den Nutzen der ionisierenden Strahlung.

2. Ⓠ
Informiere dich über die Halbwertszeiten von radioaktiven Stoffen, die bei einer Radiographie eingesetzt werden.

Ein medizinisch-technischer Beruf: MTRA

MTRA steht für medizinisch-technische Radiologieassistentin oder medizinisch-technischer Radiologieassistent.

1. A
Nenne Fähigkeiten, die eine MTR-Assistentin oder ein MTR-Assistent haben muss, um den Beruf verantwortungsbewusst ausüben zu können.

2. Q
Gib Vorsichtsmaßnahmen an, die beachtet werden müssen, wenn
a) Patientinnen oder Patienten untersucht werden.
b) eine MTR-Assistentin schwanger ist.

Tätigkeitsfelder

Die **Radiologie** ist das Fachgebiet, das sich mit der Strahlenkunde in der Medizin beschäftigt. Die Fachärzte heißen Radiologinnen oder Radiologen. Ihnen zur Seite stehen **medizinisch-technische Radiologieassistentinnen** oder **-assistenten,** kurz **MTRA.**
Sie sind in drei großen Arbeitsgebieten tätig: Auf dem Gebiet der **Röntgendiagnostik** erstellen sie Röntgenbilder von inneren Organen und dem Knochenbau der Patienten. Diese werden anschließend von einer Ärztin oder einem Arzt ausgewertet.
In der **Strahlentherapie** werden Patientinnen und Patienten, die an einem Tumor leiden, nach Anweisung der Ärztin oder des Arztes mit radioaktiven Präparaten gezielt bestrahlt.
Im Rahmen der **Nuklearmedizin** werden mithilfe verschiedener Messverfahren Aufzeichnungen von Organen erstellt.
Rund um diese radiologischen Untersuchungsmethoden gehören natürlich auch pflegerische Tätigkeiten zum Berufsbild: Verbände wechseln, Kontrastmittel spritzen, Blut abnehmen oder das Beruhigen der Patienten.

Arbeitsplatz

Der Arbeitsplatz befindet sich in Krankenhäusern, radiologischen Facharztpraxen, medizinischen Forschungseinrichtungen oder bei Herstellern von radiologischen Geräten.

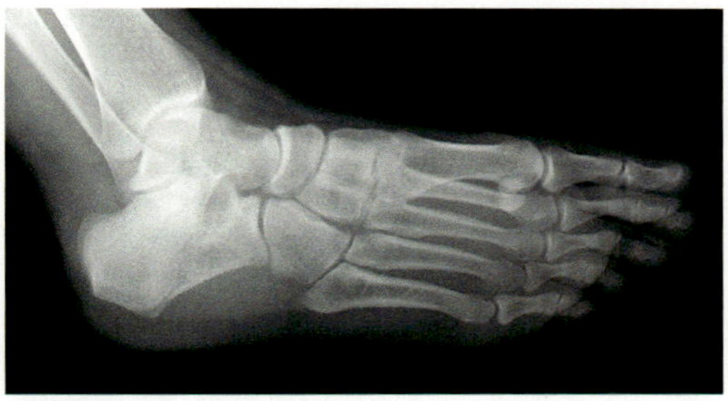

1 Röntgenbild eines Fußes

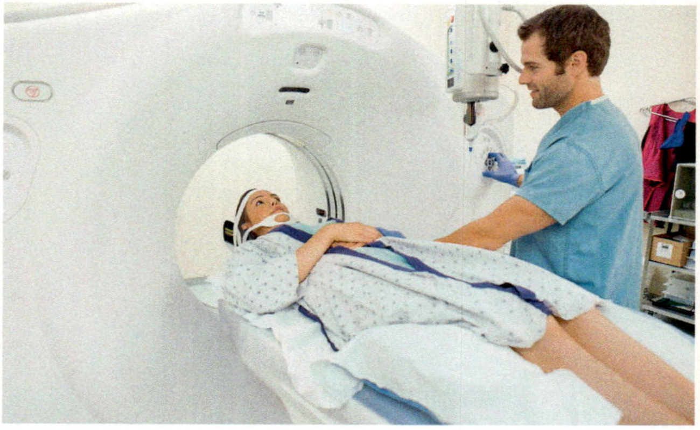

2 Patientin in einem Computer-Tomografen

Voraussetzungen für den Beruf

Schülerinnen und Schüler sollten Interesse an den Naturwissenschaften haben. Da die Fachliteratur oft in Englisch abgefasst ist, sind auch gute Englischkenntnisse von Vorteil. Sie sollten an einem sozialen Beruf interessiert sein und keine Scheu vor dem Umgang mit oft schwerkranken Menschen haben. Eine abgeschlossene zehnjährige Schulbildung ist Voraussetzung für die Ausbildung zur MTR-Assistentin oder zum MTR-Assistenten.
Die Ausbildung dauert drei Jahre. Sie umfasst Fächer wie Naturwissenschaften und medizinische Grundkenntnisse aus der Biologie. In der Fachausbildung kommen die Gebiete Röntgendiagnostik, Strahlentherapie und Nuklearmedizin hinzu. Der theoretische Teil des Unterrichts findet in berufsbildenden Schulen statt, der praktische Teil in Kliniken und Arztpraxen. Die Ausbildung wird mit einer schriftlichen, mündlichen und praktischen Prüfung abgeschlossen.

Berufsaussichten

Der Beruf der MTR-Assistentin oder des MTR-Assistenten bietet einen sicheren und zukunftsorientierten Arbeitsplatz mit vielseitigen Möglichkeiten, sich zu spezialisieren und weiterzubilden.
Für naturwissenschaftlich-technisch interessierte Schülerinnen und Schüler, die gerne mit Menschen arbeiten, bietet sich dieser Beruf an.

Atomkerne lassen sich spalten

1.
a) Recherchiere, welche Voraussetzungen für die Kernspaltung notwendig sind.
b) Nenne das natürliche Isotop, das sich zur Kernspaltung eignet.
c) Beschreibe, wie Atomkerne gespalten werden können.

2.
a) Bei einer Kernspaltung von Uran235 sind Lanthan147 und zwei Neutronen entstanden. Schreibe die zugehörige Kernreaktionsgleichung auf.
b) Benenne das zweite Isotop, das dabei entstanden ist.

3.
Bei einer Kernspaltung entstehen im Mittel 2,3 freie Neutronen. Erkläre den Wert.

4.
Fertige je eine Kurzbiografie von OTTO HAHN, FRITZ STRASSMANN und LISE MEITNER an.

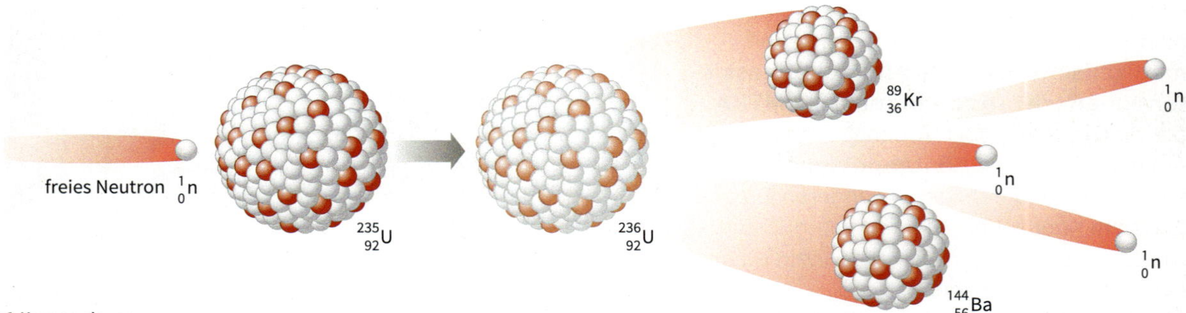

1 Kernspaltung

Geschichte der Kernspaltung

Im Jahr 1938 arbeiteten die beiden Chemiker OTTO HAHN (1879–1968) und FRITZ STRASSMANN (1902–1980) in Berlin an einem Experiment, bei dem Uran mit Neutronen beschossen wurde. Zu ihrem Erstaunen entdeckten sie aber anschließend Barium in dem Versuch. Dieses Element hatten sie nicht erwartet. Sie konnten sich sein Auftauchen zunächst nicht erklären. Aber sie wussten, dass es nur aus dem Uran entstanden sein konnte.
HAHN und STRASSMANN hatten mit diesem Versuch die erste **Kernspaltung** durchgeführt. Dabei kam ihnen der Zufall zu Hilfe, denn Uran235 ist das einzige natürliche Isotop, das spaltbar ist. HAHN erhielt für diese Entdeckung 1944 den Nobelpreis für Chemie.

Zum Team der Wissenschaftler gehörte, bis zu ihrer Flucht vor den Nationalsozialisten nach Stockholm, auch die Physikerin LISE MEITNER (1878–1968). Ihr gelang die physikalische Erkläung des Versuchs von HAHN und STRASSMANN. Sie ging davon aus, dass beim Beschuss des Urans mit Neutronen keines der beteiligten Teilchen einfach verschwinden kann. Uran hat 92 Protonen. Daher musste es neben dem Barium mit 56 Protonen ein zweites Element geben, dessen Protonenzahl sich aus der Rechnung 92 – 56 = 36 ergibt. Es ist Krypton. Da es ein Edelgas ist, hatten es HAHN und STRASSMANN bei ihrem Versuch nicht bemerkt.

Die Kernspaltung

Um eine Kernspaltung durchführen zu können, wird ein freies Neutron benötigt. Es muss langsam genug sein, um vom Kern aufgenommen zu werden. Solche **Spaltneutronen** können durch Beschuss von Beryllium mit α-Teilchen erzeugt werden. Trifft das Spaltneutron auf ein Atom U235, wird es von dem schweren Kern aufgenommen und es entsteht kurzzeitig U236 (Bild 1). Dieser Kern ist instabil und zerfällt sofort in zwei **Trümmerkerne.** Dabei werden zwei oder drei Neutronen frei, die für weitere Spaltungen zur Verfügung stehen.
Die Kombination der Spaltprodukte ist nicht gleich. Heute sind über 300 verschiedene Spaltprodukte bekannt. Sie sind zum größten Teil radioaktiv, weil sie einen hohen Neutronenüberschuss haben. Eine weitere, mögliche **Kernreaktionsgleichung** sieht wie folgt aus:

$$^{1}_{0}n + ^{235}_{92}U \longrightarrow ^{236}_{92}U \longrightarrow ^{147}_{57}La + ^{87}_{35}Br + 2\,^{1}_{0}n$$

Du kannst die Abfolge einer Kernspaltung beschreiben und eine zugehörige Kernreaktionsgleichung aufschreiben.

Kettenreaktion – unkontrolliert oder kontrolliert

1.
a) Stelle einige Dominosteine so auf, dass sie beim Umfallen nacheinander mehrere andere Dominosteine mitreißen.
b) Verändere den Versuch so, dass du nur einen Stein am Anfang des Versuchs anstoßen musst und dadurch zehn weitere Steine in kürzester Zeit umfallen.

1 Domino-Kette

2.
Untersuche, wie das unkontrollierte Fallen der Dominosteine so eingedämmt werden kann, dass die Anzahl der Reaktionen pro Zeiteinheit gleich bleibt.

3.
Informiere dich über den „Mausefallenversuch" und beantworte folgende Fragen:
a) Was geschieht, wenn der 1. Ball die 1. Mausefalle trifft?
b) Wie viele Bälle sind anschließend in der Luft und treffen wie viele weitere Mausefallen?
c) Führe diese Überlegungen noch zwei weitere Schritte durch. Wie viele Bälle sind dann in der Luft?
d) Wie viele Bälle sind im 10. Schritt in der Luft?

4.
Nenne den Unterschied zwischen einer kontrollierten und einer unkontrollierten Kettenreaktion.

Die unkontrollierte Kettenreaktion

Wird ein Atom U235 mit einem Spaltneutron beschossen, findet eine Kernspaltung statt. Das dadurch entstehende U236 zerfällt spontan in zwei Trümmerkerne. Zusätzlich werden zwei oder drei Neutronen frei. Wenn diese die richtige Geschwindigkeit haben, können sie ihrerseits zwei oder drei weitere Urankerne spalten. Bei jeder Spaltung werden wiederum je zwei bis drei Neutronen frei. Die Anzahl der Spaltungen nimmt also exponentiell zu. Dieser Vorgang heißt **Kettenreaktion.**
Bei jeder der Spaltungen wird eine kleine Portion Energie frei. Wird der Spaltvorgang nicht begrenzt, entsteht eine unvorstellbar große Energiemenge. Dieser Vorgang ist eine **unkontrollierte Kettenreaktion.**

Die kontrollierte Kettenreaktion

Damit aus einer unkontrollierten eine **kontrollierte Kettenreaktion** wird, muss die Anzahl der Spaltneutronen ab einem gewissen Zeitpunkt auf einem gleichbleibenden Stand gehalten werden. Mithilfe von Materialien, die Neutronen einfangen, kann die Anzahl der Spaltneutronen begrenzt werden. Dieser Vogang findet in jedem Kernkraftwerk statt. Er dient der friedlichen Nutzung der Kernenergie.

Du kannst die Vorgänge bei einer unkontrollierten und einer kontrollierten Kettenreaktion beschreiben.

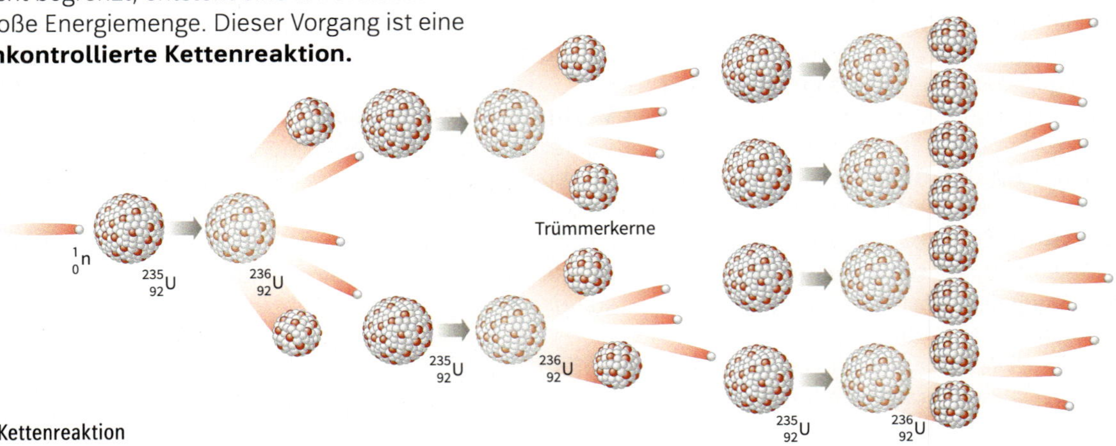

2 Kettenreaktion

Das Kernkraftwerk

1. ≡ A
Nenne wichtige Bauteile eines Kernkraftwerks und erläutere deren Aufgabe.

2. ≡ A
Erkläre, warum Brennelemente nach ihrem Einsatz im Reaktordruckbehälter unter Wasser transportiert und gelagert werden.

3. ≡ Q
Recherchiere den Wirkungsgrad von Kernkraftwerken. Vergleiche mit anderen Kraftwerken.

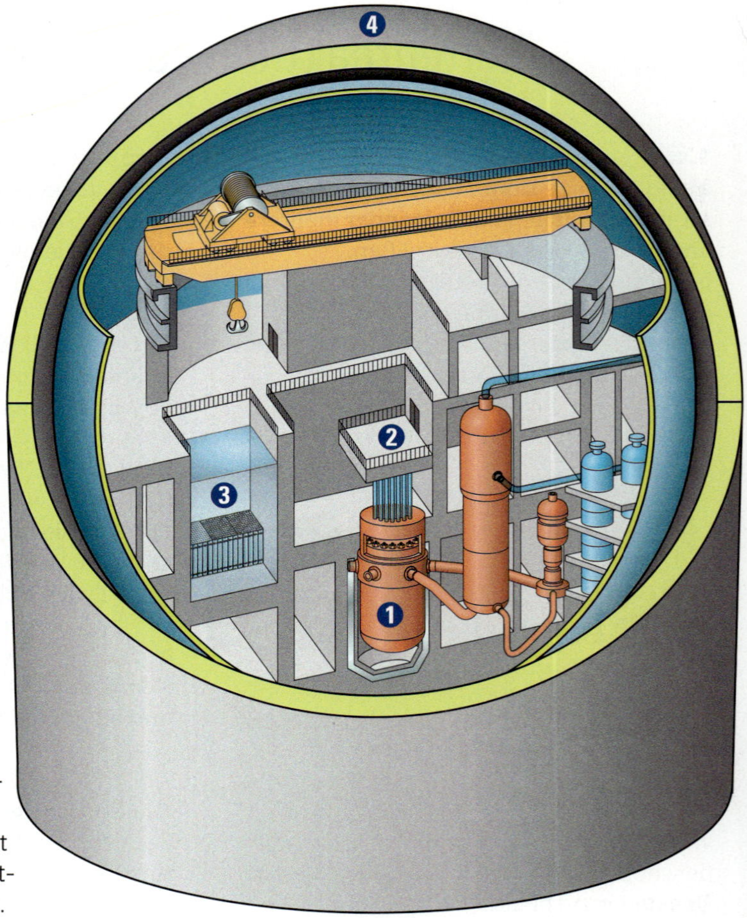

1 Blick in den Reaktor eines Kernkraftwerkes

Ein spezielles Wärmekraftwerk

In Kernkraftwerken (KKW) wird durch Kernspaltung thermische Energie frei. Diese verdampft Wasser. Der Wasserdampf treibt Turbinen und einen Generator an. Kernkraftwerke sind daher immer Wärmekraftwerke.

❶ Reaktordruckbehälter

Im **Reaktordruckbehälter** findet die Kernspaltung von Uran235 statt. Das Uran befindet sich in langen **Brennstäben**, die zu **Brennelementen** zusammengefasst werden. Bei der Kernspaltung entstehen Spaltprodukte, schnelle Neutronen und thermische Energie. Die thermische Energie erhitzt Wasser.
Das Wasser dient auch als **Moderator**. Es bremst die schnellen Neutronen aus der Kernspaltung ab. So erhalten die Neutronen die richtige Geschwindigkeit und können eine neue Kernspaltung auslösen.

❷ Steuerung des Reaktors

In jedem Brennelement befinden sich auch **Steuerstäbe**. Diese können sehr gut Neutronen aufnehmen und somit die Anzahl der Kernspaltungen kontrollieren. Werden die Steuerstäbe herausgefahren, nimmt die Anzahl der freien Neutronen im Reaktor zu. Werden die Steuerstäbe eingefahren, so werden mehr freie Neutronen aufgenommen.

❸ Das Abklingbecken

Nach drei Jahren im Reaktor ist das Uran235 durch Kernspaltungen umgewandelt worden. Dieser Vorgang wird als **Abbrand** eines Brennelements bezeichnet. Bei der Kernspaltung entstehen neue radioaktive Stoffe, die selbstständig zerfallen. Dabei wird thermische Energie frei, die als **Nachzerfallswärme** bezeichnet wird. Die abgebrannten Brennelemente werden daher im **Abklingbecken** gelagert und mit Wasser gekühlt. Außerdem schirmt das Wasser die ionisierende Strahlung aus dem Kernzerfall größtenteils ab.

❹ Das Reaktorgebäude

Charakteristisch für viele KKW ist das kuppelförmige **Reaktorgebäude**. Um die ionisierende Strahlung abzuschirmen, hat das Gebäude eine Kuppel aus einer dicken Betonschicht. Durch die Kugelform ist es stabil und kann inneren und äußeren Krafteinwirkungen, wie Explosionen, standhalten.

Du kannst die Funktionsweise und wichtige Bestandteile eines Kernkraftwerks beschreiben.

Basiskonzepte S. 163

Kreisläufe im Kernkraftwerk

1. Zeichne die Energieumwandlungskette eines Kernkraftwerks.

2. Beschreibe die unterschiedlichen Wasserkreisläufe in einem KKW.

3. Vergleiche den Aufbau von KKW und Kohlekraftwerk miteinander.

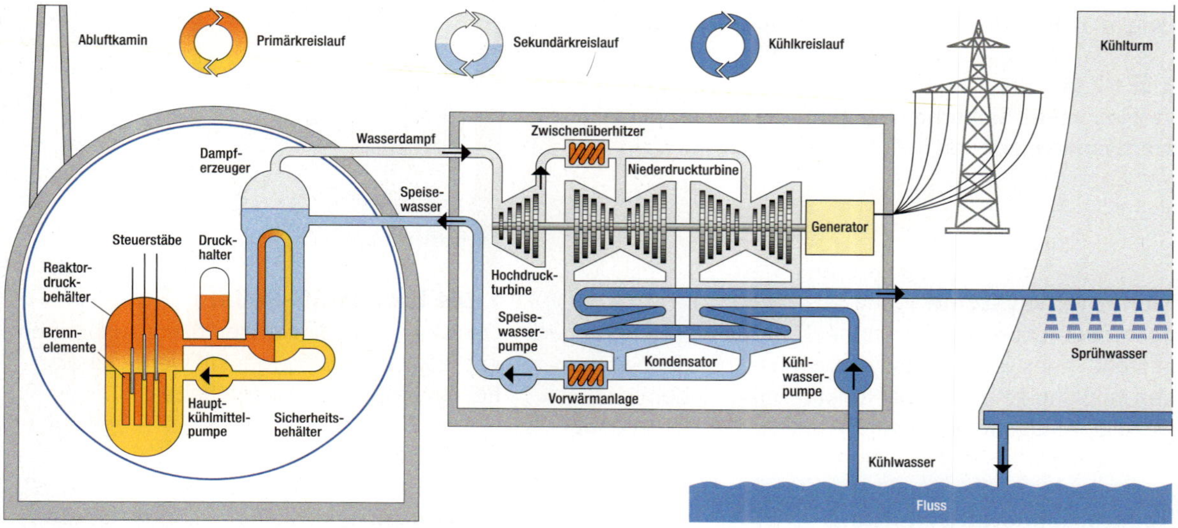

1 Schematischer Aufbau eines Kernkraftwerks mit Druckwasserreaktor

Wasserkreisläufe
In Kernkraftwerken transportieren Wasserkreisläufe die thermische Energie, die im Reaktor freigesetzt wird.

Der Primärkreislauf
Das Wasser im Primärkreislauf umspült die Brennelemente und nimmt die thermische Energie aus der Kernspaltung auf. Dieses Wasser ist radioaktiv verunreinigt und darf deshalb das Reaktorgebäude nicht verlassen. Die thermische Energie aus dem Primärkreislauf wird über einen **Wärmetauscher** an den Sekundärkreislauf abgegeben. Anschließend fließt das Wasser wieder in den Reaktordruckbehälter, wo es erneut erhitzt wird.
Das Wasser im Primärkreislauf steht unter sehr hohem Druck. Deshalb heißen solche Anlagen auch **Druckwasserreaktoren**.

Der Sekundärkreislauf
Das Wasser im Sekundärkreislauf wird durch die Energie des Primärkreislaufs so stark erhitzt, dass das Wasser zu Wasserdampf wird. Der Wärmetauscher zwischen Primärkreislauf und Sekundärkreislauf heißt deswegen auch **Dampferzeuger**.
Da es keinen direkten Kontakt zum Wasser des Primärkreislaufs gibt, ist der Sekundärkreislauf nicht radioaktiv verunreinigt.
Der Wasserdampf wird zu den Turbinen geleitet. Die Turbinen wandeln die thermische Energie in Bewegungsenergie um, die den Generator antreibt. Dort wird die Bewegungsenergie in elektrische Energie umgewandelt.
Anschließend kühlt der Wasserdampf im **Kondensator** ab und kondensiert zu Wasser. Dieses Wasser fließt dann zurück in den Dampferzeuger.

Der Kühlkreislauf
Der Wasserdampf im Sekundärkreislauf wird im Kondensator wieder zu Wasser. Dabei wird thermische Energie frei. Diese Energie kann nicht weiter genutzt werden. Sie wird im Kondensator an den dritten Wasserkreislauf übertragen. In diesem Kühlkreislauf zirkuliert Flusswasser. Das Wasser wird im Kondensator erhitzt und danach in den **Kühlturm** geleitet. Dort wird es fein versprüht und durch einen Luftzug gekühlt. Dabei entsteht sehr viel Wasserdampf, den du häufig als Dampfwolke sehen kannst. Die ungenutzte thermische Energie aus dem Sekundärkreislauf wird an die Luft abgegeben. Das abgekühlte Wasser gelangt wieder in den Fluss zurück.

Du kannst die verschiedenen Wasserkreisläufe im Kernkraftwerk beschreiben.

Sicherheit und Strahlenschutz im Kernkraftwerk

1. Ⓐ
Beschreibe den Ablauf der Reaktorschnellabschaltung.

2. Ⓐ
Stelle in einer Skizze dar, welche Barrieren die Strahlung im 6-Barrieren-System durchlaufen muss.

3. Ⓠ
Vergleiche die Sicherheitssysteme deutscher Kernkraftwerke mit denen in Fukushima.

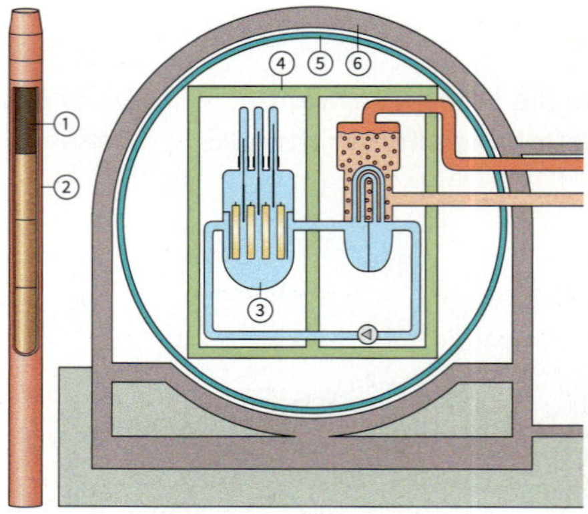

1 6-Barrieren-System

Sicherheitssysteme
An Kernkraftwerke werden hohe Sicherheitsanforderungen gestellt. Jedes Sicherheitssystem muss mehrfach vorhanden sein und selbstständig funktionieren. Zudem sind wichtige Anlagenteile technisch unterschiedlich gebaut, um das Ausfallrisiko zu senken.

Reaktorschnellabschaltung
Kommt es zu einem Störfall, wird die Kernspaltung durch die **Reaktorschnellabschaltung** unterbrochen: Die Steuerstäbe werden vollständig zwischen die Brennelemente im Reaktor eingefahren und dem Kühlmittel wird Borsäure zugesetzt. Dadurch werden die Neutronen absorbiert. Es findet keine weitere Kernspaltung mehr statt.

Nachkühlung
Auch wenn der Reaktor abgeschaltet ist, zerfallen die radioaktiven Spaltprodukte weiterhin selbstständig. Durch die frei werdende Nachzerfallswärme liefert der Reaktor direkt nach der Abschaltung knapp 10 % seiner vorherigen Leistung. Diese thermische Energie muss durch das **Nachkühlsystem** abgeführt werden. Dadurch wird ein Überhitzen und Schmelzen der Brennelemente verhindert.

Notstromversorgung
Ist das Kernkraftwerk abgeschaltet, bezieht es die benötigte elektrische Energie zum Betrieb der Kühlsysteme für den Reaktor und das Abklingbecken aus dem öffentlichen Stromnetz. Bei einem Stromausfall werden die Kühlsysteme mithilfe von Notstromgeneratoren versorgt.

Strahlenschutz
Da ionisierende Strahlung für Mensch und Natur gefährlich ist, muss sie abgeschirmt werden. Das **6-Barrieren-System** soll verhindern, dass radioaktive Stoffe nach außen dringen.

1. Die Brennstoff-Pellets
Das Uran wird zu dichten Pellets zusammengepresst. Die Spaltprodukte werden in den Pellets größtenteils festgehalten.

2. Die Brennstabhülle
Die Brennstäbe sind gasdicht und druckfest verschweißt. Durch die Brennstabhülle und das Wasser im Primärkreislauf werden α- und β-Strahlung absorbiert.

3. Der Reaktordruckbehälter
Der Reaktor besteht aus einer 20 bis 25 cm dicken Metallhülle. Die auftretende γ-Strahlung wird dadurch bereits größtenteils abgeschirmt.

4. Der biologische Schild
Der Primärkreislauf ist von einer 2 m dicken Strahlbetonschicht umgegeben. Dieser Betonschild schwächt die γ-Strahlung weiter ab.

5. Der Sicherheitsbehälter
Die nuklearen Anlagenteile befinden sich innerhalb des geschlossenen Sicherheitsbehälters. Dieser ist nur durch Schleusen begehbar.

6. Das Reaktorgebäude
Das Reaktorgebäude aus 2 m dickem Stahlbeton bildet die letzte Strahlenschutzbarriere und schützt auch gegen Einwirkungen von außen.

Du kannst wichtige Sicherheitseinrichtungen und die Strahlenbarrieren im Kernkraftwerk beschreiben.

Reaktorunglücke verändern die Welt

1. Recherchiere den aktuellen Zustand der Anlagen in Tschernobyl und Fukushima.

2. Erkläre die Funktion der INES-Skala. Beschreibe die Bedeutung der Höchststufe 7.

3. Informiere dich über die aktuelle Umweltsituation und das Tierreich in Tschernobyl.

1 Messung der Strahlenwerte in Tschernobyl (2011)

Das Unglück in Tschernobyl

Am 26. April 1986 sollten im Kernkraftwerk Tschernobyl während der Nachtschicht einige Tests durchgeführt werden. Um 1.23 Uhr drosselte ein Maschinist die Dampfzufuhr der Turbine 8, die daraufhin ihren Lauf verlangsamte. Auch die zugehörigen Generatoren fuhren herunter. Im Reaktorkern begann das **Kühlwasser** zu sieden. Der entstehende Dampf konnte die Wärme nicht mehr abführen und die Uranstäbe erhitzten sich immer stärker. Die Reaktorschnellabschaltung war nicht in der Lage zu reagieren, weil sie für den Versuch blockiert wurde. Im Reaktorkern stieg der Druck bedenklich an.

Der GAU

Es trat der **g**rößte **a**nzunehmende **U**nfall, der **GAU** ein. Weil die Temperatur der Brennstäbe weiter anstieg, wurde Alarm ausgelöst. Das Bedienungspersonal leitete die Reaktorschnellabschaltung ein, aber die Steuerstäbe fuhren viel zu langsam in den Reaktorkern. Sie verbogen sich durch die Hitze und blieben auf halber Strecke stecken. Die Kettenreaktion war nicht mehr aufzuhalten. Der Reaktor begann zu glühen und es entstand **Knallgas**. Es kam zur Explosion, die das Reaktorgebäude zerstörte. Im Reaktor brannte der **Moderator** Grafit. Viele verschiedene radioaktive Stoffe wurden in die Atmosphäre freigesetzt. Der Brand konnte erst nach 10 Tagen gelöscht werden.

Viele Menschen starben bei diesem Unglück. Bis heute sind die Strahlenwerte rund um Tschernobyl stark erhöht. Die Gegend ist unbewohnbar.

Das Unglück in Fukushima

Am 11. März 2011 um 14.46 Uhr fand ein Meeresbeben 163 km nordöstlich des Kernkraftwerkes Fukushima in Japan statt. Die ersten Meereswellen erreichten das Kraftwerk 23 s später. Die **Seismometer** der Anlage leiteten für die Reaktoren 1 bis 3 eine Reaktorschnellabschaltung ein. Gleichzeitig fiel die externe Stromversorgung aus und zwölf Notstromaggregate starteten. Alle sechs Blöcke des Kraftwerks schalteten auf Notkühlung um. Um 15.35 Uhr erreichten bis zu 15 m hohe Tsunamiwellen das Kraftwerk und überfluteten die Reaktorblöcke 1 bis 4 um bis zu 5 m. Die Meerwasserpumpen, Notstromaggregate und Stromverteilerschränke wurden zerstört. Durch fehlende Kühlung kam es zur Überhitzung der Reaktoren und zur Verdampfung des Kühlwassers in den Abklingbecken.

Die Folgen für die Umgebung

In den folgenden Tagen kam es zur Kernschmelze in den Reaktoren. Weil die Brennstäbe zeitweise nicht mehr von Wasser umgeben waren, schmolzen die Brennstabhüllen und es gab mehrere **Knallgasexplosionen**. Die Reaktorgebäude wurden zerstört. Um Spaltneutronen einzufangen, wurde Borsäure im Reaktor eingesetzt. Der Druck im Gebäude wurde gesenkt, indem belastete Luft in die Atmosphäre abgelassen wurde. Verseuchtes Kühlwasser wurde ins Meer eingeleitet. Anhand der **INES-Skala** wird der Unfall in die Höchststufe 7 eingeordnet: ein katastrophaler Unfall.

2 Die zerstörten Reaktorgebäude in Fukushima

Rückbau eines Kernkraftwerkes

1. Stelle die Rückbauphasen des Kernkraftwerks in Stade mithilfe eines Zeitstrahls grafisch dar.

2. Übertrage die Tabelle in dein Heft und fülle sie mithilfe einer Recherche im Internet aus.

Bereits abgeschaltete KKW mit Jahr der Schließung	KKW in Betrieb mit Jahr der Schließung

Beseitigung von Industrieanlagen

Der Abriss von Industrieanlangen soll möglichst kostengünstig erfolgen. Gleichzeitig müssen alle Umweltauflagen erfüllt werden. Bei großen Gebäuden ist die Sprengung schnell und kostengünstig. Dabei stürzen die Gebäude kontrolliert in sich zusammen. Beim Einsturz entstehen jedoch Erschütterungen im Erdreich. Dadurch können benachbarte Gebäude ebenfalls beschädigt werden. Kernkraftwerke dürfen nicht gesprengt werden, da sonst radioaktive Stoffe und ionisierende Strahlung austreten können. Daher werden Kernkraftwerke schrittweise zurückgebaut.

Nachbetriebsphase

Bevor der Rückbau eines Kernkraftwerks beginnt, wird der radioaktive Brennstoff aus der Anlage entfernt. Nach dem Abschalten werden die Brennelemente für fünf Jahre im Abklingbecken gelagert. Während dieser Zeit werden die Anlagen zur Kühlung und zum Strahlenschutz weiter betrieben. Das Kernkraftwerk muss in dieser Zeit von außen mit elektrischer Energie versorgt werden. Anschließend können die Brennelemente in **Castoren** verpackt und abtransportiert werden. Die Anlage ist nun kernbrennstofffrei und kann zurückgebaut werden.

Abfälle beim Rückbau

Kernkraftwerke bestehen je nach Anlagengröße aus 160.000 t bis 250.000 t Material. Etwa 97 % davon sind nicht mit radioaktiven Stoffen in Berührung gekommen. Dieses Material wird nach dem Rückbau wiederverwendet.

Etwa 6.000 t Material sind mit radioaktiven Stoffen und ionisierender Strahlung in Berührung gekommen. Manche Anlagenteile sind **kontaminiert**. Das bedeutet, dass sich auf ihrer Oberfläche radioaktive Stoffe befinden. Diese Bauteile können in mehreren Schritten gereinigt werden, bis ihre Aktivität unter den Grenzwert sinkt.
Andere Anlagenteile sind **aktiviert**. Sie waren starker ionisierender Strahlung ausgesetzt. Dadurch sind sie selbst radioaktiv geworden. Dazu gehört beispielsweise der Reaktordruckbehälter. Diese Anlagenteile müssen sicher abgebaut und gelagert werden.

Ein Beispiel: Das Kernkraftwerk Stade

Im Jahr 1972 ging das Kernkraftwerk Stade an der Unterweser in Betrieb. Der Bau hatte ungefähr 150 Millionen € gekostet.

Bis zu seiner Stilllegung im Jahr 2003 fanden 157 Brennelemente in diesem Kraftwerk Verwendung.
In Bild 1 ist der phasenweise Rückbau des KKWs Stade farblich dargestellt. Er beginnt mit dem Abtransport der Brennelemente und endet mit der Rekultivierung des Geländes.

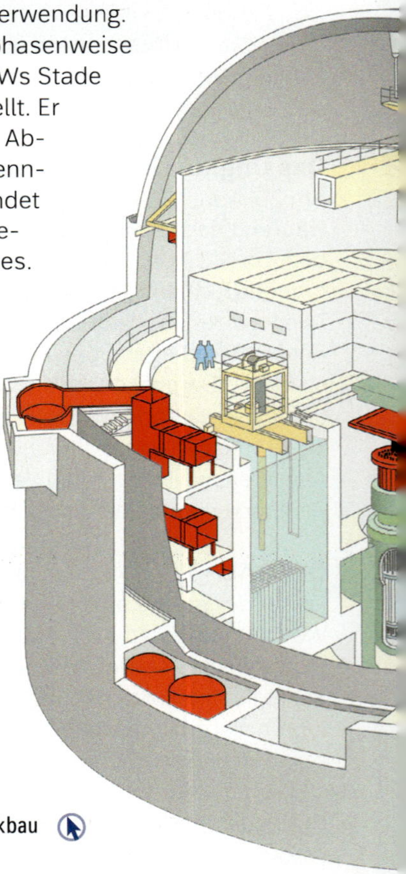

1 Phasenweiser Rückbau des KKWs Stade

Die Kosten

Der vollständige Rückbau des Kernkraftwerkes Stade kostet laut Betreiber 1 Milliarde €. Diese Summe wurde von der Betreiberfirma durch Rückstellungen während des Kraftwerkbetriebs aufgebracht.

3. ≡ Q
Recherchiere den aktuellen Stand des Rückbaus von Block 1 im Kernkraftwerk Neckarwestheim.

Schutz als oberstes Ziel
Ist ein Kernkraftwerk in Betrieb, gilt stets, dass der Schutz sowohl des Betriebspersonals als auch der Bevölkerung und der Umwelt vor unzulässiger Strahlenbelastung oberstes Ziel ist. Dieser Grundsatz gilt auch für die Nachbetriebsphase und die gesamte Zeit des Rückbaus.

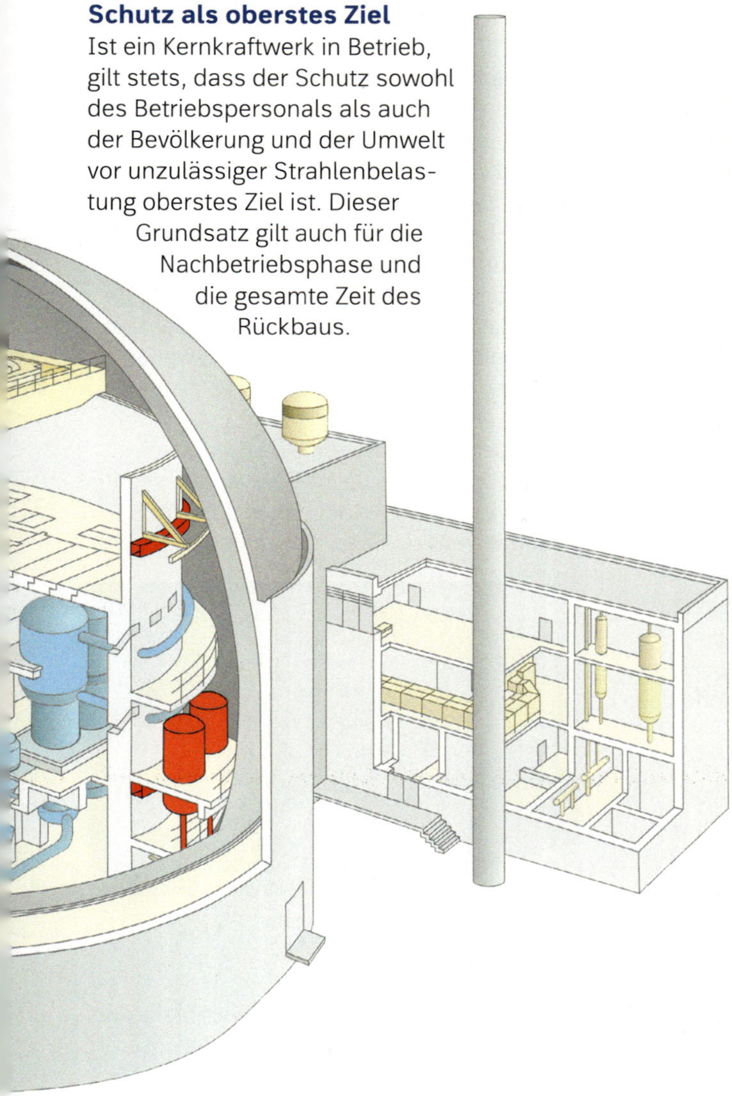

2003 – 2005: Nachbetriebsphase
– Abtransport der Brennelemente
– Rückbau des Kontrollbereichs

2005 – 2007: 1. Phase des direkten Rückbaus
Abbau im nichtnuklearen Bereich:
- Speisewasser- und Frischdampfsysteme
- Turbinen und Generatoren

Abbau im nuklearen Bereich:
- Flutwasserbehälter
- Regelstabführung und -einsätze
- Druckspeicher

2007 – 2009: 2. Phase
Entfernung der Großkomponenten:
- Abbau des Dampferzeugers
- Entfernen der Pumpen und des Primärkühlmittelkreislaufes

2008 – 2012: 3. Phase
Die radioaktiv am stärksten belasteten Komponenten werden entfernt und zwischengelagert:
- Reaktor-Druckgefäß
- Betonabschirmung (biologischer Schild)
- Betonriegel

2010 – 2018: 4. Phase
Entfernen von:
- Abwasseraufbereitungsanlagen
- Abluftanlagen
- Krananlage für die Brennelemente
- Wechselbühne
- Lüftung
- Schalldämpfer

Die Gebäude werden gereinigt und dekontaminiert.

2019: Abriss und Rekultivierung
- Entlassung aus der atomrechtlichen Überwachung
- Abbruch der Gebäude
- „Grüne Wiese“

Du kannst die Anforderungen an den Rückbau eines Kernkraftwerkes beschreiben und die Phasen des Rückbaus eines Kernkraftwerkes nennen.

Umgang mit radioaktivem Abfall

1. Q
Recherchiere die Standorte von acht deutschen Zwischenlager.

2. Q
Informiere dich über den Stand der Endlagersuche in Deutschland.

3. A
Ein radioaktiver Stoff gilt nach zehn Halbwertszeiten als unschädlich. Berechne die Lagerdauer von Plutonium239 und interpretiere das Ergebnis im Hinblick auf die sichere Endlagerung.

4. A
a) Beschreibe die Anforderungen an ein Endlager.
b) Bewerte die Aussage: „Wenn das richtige Endlager gefunden wurde, kann der Atommüll dort sicher gelagert werden."

Radioaktiver Abfall

Beim Umgang mit radioaktiven Stoffen entstehen Reststoffe. Diese Stoffe können nicht weiter genutzt werden. Daher werden sie als radioaktiver Abfall oder Atommüll bezeichnet. Dazu gehören Abfallprodukte aus der Nuklearmedizin und der Forschung ebenso wie der Atommüll aus dem Kernkraftwerk. Auch alle Stoffe und Materialien, die radioaktiv kontaminiert sind, zählen zum radioaktiven Abfall. Je nach Aktivität der Stoffe wird zwischen **schwach-, mittel- und hochradioaktivem Abfall** unterschieden. Rund 90 Prozent des radioaktiven Abfalls in Deutschland ist schwach- und mittelradioaktiv.

Entsorgung von radioaktivem Abfall

Radioaktiver Abfall gilt als Sondermüll und kann nicht einfach als Restmüll entsorgt werden. Beim Zerfall des radioaktiven Abfalls werden ionisierende Strahlung und thermische Energie freigesetzt. Außerdem sind viele der Stoffe giftig. Deshalb muss die Lagerung unter hohen Vorsichtsmaßnahmen und über lange Zeit erfolgen. Durch den Zerfall nimmt die Aktivität des radioaktiven Stoffes ab.

Anforderungen an ein Endlager

Das größte Problem stellt die sichere Einlagerung von hochradioaktiven Abfällen dar, zu denen auch Plutonium239 gehört. Es hat eine Halbwertszeit von 24 000 Jahren. Daher muss über sehr lange Zeit sichergestellt werden, dass von dem radioaktiven und hochgiftigen Stoff keine Gefahr für Mensch und Umwelt ausgeht. Für Endlager gelten deswegen folgende Kriterien:

- Undurchlässigkeit für Gase und Flüssigkeiten,
- gute Wärmeleitfähigkeit, damit die thermische Energie abgeführt wird und
- Hohlraumstabilität, damit keine Einsturzgefahr besteht.

Gesucht werden Bodenformationen, die diese Voraussetzungen erfüllen. Sie werden Wirtsgestein genannt. Es kommen drei Wirtsgesteinsarten zur Lagerung von radioaktivem Abfall infrage: Steinsalz, Ton und Granit.

Zwischenlagerung

Deutschland hat noch kein Endlager für hochradioaktive Abfälle. Daher befinden sich diese Abfälle in Zwischenlagern bei den Kernkraftwerken. Dort werden die radioaktiven Abfälle in Castoren aufbewahrt. Die Castorbehälter werden im Reaktorgebäude unter Wasser beladen. Das Wasser schirmt die ionisierende Strahlung gut ab. Außerdem werden die Brennelemente dadurch weiter gekühlt.

Alle Zwischenlager haben eine Betriebserlaubnis für 40 Jahre. Es wird davon ausgegangen, dass es nach Ablauf dieser Zeit ein **Endlager** zum sicheren Einschluss gibt.

1 Castorbeladung mit Brennelementen

Schacht Konrad

Für schwach- und mittelradioaktive Abfälle gibt es bereits ein Endlager: das stillgelegte Eisenerzbergwerk Schacht Konrad in Salzgitter. Ab 2022 sollen dort radioaktive Abfälle in 800 bis 1300 m Tiefe dauerhaft eingelagert werden

Du kannst den Umgang mit radioaktiven Abfällen und die Anforderungen für dessen Endlagerung beschreiben.

Kernfusion

1. Q
Vergleiche die Vorteile und die Nachteile von Kernfusionsreaktoren und Kernkraftwerken.

2. A
Beschreibe den Ablauf der Kernfusion in der Sonne.

3. Q
Bewerte die Kernfusionstechnik unter dem Aspekt der Umweltverträglichkeit.

Kernfusion in der Sonne

Unserer Sonne setzt durch das Verschmelzen von Atomkernen ständig thermische Energie frei. Dieser Vorgang heißt **Kernfusion**.
Kernfusionen finden nur unter extremen Bedingungen statt, wie sie in unserer Sonne und anderen Sternen herrschen. Der Druck ist sehr hoch und die Temperatur beträgt 15 Millionen °C. Dadurch lösen sich die Elektronen von den Atomkernen. Das dabei entstehende Gemisch aus geladenen Teilchen wird **Plasma** genannt.
Im Plasma der Sonne laufen ständig Fusionsreaktionen ab. Dabei verschmelzen vier Wasserstoffkerne in einem dreistufiegen Prozess. Unter Abgabe eines Heliumkerns und zweier Protonen wird auch die thermische Energie freigesetzt.

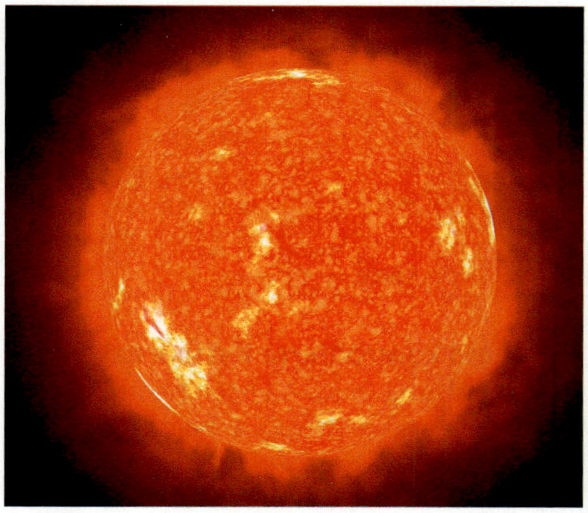

1 Kernfusionen finden in der Sonne statt.

Energie im Überfluss

Die Sonne strahlt – rund um die Uhr – mit einer Leistung von $3{,}86 \cdot 10^{26}$ Watt. Jedoch erreicht nur ein winziger Bruchteil der Sonnenenergie auch die Oberfläche der Erde. In Mitteleuropa sind dies durchschnittlich circa 1000 kWh pro Quadratmeter im Jahr. Ein Teil davon kann mithilfe von Solarzellen in elektrische Energie gewandelt werden.

Ein Reaktor für die Kernfusion

Ein Kernfusionsreaktor ermöglicht eine künstliche Kernfusion, ähnlich wie sie in der Sonne abläuft. Im Inneren des Reaktors befindet sich ein mehr als 100 Millionen °C heißes Plasma aus frei beweglichen Atomkernen und Elektronen. Berührt das Plasma das Gehäuse, kommt es zu Störungen, sodass eine Kernfusion nicht stattfinden kann.
Darum hält ein ringförmiges Magnetfeld das Plasma in der Schwebe. Im Plasma können je ein Deuterium-Kern und ein Tritium-Kern zu einem Helium-Kern verschmelzen:

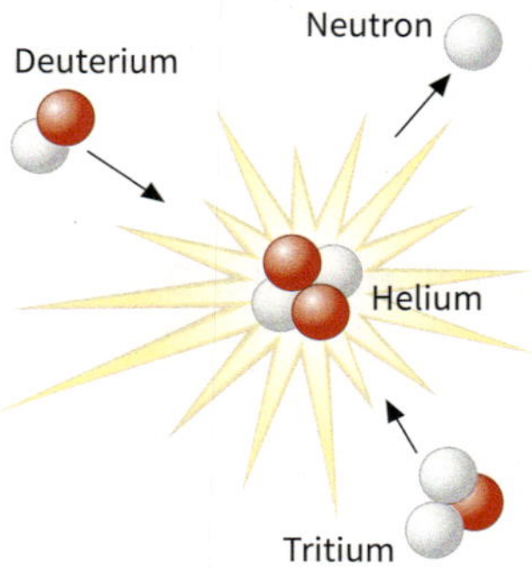

2 Ablauf der Kernfusion im Reaktor

$$^{2}_{1}H + ^{3}_{1}H \rightarrow ^{4}_{2}He + ^{1}_{0}n + \text{thermische Energie}$$

Bei der Fusionsreaktion wird auch thermische Energie freigesetzt, die schließlich in elektrische Energie gewandelt wird.

3 Im Inneren eines Fusionsreaktors

Du kannst den Ablauf von Kernfusionen in der Sonne und in Kernfusionsreaktoren beschreiben.

STREIFZUG

Radioaktivität und Kernenergie

Radioaktivität

Stoffe, deren Atome sich spontan durch Aussenden von Strahlung in andere Stoffe umwandeln können, heißen **radioaktiv.** Die Anzahl der Kernumwandlungen pro Sekunde wird als **Aktivität** eines radioaktiven Stoffes bezeichnet. In der Natur befinden sich viele radioaktive Stoffe, die zusammen die **Umgebungsstrahlung** erzeugen. Deren Aktivität wird als **Nullrate** bezeichnet.

Nachweis der Radioaktivität

Die Strahlung radioaktiver Elemente **ionisiert** Gase. Ein **Geiger-Müller-Zähler** verwendet die ionisierende Wirkung der Strahlung zu dessen Nachweis.

Kern-Hülle-Modell des Atoms

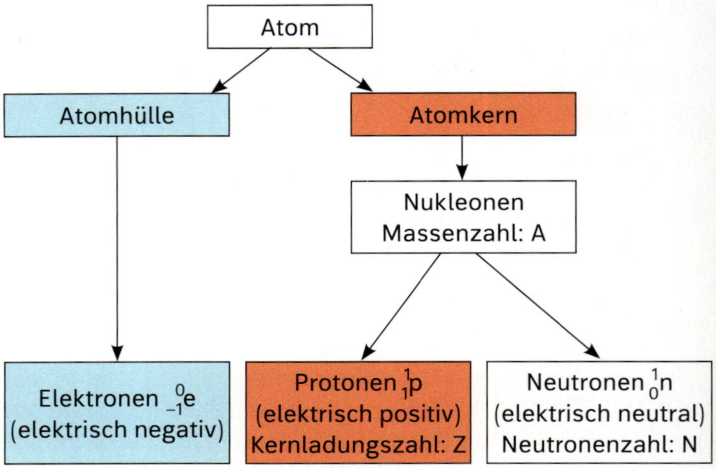

Eigenschaften der Strahlung radioaktiver Elemente

	α-Strahlung	β-Strahlung	γ-Strahlung
Teilchen	$^{4}_{2}He$ oder α-Teilchen 2 Protonen, 2 Neutronen	$^{0}_{-1}e$ oder β-Teilchen 1 Elektron	– Energiestrahlung
elektrische Ladung	zweifach elektrisch positiv geladene Heliumkerne	elektrisch negativ	elektrisch neutral
Ablenkung	ablenkbar durch elektrische und magnetische Felder		weder elektrisch noch magnetisch ablenkbar
Reichweite in Luft	4 cm – 6 cm	mehrere Meter	mehrere Kilometer
Austrittsgeschwindigkeit in Luft	$15\,000\ \frac{km}{s}$	$0 < v < 299\,711\ \frac{km}{s}$	$299\,711\ \frac{km}{s}$ (Lichtgeschwindigkeit)
Abschirmung	wenige Blätter Papier	1 mm Aluminium-Platte	Beton, Blei (keine vollständige Abschirmung möglich)
Nachweisgeräte	Geiger-Müller-Zähler, Nebelkammer, Dosimeter, Spinthariskop, Elektroskop		

Radioaktiver Zerfall

Isotope sind Atomkerne des gleichen chemischen Elementes, aber mit unterschiedlicher Anzahl von Neutronen.
Beim **radioaktiven Zerfall** wandeln sich Isotope unter Aussendung radioaktiver Strahlung in Isotope anderer chemischer Elemente um.

Halbwertszeiten

Die **physikalische Halbwertszeit** gibt an, nach welcher Zeitspanne die Hälfte der ursprünglich vorhandenen Kerne zerfallen ist.
Die **biologische Halbwertszeit** gibt an, nach welcher Zeitspanne die Hälfte der ursprünglich vorhandenen radioaktiven Stoffe aus dem Körper ausgeschieden ist.

Unkontrollierte und kontrollierte Kettenreaktion

Die bei einer **Kernspaltung** freiwerdenden Neutronen können weitere Atomkerne spalten. Es entsteht eine **unkontrollierte Kettenreaktion.**

Wird die Anzahl der Spaltneutronen begrenzt, kommt es zu einer **kontrollierten Kettenreaktion.** Dieses Verfahren wird in **Kernkraftwerken** angewendet. Dort dient Wasser als **Kühlmittel** und als **Moderator.** Dabei bremst das Wasser die zu schnellen Neutronen ab.

Radioaktiver Abfall

Der radioaktive Abfall aus KKW wird in **Zwischenlager** gebracht. In Deutschland gibt es keine Endlager. Bis zum Jahr 2022 werden alle Kernkraftwerke in Deutschland abgeschaltet. Danach werden sie **zurückgebaut**.

→ METHODE S. 12/13

Struktur der Materie

System

Wechsel-wirkung

Energie

Struktur der Materie

1. Ⓐ
Welche Auswirkungen hat die Ionisation durch radioaktive Strahlung auf die elektrische Leitfähigkeit von Gasen? → S.137

2. Ⓐ
Erkläre anhand des Atomaufbaus, warum einige Isotope eines chemischen Elementes radioaktiv sind und andere nicht.

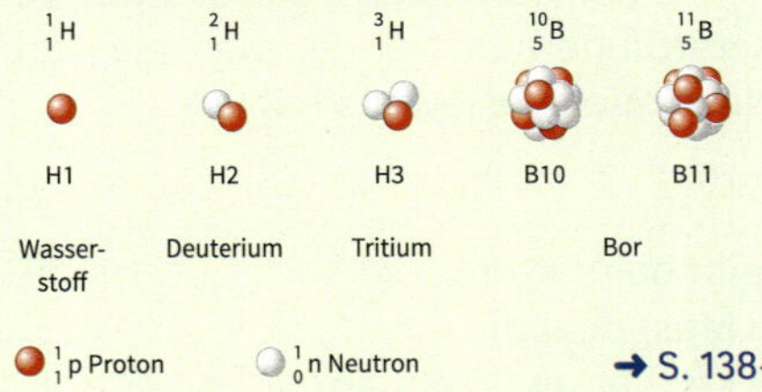

→ S. 138–139

System

3. Ⓐ
a) Beschreibe einen Weg, mit dessen Hilfe sich U238 in Pb206 umwandelt.
b) Warum nehmen die radioaktiven Elemente auf der Erde ab, während die Bleivorräte stetig zunehmen? → S. 144–145

4. Ⓐ
Nach welchen Gesichtspunkten ist die Nuklidkarte geordnet?

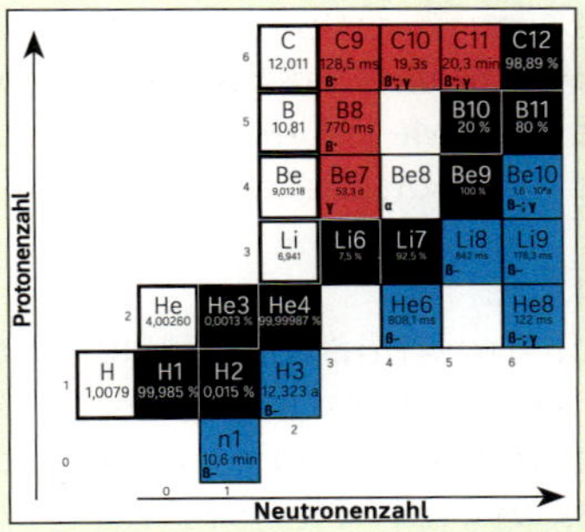

→ S. 139

Wechselwirkung

5. Ⓐ
Beschreibe und erkläre die Wechselwirkung, wenn ein radioaktiver Strahler auf die geladene Platte eines Elektroskops gerichtet wird. → S. 141

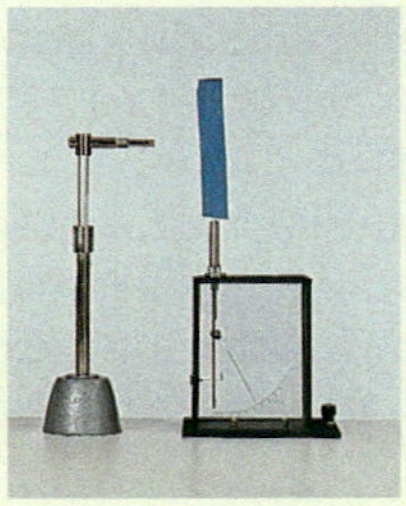

6. Ⓐ
Beschreibe, wie die Funktion der Regelstäbe auf die Kettenreaktion wirkt. Formuliere deine Aussagen mit Je-desto-Sätzen. → S. 154

Energie

7. Ⓐ
a) Welche energiereiche Strahlung tritt fast immer im Zusammenhang mit Teilchenstrahlungen auf?
b) Worin besteht die besondere Gefährlichkeit dieser Strahlung? → S. 142–143

8. Ⓐ
Welche Aufgabe hat ein Moderator? Formuliere deine Antwort mithilfe des Begriffes Energie. → S. 154

Radioaktivität und Kernenergie

Radioaktivität und Atomaufbau

LERNCHECK

Kannst du schon ...

... die Ursachen für die natürliche ionisierende Strahlung aufzählen? (S. 134)
... den Begriff Umgebungsstrahlung erläutern? (S. 134)
... die Impulsrate von der Nullrate unterscheiden? (S. 134)
... die Aktivität mit einer Formel berechnen? (S. 136)
... den Begriff ionisierende Strahlung erläutern? (S. 137)
.. Nachweisgeräte für Strahlung nennen und deren Aufbau beschreiben? (S. 137, 141)
.. mithilfe des Kern-Hülle-Modells den Aufbau eines Atoms beschreiben? (S. 138)
.. die Kernladungs- und Massenzahl eines Atoms nennen und daraus ablesen, wie viele Protonen und Neutronen sich im Atomkern befinden? (S. 139)
.. ein Isotop mithilfe der Nuklidkarte charakterisieren? (S. 139)
.. den Aufbau von Proton und Neutron mithilfe von Elementarteilchen beschreiben? (S. 140)

Zeig, was du kannst!

1. A
a) Erläutere, woraus sich die Umgebungsstrahlung zusammensetzt.
b) Beschreibe die Herkunft der einzelnen Anteile.

2. A
a) Mit dem Geiger-Müller-Zähler werden Impulse gezählt. Wie errechnest du daraus die Impulsrate?
b) Warum reicht die Angabe der Impulse nicht aus, um eine Aussage über die Aktivität einer radioaktiven Probe zu machen?

3. A
a) Was ist die Nullrate?
b) Begründe, warum die Nullrate bei jeder Messung beachtet werden muss.

4. A
Erkläre mithilfe einer Zeichnung das Kern-Hülle-Modell eines Atoms. Gehe dabei auch auf die Ladungszustände der einzelnen Bestandteile ein.

5. A
In welche Bestandteile wird ein Atom durch Ionisierung zerlegt und welche Ladungen haben diese Teile?

6. A
Zeichne den Atomaufbau von ${}^{4}_{2}He$ und benenne alle gezeichneten Atombausteine.

7. A
Lies aus der Nuklidkarte den Unterschied im Atomaufbau von Lithium und Beryllium ab.

8. A
Suche aus der Nuklidkarte alle Isotope von Wasserstoff heraus. Nenne, wie viele Protonen und Neutronen sie jeweils haben.

9. A
Was gibt beim Atom
a) die Massenzahl,
b) die Kernladungszahl an?

10. A
a) Schreibe für Lithium drei unterschiedliche Isotope mit Massenzahl und Kernladungszahl auf.
b) Schreibe das Isotop U235 mit Massen- und Kernladungszahl auf.
c) Wie viele Neutronen hat C14?
d) Wie viele Protonen hat Beryllium?

11. A
a) Schreibe Cs137 in der Symbolschreibweise.
b) Aus wie vielen Neutronen und Protonen besteht dieses Isotop?

12. A
a) Erkläre den Begriff Elementarteilchen und nenne ein Beispiel dafür.
b) Nenne die drei Quarks aus denen das Proton aufgebaut ist?

Ionisierende Strahlungen und Kernenergie

Kannst du schon ...

... drei Strahlungsarten benennen und die abgegebene Strahlung charakterisieren? (S. 142, 143)
... die wichtigen Eigenschaften der Strahlungsarten benennen? (S. 143)
... die Begriffe physikalische und biologische Halbwertszeit eines radioaktiven Stoffes jeweils erklären? (S. 144, 145)
... Situationen nennen, bei dem ionisierende Strahlung nutzt oder schadet? (S. 149–151)
... den Prozess der Kernspaltung in einer Kernreaktionsgleichung darstellen? (S. 152)
... die Prozesse und Kreisläufe im Kernkraftwerk beschreiben? (S. 154–156)
... die Phasen des Rückbaus eines Kernkraftwerkes beschreiben? (S. 158, 159)
... den Ablauf der Kernfusion in der Sonne und einem Fusionsreaktor beschreiben? (S. 161)

Zeig, was du kannst!

13. A
Bei einem radioaktiven Stoff werden pro Minute 12 000 Kernumwandlungen gemessen. Berechne seine Aktivität.

14. A
Erkläre, wie sich Massen- und Kernladungszahl durch einen α-Zerfall verändern.

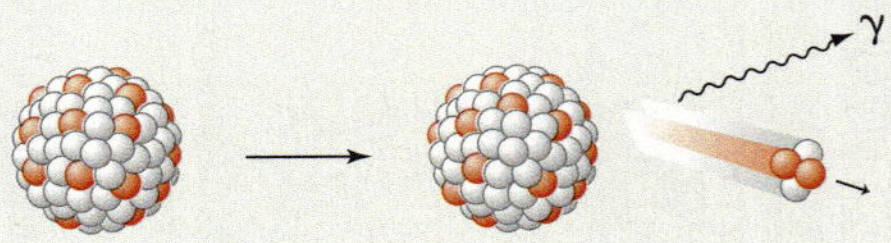

15. A
a) Schreibe die Zerfallsgleichung für ein Neutron auf.
b) Bei welcher Strahlung findet dieser Zerfall statt?

16. A
a) Nenne die Energiestrahlung.
b) Schreibe die Kernreaktionsgleichung für Barium auf.

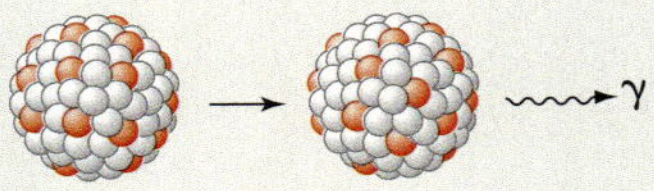

17. A
Kr85 hat eine Halbwertszeit von 10,1 a. Zu Beginn sind 16 g Kr85 vorhanden. Berechne, wie viel Gramm Krypton nach 30,3 Jahren noch vorhanden sind.

18. A
a) Berechne, wie viele freie Neutronen entstehen, wenn U236 in Se85 und Ce148 zerfällt.
b) Schreibe die Kernreaktionsgleichung auf, beginnend mit U235.

19. A
Beschreibe die Funktion der Regelstäbe in einem Reaktor.

20. A
Nenne die Anforderungen an ein Endlager für radioaktiven Abfall

21. A
Beschreibe den Ablauf der Kernfusion in einem Fusionsreaktor.

Wichtige Begriffe

- ionisierende Strahlung, Geiger-Müller-Zähler
- Atom, Kern-Hülle-Modell, elektrische Ladung
- Atombausteine: Elektron, Proton, Neutron
- Isotop, Elementarteilchen, Quark
- α-Strahlung, β-Strahlung, γ-Strahlung
- Kernzerfall, Halbwertszeit
- Nutzung und Gefahren ionisierender Strahlung
- Kernspaltung, O. HAHN, L. MEITNER, F. STRASSMANN
- Kontrollierte und unkontrollierte Kettenreaktion
- Kernkraftwerk, Rückbau, radioaktiver Abfall
- Kernfusion

Temperatur und Wärme

Was ist denn hier mit den Schienen passiert?

Warum wird auf den Prozessor Wärmeleitpaste aufgetragen?

Warum steigen die Funken bei einem Lagerfeuer immer nach oben?

Die Temperaturskalen

1. Ⓐ
Zähle verschiedene Typen von Thermometern auf.

2. Ⓥ
a) Gib Kerzenwachs in ein breites Reagenzglas und führe es in ein Becherglas mit siedendem Wasser. Miss alle 20 s die Temperatur des Wachses.
b) Zeichne die Messergebnisse in ein Diagramm.
c) Wie hoch ist die Schmelztemperatur von Wachs?

3. Ⓐ
a) Nenne die verschiedenen Aggregatzustände, in denen Wasser vorliegen kann.
b) Nenne die Übergänge zwischen den verschiedenen Aggregatzuständen.

4. Ⓐ
Rechne die angegebenen Temperaturwerte jeweils in die anderen beiden Temperatureinheiten um:
0 °C, 32 °F, 273 K, 68 °C, 68 °F, 68 K, –12 °C, –7 °F, 108 °C.

5. Ⓐ
Erkläre, warum siedendes Wasser brodelt.

Umrechnen von Celsius-Werte in Fahrenheit-Werte

Temperatur in °F: $T_F = \frac{9}{5} \cdot T_C + 32$

Temperatur in °C: $T_C = \frac{5}{9} \cdot (T_F - 32)$

Temperatur als Wärmemaß
Der Mensch kann nicht angeben, wie warm ein Körper oder seine Umgebung ist. Er kann nur **Temperaturen** miteinander vergleichen, also Temperaturunterschiede feststellen. Je wärmer ein Körper ist, desto höher ist seine Temperatur.

Thermometer zeigen die Temperatur an
Um die Temperatur eines Gegenstandes, einer Füssigkeit oder eines Gases zu messen, benötigst du ein **Thermometer.** Die Temperatur gibt an, wie warm die Umgebung des Thermometers ist.

In Bild 1 ist ein analoges Thermometer abgebildet. Du kannst die Temperatur an der Skala des Steigrohres ablesen. Häufig findest du digitale Thermometer. Sie benötigen eine interne Stromquelle. Die Temperatur wird über einen Messfühler aufgenommen und auf einem digitalen Display angezeigt.

Unterschiedliche Skalen
In Europa gilt für die Temperaturangabe die **Celsius-Skala.** Die beiden **Fixpunkte** dieser Skala sind die **Schmelztemperatur** und die **Siedetemperatur** von Wasser. Sie sind durch die Werte 0 °C und 100 °C festgelegt. Temperaturen unterhalb der Schmelztemperatur werden durch negative Werte angegeben.

In den USA gilt die **Fahrenheit-Skala.** Temperaturen haben die Einheit Grad Fahrenheit. Wasser gefriert bei 32 °F und siedet bei 212 °F. Die Körpertemperatur des Menschen beträgt 98 °F.

E – Die Kelvin-Skala
In der Wissenschaft ist die **Kelvin-Skala** gebräuchlich. Ihr Nullpunkt ist der **absolute Temperaturnullpunkt** und es gilt
0 K = – 273,15 °C.
Damit besitzt die Kelvin-Skala keine negativen Werte. Die Abstände zwischen zwei Grad sind genauso gewählt wie bei der Celsius-Skala. So ist
0 °C = 273,15 K.
Wenn du eine Temperaturdifferenz angeben sollst, gibst du sie immer in Kelvin an.

BEACHTE
Die Temperaturangabe in K (Kelvin) erfolgt ohne das Grad-Zeichen!

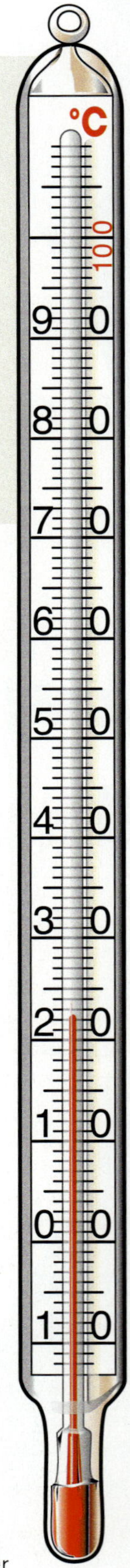

1 Analoges Thermometer

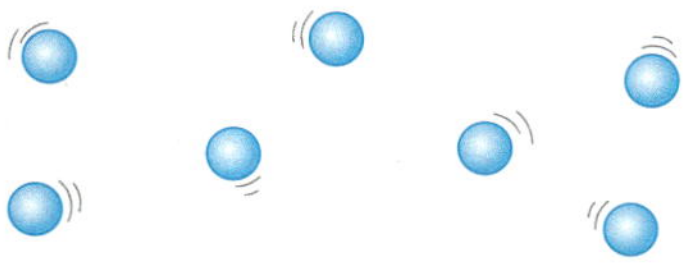

2 Bei Gasen bewegen sich die Teilchen frei.

Stoffe liegen in Aggregatzuständen vor

Abhängig von der Temperatur kann ein Körper fest, flüssig oder gasförmig sein. Dieser Zustand ist der **Aggregatzustand** des Körpers.

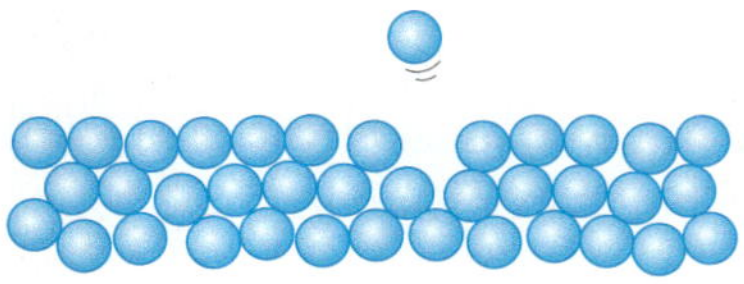

3 Bei Flüssigkeiten sind die Teilchen locker verbunden.

Der Aggregatzustand hängt von der Temperatur ab

Beim absoluten Temperaturnullpunkt sind alle Stoffe fest. Wird festen Körpern Energie in Form von Wärme zugeführt, werden sie flüssig. Dieser Übergang heißt **schmelzen.** Wird einer Flüssigkeit weiter Energie in Form von Wärme zugeführt, wird sie gasförmig. Dieser Vorgang heißt **verdampfen.**
Die Übergänge können auch in umgekehrter Richtung erfolgen. Kühlt Dampf zu einer Flüssigkeit ab, so **kondensiert** er. Wird die Flüssigkeit zum festen Körper, **erstarrt** sie.

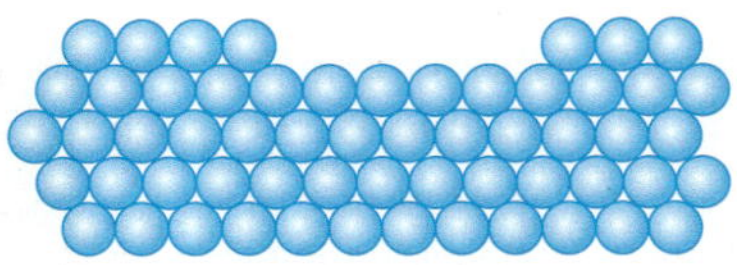

4 Bei festen Körpern hat jedes Teilchen seinen festen Platz.

5 Gasförmiges Wasser: Wasserdampf

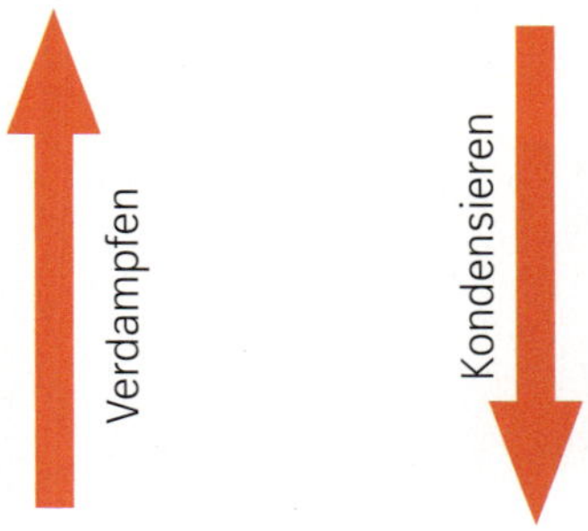

6 Flüssiges Wasser: Wasser

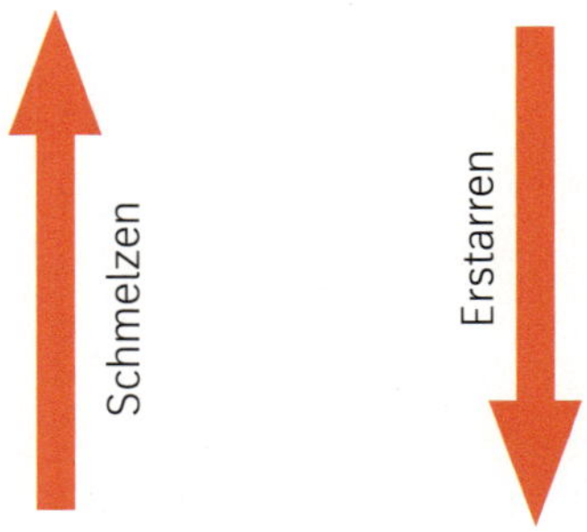

7 Festes Wasser: Eis

Du kannst den Begriff Temperatur erklären und Temperaturen messen.
Du kannst die Aggregatzustände und die Übergänge zwischen ihnen benennen.

Temperatur und Wärme unterscheiden

1.
a) Erwärme eine Eisenkugel und einen etwa gleich großen Stein 5 min über dem Gasbrenner (Bild 1A).
b) Gib die Kugel und den Stein mit einer Tiegelzange vorsichtig in je ein Becherglas mit 100 ml kaltem Leitungswasser. Miss anschließend in beiden Bechergläsern die Temperatur (Bild 1B). Vergleiche beide Temperaturen und erkläre deine Feststellung.

2.
a) Erwärme 100 ml Wasser in einem Becherglas, bis es siedet (Bild 2A).
b) Fülle ein Reagenzglas mit 5 ml und ein zweites mit 10 ml kaltes Leitungswasser. Stelle in die Reagenzgläser je ein Thermometer. Halte beide Reagenzgläser zeitgleich für 30 s in das heiße Wasserbad (Bild 2B). Nimm die Reagenzgläser aus dem Wasserbad und lies sofort die Temperaturen ab. Vergleiche die Temperaturen und erkläre deine Feststellung.

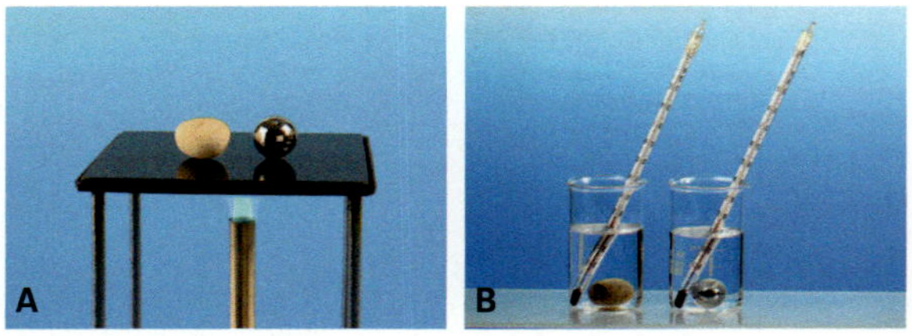

1 Heiße Gegenstände erwärmen kaltes Wasser.

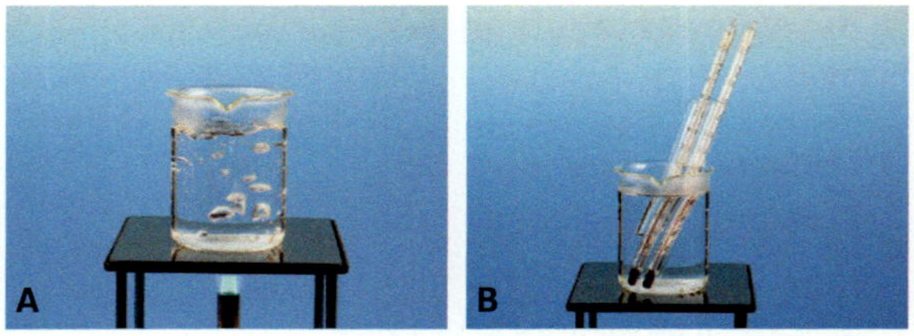

2 Heißes Wasser erwärmt kaltes Wasser.

Verschiedene Stoffe – gleiche Mengen

Eine Eisenkugel und ein gleich großer Stein werden über einer Brennerflamme gleich lange mit der gleichen Temperatur erwärmt. Ihre Wärme können sie beispielsweise an kaltes Wasser abgeben (Bild 1B). Dabei sinken die Temperaturen der Kugel und des Steins, die Temperatur des Wassers steigt. Das Wasser mit der Eisenkugel hat am Ende jedoch die höhere Temperatur. Die Kugel hat also mehr Wärme an das Wasser abgegeben als der Stein.

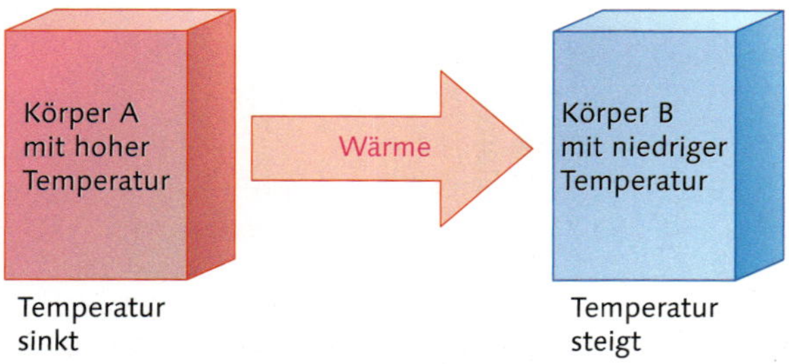

3 Temperaturänderung durch Wärmeübergang

Hohe Temperaturen machen es möglich

Eine Erhöhung der Temperatur wird durch Wärmezufuhr erreicht. Ein Gasbrenner kann Glas so viel Wärme zuführen, dass es biegsam und verformbar wird. Wird die Temperatur eines Stoffes erhöht, können wesentliche Stoffeigenschaften wie Dichte, Verformbarkeit und Härte verändert werden.

Gleiche Stoffe – unterschiedliche Mengen

Werden zwei Reagenzgläser mit verschiedenen Wassermengen gleich lange in ein heißes Wasserbad gehalten, nehmen sie die gleiche Menge an Wärme auf (Bild 2B). Die Temperatur des Wassers in den Reagenzgläsern steigt. Die Temperatur der kleineren Wassermenge wird jedoch höher. Um in dem Reagenzglas mit der doppelten Wassermenge die gleiche Temperatur zu erreichen, müsste doppelt so lange Wärme zugeführt werden.

Auf die Menge der Wärme kommt es an

Einen warmen Heizkörper kannst du gefahrlos berühren. Trotzdem kann er die Luft in einem Raum erwärmen. Dies liegt an der großen Menge Wärme, die das Wasser des Heizkörpers enthält und die es an die Luft im Raum abgibt. Die Temperatur des Wassers im Heizkörper sinkt dabei.

Thermische Energie

Wärme wird auch als thermische Energie bezeichnet. Sie wird in **Joule (J)** gemessen.

Du kannst Wärme von Temperatur unterscheiden und die Richtung der Wärmeausbreitung angeben.

Wärme im Teilchenmodell

1. Ⓐ
a) Beschreibe, wie gerne und intensiv du dich bewegen magst, wenn du dich energiegeladen oder schlapp fühlst.
b) Vergleiche deine Überlegungen aus a) mit den Aussagen des Teilchenmodells.

2. Ⓐ
Erkläre die Aggregatzustände und ihre Übergänge am Beispiel der brennenden Kerze mithilfe des Teilchenmodells.

3. Ⓐ
Erkläre mit dem Teilchenmodell, warum Flüssigkeiten keine feste Form haben und sich jedem beliebigen Gefäß anpassen.

1 Die drei Zustandsformen von Kerzenwachs im Teilchenmodell

Das Teilchenmodell beschreibt den Zustand von Körpern

Körper liegen in unterschiedlichen Aggregatzuständen vor. Mithilfe des **Teilchenmodells** kannst du dieses Phänomen erklären. Die Körper bestehen aus kleinsten Teilchen, die sich gegenseitig anziehen oder abstoßen. Sie üben eine Wechselwirkung aufeinander aus. Abhängig davon, wie stark diese ist, besitzt der Körper einen bestimmten Aggregatzustand.

Feste Körper – fest gebundene Teilchen

In einem festen Körper besitzt jedes Teilchen seinen festen Platz. Die Wechselwirkungen zwischen den einzelnen Teilchen sind sehr stark. Deshalb können die einzelnen Teilchen auch nicht aus diesem Verbund ausbrechen. Jedes Teilchen bewegt sich nur sehr wenig und hat nur sehr wenig Energie.

Flüssigkeiten – schwach gebundene Teilchen

Wird einem festen Körper Energie zugeführt, bewegen sich zunächst die äußeren Teilchen des festen Körpers schneller. Gleichzeitig nimmt die Wechselwirkungen zwischen den äußeren Teilchen immer weiter ab. Wird dem festen Körper nun noch mehr Energie zugeführt, können sich die Teilchen lösen und frei bewegen. Der Körper ist flüssig.

Gasförmige Körper – ungebundene Teilchen

Wird einer Flüssigkeit immer mehr Energie zugeführt, bewegen sich die Teilchen immer stärker gegeneinander und benötigen mehr Platz. Die Wechselwirkungen zwischen den Teilchen nehmen ab. Wird noch mehr Energie zugeführt, gibt es kaum Wechselwirkungen mehr zwischen den Teilchen. Die einzelnen Teilchen verlassen den Teilchenverbund. Der Körper ist gasförmig.

Der Übergang der Aggregatzustände

Wird beim Erwärmen Energie zugeführt, so schmilzt der feste Körper und wird eine Flüssigkeit. Bei weiterer Energiezufuhr verdampft die Flüssigkeit und wird gasförmig. Bei Energieabgabe an die Umgebung kondensiert das Gas zu einer Flüssigkeit und die Flüssigkeit erstarrt zu einem Festkörper.

Du kannst die drei Aggregatzustände mithilfe des Teilchenmodells erklären.

Basiskonzepte S. 213

Volumenänderung bei Gasen

1. ≡ V

a) Baue den Versuch nach Bild 1 auf und führe ihn durch. Notiere deine Beobachtungen.
b) Nimm die Kerze weg. Notiere die Veränderungen.
c) Kühle den Erlenmeyerkolben mit kaltem Wasser ab. Beobachte und erkläre die Veränderungen.

2. ≡ V

a) Entferne das Glasrohr aus Versuch 1 aus dem Stopfen und gib einen kleinen Tropfen gefärbtes Wasser so in das Glasrohr hinein, dass er in die Nähe des Knicks gelangt. Stecke das Glasrohr wieder in den Stopfen und erwärme den Kolben mit deinen Händen. Beschreibe, was passiert.
b) Kühle den Erlenmeyerkolben ab und beobachte den Tropfen. Erkläre deine Beobachtungen.

3. ≡ V

a) Stelle den Erlenmeyerkolben aus Versuch 2 zusammen mit einem Thermometer in kaltes Wasser. Markiere die Position des Tropfens und notiere die Temperatur.
b) Erwärme das Wasser und markiere die Position des Tropfens bei einer Erwärmung von jeweils 5 K. Fahre damit fort, bis der Tropfen kurz vor dem Ende des Rohres steht.
c) Stelle den Erlenmeyerkolben und das Thermometer wieder in kaltes Wasser und vergleiche die Position des Tropfens und die Thermometeranzeige. Berichte über deine Beobachtungen.

4. ≡ V

Probiere, wie du Wasser in ein Reagenzglas bekommst, das mit einem durchbohrten Stopfen verschlossen ist.

5. ≡ A

a) Warum musst du in Versuch 1 Wasser zu Hilfe nehmen, um die Ausdehnung der Luft zu zeigen?
b) In Versuch 3 hast du ein Gasthermometer gebaut. Beschreibe die Funktionsweise.

6. V **Demonstrationsversuch**

a) Drei gleiche Kolbenprober werden jeweils mit der gleichen Menge Luft, Erdgas und Kohlenstoffdioxid gefüllt und in Eiswasser gestellt (Bild 2).
b) Die Kolbenprober werden aus dem kalten Wasser herausgenommen und in warmes Wasser gestellt.

7. ≡ A

Beschreibe deine Beobachtungen aus Versuch 6. Fomuliere daraus eine Folgerung für die thermische Ausdehnung verschiedener Gase.

Thermische Ausdehnung von Luft

Gase dehnen sich beim Erwärmen aus. Das kannst du an dem Gasgemisch Luft untersuchen. Doch weil Luft unsichtbar ist, siehst du nicht, was beim Erwärmen geschieht. Hältst du jedoch das Glasrohr des erwärmten Kolbens ins Wasser, siehst du Blasen aufsteigen. Das ist die erwärmte Luft aus dem Kolben. Luft dehnt sich demnach bei Erwärmung aus. Im Vergleich zu Wasser ist die **thermische Ausdehnung** von Luft sogar zehnmal so groß.

1 Erwärmung von Luft

Thermische Ausdehnung unterschiedlicher Gase

Untersuchst du die Ausdehnung beim Erwärmen verschiedener Gase, zeigt sich, dass sich alle Gase bei gleicher Erwärmung gleich stark ausdehnen (Bild 2).
Die thermische Ausdehnung ist bei allen Gasen gleich groß. Beim Abkühlen ziehen sich alle Gase wieder zusammen.

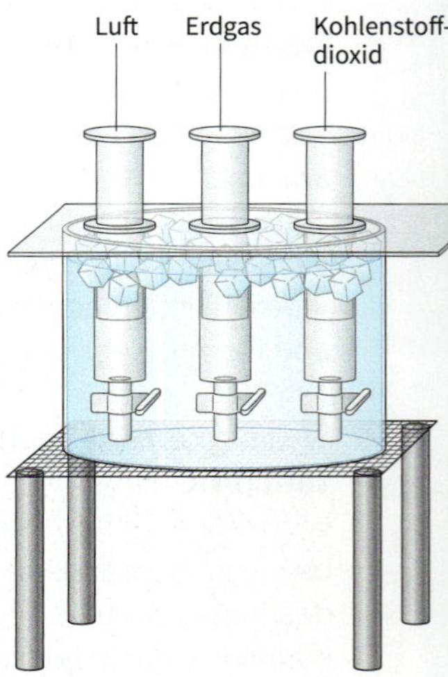

2 Erwärmung von Gasen

Du kannst erklären, wie sich Gase beim Erwärmen und Abkühlen verhalten.

Was ist innere Energie?

Beim Schleifen werden Oberflächen von Gegenständen mit einem Schleifmittel wie Schleifpapier bearbeitet. Die Reibung zwischen Schleifpapier und Oberfläche bewirkt, dass kleine Teile der Oberfläche abgetrennt werden. Das Schleifpapier und die Oberfläche des Gegenstandes werden dabei stark erwärmt.
Sowohl das Schleifpapier als auch der Gegenstand besitzen bei jeder Temperatur eine bestimmte Menge Energie in Form von Wärme. Sie wird **innere Energie** genannt.
Die zum Schleifen notwendige Bewegungsenergie des Schleifpapiers wird zum größten Teil in Wärme umgewandelt. Dadurch wird dem Schleifpapier und dem zu schleifenden Körper zusätzlich Energie zugeführt. Sie enthalten jetzt mehr innere Energie als vorher. Das führt auch im Inneren der Körper zu Veränderungen.

Innere Energie im Teilchenmodell

Alle Körper bestehen aus Teilchen, die sich in ständiger Bewegung befinden. Die beim Schleifen zugeführte Energie wird von den Teilchen aufgenommen und ihre Bewegung wird heftiger. Das bedeutet, dass die Temperatur beider Körper steigt.

5 Durch Reibung steigt die innere Energie.

Innere Energie und Temperatur

Manche Körper verändern bei steigender innerer Energie ihre Eigenschaften. Ein Squashball besteht aus Kunststoff und ist mit einem Gas gefüllt, das bei Zimmertemperatur flüssig ist. Der Ball besitzt nur eine geringe innere Energie und damit eine geringe Elastizität. Der Ball springt kaum. Damit der Ball elastischer wird, muss er warm gespielt werden. Dabei wird mechanische Energie in Wärme umgewandelt. Die innere Energie der Flüssigkeit steigt und die Teilchen bewegen sich schneller. Damit steigt die Temperatur der Flüssigkeit, sie wird gasförmig. Dadurch nimmt die Elastizität des Kunststoffes zu, der Ball springt. Dieser Zustand ist die Folge der Wechselwirkung zwischen der Temperaturänderung des Gases und der Materialeigenschaft des Balles.

6 Mehr Elastizität durch höhere innere Energie

Änderung der inneren Energie

Die innere Energie eines Körpers und damit seine Temperatur können auf verschiedene Weise erhöht werden. Eine Büroklammer, die durch schnelle Knickbewegungen durchgebrochen wurde, ist an der Bruchstelle warm. Durch die Bewegung hat sich die innere Energie der Büroklammer erhöht. Dies ist als Temperaturerhöhung deutlich spürbar.

Wird heißer Kaffee in eine Tasse gegossen, kühlt er ab. Er gibt Energie in Form von Wärme an die kühlere Tasse ab. Dadurch wird die innere Energie des Kaffees geringer und seine Temperatur sinkt. Nach dem Eingießen ändern sich nicht nur innere Energie und Temperatur des Kaffees, sondern auch die der Tasse. Sie nimmt Wärme auf. Dadurch wird ihre innere Energie größer und ihre Temperatur steigt.

Du kannst den Zusammenhang zwischen innerer Energie, Temperatur und Teilchenbewegung beschreiben.

Basiskonzepte S. 213

Thermischer Strom ist Wärmestrom

1. V
Erwärme 300 ml Wasser in einem Becherglas auf der Heizplatte. Miss in Abständen von 30 s die Temperatur und trage die Werte in eine Tabelle ein. Beende den Versuch, wenn das Wasser eine Temperatur von etwa 70 °C erreicht hat.

2. A
Stelle die Werte aus Versuch 1 in einem Zeit-Temperatur-Diagramm dar.

3. V
Wiederhole Versuch 1 und Aufgabe 2 mit 150 ml Wasser. Vergleiche die Temperaturkurven.

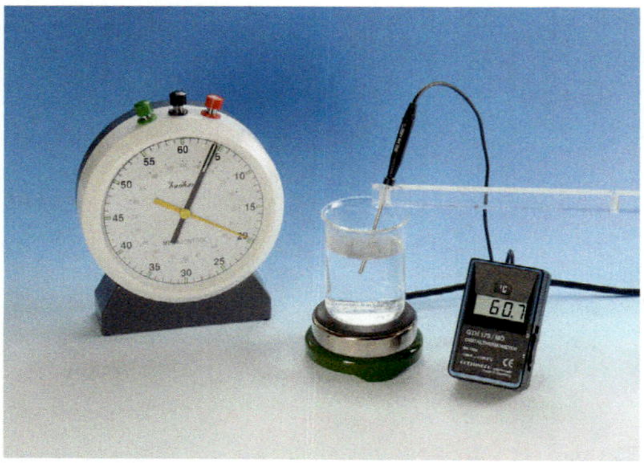
1 Die Heizplatte erwärmt kaltes Wasser.

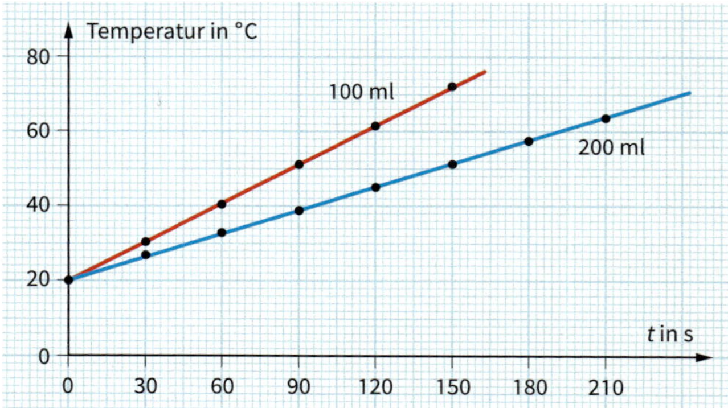

2 Temperaturanstieg beim Wärmeübergang

Wärme geht in Wasser über
Eine Heizplatte wandelt elektrische Energie in Wärme um. Die Wärme gibt sie gleichmäßig an ein Gefäß mit kaltem Wasser auf der Platte ab (Bild 1). Wenn das Wasser die Wärme aufnimmt, steigt seine Temperatur. In gleichen Zeitabständen erfolgt ein gleichmäßiger Temperaturanstieg. Der Anstieg der Temperatur und die dazu erforderliche Zeit verlaufen direkt proportional zueinander. Damit werden in gleichen Zeitabschnitten gleiche Mengen an Wärme an das Wasser übertragen.
Wird die Ausgangsmenge des Wassers halbiert, steigt bei gleichbleibender Wärmemenge die Temperatur des Wassers um den doppelten Wert (Bild 2).

3 Der Wärmestrom ist gerichtet.

Wärme strömt
Der Übergang der Wärme von einem Körper mit höherer Temperatur auf einen Körper mit niedrigerer Temperatur wird **thermischer Strom** genannt. Der thermische Strom hat eine Richtung. Er verläuft immer vom wärmeren Körper zum kälteren Körper, also hier von der heißen Gasflamme des Bunsenbrenners zum Eisennagel (Bild 3).

Nicht ohne Antrieb
Der Antrieb für den thermischen Strom ist der Temperaturunterschied zwischen den beteiligten Körpern. Die Temperatur des kälteren Körpers sei T_1, die des wärmeren Körpers T_2. Die Differenz zwischen beiden ist ΔT. Es gilt:

$$\Delta T = T_2 - T_1$$

Ein thermischer Strom entsteht nur, wenn $T_2 > T_1$, also $\Delta T > 0$. Je größer ΔT ist, desto größer ist auch der thermische Strom.

Du kannst den thermischen Strom beschreiben und seinen Antrieb benennen.

Thermisches Gleichgewicht

1. V
Baue einen Versuch wie in Bild 1 auf. Verwende zwei Bechergläser, die du ineinanderstellen kannst. Fülle in das innere Glas bis unter den Rand Wasser mit einer Temperatur von etwa 40 °C. Befülle den Zwischenraum im größeren Glas mit kaltem Wasser. Rühre und miss in beiden Wassermengen in Abständen von 20 s die Temperatur. Notiere die Werte in einer Tabelle.

2. A
a) Trage deine Messwerte aus Versuch 1 in ein Zeit-Temperatur-Diagramm ein. Vergleiche die Temperaturkurven. Beschreibe, was du feststellst.
b) Erkläre, warum das Zeit-Temperatur-Diagramm aus Aufgabe a) von den idealen Temperaturverläufen in Bild 2 abweicht.

1 Wärmeübergang zwischen zwei Körpern

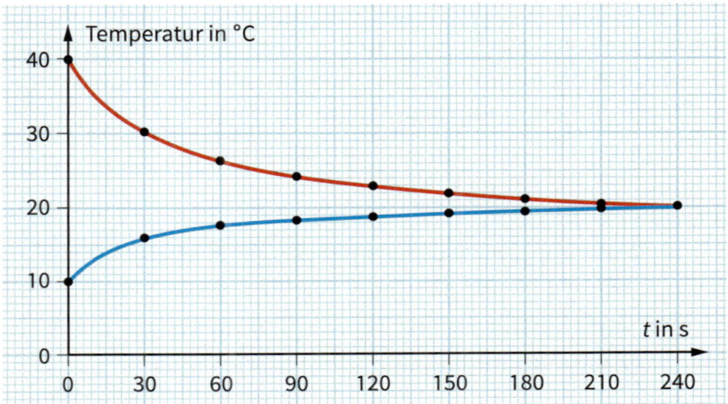

2 Der Temperaturverlauf ist gegenläufig.

Der thermische Strom versiegt

Gefrorene Lebensmittel aus dem Tiefkühlschrank haben eine Temperatur von –18 °C. Die Temperatur der Umgebungsluft beträgt 20 °C. Das ergibt einen Temperaturunterschied von 38 K. Die Wärme der Umgebungsluft ist die Energie, die das Gefriergut auftauen lässt. Dabei entsteht ein thermischer Strom, der von der wärmeren Umgebungsluft zum kälteren Lebensmittel gerichtet ist.

Die Temperatur des wärmeren Körpers vermindert sich, die des kälteren Körpers steigt an. Wenn beide Körper die gleiche Temperatur erreicht haben, kommt der thermische Strom zum Erliegen. Es fehlt der Antrieb.

In der Formel $\Delta T = T_2 - T_1$ nimmt ΔT den Wert 0 an. Damit geht der Antrieb für den thermischen Strom verloren. Zwischen den Körpern herrscht ein **thermisches Gleichgewicht.**

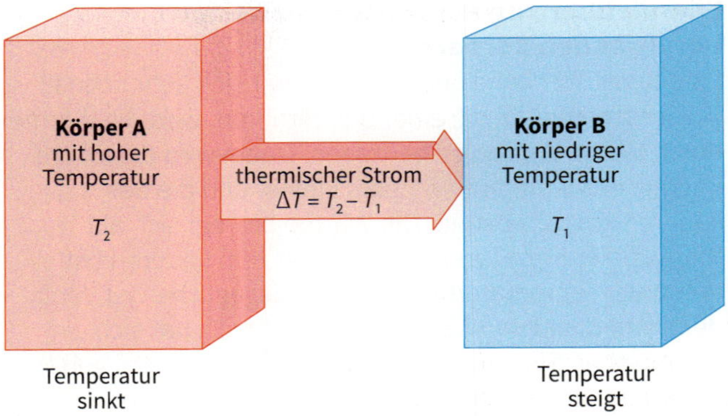

3 Ein Temperaturunterschied verursacht einen thermischen Strom.

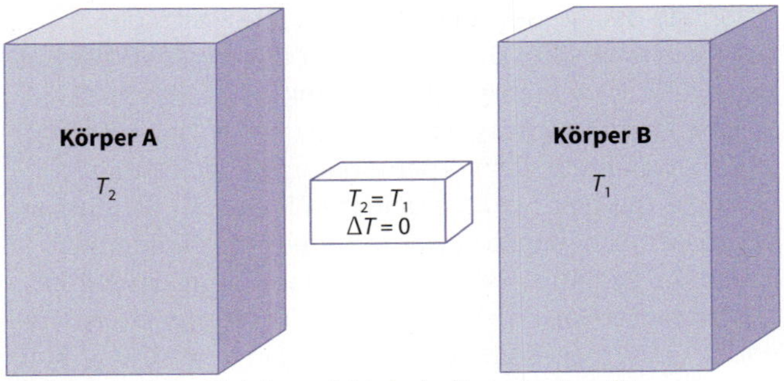

4 Thermisches Gleichgewicht: kein thermischer Strom

Du kannst angeben, wie es zu einem thermischen Gleichgewicht kommt.

Wärmeleitung

1.
a) Lege Streichhölzer wie in Bild 1A auf ein Kreuz aus Eisen, Kupfer und Messing. Erhitze wie im Bild mit einer Gasflamme. Was beobachtest du?
b) Beschreibe, wie die Wärme von der Gasflamme zu den Streichholzköpfen gelangt.

2.
a) Stelle wie im Bild 1B Körper aus verschiedenen Materialien gleichzeitig in ein Glas mit heißem Wasser. Berühre nach einiger Zeit das obere Ende der einzelnen Körper. Beschreibe, was du feststellst.
b) Sortiere die verwendeten Materialien in einer Tabelle nach guten und schlechten Wärmeleitern.
c) Trage jeweils drei weitere Körper ein.

3.
Fülle ein Reagenzglas mit Wasser. Gib Eiswürfel hinein. Drücke sie wie in Bild 1C mit einem Draht nach unten. Erhitze das Wasser am oberen Rand des Glases. Ziehe Schlussfolgerungen aus deinen Beobachtungen.

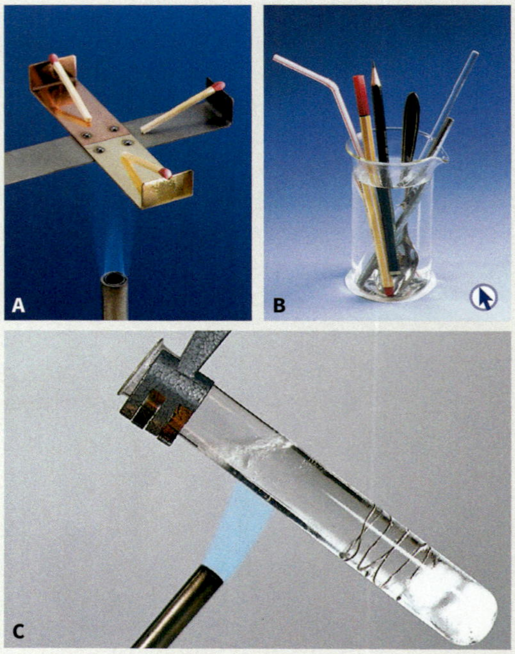

1 Verschiedene Wärmeleiter

Energieübertragung zwischen zwei sich berührenden Körpern

Ein Metalllöffel in heißem Tee erwärmt sich sehr schnell. Zwischen Körpern, die einander berühren, wird die Wärme durch **Wärmeleitung** übertragen. Dabei wird die innere Energie des wärmeren Körpers kleiner und die des kälteren Körpers größer. Die Wärme bewegt sich als thermischer Strom vom warmen Tee zum kälteren Löffel. Wenn der Temperaturunterschied ausgeglichen ist, fehlt der Antrieb und der Wärmestrom endet. Es hat sich ein thermisches Gleichgewicht zwischen den Körpern gebildet. Damit gibt es auch keine Wärmeleitung mehr.

Energieübertragung innerhalb eines Körpers

Wird ein Körper nur an einer Stelle erwärmt, so findet innerhalb des Körpers ein Temperaturausgleich durch Wärmeleitung statt. Die Teilchen der erwärmten Stelle bewegen sich schneller. Wenn sie mit langsameren Teilchen ihrer Umgebung zusammenstoßen, wird die Energie innerhalb des Körpers weitergeleitet. Dadurch sinkt die Temperatur der erwärmten Stelle. An den Stellen, die vorher nicht erwärmt wurden, steigt die Temperatur. Innerhalb des Körpers breitet sich der thermische Strom gleichmäßig in alle Richtungen aus. Der Wärmestrom endet, wenn sich ein thermisches Gleichgewicht innerhalb des Körpers gebildet hat.

Gute und schlechte Wärmeleiter

Sind die Griffe eines Topfes aus Kunststoff, kannst du sie gefahrlos anfassen, wenn du den Topf vom Herd nimmst. Bei Metallgriffen musst du einen Topflappen benutzen. Metalle sind gute, Kunststoffe dagegen schlechte **Wärmeleiter.** Im Topflappen befinden sich Luftpolster, die die Wärmeleitung behindern. Luft ist ein schlechter Wärmeleiter.

Schlechte Wärmeleiter sind nützlich

Menschen und Tiere nutzen diese Eigenschaft der Luft aus. Katzen und Hunde bekommen in der kalten Jahreszeit ein dickeres Fell, Vögel plustern bei Kälte ihr Gefieder auf. Genau wie bei einem Skipullover werden dadurch viele Luftpolster eingeschlossen. Im Sommer erwärmt sich Wasser in tiefen Seen durch die Sonne nur an der Oberfläche. Je tiefer du ins Gewässer tauchst, desto kühler wird es. Flüssigkeiten sind ebenfalls schlechte Wärmeleiter.

Du kannst den Begriff Wärmeleitung erläutern und Beispiele für gute und schlechte Wärmeleiter nennen.

Wärmeströmung

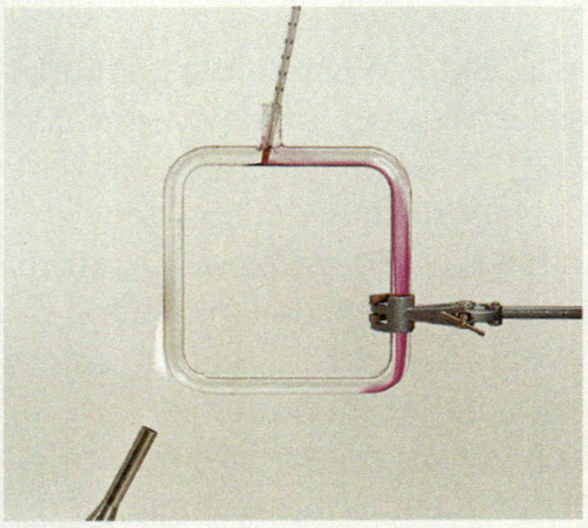

1 Warmes Wasser steigt auf.

1. Ⓥ

a) Fülle ein Glasrohr wie in Bild 1 mit Wasser. Gib eine Spatelspitze Farbpulver dazu und stelle ein Thermometer in die Öffnung. Stelle eine kleine Flamme unter eine Ecke des Glasrohres. Beobachte und lies die Temperatur mehrfach ab.

b) Stelle die Flamme unter die andere Ecke. Beschreibe und begründe deine Beobachtungen.

2. Ⓠ

a) Nenne die wichtigsten Teile einer Zentralheizung.

b) Beschreibe den Weg des Wassers in der Zentralheizung. Begründe die Temperaturunterschiede des Wassers.

3. Ⓐ

Beschreibe die Luftströmung in einem Zimmer. Beginne beim Heizkörper.

Die Zentralheizung

In vielen Häusern ist eine **Zentralheizung** wie in Bild 2 eingebaut. Oberhalb eines Brenners befindet sich ein wasserdurchströmter Heizkessel mit Warmwasserspeicher. Für das Heizungssystem ist der Kessel mit Rohrleitungen verbunden, die zu den mit Wasser gefüllten Heizkörpern in den einzelnen Räumen führen.

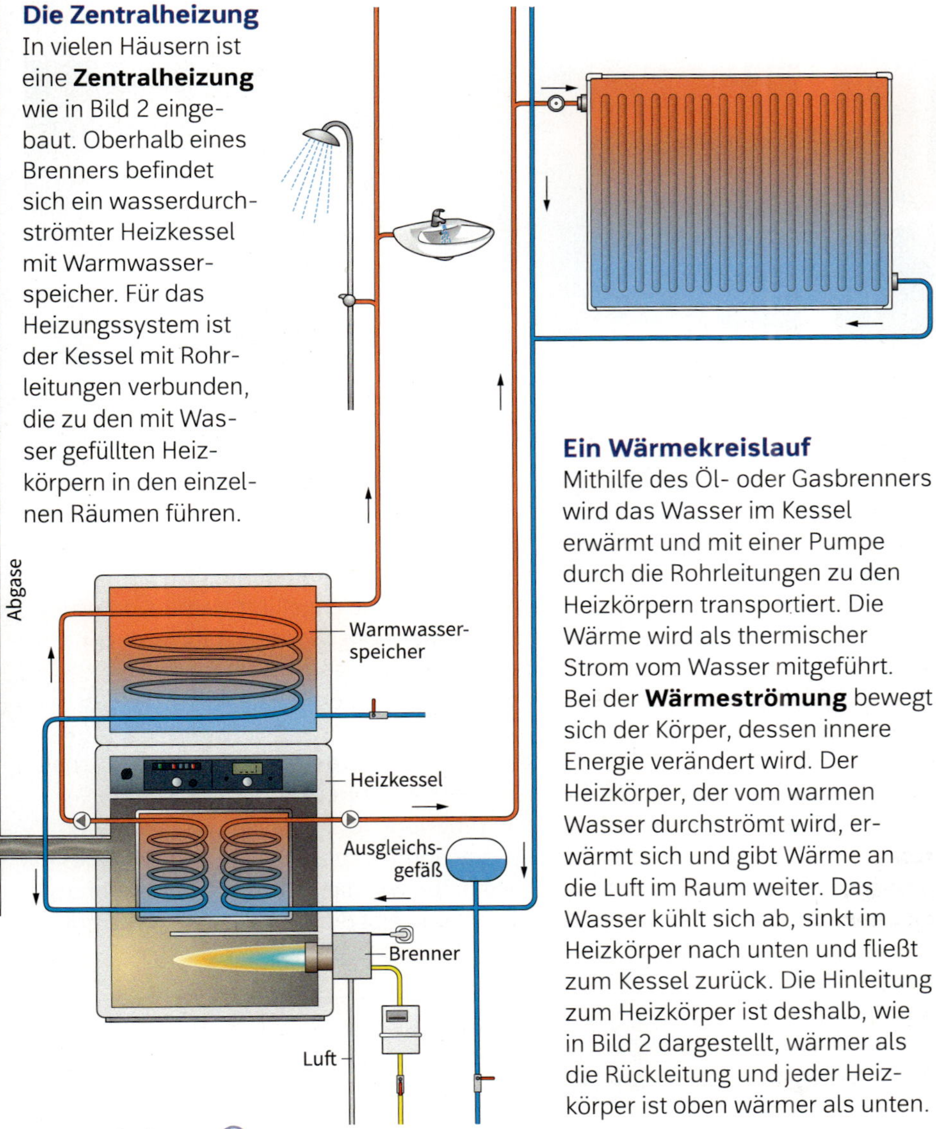

2 Zentralheizung

Ein Wärmekreislauf

Mithilfe des Öl- oder Gasbrenners wird das Wasser im Kessel erwärmt und mit einer Pumpe durch die Rohrleitungen zu den Heizkörpern transportiert. Die Wärme wird als thermischer Strom vom Wasser mitgeführt. Bei der **Wärmeströmung** bewegt sich der Körper, dessen innere Energie verändert wird. Der Heizkörper, der vom warmen Wasser durchströmt wird, erwärmt sich und gibt Wärme an die Luft im Raum weiter. Das Wasser kühlt sich ab, sinkt im Heizkörper nach unten und fließt zum Kessel zurück. Die Hinleitung zum Heizkörper ist deshalb, wie in Bild 2 dargestellt, wärmer als die Rückleitung und jeder Heizkörper ist oben wärmer als unten.

Luft wird erwärmt

Die Luft im Raum wird ebenfalls durch Wärmeströmung erwärmt. Der Heizkörper gibt seine Wärme an die Teilchen der Luft ab. Diese steigen nach oben und strömen an der Zimmerdecke zur anderen Raumseite. Dabei verringert sich die Energie der Teilchen. Die Luft kühlt ab und sinkt wieder nach unten. Kalte Luft strömt am Fußboden in Richtung Heizkörper nach. Der Antrieb für diesen thermischen Strom ist der Temperaturunterschied an der Oberseite und der Unterseite des Heizkörpers.

Du kannst den Aufbau und die Funktion einer Zentralheizung beschreiben.

Wärmestrahlung und Wärmespeicherung

1.

Fülle zwei Reagenzgläser je zur Hälfte mit Wasser und stelle sie im Abstand von 10 cm vor eine Reflektorlampe. Stelle wie in Bild 1 ein Blatt Papier vor ein Glas. Miss die Temperatur des Wassers. Schalte die Lampe ein und miss nach 5 min erneut. Erkläre deine Beobachtung.

2.

Nimm zwei gleichartige Thermometer und umwickle die Vorratsbehälter mit Alufolie. Beruße die Folie eines Thermometers (Bild 2). Stelle beide Thermometer für 5 min im gleichen Abstand vor eine Reflektorlampe. Beschreibe deine Beobachtung.

3.

a) Erhitze wie in Bild 3 in einem Wasserbad von 70 °C gleiche Mengen Sand, Wasser und Öl.

b) Nimm die Gläser nach 5 min aus dem Wasserbad. Stelle die Reagenzgläser sofort in je ein 50 ml-Becherglas, das mit 30 ml Wasser mit Zimmertemperatur gefüllt ist. Miss nach 5 min die Temperatur des Wassers in den Bechergläsern. Diskutiere, welcher Stoff die meiste Wärme abgibt und welcher Stoff anfangs die meiste Wärme gespeichert hatte.

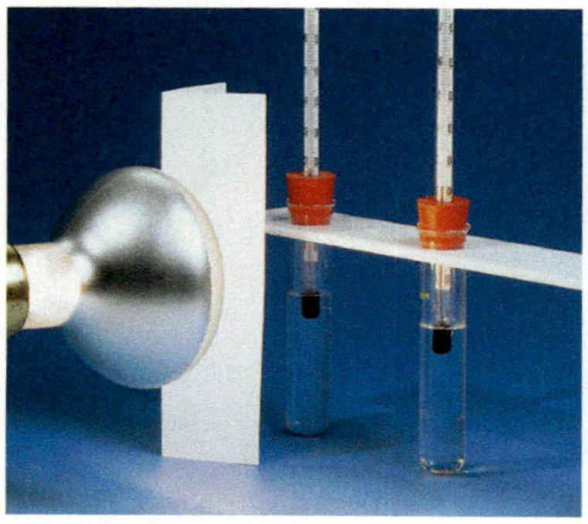

1 Erwärmung durch Strahlung

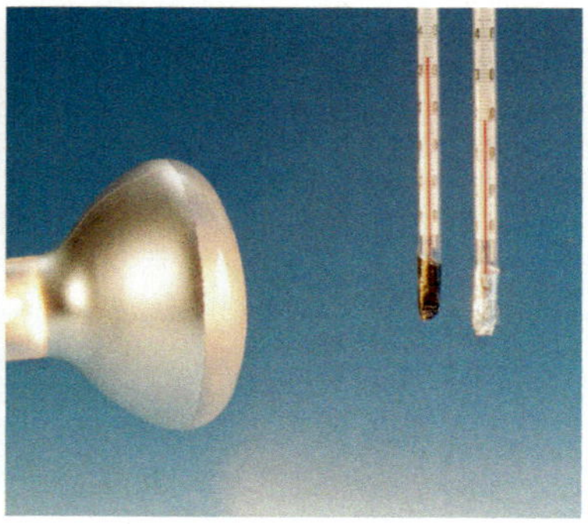

2 Heller oder dunkler Körper

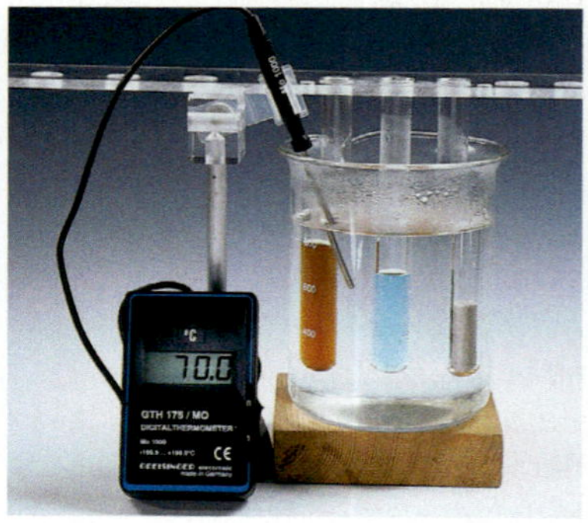

3 Stoffe speichern Wärme.

Die Wärme von der Sonne

Ein Lagerfeuer erwärmt die dem Feuer zugewandte Körperseite besonders stark. Auch die Wärme von anderen Wärmequellen kannst du spüren, ohne diese zu berühren.
Die Sonne versorgt die Erde mit Wärme, obwohl sie 150 000 000 km entfernt ist. Zwischen Sonne und Erde befindet sich kein Stoff, der die Wärme mitführen oder weiterleiten kann. Ihre Wärme wird als thermischer Strom in Form von **Wärmestrahlung** transportiert.

Reflexion und Absorption

Trifft die Strahlung auf einen Körper mit heller oder glatter Oberfläche, so wird ein größerer Teil **reflektiert,** ein kleinerer Teil der Wärme wird aufgenommen, er wird **absorbiert.** Ein Körper mit dunkler oder rauer Oberfläche absorbiert den größten Teil der auftreffenden Wärme. Deshalb erwärmen sich dunkle Körper in der Sonne stärker als helle Körper.

Wärme kann gespeichert werden

Wird gleichen Mengen von Stoffen wie Sand, Wasser oder Öl die gleiche Wärmemenge zugeführt, so haben sie anschließend unterschiedliche Temperaturen. Dem Wasser muss noch weiter Wärme zugeführt werden, damit es die Temperatur des Öls erlangt. Wasser kann also bei gleicher Endtemperatur wie das Öl mehr Wärme aufnehmen. Es kann mehr Wärme speichern.

Wasser ist deshalb zur **Wärmespeicherung** im Haushalt gut geeignet. Es wird bei der Heizung eingesetzt, um möglichst viel Wärme vom Heizkessel zu den Heizkörpern in den Zimmern transportieren zu können. Eine Wärmeflasche wird mit heißem Wasser gefüllt. Das Wasser hat Wärme gespeichert und gibt diese nach und nach wieder ab.

Du kannst beschreiben, wie Wärme durch Strahlung transportiert wird. Du kannst Beispiele für Stoffe angeben, die Wärme speichern können.

Wärmetransportarten und thermischer Strom

1. V
Halte einen Nagel mit der Spitze in die Flamme einer Kerze. Beschreibe deine Wahrnehmung.

2. V
Stelle einen Teelöffel in eine Tasse mit heißem Tee. Befühle nach 2 min den Löffelstiel und beschreibe deine Wahrnehmung.

3. V
Halte deine Hand in einem Abstand von 30 cm über die Flamme eines Teelichtes. Schiebe dann in deutlichem Abstand zum Teelicht eine Papprolle dazwischen. Vergleiche die Wahrnehmungen an deiner Hand.

4. Q
Informiere dich im Internet über die Motorkühlung bei einem Pkw.

5. V
Vergleiche deine Wahrnehmung, wenn du dich direkt der Sonneneinstrahlung aussetzt oder dich unter einen Sonnenschirm stellst.

1 Das könnte heiß werden!

Wärmeleitung

Ein Nagel in einer Flamme oder ein Löffel in heißem Tee erwärmt sich. Zwischen den Körpern und innerhalb der Körper entsteht ein thermischer Strom. Seine Größe ist abhängig vom Temperaturunterschied der Körper und ihren Materialien. Diese Art des thermischen Stromes heißt **Wärmeleitung.** Alle Metalle leiten den thermischen Strom gut, Kunststoffe und Holz sind schlechte Wärmeleiter.

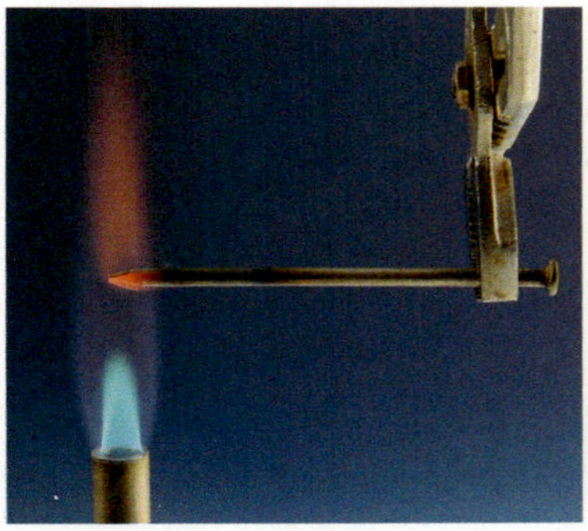
2 Rotglühender Nagel

3 Warme Luft steigt auf.

Wärmeströmung

Luft, die durch eine Kerzenflamme erwärmt wird, steigt nach oben. Es entsteht ein Strom aus Luftteilchen. Die Luftteilchen führen Wärme als thermischen Strom mit sich. Der Luftstrom kann mit einer Röhre gelenkt werden. Diese Art des thermischen Stromes ist **Wärmeströmung.** Sie findet auch in Flüssigkeiten beispielsweise im Kühlsystem eines Autos statt.

4 Wärmetransport im Automotor

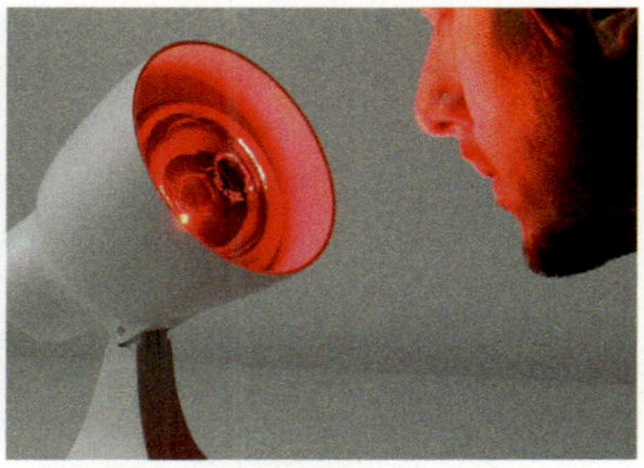
5 Rotlicht hilft heilen.

Wärmestrahlung

Die Strahlung einer Rotlichtlampe wird beispielsweise bei Muskelverletzungen eingesetzt. Der thermische Strom findet dabei ohne Beteiligung eines gasförmigen, flüssigen oder festen Körpers statt. Diese Form der Übertragung heißt **Wärmestrahlung.** Sie kann durch Gase, Flüssigkeiten und feste Körper absorbiert oder reflektiert werden.

Wärmetransportarten und Aggregatzustände

Ein thermischer Strom erfolgt in festen Körpern durch Wärmeleitung, in Flüssigkeiten und Gasen durch Wärmeströmung. Wärmestrahlung ist an keinen Körper gebunden.

Du kannst den thermischen Strom als Wärmeleitung, Wärmeströmung und Wärmestrahlung beschreiben.

Reversible und irreversible Prozesse

1. ≡ Ⓐ
Erstelle ein Energieflussdiagramm zum Bremsvorgang eines Fahrrades.

2. ≡ Ⓐ
Begründe, dass der Bremsvorgang eines Fahrrades ein irreversibler Vorgang ist.

3. ≡ Ⓐ
Erkläre, warum der Wirkungsgrad von Kraftwerken immer kleiner als 1 ist.

Reversible Vorgänge

Du filmst mit einem Handy, wie ein Flummi von einer Tischkante rollt und dann einige Male hochspringt. Schaust du dir später den Film an, wirst du kaum einen Unterschied feststellen, ob der Film vorwärts oder rückwärts läuft. Wenn du genau schaust, bemerkst du aber, dass der Ball nicht auf die Höhe des Tisches zurückspringt. Ein paar Millimeter zuvor beginnt er wieder zu fallen.
Ein **reversibler Prozess** kann sowohl vorwärts als auch rückwärts ablaufen. Reversible Prozesse sind also umkehrbar. So wie das perfekte Springen des Flummis, kommen reversible Prozesse in deinem Alltag nur annähernd vor.

1 Ein Flummiball springt fast reversibel.

Irreversible Vorgänge

Nun filmst du mit einem Handy, wie ein Glas von dem Tisch fällt. Bei dieser Aufnahme erkennst du sofort, ob der Film vorwärts oder rückwärts abgespielt wird.
Ein **irreversibler Prozess** kann nur in eine Richtung ablaufen. Irreversible Prozesse sind also nicht umkehrbar. Das Zerbrechen eines Glases ist ein Beispiel für einen solchen Prozess. Die physikalischen Prozesse, die du aus deinem Alltag kennst, sind alle irreversibel.

2 Ein Glas zerspringt irreversibel.

Energieumwandlungen

In einem Toaster befindet sich ein Gitter aus Glühdrähten. In den Glühdrähten wird die elektrische Energie in thermische Energie und in Strahlungsenergie umgewandelt. So wird das Brot geröstet, aber auch die Umgebung des Toasters erwärmt. Erwärmst du jedoch einen Toaster, so kannst du die elektrische Energie nicht zurück gewinnen. Der Vorgang kann nur in eine Richtung verlaufen und ist damit irreversibel.
Energieumwandlungen sind immer irreversibel. Die nutzbare Energie wird daher mit jeder Energieumwandlung geringer. Da viele Energieumwandlungen in Kraftwerken stattfinden, haben Kraftwerke somit immer einen Wirkungsgrad, der kleiner als 1 ist.
Auch Energiewandlungen durch Motoren und Generatoren sind irreversible Prozesse. Bei jeder Umwandlung fällt thermische Energie ab, die nicht weiter genutzt werden kann. Sonst ließe sich aus einem Generator und einem Motor eine endlose Kette von Energieumwandlungen schaffen: ein perpetuum mobile.

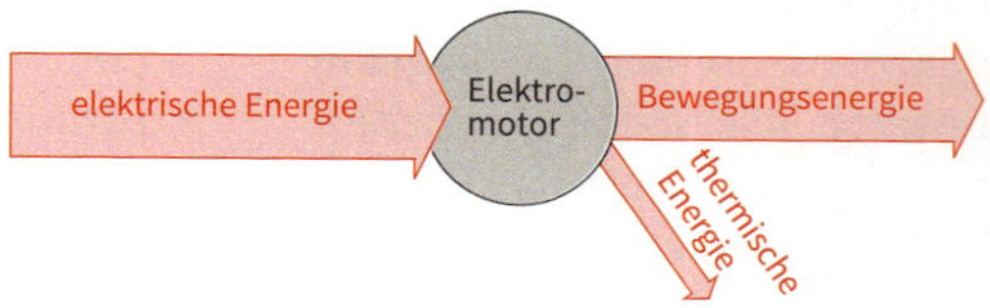

3 Energieflussdiagramm eines Motors

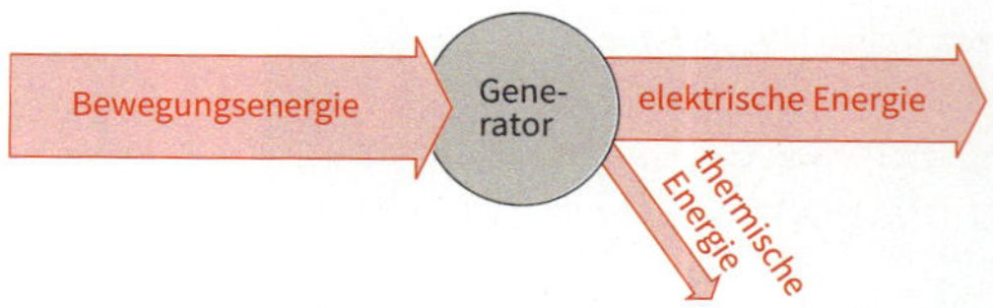

4 Energieflussdiagramm eines Generators

Du kannst den Unterschied zwischen reversiblen und irreversiblen Prozessen beschreiben.

Das Perpetuum mobile

Perpetuum mobile
Eine Maschine, der nur einmal Energie zugeführt wird und die sich danach ständig bewegt – an diesem Traum arbeiten Erfinderinnen und Erfinder seit Jahrhunderten. Dauernd in Bewegung heißt auf lateinisch **Perpetuum mobile**. Und genauso werden auch diese Konstruktionen genannt.
Damit ein perpetuum mobile funktioniert, müssten alle Energieumwandlungen reversibel sein. Doch das ist physikalisch unmöglich. Nur durch ständige Zufuhr von Energie kann eine Maschine dauerhaft in Bewegung bleiben.

Die Solarlampe
Ein Akku wird an eine Lampe angeschlossen, die auf eine Solarzelle scheint. Die Solarzelle ist an dem Akku angeschlossen, um diesen wieder aufzuladen. Trotz des ausgeklügelten Kreislaufes kann die Lampe kann nicht ewig scheinen.

1. ≡ Ⓐ
Erkläre, weshalb die abgebildeten Perpetuum mobiles nicht funktionieren können. Benutze dazu die Begriffe 'reversibel' und 'irreversibel'.

2. ≡ Ⓐ
Finde einen weiteren Kreislauf von Energieumwandlungen und erkläre, warum dies kein perpetuum mobile sein kann.

3. ≡ Ⓐ
Erstelle ein Energieflussdiagramm zur Solarlampe.

4. ≡ Ⓠ
Recherchiere, wie die Lokomotive von Jim Knopf funktioniert.

Das Newtonpendel
Fünf Kugeln hängen nebeneinander an gleichlangen Fäden. Wenn du die linke Kugel am gestreckten Faden hochhebst und loslässt, setzt du das Newtonpendel in Gang.
Die äußere Kugel stößt gegen die mittleren Kugeln, die jedoch an ihrer Stelle bleiben. Stattdessen schwingt die Kugel am anderen Ende aus und stößt anschließend wieder gegen die mittleren Kugeln. Doch nach einiger Zeit hört das Newtonpendel auf zu schwingen.

Der thermische Widerstand beeinflusst den Wärmestrom

1. V
a) Fülle 200 ml Wasser mit einer Temperatur von 50 °C in ein 250 ml-Becherglas. Miss in Abständen von 20 s die Temperatur und trage die Werte in eine Tabelle ein.
b) Wiederhole Versuch a), fülle das Wasser aber in ein 1000 ml-Becherglas.

2. A
Übertrage die Messwerte aus Versuch 1 in ein Zeit-Temperatur-Diagramm. Vergleiche die Temperaturkurven. Was stellst du fest?

3. A
a) Berechne für beide Gläser aus Versuch 1 die Größe der Oberfläche des Wassers.
b) Formuliere in einem Je-desto-Satz, welche Auswirkung die Größe der Oberfläche auf den Temperaturverlauf hat.

4. V
Ummantele ein 250 ml-Becherglas mit Alufolie. Befülle es mit Wasser mit einer Temperatur von 50 °C. Verschließe es auch oberhalb der Wasseroberfläche mit Alufolie. Den Messfühler des Thermometers kannst du durch die Abdeckung stechen. Lies in Abständen von 20 s die Temperatur ab und notiere die Werte.

5. V
a) Wiederhole Versuch 4 mit einer Ummantelung aus einer Lage Moosgummi.
b) Wiederhole Versuch a) mit zwei Lagen Moosgummi als Ummantelung.

6. A
Übertrage die Messwerte aus den Versuchen 4 und 5 in ein Zeit-Temperatur-Diagramm. Vergleiche die Temperaturkurven. Beschreibe, was du feststellst.

Thermischer Strom und thermischer Widerstand

Die Größe des thermischen Stromes kann durch verschiedene Faktoren beeinflusst werden. Diese Faktoren zusammen bilden den **thermischen Widerstand** des durchströmten Materials. Diese Größe gibt an, wie die Wärme in ihrem Strom beeinflust wird.
Je größer der thermische Widerstand eines Materials ist, desto kleiner ist der thermische Strom, der das Material durchströmt.

Die Größe der Oberfläche des Körpers

Ein Glas mit warmem Wasser gibt die Wärme als thermischen Strom an die Umgebungsluft ab. Bei gleicher Wärmemenge versiegt der thermische Strom bei einem Glas mit größerer Oberfläche schneller. Je größer die Oberfläche eines Körpers ist, desto größer ist der thermische Strom an die Umgebungsluft.

1 Wärmestrom bei unterschiedlich großen Oberflächen

2 Wärmestrom bei unterschiedlichen Dämmstoffen

Die Art des Stoffes

Wird der warme Körper mit einem Stoff ummantelt, so wird die Dauer des thermischen Stromes beeinflusst. Stoffe, die schlechte Wärmeleiter sind, verlängern die Dauer des thermischen Stromes. Sie werden **Dämmstoffe** genannt. Je schlechter ein Stoff die Wärme leitet, desto kleiner ist der thermische Strom. Dämmstoffe haben einen großen thermischen Widerstand.

Der Querschnitt des Dämmstoffes

Bei gleichen Dämmstoffen wird der Wärmeübergang durch den Querschnitt der Dämmschicht verringert. Je dicker der Dämmstoff ist, desto geringer ist der thermische Strom und umso größer ist der thermische Widerstand des Dämmmaterials.

Du kannst die Einflussfaktoren auf den thermischen Strom angeben.

Wärmedämmung dient der Nachhaltigkeit

Dämmstoffe und andere Faktoren beeinflussen den thermischen Strom

Bei der Energieversorgung eines Wohnhauses hat die Wärme den größten Anteil. Alle Maßnahmen, mit denen Wärmemengen eingespart werden können, tragen zur **Nachhaltigkeit** bei. Sie bewirken eine Schonung der Energieträger und sorgen für eine Reduzierung der Erderwärmung.
Der überwiegende Teil aller Heizungsanlagen wird mit Öl oder Gas als Energieträger betrieben. Diese fossilen Energieträger sind in ihrer Verfügbarkeit begrenzt. Eine besondere Bedeutung haben Maßnahmen zur Wärmedämmung. Welche Wirkung haben Dämmstoffe auf den thermischen Strom, der in einem Haus von innen nach außen strömt?

In diesem Projekt untersucht ihr, welche Stoffe den Wärmetransport vermindern und welche weiteren Faktoren auf den thermischen Strom einen Einfluss haben.

1 Material

ALLE TEAMS

Verwendet in allen Teams eine Halogenlampe (12 V|20 W) aus einer Niedervoltbeleuchtung als Wärmequelle.
Nehmt für einen Zeitraum von 15 min im Abstand von 1 min ein Zeit-Temperatur-Diagramm auf. Schaltet dann die Lampe ab und bestimmt für weitere 15 min erneut die Temperaturwerte. Vergleicht die Anfangs- und die Endtemperatur. Auch eine digitale Datenaufnahme mit einem Datenlogger und einem Notebook ist möglich.

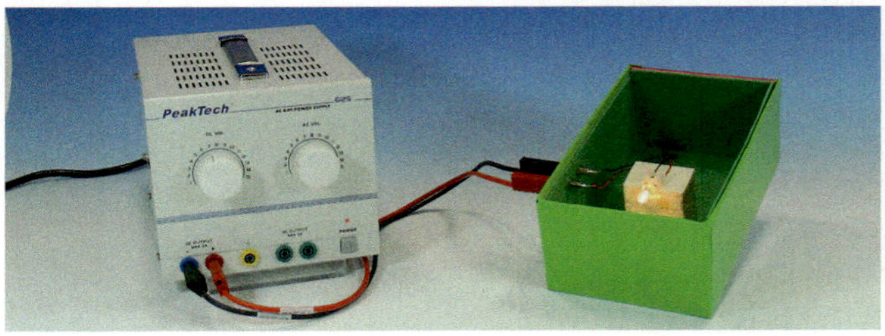

2 Das Modellhaus wird erwärmt.

TEAM 1
Die Größe der Oberfläche

Verwendet vier Schuhkartons mit unterschiedlicher Größe als Modellhäuser. Berechnet zuerst die Oberflächen der Modellhäuser. Nehmt anschließend für jedes Modellhaus eine Messreihe auf. Vergleicht und diskutiert eure Ergebnisse.

TEAM 2
Art des Dämmstoffes

- Verwendet zwei gleich große Kartons. Kleidet den einen Karton mit Aluminiumfolie und den anderen mit Styropor aus. Führt für jeden der Dämmstoffe eine Messreihe durch. Vergleicht und diskutiert eure Ergebnisse.

- Kleidet einen Karton mit beiden Stoffen aus. Führt eine weitere Messreihe durch.
  Vergleicht das Ergebnis mit den Messungen, bei denen nur ein Dämmstoff verwendet wurde.

3 Das Modellhaus wird gedämmt.

TEAM 3
Dämmstoff – einlagig oder zweilagig?

- **a)** Verwendet für eure Untersuchungen den gleichen Karton. Kleidet ihn mit einer Lage Moosgummi als Dämmstoff aus und führt eine Messreihe durch.
  b) Fügt nun eine zweite Lage Mossgummi ein und nehmt eine weitere Messreihe auf.
  Vergleicht und diskutiert eure Ergebnisse.

- Wiederholt den Versuch mit einem anderen Dämmstoff, beispielsweise mit Styrodur.

Wie viel Wärme muss zugeführt werden?

1. A
a) Auf einer Heizplatte wird Wasser für 30 s erwärmt. Die Heizplatte hat eine elektrische Leistung von 300 W. Berechne die von der Heizplatte abgegeben Energie ΔE.
b) Berechne die vom Wasser aufgenommene Wärme ΔE.

2. V
a) Gib 300 g Wasser in ein Becherglas und miss die Anfangstemperatur T_1. Erwärme das Wasser mit einer Heizplatte. Miss alle 30 s die Temperatur T_2. Trage die Werte in die Tabelle ein.

t in s	T_1 in °C	T_2 in °C	$\Delta T = T_2 - T_1$ in K	$\Delta E = P \cdot \Delta t$ in J	$m \cdot \Delta T$ in kg · K
0					
30					

b) Berechne die Temperaturerhöhung ΔT und die vom Wasser aufgenommene Wärme ΔE. Trage die berechneten Werte in die entsprechenden Tabellenspalten ein.
c) Gib den Zusammenhang zwischen der zugeführten Wärme und der Temperaturerhöhung an.
d) Wiederhole den Versuch mit 150 g und 450 g Wasser.
e) Beschreibe den Zusammenhang zwischen der zugeführten Wärme ΔE, der Masse m des Wassers und der Temperaturerhöhung ΔT.

3. A
a) Trage die Messwerte aus Versuch 2 in ein ΔE-ΔT-Diagramm ein. Was kannst du aus dem Verlauf des Grafen schließen?
b) Bilde für jedes Wertepaar das Produkt $m \cdot \Delta T$ und zeichne ein ΔE-$m \cdot \Delta T$-Diagramm. Was schließt du aus dem Verlauf des Grafen?

4. A
Berechne die notwendige Energiemenge zur Erwärmung von 5 l Wasser um je 20 °C, 30 °C und 40 °C.

1 Wassererwärmung

Die Wärmezufuhr ΔE und die Temperaturänderung ΔT

Wenn Wasser 60 s auf einer 300 W-Heizplatte erwärmt wird, wird ihm eine bestimmte Energiemenge zugeführt. Für die zugeführte **Wärmemenge** wird das Formelzeichen $\mathbf{\Delta E}$ verwendet. Sie wird in der Energieeinheit Joule (J) angegeben:
$\Delta E = P \cdot t$
$\Delta E = 300\ \text{W} \cdot 60\ \text{s}$
$\Delta E = 18\,000\ \text{Ws} = 18\,000\ \text{J}$.

Durch die Zufuhr von Wärme erhöht sich die Temperatur des Wassers. Dabei ist der Wert der Temperaturänderung ΔT die Differenz aus Endtemperatur T_2 und Anfangstemperatur T_1:
$\Delta T = T_2 - T_1$.
Die Temperaturänderung wird immer in Kelvin (K) angegeben.

Die Abhängigkeit der Wärmemenge

Wird eine bestimmte Menge Wasser doppelt so lange erwärmt, wird ihr doppelt so viel Wärme zugeführt. Dadurch ist auch die Temperaturerhöhung doppelt so hoch. Die Menge der zugeführten Wärme ΔE und die Temperaturänderung ΔT sind direkt proportional zueinander: $\Delta E \sim \Delta T$.

Soll eine bestimmte Temperaturänderung erreicht werden, dann hängt die dazu notwendige Wärmemenge ΔE von der Masse m des zu erwärmenden Wassers ab. Bei doppelter Wassermenge muss die Wärmezufuhr verdoppelt werden. Die Menge der zugeführten Wärme ΔE und die Masse m sind direkt proportional zueinander: $\Delta E \sim m$.

Die Größe der benötigten Wärme ΔE ist also abhängig von der Masse m des zu erwärmenden Stoffes und von der zu erreichenden Temperaturänderung ΔT. Es gilt:

$$\Delta E \sim m \cdot \Delta T \quad \text{mit} \quad \Delta T = T_2 - T_1$$

Für Wasser gilt die Formel:

$$\Delta E = c \cdot m \cdot \Delta T \quad \text{mit} \quad c = 4{,}182\ \frac{\text{J}}{\text{kg} \cdot \text{K}}$$

Du kannst den Energiebedarf zur Erwärmung von Wasser berechnen.

Berechnung der Wärmemenge und ihre Speicherung

1. ≡ V

a) Fülle 300 g Pflanzenöl in ein Becherglas und miss die Anfangstemperatur T_1. Erwärme das Öl mit einer Heizplatte. Rühre dabei ständig um. Miss alle 15 s die Temperatur T_2. Trage die Werte in eine Tabelle ein. Beende den Versuch, wenn eine Temperatur von 80 °C erreicht ist.

b) Berechne für jede Messung die zugeführte Energie ΔE und die Temperaturänderung ΔT.

c) Wiederhole den Versuch mit 300 g Wasser und vergleiche die bei Öl und Wasser erreichten Temperaturänderungen.

2. ≡ A

a) Ergänze die Tabelle mit den Messwerten aus Versuch 1 und führe die Berechnungen durch.

	Pflanzenöl		Wasser	
t in s	$m \cdot \Delta T$ in kg · K	$\frac{\Delta E}{m \cdot \Delta T}$ in $\frac{J}{kg \cdot K}$	$m \cdot \Delta T$ in kg · K	$\frac{\Delta E}{m \cdot \Delta T}$ in $\frac{J}{kg \cdot K}$

b) Vergleiche deine Ergebnisse mit den Tabellenwerten für die spezifische Wärmekapazität von Wasser und Pflanzenöl.

c) Überlege, durch welche Messfehler die Werte beeinflusst sein könnten.

Die spezifische Wärmekapazität

Aus der Proportionalität $\Delta E \sim m \cdot \Delta T$ folgt, dass der Quotient aus zugeführter Wärme und dem Produkt aus Masse und Temperaturänderung immer den gleichen Wert hat. Es gilt: $\frac{\Delta E}{m \cdot \Delta T}$ = konstant. Diese Konstante wird als **spezifische Wärmekapazität *c*** oder kurz als spezifische Wärme bezeichnet.

$$c = \frac{\Delta E}{m \cdot \Delta T} \text{ in } \frac{J}{kg \cdot K}$$

Berechnung der Wärmemenge

Die spezifische Wärmekapazität c hat für jeden Stoff einen anderen Wert. Sie ist eine Stoffeigenschaft. Ihr Wert gibt an, wie viel Wärme notwendig ist, um 1 kg eines Stoffes um 1 K zu erwärmen. Wie groß die für eine bestimmte Temperaturänderung notwendige Wärmemenge ist, hängt also vom Stoff ab, aus dem der Körper besteht. Es gilt:

$$\Delta E = c \cdot m \cdot \Delta T$$

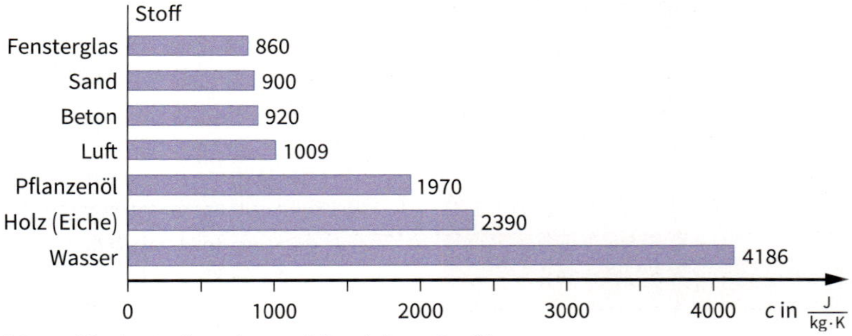

1 Spezifische Wärmekapazität einiger Stoffe

Hohe spezifische Wärme – guter Wärmespeicher

Werden Körper aus verschiedenen Stoffen mit gleicher Masse gleich stark erwärmt, erhöhen sich ihre Temperaturen unterschiedlich. Da die Stoffe verschiedene spezifische Wärmekapazitäten haben, nehmen sie unterschiedliche Wärmemengen auf.
Die spezifische Wärmekapazität von Wasser ist deutlich höher als die von Pflanzenöl. Um 1 kg Wasser um 1 K zu erwärmen, werden 4186 J benötigt. Für das Erwärmen von 1 kg Öl um 1 K sind 1970 J notwendig. Das bedeutet, dass bei gleicher Masse die Temperatur von Öl bei gleicher Wärmezufuhr stärker ansteigt als die Temperatur von Wasser. Wasser kann deshalb eine größere Menge an Wärme speichern als Öl, es ist ein guter Wärmespeicher.

Niedrige spezifische Wärme – schlechter Wärmespeicher

Körper mit niedriger spezifischer Wärmekapazität speichern bei gleicher Masse und gleicher Temperaturerhöhung weniger Wärme als Körper mit hoher spezifischer Wärmekapazität. Bei gleicher Masse sinkt die Temperatur des Öls wesentlich schneller als die von Wasser.

Du kannst für einen Stoff die spezifische Wärmekapazität experimentell bestimmen und aus dem Wert auf die Eignung des Stoffes als Wärmespeicher schließen.
Du kannst die benötigte Wärmemenge eines Stoffes für eine bestimmte Temperaturänderung berechnen.

Eine neue Heizungsanlage

ALLE TEAMS

Allgemeine Fragen

Die Heizungsanlage ist veraltet. Die Anlage entspricht nicht mehr den gesetzlich vorgeschriebenen Abgaswerten und der geforderten Energieausnutzung. Eine neue Heizungsanlage muss her! Doch da tauchen viele Fragen auf:
- Welche Anlage soll gewählt werden?
- Wie aufwändig ist der Ein- oder der Umbau der Anlage?
- Wie hoch werden die durchschnittlichen Betriebskosten pro Jahr sein?
- Wie groß ist die Umweltbelastung durch die Anlage?
- Wie arbeitsintensiv ist das Betreiben der Anlage?
- Sollen regenerative Energieträger oder fossile Energieträger eingesetzt werden?
- Wie kann die Wärmedämmung des Hauses verbessert werden?

Um verschiedene Anlagen miteinander zu vergleichen, muss von gleichen Voraussetzungen ausgegangen werden.
- Wie hoch sind die Anschaffungskosten?
- Es sollen 100 m² Wohnfläche beheizt werden.
- Die veraltete Heizung soll durch einen anderen Heizungstyp ersetzt werden.
- Wie werden neue Anlagen finanziell gefördert?

Ihr sollt in Teams vier verschiedene Heizungstypen untersuchen und ihre Vor- und Nachteile herausfinden.

1 Brennwertkessel mit Warmwasserbehälter

TEAM ①

Holzpellets

Informiert euch neben den allgemeinen Fragen zu Heizungsanlagen auch über spezielle Fragen zur Holzpelletsheizung:
- Woraus werden Holzpellets hergestellt?
- Wie werden sie hergestellt?
- Wie werden die Pellets angeliefert, wie gelagert?
- Wie haben sich die Preise für Holzpellets in den letzten Jahren entwickelt?
- Welche Form von Energie wird zum Steuern und Regeln der Heizungsanlage benötigt?

2 Holzpellets

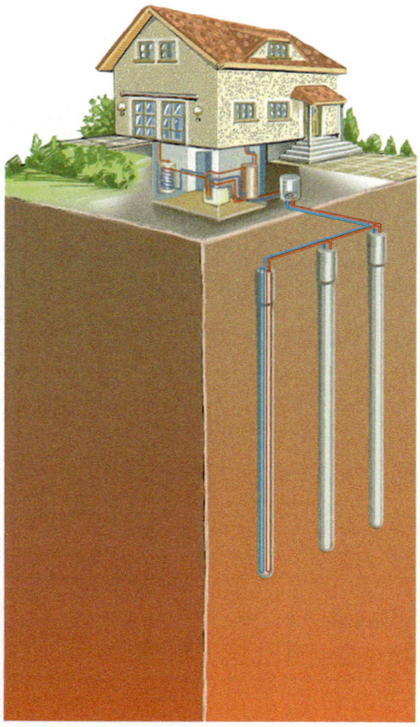

3 Wärme aus der Erde

TEAM ②

Erdwärme

Informiert euch neben den allgemeinen Fragen zu Heizungsanlagen auch über spezielle Fragen zum Heizen mit Erdwärme:
- Kann die Erdwärme überall sinnvoll genutzt werden?
- Wie funktioniert die Erdwärmepumpe?
- Wie gelangt die Erdwärme zur Heizungsanlage?
- Ist eine weitere Heizquelle notwendig? Wenn ja, wie werden beide Heizungssysteme miteinander verbunden?
- Kann die Wärmepumpe auch bei sehr tiefen Außentemperaturen noch genügend Wärme liefern?
- Welche Form von Energie ist zum Betrieb der Pumpe notwendig?

TEAM 3
Sonnenkollektoren

Informiert euch neben den allgemeinen Fragen zu Heizungsanlagen auch über spezielle Fragen zum Heizen mit Sonnenenergie.

- Wie funktionieren Sonnenkollektoren?
- Bleibt bei schlechtem Wetter die Heizung kalt?
- Welche baulichen Voraussetzungen müssen gegeben sein, um mit Sonnenenergie heizen zu können?
- Welche Anforderungen werden an die Dachkonstruktion gestellt?
- Wie viel m^2 Kollektorfläche werden zum Beheizen von 100 m^2 Wohnfläche benötigt?
- Wie gelangt die durch die Kollektoren gewonnene Wärme zum Heizkörper?
- Sind zusätzliche Maßnahmen zur Wärmedämmung erforderlich?
- Kann ein Haus allein mit Sonnenkollektoren beheizt werden?

4 Heizen mit der Energie der Sonne

5 Blockheizkraftwerk

TEAM 4
Das Blockheizkraftwerk

Informiert euch neben den allgemeinen Fragen zu Heizungsanlagen auch über spezielle Fragen zum Heizen mit einem Blockheizkraftwerk (BHKW):

- Wodurch unterscheidet sich ein BHKW von einer normalen Heizungsanlage?
- Wie ist der Wirkungsgrad dieser Anlage im Vergleich zu anderen Heizungsanlagen?
- Mit welchem Energieträger wird ein BHKW betrieben?
- Welcher finanzielle Anreiz besteht bezüglich der erzeugten elektrischen Energie?
- Dient ein BHKW in erster Linie zur Erzeugung von elektrischer Energie oder in erster Linie zum Erzeugen von Wärme?
- Wo kann ein BHKW sinnvoll eingesetzt werden?
- Wie lange muss ein BHKW arbeiten, um wirtschaftlich zu sein?

LERNEN IM TEAM

Bewerten der Heizungsanlagen im Überblick

Zum Schluss überträgt jede Schülerin und jeder Schüler nach Vorstellung der verschiedenen Heizungssysteme die folgende Tabelle in das Heft und bewertet die Systeme nach dem angegebenen Bewertungssystem. Ermittelt dann die Gesamtpunktzahl für jede Heizungsanlage. Alle ausgefüllten Tabellen werden gesammelt und von zwei Schülerinnen und Schülern ausgewertet.

sehr gut (4 Punkte)
gut (3 Punkte)
befriedigend (2 Punkte)
ausreichend (1 Punkt)
schlecht (0 Punkte)

	Anschaffungskosten	Betriebskosten	Umweltbelastung	Nachhaltigkeit des Energieträgers	Einbau der Anlage	Punkte
Pellets						
Erdwärme						
Kollektoren						
BHKW						

STREIFZUG

Heizen mit Brennwerttechnik

Brennwerttechnik

In einem Heizkessel kann die bei der Verbrennung frei werdende Wärme nicht vollständig an den Heizkreislauf abgegeben werden. Der Kessel nutzt 81 % der Energie aus.

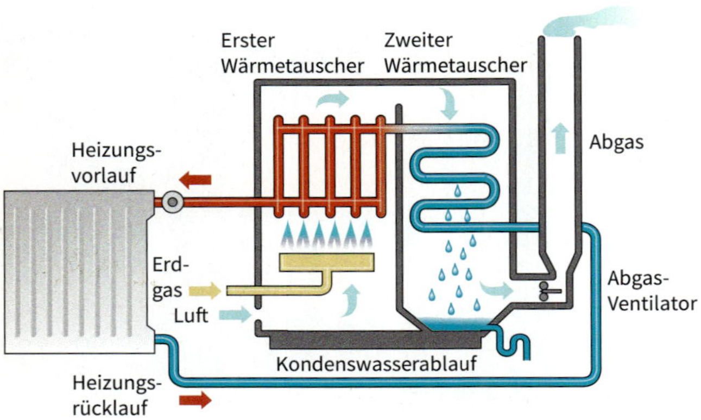

1 Schema eines Brennwertkessels

Mit der **Brennwerttechnik** ist es möglich, nicht nur die bei der Verbrennung entstehende Wärme zu nutzen, sondern auch die in den Abgasen und im Wasserdampf enthaltene Kondensationswärme. Der Brennwert setzt sich zusammen aus dem Heizwert eines Stoffes und der im Wasserdampf enthaltenen Kondensationswärme. Bild 1 zeigt das Funktionsschema dieses Kesseltyps. Die bei der Verbrennung von Erdgas frei werdende Wärme wird über einen Wärmetauscher an den Heizkreislauf abgegeben. Auf dem Weg zum Kamin umströmen Abgase und Wasserdampf einen zweiten Wärmetauscher. Der Wasserdampf kondensiert und die zusätzliche Wärme geht dabei ebenfalls in den Heizkreislauf über. Der Grad der Energieausnutzung eines Brennwert-Heizkessels beträgt etwa 92 %.

STREIFZUG

Beruf: Anlagenmechanikerin und -mechaniker für Sanitär-, Heizungs- und Klimatechnik

Berufsbild

Das Berufsbild der Anlagenmechanikerin und des -mechanikers für Sanitär-, Heizungs- und Klimatechnik ist vielfältig.
Zum Sanitärbereich gehört das Verlegen von Rohren für die Wasserversorgung.
Die Mechanikerinnen und Mechaniker montieren Wasserhähne und bauen Badewannen, Duschkabinen, Waschbecken und Toiletten ein.
Das Verlegen von Gasleitungen innerhalb eines Hauses gehört ebenfalls zu ihrem Aufgabenbereich.

Heizungs- und Klimatechnik

Die Montage einer Heizungsanlage umfasst die Verlegung von Rohren, das Anbringen von Heizkörpern und den Einbau des Heizungskessels. Besondere Kenntnisse sind für die richtige Einstellung der Regeleinheiten notwendig. Optimale Einstellwerte sind wichtig, um eine angemessene Wärmemenge bei möglichst geringer Brennstoffmenge und wenig Schadstoffentwicklung zu erreichen.

2 Die Heizungsanlage wird kontrolliert.

Ausbildung

Der Beruf der Anlagenmechanikerin und des -mechanikers für Sanitär-, Heizungs- und Klimatechnik ist ein Handwerksberuf. Voraussetzung für die Bewerbung um einen Ausbildungsplatz ist die Berufsreife oder die Fachoberschulreife.

Die Ausbildung dauert dreieinhalb Jahre. Es ist eine duale Berufsausbildung. Sie erfolgt in einem Betrieb und begleitend dazu in einer Berufsschule.
Im Betrieb werden die praktischen Fähigkeiten und Fertigkeiten vermittelt. Die Schule ergänzt dazu alle notwendigen theoretischen Kenntnisse. Die Abschlussprüfung wird vor einem Ausschuss der Handwerkskammer abgelegt.

Energieeffiziente Häuser

Energieeinsatz für die Heizung

In Häusern werden ungefähr 90 % der eingesetzten Energie für die Heizung und für die Warmwasserbereitung benötigt. Wegen des hohen Anteils für die Heizung kommt den Maßnahmen für die Dämmung der Außenwände und dem Einbau von Fenstern mit Wärmeschutzverglasung eine besondere Bedeutung zu.

Die Energieeinsparverordnung EnEV

Beim Neubau von Häusern muss die **Energieeinsparverordnung,** kurz **EnEV** beachtet werden. Darin sind Maßnahmen zur Wärmedämmung und zur Anlagentechnik der Heizung, der Lüftung und der Beleuchtung geregelt.

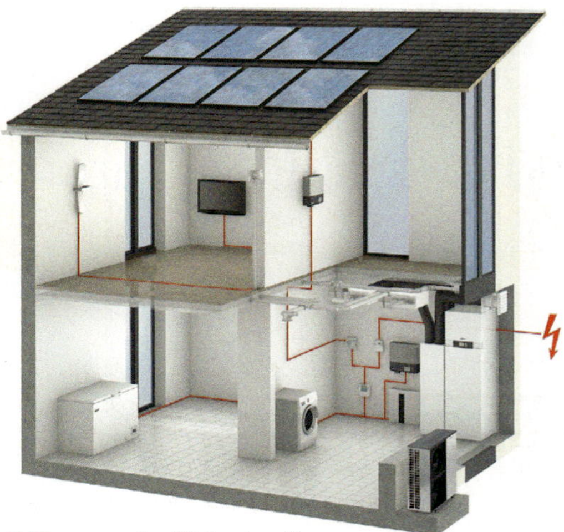

2 Ein energieeffizientes Haus

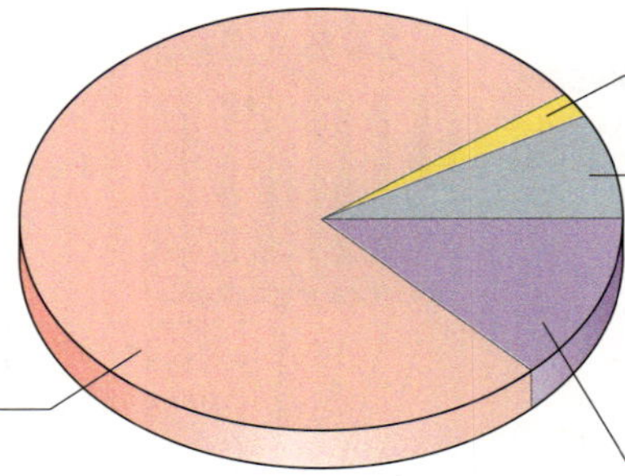

1 Energiebedarf eines Hauses

Moderne, energieeffiziente Häusertypen

Das **Effizienzhaus** hat einen Energiebedarf, der unter den Vorgaben der EnEV liegt. Diese Einsparung wird vornehmlich durch eine bessere Wärmedämmung der Wände und durch mehrfachverglaste Fenster erreicht. Die Wärme bleibt länger im Haus. Außerdem wird ein Teil der notwendigen Energie mithilfe von Solaranlagen auf dem Dach bereitgestellt.

Ein **Passivhaus** besitzt keine Öl- oder Gasheizung. Die Heizungsanlage wird mit nachwachsenden Rohstoffen beispielsweise mit Holzpellets befeuert. Sonnenkollektoren sorgen für warmes Wasser. Diese Häuser besitzen große Fensterflächen in Südrichtung. Die Sonnenenergie erwärmt die Luft im Haus. Lüftungsanlagen erwärmen die kühle Zuluft durch die warme Abluft aus dem Haus. Deshalb kann es einen Luftaustausch im Haus geben.

Auch ein **Nullenergiehaus** muss beheizt werden. Der Bedarf an Wärme wird über Sonnenkollektoren und Wärmepumpen erbracht. Außerdem besitzen Nullenergiehäuser Fotovoltaikanlagen auf dem Dach, die Sonnenenergie in elektrische Energie umwandeln. Diese elektrische Energie wird in das öffentliche Energieversorgungsnetz eingespeist und kann von dort bei Bedarf wieder entnommen werden. Die Summe der gesamten eingesetzten und abgegebenen Energie ergibt dadurch Null.

In einem Pilotprojekt ist das **EffizienzhausPlus** entwickelt worden. Durch die geschickte Kombination verschiedener Energiesparmaßnahmen steht den Bewohnern mehr Energie zur Verfügung als sie benötigen. Mit dieser überschüssigen Energie können beispielsweise Elektroautos der Bewohner aufgeladen werden.

1. A
Nenne mindestens 5 Wärmequellen, die es neben der Heizung in einem Haus gibt.

2. A
Erkläre die Eigenschaft "energieeffizient".

3. Q
a) Recherchiere, wie groß der Energiebedarf in den verschiedenen Häusertypen ist.
b) Stelle den unterschiedlichen Energiebedarf der verschiedenen Häuser grafisch dar.

Das Kohlekraftwerk

1. Beschreibe die Energieumwandlungen im Dampfkessel, bei der Turbine und beim Generator.

2. In modernen Kohlekraftwerken wird die chemische Energie der Kohle zu 40 % in elektrische Energie umgewandelt. Erkläre, wo die anderen 60 % der eingesetzten Energie bleiben.

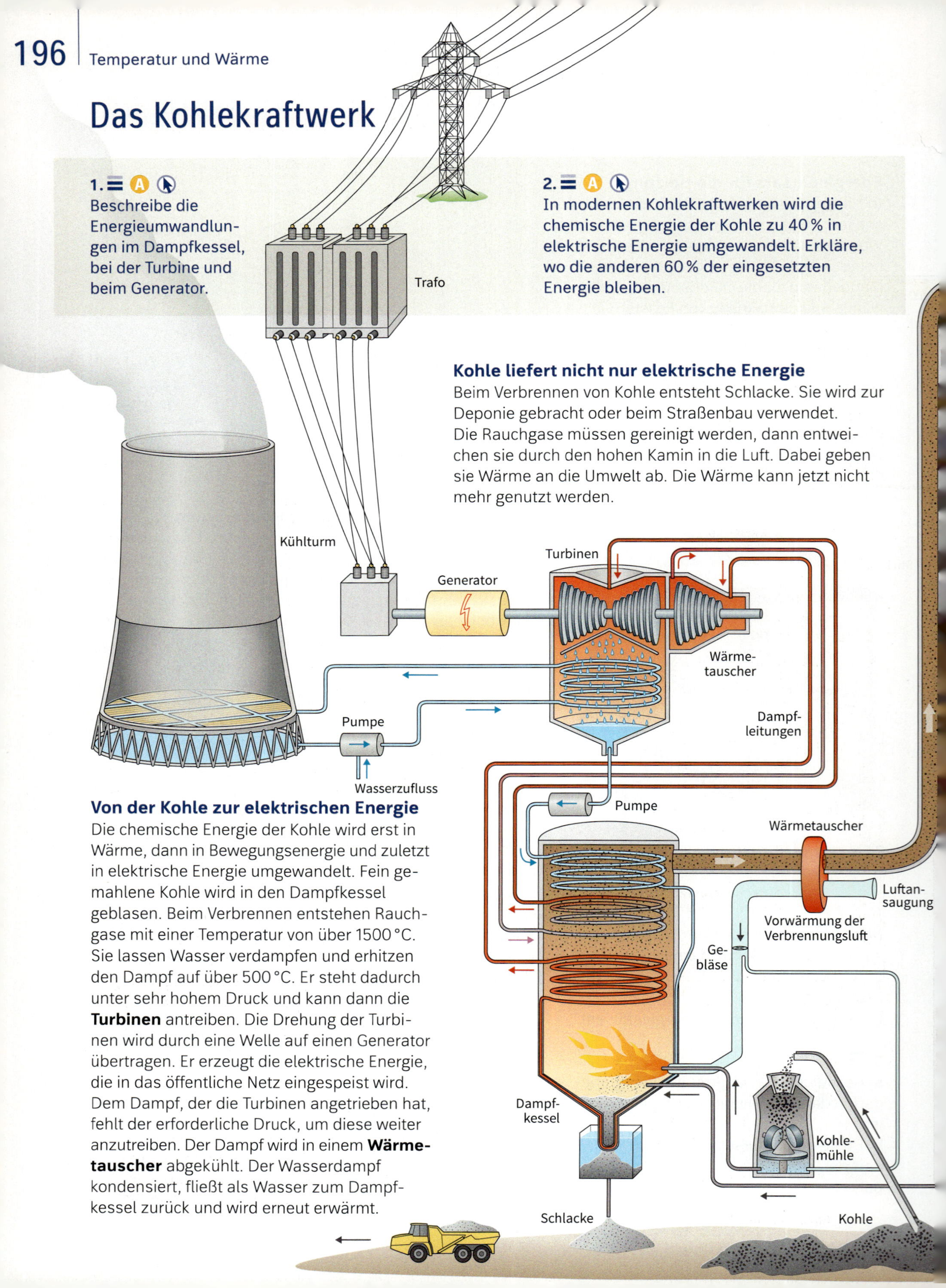

Kohle liefert nicht nur elektrische Energie

Beim Verbrennen von Kohle entsteht Schlacke. Sie wird zur Deponie gebracht oder beim Straßenbau verwendet. Die Rauchgase müssen gereinigt werden, dann entweichen sie durch den hohen Kamin in die Luft. Dabei geben sie Wärme an die Umwelt ab. Die Wärme kann jetzt nicht mehr genutzt werden.

Von der Kohle zur elektrischen Energie

Die chemische Energie der Kohle wird erst in Wärme, dann in Bewegungsenergie und zuletzt in elektrische Energie umgewandelt. Fein gemahlene Kohle wird in den Dampfkessel geblasen. Beim Verbrennen entstehen Rauchgase mit einer Temperatur von über 1500 °C. Sie lassen Wasser verdampfen und erhitzen den Dampf auf über 500 °C. Er steht dadurch unter sehr hohem Druck und kann dann die **Turbinen** antreiben. Die Drehung der Turbinen wird durch eine Welle auf einen Generator übertragen. Er erzeugt die elektrische Energie, die in das öffentliche Netz eingespeist wird. Dem Dampf, der die Turbinen angetrieben hat, fehlt der erforderliche Druck, um diese weiter anzutreiben. Der Dampf wird in einem **Wärmetauscher** abgekühlt. Der Wasserdampf kondensiert, fließt als Wasser zum Dampfkessel zurück und wird erneut erwärmt.

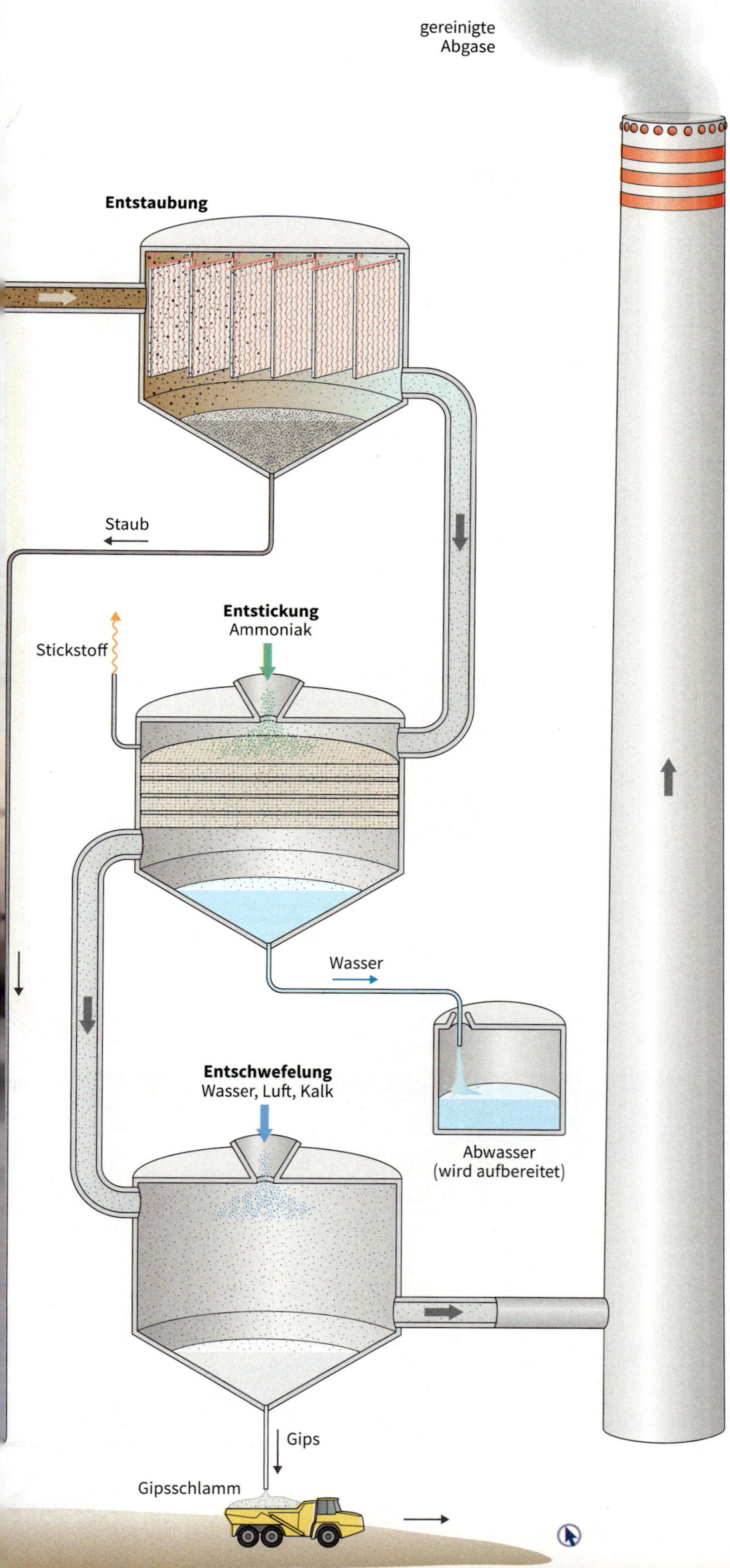

Wärmeabgabe im Kühlturm

Das Kühlwasser im Wärmetauscher erwärmt sich. Zum Abkühlen fließt es in den **Kühlturm** und wird dort versprüht. Dabei steigen Nebelwolken aus dem Kühlturm auf. Auch hier wird viel Wärme ungenutzt an die Umwelt abgegeben. Diese Wärme heißt **Abwärme.**

Rauchgasreinigung

In der **Rauchgasreinigungsanlage** werden die **Abgase** von Staub, Stickstoffoxiden und Schwefeldioxid gereinigt. Für diese komplizierte Chemiefabrik wird aus Gründen des Umweltschutzes ein enormer finanzieller Aufwand betrieben. Die für alle Lebewesen schädlichen **Rauchgase** werden in dieser Anlage so gereinigt, dass nur noch 2 % der ursprünglich im Rauchgas enthaltenen Schadstoffe in die Luft gelangen.

Entstaubung und Entstickung

Elektrofilter der **Entstaubungsanlage** halten den **Feinstaub** der Rauchgase zurück. Stickstoffoxide entstehen, wenn in der Feuerung bei hohen Temperaturen die Luftbestandteile Sauerstoff und Stickstoff miteinander reagieren. Die Stickstoffoxide werden in der **Entstickungsanlage** mithilfe von Ammoniak in Stickstoff und Wasser umgewandelt.

Entschwefelung der Gase

Schwefeldioxid entsteht bei der Verbrennung schwefelhaltiger Kohle. In der **Entschwefelungsanlage** reagiert das Schwefeldioxid mit Wasser, Kalk und Luft zu Gips. Dieser Gips wird REA-Gips genannt (**R**auchgas**e**ntschwefelungs**a**nlage-Gips). Er wird als Baustoff eingesetzt.

Du kannst beschreiben, wie ein Kohlekraftwerk funktioniert und wie die Abgase gereinigt werden.

Abgase verändern das Klima der Erde

1.
Nenne mögliche Ursachen und Folgen der Klimaveränderung.

2.
Informiere dich über die Funktion und den Einsatz von Treibhäusern. Erläutere die Bedeutung des Treibhauseffektes für die Erde.

3.
Nenne Maßnahmen, die ergriffen werden, um den Ausstoß von Kohlenstoffdioxid zu verringern.

4.
Gib an, wo in unserer Umwelt Methan entsteht. Informiere dich über Auswirkungen des Gases auf unser Klima.

5.
Erkläre den Unterschied zwischen dem natürlichen und dem zusätzlichen Treibhauseffekt.

Du kannst den vom Menschen verursachten, zusätzlichen Treibhauseffekt vom natürlichen Treibhauseffekt unterscheiden.

Der natürliche Treibhauseffekt

Die Strahlung der Sonne erwärmt Boden, Seen und Flüsse, lässt Wasser verdunsten und Wolken entstehen. Später wird die aufgenommene Energie in Form von Wärmestrahlung wieder abgegeben. Wolken und Gase in der Lufthülle bewirken, dass nur ein Teil der Abstrahlung ins Weltall gelangt. Das ist der **natürliche Treibhauseffekt.** Durch ihn bleibt die Durchschnittstemperatur der Erde bei 15 °C. Sonst würde sie –18 °C betragen.

Der zusätzliche Treibhauseffekt

Seit einiger Zeit wird ein leichtes Ansteigen der Durchschnittstemperatur der Erde beobachtet. Ursache dafür ist das vermehrte Auftreten von bestimmten Gasen in der Lufthülle. Sie werden **Treibhausgase** genannt. Die wichtigsten Gase sind Kohlenstoffdioxid, Stickstoffoxide und Methan (Bild 1). Seit dem Verbot von Fluor-Chlor-Kohlenwasserstoff (FCKW) als Kältemittel im Jahr 1995 gelangt dieses Treibhausgas viel seltener in die Erdatmosphäre. Allerdings spielt FCKW aufgrund seiner langen Halbwertszeit noch immer eine wichtige Rolle für den Treibhauseffekt.

Treibhausgase vermindern die Wärmeabstrahlung der Erde in den Weltraum. Dadurch steigt die Durchschnittstemperatur auf der Erde. Es entsteht ein vom Menschen verursachter **zusätzlicher Treibhauseffekt.**

Auswirkungen

Durch das Ansteigen der Durchschnittstemperatur auf der Erde entstehen beispielsweise verstärkt Orkane und Unwetter. Das Eis der Antarktis und auf Grönland schmilzt ab und lässt den Meeresspiegel ansteigen. Viele Pflanzen und Tiere können in der dann immer wärmer werdenden Umgebung nicht mehr existieren.

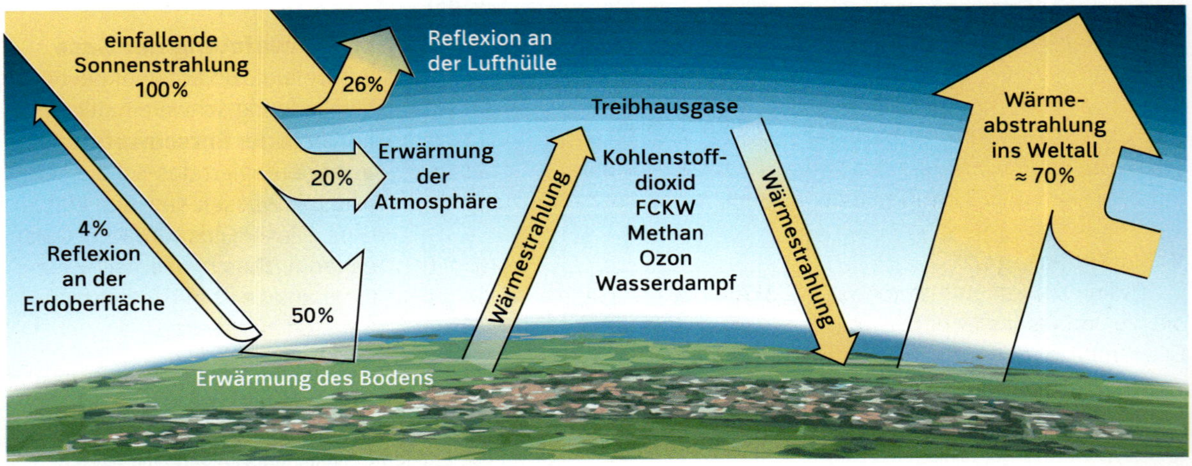

1 Verursacher des zusätzlichen Treibhauseffektes

Basiskonzepte S. 213

Theoretische Modelle helfen bei der Klimaforschung

1. Ermittle aus dem regionalen Klimaatlas die mögliche Entwicklung des Klimas in deinem Bundesland.

2. Diskutiert Folgen, die verminderte Niederschläge für Deutschland haben könnten.

3. Erstelle eine Tabelle mit Vor- und Nachteilen der Erderwärmung.

4. Begründe, wie sich das Klima entwickeln könnte, wenn vermehrt erneuerbare Energien eingesetzt werden.

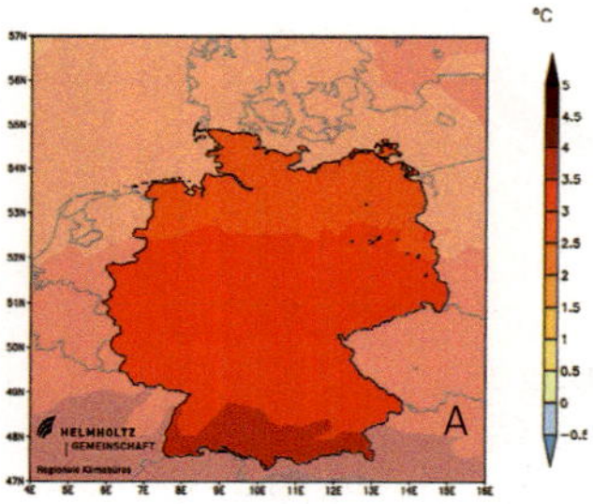

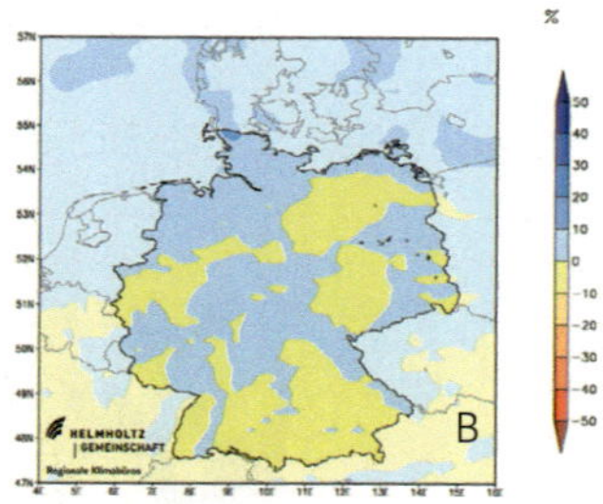

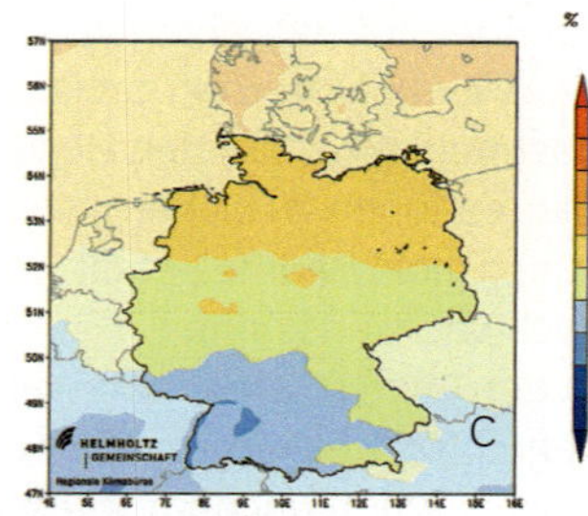

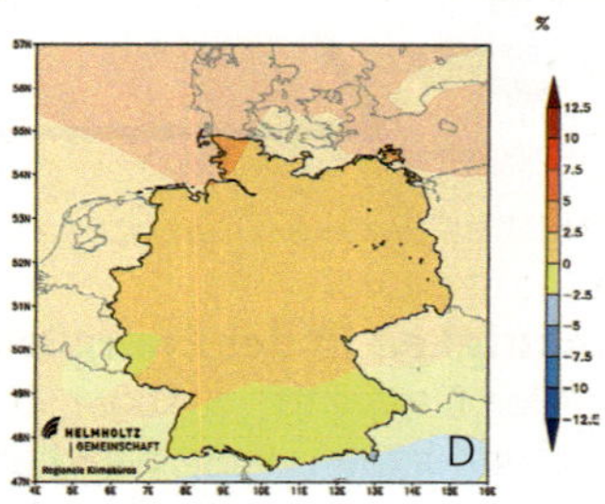

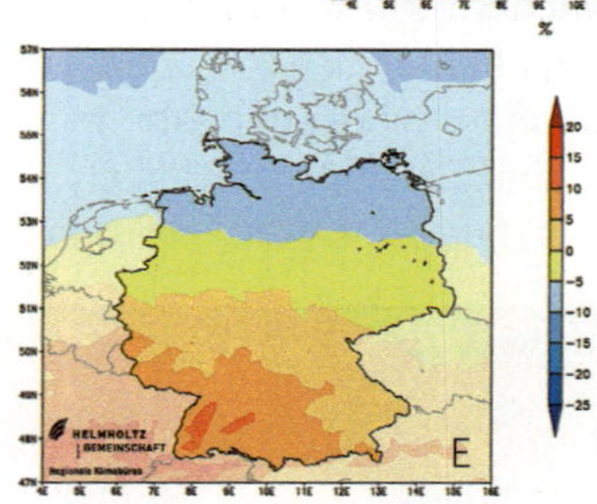

1 Klimaentwicklung, mögliche mittlere Änderung: **A** Durchschnittstemperatur, **B** Niederschlag, **C** relative Luftfeuchte, **D** Windgeschwindigkeit, **E** Sonnenscheindauer

Globale und regionale Klimamodelle

Um Voraussagen über das Klima auf der Erde machen zu können, werden weltweit **Klimamodelle** erstellt. Diese gehen immer von gegebenen Voraussetzungen und Bedingungen aus. Mithilfe von Computern werden so Trends für die Zukunft ermittelt. Ändern sich die Voraussetzungen, verändern sich auch die Voraussagen. Es handelt sich hierbei also nicht um exakte Prognosen, sondern um Rechenbeispiele für mögliche Klimaentwicklungen.
Es gibt Klimamodelle für die ganze Erde oder nur für bestimmte Regionen, beispielsweise für Deutschland. Ein gedachtes Gitternetz mit bestimmten Voraussetzungen wird über das zu betrachtende Gebiet gelegt. Anschließend wird die Entwicklung des Klimas für dieses Gebiet mit dem Computer **simuliert** (lat., ähnlich, nachgemacht).

Voraussetzungen

Das Klima der Zukunft ist von vielen Faktoren abhängig, die nie umfassend ermittelt werden können. Dazu gehören CO_2-Emissionen, neue technische Entwicklungen, Einsatz erneuerbarer Energien und die Bevölkerungsentwicklung. Um ein Klimamodell zu erstellen, werden für die Voraussetzungen Annahmen getroffen. Auf dieser Grundlage werden anschließend Hochrechnungen durchgeführt.

Faktoren, die das Klima beeinflussen

Das Klima wird von sehr vielen Faktoren beeinflusst. Je mehr Faktoren erfasst werden, desto genauer kann das Klima berechnet werden. Folgende Faktoren werden dabei häufig berücksichtigt: Luftfeuchte, Temperatur, Niederschlag, Wind, Bewölkung.

Mögliche Änderungen des Klimas

Die Hochrechnungen für das Klima in Deutschland können aus dem regionalen Klimaatlas (Bild 1) abgelesen werden: Die Luftfeuchte und die Sonnenscheindauer sollen sich nicht deutlich verändern. Die Durchschnittstemperatur soll sich um 1,6 °C bis 2,4 °C erhöhen. Der Niederschlag soll sich örtlich unterschiedlich ändern. Im Mittel nimmt er um 4 % zu. Es werden um 1 % höhere Windgeschwindigkeiten erwartet.

Du kannst beschreiben, wie Klimamodelle mithilfe von Computern simuliert werden.

Nachhaltige Energie

1. Ⓐ
Nenne die Bedeutung der Nachhaltigkeit in der Energiewirtschaft.

2. Ⓠ
Recherchiere die Anteile von erneuerbaren Energieträgern und fossilen Energieträgern in Deutschland.

3. Ⓐ
Finde Beispiele aus deinem Alltag für energieeffiziente und energiesuffiziente Geräte.

Nachhaltigkeit

Vor über 300 Jahren entwickelte der Forstwirt HANS CARL VON CARLOWITZ das Prinzip der Nachhaltigkeit. Um den Holzbedarf zukünftiger Generationen zu sichern, sollen in einem Wald nur so viele Bäume gefällt werden, wie auch nachwachsen können.
In den letzten Jahrzehnten entwickelt sich der Begriff Nachhaltigkeit zu einem gesellschaftlichen Leitbild. Nachhaltigkeit vereint soziales, ökologisches und ökonomisches Handeln, das heute und in Zukunft unsere Lebensbedingungen sichern soll. Dazu sollen Ressourcen sorgsam eingesetzt und geschützt werden.

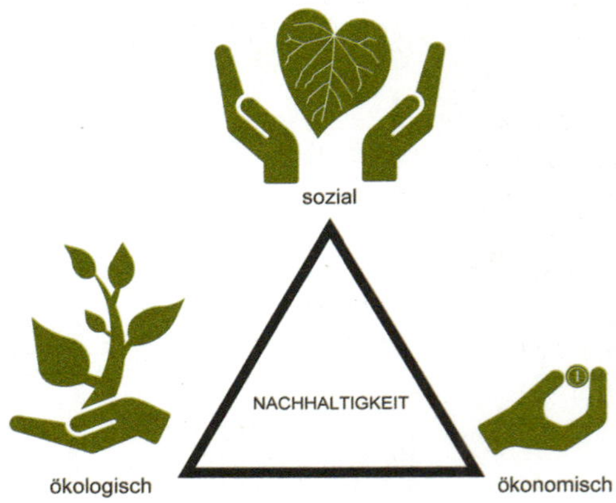

3 Das Nachhaltigkeits-Dreieck

1 Energiebedarf früher

Nachhaltigkeit in der Energiewirtschaft

Die fossilen Energieträger Kohle, Erdöl und Erdgas sind nur begrenzt vorhanden. Außerdem hat ihre Nutzung schwerwiegende Auswirkungen auf die Umwelt. Die Kernenergie birgt große Gefahren für die Menschheit, wie die Unglücke in Tschernobyl und Fukushima zeigen.
Die erneuerbarer Energien, wie Solarenergie oder Windenergie, benötigen weniger Ressourcen als fossile Energieträger. Trotzdem erfordern erneuerbare Energien einen starken Eingriff in die Natur. Eine nachhaltige Energieform, die unbedenklich genutzt werden kann, hat die Menschheit bisher nicht gefunden. In naher Zukunft sollen die erneuerbaren Energieträger, zusammen mit fossilen Energieträgern, den Energiebedarf in Deutschland decken.

2 Energiebedarf heute

Energieeffizienz und Energiesuffizienz

Da es bisher keine nachhaltige Energieform gibt, sollte der Mensch verantwortungsvoll mit Energie umgehen. Durch Energieeffizienz können Ressourcen gespart werden und Eingriffe in die Natur verringert werden. Beispiele für energieeffiziente Technologien sind Leuchtdioden, die weniger Energie als Glühlampen benötigen. Der bewusste Verzicht auf Energiekonsum wird als Energiesuffizienz bezeichnet.

Du kannst den Begriff Nachhaltigkeit erklären und auf die Energiewirtschaft anwenden.

Nachhaltigkeit im Alltag

Müllvermeidung
Viele Lebensmittel sind sehr aufwendig verpackt. Oft sollen die Produkte durch die Verpackung hochwertiger erscheinen. Dabei fällt viel unnötiger Müll an. Durch einen bewussten Einkauf lässt sich oftmals Müll vermeiden.

Ökologischer Fußabdruck
Dein ökologische Fußabdruck ist die Fläche auf der Erde, die dein Lebensstil auf Dauer erfordert. Bei der Berechnung wird dein Konsumverhalten genau unter die Lupe genommen.

1. Ⓐ
Finde weitere Möglichkeiten, wie du in deinem Alltag Müll vermeiden kannst.

2. Ⓠ
a) Recherchiere deinen eigenen ökologischen Fußabdruck.
b) Erkenne, wie du deinen eigenen ökologischen Fußabdruck verkleinern kannst. Leite ab, wie du dein Verhalten im Alltag verändern solltest.

3. Ⓠ
Recherchiere, wie viel virtuelles Wasser für die Herstellung eines T-Shirts notwendig ist.

4. Ⓠ
a) Recherchiere, wann in den letzten Jahren der Welterschöpfungstag erreicht war.
b) Recheriere den Welterschöpfungstag für Deutschland.
c) Leite Schlussfolgerungen aus deinen Ergebnissen ab.

Welterschöpfungstag
Am Welterschöpfungstag hat die Menschheit alle Ressourcen verbraucht, die ihr für das Jahr zur Verfügung stehen. Derzeit liegt der Tag jedes Jahr etwas früher. Die Verantwortung dafür tragen wir alle.

Produktlebensdauer
Die Produktlebensdauer ist der Zeitraum, über den ein Produkt genutzt wird. Eine lange Lebensdauer ist bei technischen Geräten häufig ein Zeichen für die hohe Qualität des Produktes. So kann ein teureres Produkt durch eine längere Nutzungsdauer auf lange Sicht günstiger sein.

Beobachtung und Erforschung des Ozonlochs

1. Ⓐ
Beschreibe die fünf Schichten der Erdatmosphäre.

2. Ⓐ
Zeichne mithilfe von Bild 1 ein Temperatur-Höhen-Diagramm.

3. Ⓠ
Recherchiere,
a) wofür FCKW eingesetzt wurde.
b) seit wann der Einsatz von FCKW verboten ist.

4. Ⓠ
Erkläre, warum ein Ozonloch über der Arktis das Leben in Deutschland beeinflussen kann.

5. Ⓐ
Erläutere den Begriff Simulation.

Die 5 Schichten der Erdatmosphäre

Aus dem Weltraum kommend beginnt die **Exosphäre** 10 000 km über dem Erdboden. Hier herrscht praktisch Vakuum.
In der **Thermosphäre** gibt es nur vereinzelte Luftteilchen. Die dort herrschenden Temperaturen liegen tagsüber und nachts zwischen 500 °C und 2000 °C.
In der **Mesosphäre** ist die Luft sehr dünn und es befindet sich nur sehr wenig Ozon in dieser Schicht. Die Temperatur an der Obergrenze beträgt - 90 °C.
In der **Stratosphäre** befindet sich das Ozon. Deshalb enthält die Stratosphäre auch die Ozonschicht. Die Temperatur in der Stratosphäre beträgt 0 °C.
Die **Troposphäre** enthält unsere Atemluft und einen großen Wasseranteil. Ausschließlich hier spielt sich das Wettergeschehen ab.

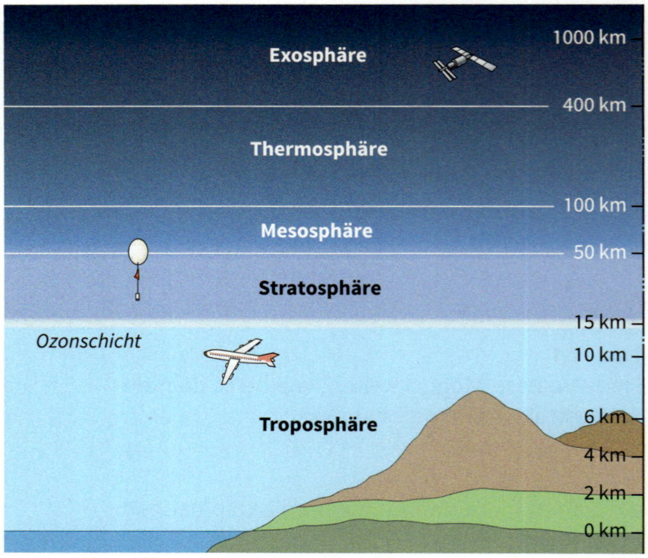

1 Aufbau der Erdatmosphäre

Die Ozonschicht ist geschädigt

Bereits seit den 1970er Jahren wird die Ozonschicht erforscht. Insbesondere der Einsatz von Fluor-Chlor-Kohlenwasserstoffen (FCKW) verringerte die Konzentration des Ozons. Deshalb wurde 1989 der Einsatz von FCKW von der UNO weltweit verboten. Nach wie vor sind Ozon schädigende Stoffe in der Atmosphäre, die sich nur langsam abbauen. Das größte Ozonloch wurde 2006 über der Antarktis gemessen. Seitdem nimmt die Ozonkonzentration wieder zu. Für einen nachhaltigen Effekt darf auch in Zukunft kein FCKW in die Atmosphäre gelangen.

Aufbau und Aufgabe von Ozon

Ozon ist ein Molekül, das aus 3 Sauerstoffatomen besteht (O_3). Es ist sehr giftig, ätzend, brandfördernd und hat einen beißenden Geruch. Das Ozon schirmt in etwa 15 km bis 25 km Höhe die gefährlichen Bestandteile der UV-Strahlung der Sonne von der Erdoberfläche ab. Gelangt zu viel UV-Strahlung auf die Erde, kann die Haut von Lebewesen geschädigt werden. Das zeigt sich insbesondere in einer höheren Hautkrebsrate.

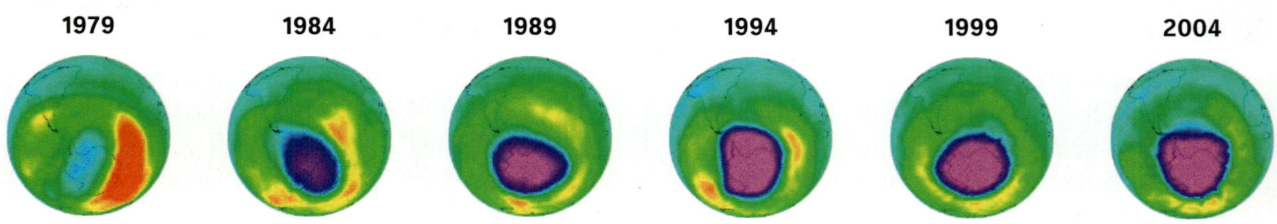

2 Entwicklung des Ozonlochs über der Antarktis von 1979 bis 2014

6. ≡ Q
Recherchiere, welche Maßnahmen Schulkinder in Australien und Neuseeland ergreifen, um sich gegen die gefährliche UV-Strahlung zu schützen.

7. ≡ A
Erläutere die Entwicklung des Ozonlochs in Bild 2.

SCISAT-1

SCISAT-1 ist der Name eines kanadischen Erdbeobachtungssatelliten der Canadian Space Agency (Bild 5). Er beobachtet seit 2003 die Erdatmosphäre über der Arktis und hilft, das Ozonloch zu erforschen. Der Schwerpunkt liegt besonders auf der Untersuchung der Prozesse in der Stratosphäre und in der Troposphäre.

Ein Spektrometer liefert die Messwerte

Das wesentliche Messinstrument des Satelliten SCISAT-1 ist ein optisches Spektrometer (Bild 3). Es erfasst das Spektrum der Sonne, wenn das Sonnenlicht die Atmosphäre passiert. Anhand der Messdaten können die Wissenschaftlerinnen und Wissenschaftler auf die Zusammensetzung der Atmosphäre und damit auf die Konzentration des Ozons schließen.

Simulation – Blick in die Zukunft

Mithilfe der Messwerte wird der Zustand der Atmosphäre berechnet, wie er in der Zukunft erwartet wird. Die berechneten Ergebnisse werden immer wieder mit den neuen Messwerten abgeglichen. Das Berechnen von Erwartungswerten anhand eines Modells ist die **Simulation.**

Das weltweite Verbot wirkt!

25 Jahre nach dem weltweiten FCKW-Verbot wurden 2014 erstmals wieder höhere Ozonwerte in der Atmosphäre gemessen. Die Ozonlöcher über der Arktis und der Antarktis beginnen sich langsam zu schließen. So hat das weltweite Verbot der FCKW-Nutzung den gewünschten nachhaltigen Effekt, der in der Simulation vorhergesagt wurde.

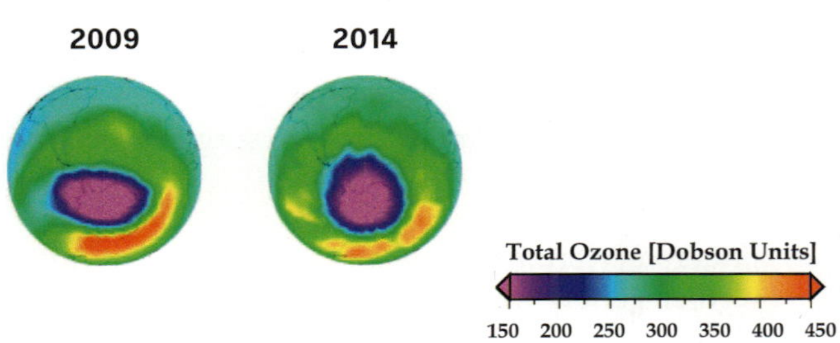

3 Das Spektrometer in SCISAT-1

4 SCISAT-1 im Test

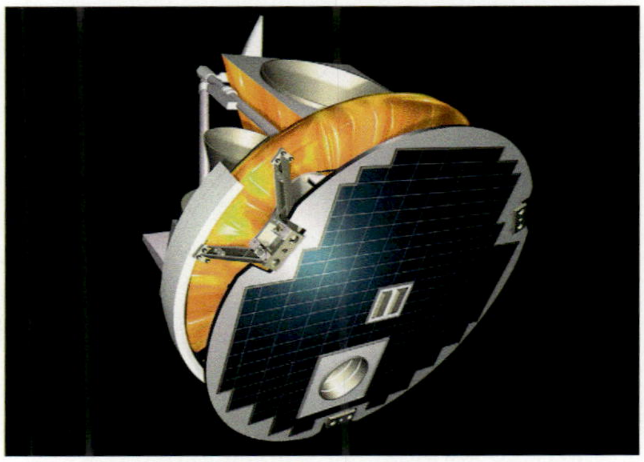

5 SCISAT-1 im All

Du kannst erklären, welche Bedeutung die Ozonschicht für unser Leben auf der Erde hat und wie die Größe des Ozonlochs ermittelt wird.

PINNWAND

Erneuerbare Energien und ihre Nutzung

Regenerative Energien

Braun- und Steinkohle, Erdöl und Erdgas reichen als Brennstoff für Kraftwerke nur noch eine begrenzte Zeit. Auch Uranvorräte, aus denen Brennelemente für Kernkraftwerke hergestellt werden, sind nicht unbegrenzt vorhanden.
Da kommt uns die Natur mit Energieträgern zu Hilfe, die sich immer wieder erneuern. So lange die Sonne scheint, wird Wind wehen und Wasser in Flüssen fließen. Sonne, Wind und Wasser sind Träger von **regenerativen,** also **erneuerbaren Energien.**

Energie durch Sonne und Wind

Deutschlands ältestes Kraftwerk mit einer **Fotovoltaikanlage** steht auf der Nordseeinsel Pellworm. Es wurde nach 20 Jahren mit neuen Solarzellen ausgerüstet, die bei gleicher Sonneneinstrahlung mehr elektrische Energie abgeben. 2006 wurde eine Windkraftanlage angegliedert. Die Anlage kann bei voller Sonnenstrahlung etwa 350 Haushalte auf der Insel versorgen.

Windkraftwerke

Ein **Windkraftwerk** hat einen Rotor, der mit einem Generator verbunden ist. So wird die Bewegungsenergie der Luft in elektrische Energie umgewandelt.

Ein Wasserstrom erzeugt elektrischen Strom

Wasserkraftwerke sind Laufwasserkraftwerke oder Kraftwerke an Stauseen. In beiden Kraftwerksarten wird die Bewegungsenergie des strömenden Wassers genutzt. Das bewegte Wasser treibt Turbinen an, die mit einem Generator verbunden sind.

Die Sonne macht Dampf

Im **Solarkraftwerk** von Almeria in Spanien wird das Sonnenlicht mit schwenkbaren Spiegeln auf Öl gefüllte Röhren gelenkt. Das heiße Öl erwärmt über einen Wärmetauscher Wasser. Der dabei entstehende Dampf treibt die Turbinen der Generatoren an. So wird aus der Wärme der Sonne elektrische Energie.

1. A
Nenne Vorteile und Nachteile von Windkraftanlagen.

2. A
Erkläre, warum die Spiegel des Solarkraftwerkes von Almeria drehbar angeordnet sind.

3. A
Erläutere, dass die Kombination von Solarzellen und Windgeneratoren für die Stromversorgung wichtig ist.

4. A
Erläutere, warum die Energie, die bei Wasserkraftwerken genutzt wird, unerschöpflich ist.

Energie aus Biomasse

Biogasanlagen können Bioabfälle nutzen. Das Biogas ist vielseitig nutzbar, Hauptbestandteil ist Methan. Mit Biogas kann vor Ort in **Biogaskraftwerken** Elektrizität gewonnen werden. Auch die bei der Verbrennung von Biogas anfallende Wärme kann genutzt werden. In großen Anlagen wird Biogas aufbereitet und als **Bioerdgas** in das Erdgasnetz eingespeist. So kann es auch in Erdgasspeicher eingeleitet werden.

Energiepflanzen – ein Problem für die Umwelt

Die Anzahl der Biogasanlagen hat stark zugenommen. Damit steigt auch der Bedarf an pflanzlichen Rohstoffen. Mit Bioabfällen kann er schon lange nicht mehr gedeckt werden, in großem Umfang werden Energiepflanzen angebaut. Dazu gehört Mais, der meist in ausgedehnten **Maismonokulturen** angebaut wird. Das ist nicht unproblematisch. Die einseitige Bodennutzung erfordert massiven Einsatz von Pflanzenschutz- und Düngemittel. Zudem geht die genutzte Fläche für den Nahrungsmittelanbau verloren.

PINNWAND

Rückbesinnung – Energiegewinnung aus Holz

In waldreichen Gebieten kann ein Teil des Energiebedarfs durch Holz gedeckt werden. Das Holz wird zerkleinert und die entstandenen Schnitzel werden mit Luft in den Kessel geblasen. **Holzhackschnitzelkraftwerke** können also ähnlich wie Gaskraftwerke gesteuert werden.
Holz enthält bei gleicher Masse weit weniger Energie als Kohle. Ein Transport über weite Strecken ist nicht rentabel. Die Kraftwerke müssen in der Nähe des Holzaufkommens errichtet werden.

Holzschnitzel aus der Plantage

In den Holzhackschnitzelkraftwerken können Holzabfälle genutzt werden. Aber auch hier decken die anfallenden Mengen den Bedarf bei weitem nicht. An den Wäldern darf kein Raubbau betrieben werden und so wird auch Holz eigens zur Energiegewinnung angebaut. Pappeln wachsen schneller als andere Bäume. In den **Holzplantagen** stehen deshalb vorwiegend Pappeln.

5. A
Nenne Gemeinsamkeiten und Unterschiede von Biogasanlagen und Holzhackschnitzelkraftwerken.

6. Q
Recherchiere und erstelle eine Übersicht über Vor- und Nachteile von Biogasanlagen und Holzhackschnitzelkraftwerken.

7. A
Nenne den Unterschied zwischen Solaranlagen sowie Wind- und Wasserkraftwerken einerseits und Biogasanlagen und Holzhackschnitzelkraftwerken andererseits.

Basiskonzepte S. 213

Von der Sonne zur Steckdose

1.
a) Beschreibe, wie Kohle entsteht.
b) Nenne Auswirkungen des Kohleabbaus.

2.
Erläutere mithilfe von Bild 2, wodurch der Wind entsteht, der vom Meer zum Land weht.

3.
Informiere dich, wie eine Windkraftanlage transportiert und aufgestellt wird.

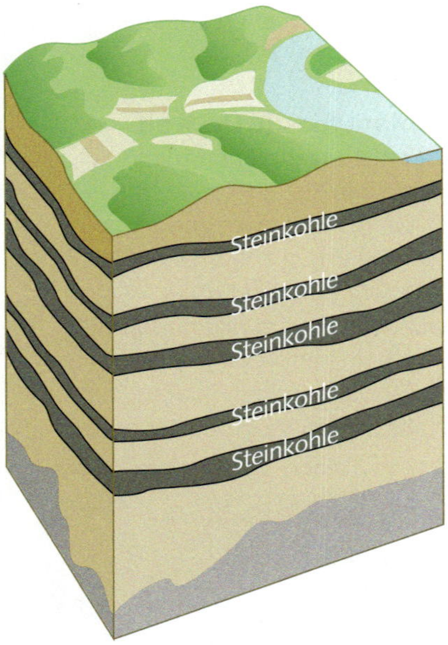

1 Entstehung von Steinkohle

Ohne Sonne keine Kohle

Im Zeitalter Karbon (lat.: carbo, Kohle) waren der Sauerstoff- und Kohlenstoffdioxidgehalt der Atmosphäre viel höher als heute. Die Sonne hat die Luftmassen der Erde stärker erwärmt, das Klima auf der Erde entsprach dem eines Gewächshauses. Es wuchsen gigantische Pflanzen, wie bis zu 20 m hohe Farne. Die Pflanzen speicherten die Energie der Sonne durch **Fotosynthese.** Abgestorbene Pflanzenteile versanken in sumpfigen Gebieten, verrotteten nur unvollständig und bildeten Torf. Durch den größer werdenden Druck auf tiefliegende Torfschichten und dadurch steigende Temperaturen entstand in vielen Millionen Jahren **Kohle.**

3 Kohleförderung im Tagebau

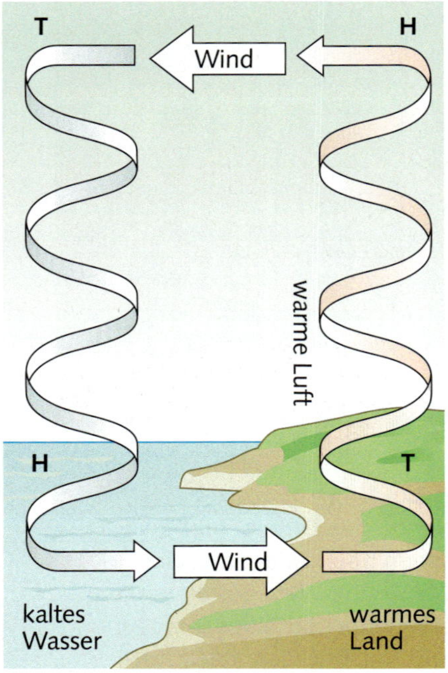

2 Entstehung von Wind

Ohne Sonne kein Wind

Die Strahlung der Sonne erwärmt Landmassen stets stärker als Wassermassen. Die Landmassen geben die Wärme wie bei einer Heizplatte an die darüber liegende Luft ab. Diese dehnt sich zunächst nach oben aus. In etwa 500 m Höhe kommt es zu einem Temperatur- und Druckausgleich zwischen der Luft über dem Meer und der Luft über dem Land. Es entsteht eine seewärts gerichtete Luftströmung. Über dem Wasser befindet sich nun mehr Luft als über dem Land. Sie wird stark zusammengedrückt und weicht als landwärts gerichtete Luftströmung aus. Der Ausgleich von Temperatur- und Druckunterschieden geschieht immer durch die Bewegung von Luftteilchen – es entsteht **Wind.**

4 Nutzung von Wind

4. Ⓐ
Erläutere das Energieflussdiagramm eines Kohlekraftwerkes (Bild 5B).

5. Ⓐ
Erläutere das Energieflussdiagramm eines Windkraftwerkes (Bild 6A).

5 Steinkohlekraftwerk: **A** Hamburg-Moorburg, **B** Energieumwandlungen

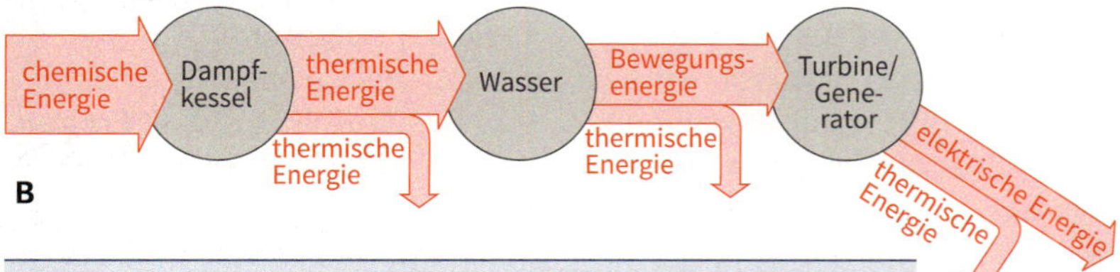

Du kannst an Beispielen beschreiben, wie der Bedarf an elektrischer Energie durch Umwandlungen von Sonnenenergie in fossile und regenerative Energieformen gedeckt wird.

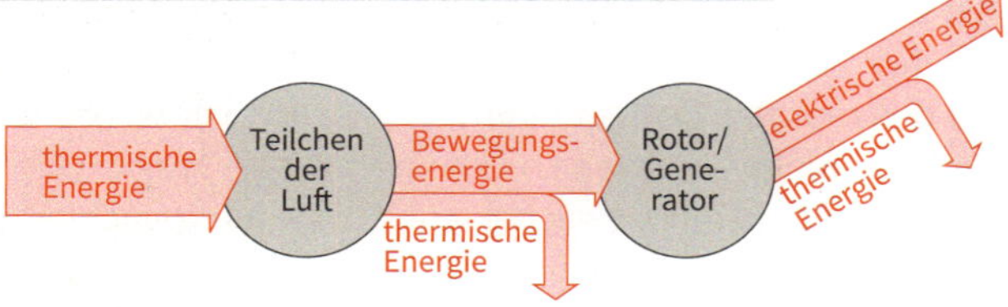

6 Windkraftwerk: **A** Energieumwandlungen, **B** Hamburg-Altenwerder

Steckbrief Steinkohlekraftwerk

Ort:	Hamburg-Moorburg
Inbetriebnahme:	2014
Baukosten:	2,6 Mrd. €
Leistung:	2 × 840 MW
Fernwärme:	650 MW
Jahresenergieertrag:	11 000 GWh
Versorgte Haushalte:	etwa 4,4 Mio.
Baumaterial:	400 000 m^3 Beton, 75 000 t Stahl
Fläche:	23 ha
Steinkohle:	12 000 t täglich
Energiekosten:	4 $\frac{\text{Cent}}{\text{kWh}}$

Besonderheit: zählt zu den umweltschonendsten Steinkohlekraftwerken Europas

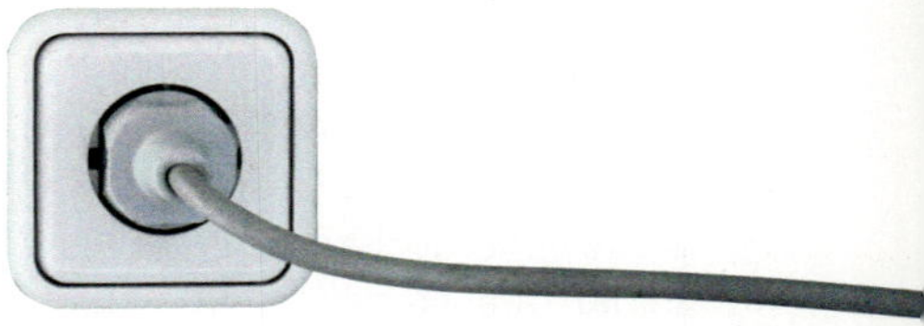

Steckbrief Windkraftwerk

Ort:	Hamburg-Altenwerder
Inbetriebnahme:	2009
Baukosten:	18 Mio. €
Leistung:	2 × 6 MW
Jahresenergieertrag:	30 GWh
Versorgte Haushalte:	etwa 12 000
Turm und Rotor:	Höhe: 198,5 m
Nabenhöhe:	135,0 m
Rotordurchmesser:	127,0 m
Fundament:	($d = 29$ m, $h = 4$ m) 1400 m^3 Beton, 120 t Stahl
Gesamtmasse:	3500 t
Windstärke:	≧ 3 $\frac{m}{s}$
Energiekosten:	12 $\frac{\text{Cent}}{\text{kWh}}$

Besonderheiten: eine der leistungsstärksten Anlagen Europas

Basiskonzepte S. 213

Gespräche leiten

1 Tim ist der Gesprächsleiter

METHODE

Der Gesprächsleiter

Bei Gesprächs- oder Diskussionsrunden über ein Unterrichtsthema empfiehlt es sich, einen **Gesprächsleiter** einzusetzen. Er muss darauf achten, dass die Klasse beim Thema bleibt und dass am Ende der Gesprächsrunde ein brauchbares Ergebnis an der Tafel steht.

Tim wird die Aufgabe übertragen, das Gespräch zu leiten. Die Klasse hat sich in der Unterrichtsreihe über erneuerbare Energien mehrere Wochen lang in verschiedenen Gruppen beschäftigt. Inhalt war die Umwandlung regenerativer Energien in elektrische Energie.

Das Thema wird vorgestellt

Tim ergreift das Wort: „Wir haben uns in den letzten Stunden mit regenerativen Energien beschäftigt und sollten nun über die **Vor- und Nachteile** der einzelnen Energieträger diskutieren." Diese kurze Einleitung hilft der Klasse. Jeder weiß nun, worum es geht.

Diskussion leiten

Tim schreibt das Diskussionsthema an die Tafel, damit er während der Diskussion immer wieder darauf verweisen kann, wenn jemand vom Thema abweicht. Anfangs versuchen gleich mehrere Schülerinnen und Schüler auf einmal loszureden. Tim erinnert sie daran, dass die Gesprächsregeln während der Diskussion eingehalten werden müssen. Bei mehreren Wortmeldungen notiert sich Tim die Namen und ruft sie nacheinander in der Reihenfolge auf. Diese **Rednerliste** ist wichtig, damit jeder zu Wort kommt und seine Idee vortragen darf. So können auch Zwischenbemerkungen verhindert werden. Unterhalten sich kleine Gruppen untereinander, muss Tim das unterbinden und bitten, die Meinungen in der gesamten Runde vorzutragen. Spricht jemand sehr lange, muss der Gesprächsleiter darauf hinweisen, dass er die vereinbarte Redezeit einhält und den Beitrag zügig zu Ende bringt. Notfalls kann er auch das Wort entziehen.

Zwischenergebnis

Tim darf bei den einzelnen Beiträgen auch Nachfragen oder **Fragen** Anderer **zulassen,** wenn etwas unklar erscheint oder ein Widerspruch zu vorigen Beiträgen auftritt. Bei **Wiederholungen** zeigt er auf die Notierungen an der Tafel.

Als Tim merkt, dass die Wortmeldungen immer weniger und zögerlicher werden, stellt er folgende Frage: „Wäre es eurer Meinung nach möglich, uns Menschen ausschließlich mit regenerativen Energien zu versorgen?" Durch diese **neue Sichtweise** wird die Diskussion angekurbelt.

Gesamtergebnis

Zum Schluss der Diskussion fasst Tim die verschiedenen Argumente an der Tafel in einem **Gesamtergebnis** zusammen. Der Gesprächsleiter muss sich also selbst auch gut in dem Thema der Diskussionsrunde auskennen. Während der Diskussion muss er sich aber neutral verhalten.

Pro und Contra – Anlagen erneuerbarer Energien

1. ☰ A
Nenne Argumente, die für das Pro und für das Contra der Umwandlung erneuerbarer Energie stehen
a) mit Windkraftanlagen,
b) mit Biogasanlagen.

2. ☰ A
Ordne die folgenden Argumente von Pro und Contra einander zu und diskutiere sie.

3. ☰ Q
Finde weitere Gründe für oder gegen die Energieumwandlung
a) mit Windkraftanlagen,
b) mit Biogasanlagen.

A Müllers wohnen nahe an einer Windkraftanlage. Obwohl die vorgeschriebenen Abstände eingehalten wurden, fühlen sie sich durch Schattenwurf und Geräusche der Rotorblätter gestört.

B Es wird erzählt, dass durch Windkraftanlagen viele Vögel erschlagen werden.

C Die Chefin der Ferienpension „Zur Waldesruh“ glaubt, in Zukunft ihre Appartements nicht mehr so oft vermieten zu können.

D Auf lange Sicht gehen Erdöl, Erdgas und Kohlevorräte der Erde zur Neige. Da muss Ersatz geschaffen werden.

E Viele Menschen finden Windkraftanlagen einfach hässlich.

F Der Wind ist nicht immer zuverlässig. Deshalb müssen andere Anlagen zusätzlich gebaut werden.

G Häufig wird in Biogasanlagen Mais verarbeitet. Beim Anbau der Pflanzen werden viele Düngemittel und viele Schädlingsbekämpfungsmittel eingesetzt.

H Die Anbauflächen für Energiepflanzen gehen für den Nahrungsmittelanbau verloren.

I Wissenschaftliche Studien beweisen, dass es nur sehr selten zu Vogelschlag kommt.

1 Windräder nahe am Wohnhaus

2 Eine Biogasanlage am Dorfrand

3 Maismonokultur

J Ein größerer Abstand zum Wohngebiet hätte Schattenwurf und Lärmbelästigung vermieden.

K Umfragen zeigen, dass Windräder von Touristen durchaus positiv gesehen werden.

L Häufig ist die Landschaft durch Industrie oder Hochspannungsmasten vorbelastet. Solche Anlagen sehen auch nicht schöner aus.

M Fossile Brennstoffe sind noch einige Zeit verfügbar. Ohnehin müssen Windkraftanlagen durch Kohlekraftwerke ergänzt werden.

N Stehen Windkraftanlagen still, kann zwischen den Regionen ein Ausgleich organisiert werden. Bei Bedarf kann Energiegewinnung aus Biomasse einspringen.

O Energiepflanzen aus modernen Züchtungen benötigen weniger Dünge- und Pflanzenschutzmittel.

P Bei der Produktion von Nahrungsmitteln wird viel Energie benötigt. Diese kann zum Teil durch Biogasanlagen bereitgestellt werden.

Q Biogas- und Windkraftanlagen ermöglichen eine regional autarke Energieversorgung.

R In Deutschland werden mehr Lebensmittel erzeugt, als für die eigene Versorgung erforderlich ist.

Kraftwerke im Vergleich

1. Q

a) Recherchiere im Internet und in Büchern über die Arbeitsweise von Kraftwerken.
b) Recherchiere Vor- und Nachteilen für jeden Kraftwerkstyp.

2. A

a) Übertrage die Tabelle 3 in dein Heft. Vergib anschließend für jeden Kraftwerkstyp und für jedes Beurteilungsmerkmal Punkte von 1 bis 5. Dabei bedeuten 5 Punkte eine sehr gute Bewertung.
b) Ergänze die Tabelle in deinem Heft durch weitere Beurteilungsmerkmale.

3. Q

Suche mithilfe von Atlanten und des Internets die Regionen in Deutschland, wo
- Wasserkraftwerke und
- Windkraftwerke zu finden sind.

Kohlekraftwerke

In Deutschland werden über 50 % der elektrischen Energie in Kohlekraftwerken erzeugt. Sie arbeiten zuverlässig rund um die Uhr. Der Wirkungsgrad von Kohlekraftwerken beträgt aber nur etwa 40 %.
Die Brennstoffe sind Braunkohle und Steinkohle. Ihre Vorräte reichen aus heutiger Sicht noch für mehrere hundert Jahre.
Bei der Verbrennung von Kohle entstehen Rauchgase mit schädlichen Rückständen. Schwefel- und Stickstoffverbindungen verursachen den sauren Regen. Sie müssen in aufwändigen Reinigungsverfahren aus den Rauchgasen entfernt werden. Das Kohlenstoffdioxid trägt zu Klimaveränderungen bei.

1 Kohlekraftwerk

2 Kernkraftwerk

Kernkraftwerke

Im Jahr 2012 wurden noch 16 % der elektrischen Energie in Kernkraftwerken aus Uran erzeugt. Die Kernenergie des Urans wird zuerst in Wärme und dann in elektrische Energie umgewandelt. Der Wirkungsgrad eines KKWs beträgt etwa 35 %. Kernkraftwerke geben keine Rauchgase und kein CO_2 ab. Wegen der Sicherheitsanforderungen sind die Bau- und Betriebskosten für Kernkraftwerke sehr hoch. Als Folge des Reaktorunglücks von Fukushima im März 2011 in Japan wurde beschlossen, alle KKWs in Deutschland bis 2022 abzuschalten. Die Endlagerung des radiaktiven Abfalls aus Kernkraftwerken ist jedoch nicht endgültig gelöst.

Kraftwerkstyp / Beurteilungsmerkmal	Kohlekraftwerk	Kernkraftwerk
Kosten für eingesetzte Energie		
Einsatzbereitschaft		
Wirkungsgrad in %		
Wärmeabgabe in %		
CO_2-Abgabe		
Schadstoffe		

3 Vergleichstabelle

4 Wasserkraftwerk

5 Windkraftwerk

Wasserkraftwerke

Der Anteil der durch fließendes Wasser erzeugten elektrischen Energie beträgt in Deutschland etwa 5 %. Sie stammt aus Laufwasserkraftwerken in Flüssen und Speicherkraftwerken im Gebirge. Sie arbeiten kostengünstig und mit einem Wirkungsgrad bis zu 90 %. Sie geben keine Schadstoffe ab.

Windkraftwerke

Windkraftwerke erreichen einen Wirkungsgrad von 45 %. Sie geben keine Schadstoffe ab. Weil Wind nicht immer zur Verfügung steht, sind Anlagen im Landesinneren im Durchschnitt aber nur zu 30 % eines Jahres in Betrieb.

Wasserkraftwerk	**Windkraftwerk**	**Solarkraftwerk**

Solaranlagen

Die Umwandlung von Sonnenlicht in elektrische Energie stellt für die Umwelt die geringste Belastung dar. Bei einem Wirkungsgrad von 15 % - 22 % sind die Anlagenkosten im Verhältnis zur erzeugten elektrischen Energie aber sehr hoch. Solaranlagen können schon heute dort wirtschaftlich sein, wo für die Versorgung mit elektrischer Energie lange Leitungen verlegt werden müssten.

An der Bereitstellung der elektrischen Energie sind verschiedene Kraftwerkstypen beteiligt. Die Kraftwerke arbeiten mit unterschiedlichen Betriebskosten und zum Teil verschiedenen Folgen für die Umwelt. Die Wirkungsgrade liegen zwischen 15 % und 90 %.

Du kannst die wichtigsten Kraftwerkstypen in Deutschland vergleichen.

6 Solarkraftwerk

Basiskonzepte S. 213

Temperatur und Wärme

Gase
Alle Gase haben ein ähnliches thermisches Verhalten. Daher dehnen sich alle Gase bei Erwärmung gleich aus.

Flüssigkeiten
Verschiedene Flüssigkeiten dehnen sich bei Erwärmung unterschiedlich stark aus.

Festkörper
Verschiedene Festkörper dehnen sich bei Erwärmung unterschiedlich aus. Festkörper können sich in alle Richtungen unterschiedlich stark ausdehnen.

Innere Energie
Die **innere Energie** eines Körpers ist abhängig von seiner **Temperatur.** Körper mit einer hohen Temperatur haben eine hohe innere Energie und umgekehrt.

Thermischer Strom
Wärme geht von Körpern mit **höherer Temperatur** auf Körper mit **niedrigerer Temperatur** über. Dieser Übergang der Wärme heißt **thermischer Strom.**

Wärmetransporte
Wärme wird durch **Wärmeleitung, Wärmeströmung** und **Wärmestrahlung** übertragen. Die Übertragung wird durch Dämmstoffe mit einem hohen **thermischen Widerstand** verringert.

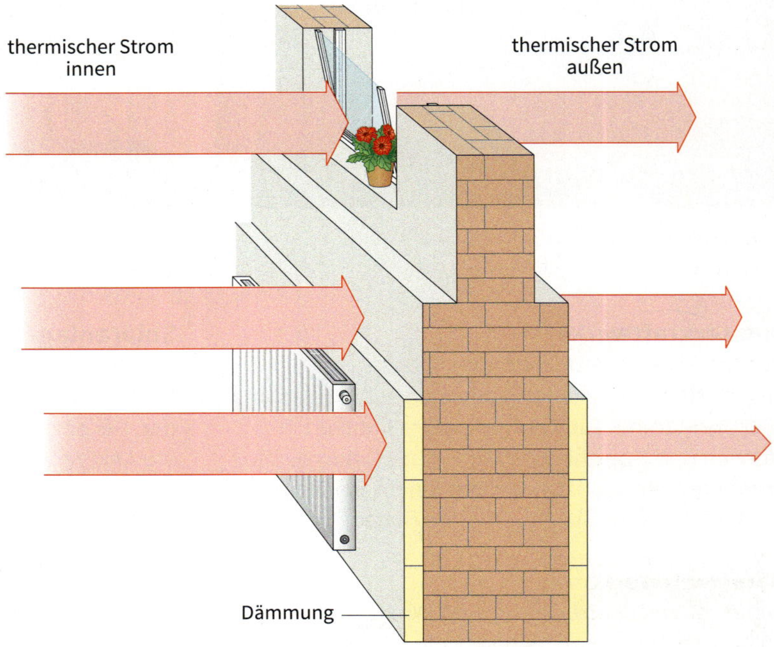

Wärmespeicherung
Körper können Wärme speichern. Die Menge der gespeicherten Wärme ist abhängig von der **Art des Stoffes,** seiner **Masse** und dem **Temperaturunterschied** zwischen Anfangs- und Endtemperatur.

Energieumwandlungen
Bei Energieumwandlungen entsteht immer auch thermische Energie, die nicht weiter verwendet werden.

E - Alle Energieumwandlungen sind irreversible, also nicht umkehrbar.

Kraftwerke
Kraftwerke unterscheiden sich in ihrem Wirkungsgrad, in ihrer Umweltverträglichkeit und ihren Betriebskosten. Im Rahmen der Energiewende wird statt Kohle- und Kernenergie immer mehr auf erneuerbare Energien gesetzt.

Treibhauseffekt
Durch die Verbrennung der fossilen Energieträger kommt es zu einer Erhöhung der Durchschnittstemperatur auf der Erde. **Treibhausgase** wie CO_2 behindern die Wärmeabstrahlung der Erde in den Weltraum. Es entsteht ein vom Menschen verursachter **zusätzlicher Treibhauseffekt.**

Energiewende
Durch den Einsatz nachhaltiger Technologien, den verantwortungsvollen Umgang mit Energie und die verstärkte Nutzung regenerativer Energieträger soll der zusätzliche Treibhauseffekt reduziert werden.

Struktur der Materie

System

Wechselwirkung

Energie

Struktur der Materie

1. ☰ Ⓐ

Ein Squashball muss vor dem Spiel durch rasches Prellen warm gespielt werden.

a) Beschreibe, wie sich der Ball im kalten und im warmen Zustand verhält.

b) Beschreibe, welche Wirkung die Wärme auf die Teilchen im Inneren des Balles hat.

→ S. 171, 178-179

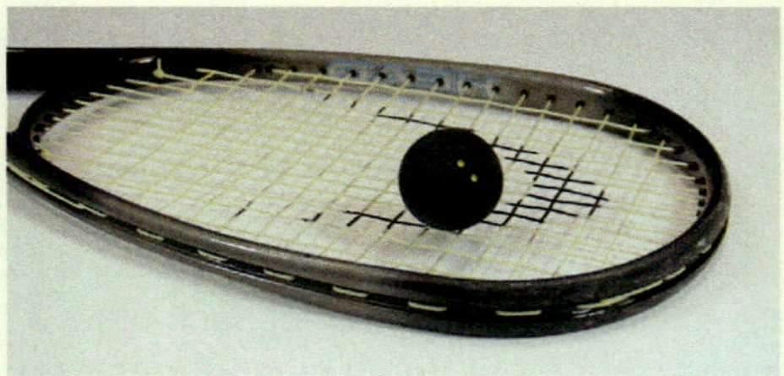

Wechselwirkung

3. ☰ Ⓐ

Erkläre, dass der Wirkungsgrad von Kohlekraftwerken im Vergleich zu Wasserkraftwerken bedeutend geringer ist.

→ S. 210-211

System

2. ☰ Ⓐ

a) Erläutere, wie sich eine Temperaturänderung auf die Bimetallspirale eines Thermometers auswirkt.

b) Erkläre, wie das unten abgebildete Thermometer aufgebaut ist und wie die Spirale gewickelt sein muss, damit es in der gewünschten Weise funktioniert.

→ S. 177

Energie

4. ☰ Ⓐ

Begründe, warum die Nutzung regenerativer Energien dem zusätzlichen Treibhauseffekt entgegenwirken kann.

→ S. 198, 204-205

5. ☰ Ⓐ

Nenne den Unterschied zwischen der Energie aus Sonne, Wind oder Wasser und aus nachwachsenden Rohstoffen wie Raps oder Holz.

→ S. 204-207, 210-211

Temperatur und Wärme

Temperatur, Wärme und Kapazität

Kannst du schon ...

... unterschiedliche Temperaturskalen beschreiben? (S. 168)
... die Aggregatzustände benennen und jeweils Beispiele angeben? (S. 169)
... die Übergänge zwischen den Aggregatzuständen nennen? (S. 169)
... den Unterschied zwischen Temperatur und Wärme beschreiben? (S. 170)
... die Aggregatzustände mithilfe des Teilchenmodells beschreiben? (S. 171)
... den Unterschied zwischen reversiblen und irreversiblen Prozessen beschreiben? (S. 186)
... die Wärmekapazität eines Stoffs bestimmen? (S. 191)

Zeig, was du kannst!

1. A
Beschreibe die Unterschiede zwischen der Celsius-, Fahrenheit- und Kelvinskala.

2. A
Nenne die drei Aggregatzustände und ihre Übergänge.

3. A
Erläutere wovon es abhängt, welchen Aggregatzustand ein Körper hat.

4. A
Erkläre den Unterschied zwischen Temperatur und Wärme.

5. A
Erkläre mithilfe des Teilchenmodells den Übergang Eis zu Wasserdampf.

6. A
Erkläre, wie die Temperatur von der verwendeten Wärmemenge abhängt.

7. A
Erläutere den Zusammenhang zwischen der Wärmekapazität eines Körpers und seiner Eignung als Wärmespeicher.

Thermisches Verhalten von Körpern

Kannst du schon ...

... erklären, wie sich Gase beim Erwärmen und Abkühlen verhalten? (S. 172)
... beschreiben, wie sich Flüssigkeiten beim Erwärmen und Abkühlen verhalten? (S. 173)
... angeben, wie sich feste Gegenstände beim Erwärmen und Abkühlen verhalten? (S. 174)
... beschreiben, wie du kleine Längenänderungen sichtbar machst. (S. 175)
... angeben, wovon die thermische Ausdehnung eines Körpers abhängt. (S. 175)
... die Funktionsweise eines Bimetallthermometers beschreiben (S. 177)

Zeig, was du kannst!

8. A
Nenne, was du bei der Erwärmung unterschiedlicher Gase beobachten kannst.

9. A
Beschreibe, was du bei der Erwärmung von Wasser und Alkohol beobachten kannst.

10. A
Erkläre, weshalb eine Eisenkugel nach der Erwärmung nicht mehr durch einen Ring passt.

11. A
Erläutere die Funktionsweise und das Einsatzgebiet eines Dilatometers.

12. A
Nenne Eigenschaften, von denen die thermische Ausdehnung eines Körpers abhängt.

13. A
Erläutere, weshalb beim Straßenbau Dehnungsfugen und beim Verlegen von Rohleitungen Schleifen wichtig sind.

14. A
Erkläre, in welche Richtung sich ein Bimetall aus Kupfer und Nickel biegt.

Wärmetransport

Kannst du schon ...

... den Antrieb und die Richtung des thermischen Stroms beschreiben? (S. 180)
... angeben, wie es zu einem thermischen Gleichgewicht kommt? (S. 181)
... den Begriff Wärmeleitung erklären und Beispiele für gute und schlechte Wärmeleiter nennen? (S. 182)
... am Beispiel der Zentralheizung die Wärmeströmung erklären? (S. 183)
... beschreiben, wie Wärme durch Strahlung transportiert wird? (S. 184)
... den Zusammenhang zwischen Wärmetransport, thermischem Strom und Aggregatzustand erläutern? (S. 185)

Zeig, was du kannst!

15. ≡ Ⓐ
Erkläre den Begriff thermischer Strom.

16. ≡ Ⓐ
Erläutere, wovon der thermische Strom abhängt.

17. ≡ Ⓐ
Beschreibe, wie es zu einem thermischen Gleichgewicht kommt.

18. ≡ Ⓐ
Beschreibe den Begriff der Wärmeleitung und nenne drei gute und drei schlechte Wärmeleiter.

19. ≡ Ⓐ
Erkläre die Bedeutung der Wärmeströmung bei der Zentralheizung.

20. ≡ Ⓐ
Erkläre die Besonderheit der Wärmestrahlung.

21. ≡ Ⓐ
Nenne Stoffe, die Wärme besonders gut speichern können.

22. ≡ Ⓐ
Erläutere den thermischen Strom bei verschiedenen Aggregatzuständen.

Kraftwerke und Klima

Kannst du schon ...

... beschreiben, wie ein Kohlekraftwerk funktioniert? (S. 196–197)
... den vom Menschen verursachten zusätzlichen Treibhauseffekt vom natürlichen Treibhauseffekt unterscheiden? (S. 198)
... beschreiben, wie Klimamodelle simuliert werden? (S. 199)
... beschreiben, wann Energie als nachhaltige Energie bezeichnet wird? (S. 200)
... Methoden zur Erzeugung von elektrischer Energie durch Umwandlung regenerativer Energien nennen und bewerten? (S. 204–205)
... typische Merkmale unterschiedlicher Kraftwerkstypen nennen? (S. 210–211)

Zeig, was du kannst!

23. ≡ Ⓐ
Beschreibe den Ablauf in einem Kohlekraftwerk mit Rauchgasreinigung.

24. ≡ Ⓐ
Erkläre, worin sich der natürliche Treibhauseffekt von dem vom Menschen verursachten unterscheidet.

25. ≡ Ⓐ
Beschreibe, welche Faktoren bei der Berechnung der Klimamodelle berücksichtigt werden.

26. ≡ Ⓐ
Erkläre, welche Bedingungen erfüllt sein müssen, damit es sich um nachhaltige Energieerzeugung handelt.

27. ≡ Ⓐ
Nenne jeweils die Vorteile und die Nachteile regenerativer Energieformen.

28. ≡ Ⓐ
Erläutere die Kriterien, die du beim Vergleich verschiedener Kraftwerkstypen berücksichtigst.

Stichwortverzeichnis

Stichwortverzeichnis

Namensverzeichnis

Übersicht

Bildquellenverzeichnis

123RF.com, Hong Kong: aks123rf 41. |3B Scientific GmbH, Hamburg: A20 Classic Skull © 3B Scientific GmbH, Hamburg, Germany, 2017/www.3bscientific.com 141. |A1PIX - Your Photo Today, Ottobrunn: SGM 192. |action press, Hamburg: Berns, Lothar 178. |Adam, Heinz-Joachim, Braunschweig: 207. |akg-images GmbH, Berlin: IAM/World History Archive 10. |alamy images, Abingdon/Oxfordshire: Monteny Bruno 185; Science History Images 54; travel images 86. |Arco Images GmbH, Lünen: B. Boensch 211; Diez 14, 24. |argum Fotojournalismus, München: Thomas Einberge 211. |Astrofoto, Sörth: SOHO/EIT/NASA 132. |bildagentur-online GmbH, Burgkunstadt: 45. |Blickwinkel, Witten: T. Mohr 210, 213. |bpk-Bildagentur, Berlin: 54; Scala 56. |Braunschweiger Verkehrs-GmbH, Braunschweig: 87. |Bridgeman Images, Berlin: 59; Archives Charmet 135. |Bundesamt für Strahlenschutz, Salzgitter: Dosisleistung der terrestrischen Strahlung in Deutschland 134. |Canadian Space Agency / Government of Canada, Saint-Hubert (Québec): © Government of Canada 2005 203, 203. |Caro Fotoagentur, Berlin: Oberhaeuser 73; Westermann 7. |CERN, Geneva 23: 140. |Claßen, Bernhard, Barnstedt: 23. |Dickert, Benjamin, Mainz: 23. |DLR Deutsches Zentrum für Luft- und Raumfahrt, Weßling, OT Oberpfaffenhofen: Diego G. Loyola R. 202, 203, 203, 203. |dreamstime.com, Brentwood: Laurence Romaric 161; Minh Tang 201. |Druwe & Polastri, Cremlingen/Weddel: 27, 119. |EnBW Kernkraft GmbH, Karlsruhe: 4, 133. |EWE AG, Oldenburg: 98. |F1online digitale Bildagentur GmbH, Frankfurt/M.: euroluftbild 210. |Fabian, Michael, Hannover: 172, 177, 213. |Fachagentur Nachwachsende Rohstoffe e.V. (FNR), Gülzow-Prüzen: Z. Hajkova 205. |Forum Netztechnik/Netzbetrieb im VDE (FNN), VDE Verband der Elektrotechnik Elektronik Informationstechnik e. V., Berlin: 100. |Fotoagentur SVEN SIMON, Mülheim an der Ruhr: 43. |fotolia.com, New York: Alexander Edmonds 38; alexlmx 92; Andrey Kuzmin 169; Anna Reinert 37; ArTo 25; Aycatcher 120; B. Wylezich 46; beermedia.de 27; bilderzwerg 102; designer491 121; Digitalpress 95; djama 104; dvande 66; Eisenhans 201; Ezio Gutzemberg 84; Fatman73 92; fefufoto 5, 167, 176; Fotoschlick 116; fototamara 47; G. Sanders 30; Givaga 169; Glaser 120; industrieblick 179; Joggie Botma 38; juanrvelasco 131; Jürgen Fälchle 185; Kadmy 99; Kalim 169; LianeM 206; lofik 176; lucato 151; marcodeepsub 84; Michael Tieck 14; Monika Wisniewska 36; nmann77 201; O.M. 12; Oksana Kuzmina 121; oliver-marc steffen 95; pengzheng 110; piamuc 200; pixelkorn 131; rdnzl 121; SeanPavonePhoto 200; Simon Kraus 108; tapui 26; Teamarbeit 25; thingamajiggs 14; Thomas Scherr 102, 105; thomasp24 166; Ttstudio 209; Tyler Olson 151; Unclesam 64; WoGi 48; Wolfgang Jargstorff 205. |Gesellschaft für Anlagen- und Reaktorsicherheit (GRS) gGmbH, Köln: 155. |Getty Images (RF), München: Baris Simsek 201. |GNS Gesellschaft für Nuklear-Service mbH, Essen: 160. |Hübscher, Heinrich, Lüneburg: 95. |Huppertz, Wolfgang, Mittelangeln: 207. |Imago, Berlin: Norbert Fellechner 150. |Infineon Technologies AG, Neubiberg: 108. |Interfoto, München: imagebroker /Ingeborg Knol 207; imagebroker/ imagebroker/Thomas Schneider 51; imagebroker/Holger Weitzel 206; Photoasia 135. |iStockphoto.com, Calgary: -Dant- Titel, 1; annebaek 122, 129; deepblue4you 22; TheYok 66; VVCephei 7. |JENOPTIK Robot GmbH, Monheim am Rhein: 46, 63. |jump Fotoagentur, Hamburg: Marco Grundt 179. |Kampf, Michael, Leipzig: 200. |Keystone Pressedienst, Hamburg: Jochen Zick 30, 35. |laif, Köln: Henseler 192; Jean Revillard/Polaris 31; Langrock/Zenit 99. |Landesanstalt für Personendosimetrie und Strahlenschutzausbildung, LPS, Berlin: Antje Eichelberger 141. |Magellan Aerospace, Winnipeg, MB: 203. |Makartsev, Alexei, London, Karlsruhe: Alexei Makartsev, London 157. |mauritius images GmbH, Mittenwald: 40; Alamy 116; dieKleinert 204; Hubatka, Jiri 38, 40; Jochen Tack/imagebroker 209, 213; Steve Bloom 45; Wolfgang Ehn/www.go-images.com 147. |Max-Planck-Institut für Plasmaphysik (IPP), Garching: IPP, Volker

Rohde 161. |Medtronic GmbH, Neustadt an der Donau: Covidien Deutschland GmbH - Ein Unternehmen von Medtronic 121. |Mettin, Markus, Offenbach: 95. |Niedersächsisches Landesmuseum, Hannover: 145, 145. |Norddeutsches Klimabüro - Institut für Küstenforschung, Helmholtz Zentrum Geesthacht, Geesthacht: Meinke, I., Gerstner, E.-M., von Storch, H., Marx, A., Schipper, H., Kottmeier, Ch., Treffeisen, R., Lemke, P., 2010: Regionaler Klimaatlas Deutschland der Helmholtz-Gemeinschaft informiert im Internet über möglichen künftigen Klimawandel. DMG Mitteilungen 2-2010, 5-7 199, 199, 199, 199, 199. |OPITEC Handel GmbH, Giebelstadt-Sulzdorf: 85. |PantherMedia GmbH (panthermedia.net), München: Siegfried Kopp 84; wihtgod 176. |Physikalisch-Technische Bundesanstalt (PTB), Braunschweig: 11. |PHYWE Systeme GmbH & Co. KG, Göttingen: 6. |Picture-Alliance GmbH, Frankfurt/M.: 205; akg-images 135; BSIP/JACOPIN 10; dpa 37, 55, 63, 132; dpa Themendienst 4, 109; dpa-infografik 99; dpa-Zentralbild 53; dpa/digitalglobe 157; Joker 53; Selva/Leemag 135; Stefan Puchner 53, 63; Süddeutsche Zeitung Photo 53; Westend61 7. |pixelio media GmbH, München: Stephanie Hofschläger 72. |plainpicture, Hamburg: 187. |Popko, Mathias, Meine: 21, 103. |PreussenElektra AG, Hannover: 158. |Prisma Bildagentur AG, Zürich: Erwin Wodicka 194. |Rapp, Ulrich Dipl.-Ing., Rümmingen: 166, 174. |Ruppell, Pablo, Freiburg: 61, 61, 61. |Schwarzbach, Hartmut /argus, Hamburg: 52, 65. |Science Photo Library, München: Alfred Pasieka 150; SPL 108. |SENERTEC Kraft-Wärme-Energiesysteme GmbH, Schweinfurt: 193. |Senvion GmbH, Hamburg: 4, 67. |Shutterstock.com, New York: AlexKol Photography 116; Andrey_Popov 120; Bill McKelvie 116; charobnica 205; Cico 84; crystal51 30; Darren Baker 204; FooTToo 84; frantic00 3, 39; Igor Kovalchuk 116; igorad1 186; Ksander 92; Lisa S. 120; Lucky Business 116; Petr Malyshev 84; PHOTO FUN 153; v.schlichting 209. |Siltronic AG, München: 112. |Simper, Manfred, Wennigsen: 20, 35, 36, 92, 180. |Solar Impulse, Lausanne: © Jean Revillard | Rezo.ch 31. |SOLVIS GmbH, Braunschweig: 193. |Stark, Friedrich, Dortmund: Friedrich Stark 127. |Steinkamp, Albert, Reken: 3, 15, 71, 84, 97, 118, 125, 125, 178, 188, 188, 189, 189, 189, 190, 213. |Studio Schmidt-Lohmann, Gießen: 40. |Südtiroler Archäologiemuseum, Bozen: Rekonstruktion von Kennis -® South Tyrol Museum of Archaeology, Augustin Ochsenreiter 147. |TCO Development, Stockholm: 24. |Tegen, Hans, Hambühren: 7, 7, 7, 7, 8, 8, 8, 11, 19, 19, 22, 22, 34, 37, 51, 68, 69, 71, 71, 74, 74, 76, 77, 78, 78, 78, 79, 79, 79, 80, 81, 82, 82, 82, 82, 82, 83, 83, 83, 83, 83, 84, 84, 85, 86, 86, 87, 88, 89, 94, 94, 104, 105, 105, 105, 107, 114, 114, 114, 114, 115, 117, 118, 126, 129, 136, 137, 141, 141, 147, 163, 170, 170, 170, 170, 173, 173, 173, 174, 174, 174, 175, 175, 176, 176, 177, 178, 178, 180, 181, 182, 182, 182, 183, 184, 184, 184, 185, 185, 185, 186. |Thermaltake Germany GmbH, Norderstedt: 166. |Trotec GmbH & Co KG, Heinsberg: 117. |ullstein bild, Berlin: KPA 25. |Unfallforschung der Versicherer (UDV), Berlin: 52. |vario images, Bonn: 66. |Viessmann Werke GmbH & Co KG, Allendorf (Eder): 195. |Visum Foto GmbH, München: euroluftbild.de 204; Ralf Niemzig 204; Stefan Sobotta 51; Thomas Langreder 211. |Westend 61 GmbH, München: WB-Images 93.

Wir arbeiten sehr sorgfältig daran, für alle verwendeten Abbildungen die Rechteinhaberinnen und Rechteinhaber zu ermitteln. Sollte uns dies im Einzelfall nicht vollständig gelungen sein, werden berechtigte Ansprüche selbstverständlich im Rahmen der üblichen Vereinbarungen abgegolten.

Tabellen zur Physik

Physikalische Größen, Einheiten und Gesetze

Name	Größe	Name der Einheit	Einheit	Gesetz	Umrechnungen
Länge Weg, Strecke	ℓ s	Meter	m		1 km = 1 000 m; 1 m = 100 cm; 1 cm = 10 mm
Zeit	t	Sekunde	s		1 h = 60 min = 3600 s; 1 min = 60 s
Geschwindigkeit Lichtgeschwindigkeit	v c	Meter je Sekunde Kilometer je Stunde	$\frac{m}{s}$ $\frac{km}{h}$	$v = \frac{s}{t}$ $s = v \cdot t$	$1\,\frac{m}{s} = 3{,}6\,\frac{km}{h}$ $c_{Vakuum} = 299\,792\,\frac{km}{s}$
Beschleunigung Fallbeschleunigung	a g	Meter je Quadratsekunde	$\frac{m}{s^2}$	$a = \frac{v}{t}$; $v = a \cdot t$; $s = \frac{1}{2} a \cdot t^2$	$g = 9{,}81\,\frac{m}{s^2}$ $1\,\frac{m}{s^2} = 1\,\frac{N}{kg}$
Frequenz	f	Hertz	Hz		$1\,Hz = 1\,\frac{1}{s}$
Masse	m	Kilogramm	kg		1 kg = 1 000 g; 1 g = 1 000 mg
Volumen	V	Kubikmeter; Liter	m^3 l	$V = \ell \cdot b \cdot h$	$1\,m^3 = 1\,000\,dm^3$; $1\,dm^3 = 1\,l$; 1 l = 1 000 ml; $1\,ml = 1\,cm^3$
Dichte	ϱ	Kilogramm je Kubikmeter; Gramm je Kubikzentimeter; Gramm je Liter	$\frac{kg}{m^3}$ $\frac{g}{cm^3}$ $\frac{g}{\ell}$	$\varrho = \frac{m}{V}$	$1\,\frac{g}{cm^3} = 1\,\frac{kg}{dm^3} = 1000\,\frac{kg}{m^3}$; $1\,\frac{kg}{m^3} = 0{,}001\,\frac{g}{cm^3}$
Kraft	F	Newton	N	$F = m \cdot a$ mit $a = \frac{\Delta v}{\Delta t}$	$1\,kg \cdot 1\,\frac{m}{s^2} = 1\,N$
Federkonstante	D	Newton je Meter	$\frac{N}{m}$	$D = \frac{F}{\ell}$ hookesches Gesetz: $F = D \cdot \ell$	
Drehmoment	M	Newtonmeter	Nm	$M_1 = M_2$ $F_1 \cdot s_1 = F_2 \cdot s_2\ (F \perp s)$	
Hubarbeit	W	Newtonmeter	Nm	$W = F_G \cdot h$	
Energie, mechanische Energie, potenzielle Energie, kinetische	E	Newtonmeter	Nm	$E = F_G \cdot h$; $E = F \cdot s$ $E_{pot} = m \cdot g \cdot h$ $E_{kin} = \frac{1}{2} m \cdot v^2$ $E_{ges} = E_{pot} + E_{kin}$ + Wärme	1 Nm = 1 J = 1 Ws $1\,Nm = 1\,kg \cdot 1\,\frac{m^2}{s^2}$
Spannenergie	E	Newtonmeter	Nm	$E = \frac{1}{2} F \cdot s$	
Leistung, mechanische	P	Newtonmeter je Sekunde	$\frac{Nm}{s}$	$P = \frac{E}{t} = \frac{F \cdot s}{t}$	$1\,\frac{Nm}{s} = 1\,W$
Spannung, elektrische	U	Volt	V	in Reihe: $U_{ges} = U_1 + U_2$ parallel: $U_{ges} = U_1 = U_2$	1 V = 1000 mV
Stromstärke, elektrische	I	Ampere	A	in Reihe: $I_{ges} = I_1 = I_2$ parallel: $I_{ges} = I_1 + I_2$	$1\,A = \frac{6{,}241 \cdot 10^{18}\ \text{Elektronen}}{1\,s}$ 1 A = 1000 mA
Leistung, elektrische (Energiestromstärke)	P	Watt	W	$P_{el} = U \cdot I$	1 V · 1 A = 1 W; 1000 W = 1 kW; 1000000 W = 1000 kW = 1 MW
Energie, elektrische	E	Wattsekunde Kilowattstunde	Ws kWh	$E_{el} = P_{el} \cdot t$ $E_{el} = U \cdot I \cdot t$	1 Ws = 1 J; 1000 Ws = 1 kWs; $1\,kWh = 3{,}6 \cdot 10^6\,Ws$
Widerstand, elektrischer	R	Ohm	Ω	$R = \frac{U}{I}$ in Reihe: $R_{ges} = R_1 + R_2$ parallel: $\frac{1}{R_{ges}} = \frac{1}{R_1} + \frac{1}{R_2}$	$1\,\Omega = 1\,\frac{V}{A}$
Widerstand, spezifischer	ϱ	Ohm mal Quadratmillimeter je Meter	$\Omega \cdot \frac{mm^2}{m}$	$R = \varrho \cdot \frac{\ell}{A}$	
Wirkungsgrad	η			$\eta = \frac{\text{nutzbare Energie}}{\text{zugeführte Energie}} \cdot 100\%$	
Gesamtwirkungsgrad	η_{ges}			$\eta_{ges} = \eta_1 \cdot \eta_2 \cdot \ldots \cdot \eta_n$	
Temperatur	T	Grad Celsius Kelvin	°C K		−273,15 °C = 0 K 0 °C = 273,15 K
Aktivität	A	Becquerel	Bq	$A = \frac{\text{Anzahl der Kernumwandlungen}}{1\,s}$	$1\,Bq = \frac{1\ \text{Kernumwandlung}}{1\,s}$
spezifische Wärmekapazität	c	Joule je Kilogramm mal Kelvin	$\frac{J}{kg \cdot K}$	$c = \frac{\Delta E}{m \cdot \Delta T}$	$c_{Wasser} = 4186\,\frac{J}{kg \cdot K}$
Vergrößerung (Lupe)	V			$V = \frac{25\,cm}{f_{Lupe}}$ (f in cm)	

Energieeinheiten

	J = Nm	kWh	cal*
1 J = 1 Nm	1	$2{,}7777 \cdot 10^{-7}$	0,2388
1 kWh	$3{,}6000 \cdot 10^{6}$	1	$0{,}8598 \cdot 10^{6}$
1 cal*	4,1868	$1{,}1630 \cdot 10^{-6}$	1

* veraltete, nicht mehr zugelassene Einheit

Spezifischer Widerstand bei 18 °C

Stoff	ϱ in $\Omega \cdot \frac{mm^2}{m}$	Stoff	ϱ in $\Omega \cdot \frac{mm^2}{m}$
Silber	0,016	Germanium	900
Kupfer	0,017	Silicium	1 200
Gold	0,023	Meerwasser	200 000
Aluminium	0,028	dest. Wasser	10^{10}
Wolfram	0,049	Polystyrol	$5 \cdot 10^{18}$
Nickel	0,07	Glas	$10^{16} \ldots 10^{19}$
Eisen	0,1 … 0,5	Porzellan	$10^{19} \ldots 10^{20}$
Konstantan	0,5	Hartgummi	$10^{19} \ldots 10^{21}$
Kohle	50 … 100	Bernstein	$> 10^{22}$

Farbcode bei Festwiderständen

Farbe	1. Ring	2. Ring	3. Ring	4. Ring
schwarz	0	0		
braun	1	1	0	±1 %
rot	2	2	00	±2 %
orange	3	3	000	
gelb	4	4	0 000	
grün	5	5	00 000	
blau	6	6	000 000	
violett	7	7	0 000 000	
grau	8	8	00 000 000	
weiß	9	9	000 000 000	
gold			:10	±5 %
silber			:100	±10 %

Massen und Längen

Masse in kg		Länge in m	
Sonne	$1{,}99 \cdot 10^{30}$	Weltall Ø	$\approx 10^{26}$
Erde	$5{,}98 \cdot 10^{24}$	1 Lichtjahr	$9{,}46 \cdot 10^{15}$
Mond	$7{,}3 \cdot 10^{22}$	Erde Ø	$1{,}28 \cdot 10^{7}$
Lufthülle der Erde	$2 \cdot 10^{18}$	Berlin Ø	$\approx 10^{5}$
Mensch	70	Mensch	1,75
1 l Wasser	1	Bakterie	$\approx 10^{-6}$
Fliege	$\approx 10^{-3}$	Atom	$\approx 10^{-10}$
Uranatom	$4 \cdot 10^{-25}$	Atomkern	$\approx 10^{-14}$
Elektron	$9{,}1 \cdot 10^{-31}$	Elektron	$1{,}4 \cdot 10^{-15}$

Eigenschaften von festen Stoffen

Festkörper	Dichte in $\frac{g}{cm^3}$	Schmelz- temperatur in °C	Siede- temperatur in °C
Aluminium	2,70	660	2 450
Blei	11,40	327	1 750
Diamant	3,51	3 540	≈ 4 000
Eisen	7,86	1 537	2 730
Grafit	2,25	3 800	4 347
Jenaer Glas	2,50	–	–
Gold	19,30	1 063	2 700
Holz (Eiche)	0,80	–	–
Kupfer	8,93	1 083	2 350
Magnesium	1,74	650	1 105
Platin	21,45	1 770	3 300
Plutonium	19,7	640	3 200
Silber	10,51	960	2 150
Uran	19,1	1 133	≈ 3 600
Wolfram	19,30	3 380	5 900
Zink	7,14	419	907

Eigenschaften von flüssigen Stoffen

Flüssigkeiten	Dichte in $\frac{g}{cm^3}$ bei 20 °C, 1013 hPa	Schmelz- temperatur in °C bei 1013 hPa	Siede- temperatur in °C bei 1013 hPa
Benzol	0,879	5,5	80,1
Ethanol	0,791	–114	78,3
Glycerin	1,260	18	290,5
Petroleum	0,85	–	–
Quecksilber	13,55	–39	357
Wasser	0,998	0	100

Eigenschaften von gasförmigen Stoffen

Gase	Dichte in $\frac{g}{l}$ bei 0 °C, 1013 hPa	Schmelz- temperatur in °C bei 1013 hPa	Siede- temperatur in °C bei 1013 hPa
Ammoniak	0,771	–77,7	–33,4
Argon	1,784	–189	–186
Chlor	3,214	–102	–34
Helium	0,17	–272	–269
Kohlenstoffdioxid	1,98	–78 (sublimiert)	
Krypton	3,708	–157	–153
Neon	0,90	–249	–246
Sauerstoff	1,429	–219	–183
Stickstoff	1,251	–210	–196
Wasserstoff	0,0899	–259	–253
Wasserdampf 100 °C	0,6	–	–
Xenon	5,89	–112	–108

Gefahrstoffsymbole

Piktogramm	Bedeutung	Piktogramm	Bedeutung	Piktogramm	Bedeutung
 GHS01	**Explodierende Bombe** z. B. explosive Stoffe	 GHS02	**Flamme** z. B. entzündbare Stoffe	 GHS03	**Flamme über Kreis** entzündend wirkende Stoffe
 GHS04	**Gasflasche** Gase unter Druck	 GHS05	**Ätzwirkung** z. B. hautätzend, schwere Augen-schädigung	 GHS06	**Totenkopf** akute Giftigkeit
 GHS07	**Ausrufezeichen** z. B. Augenreizung, Hautreizung	 GHS08	**Gesundheitsgefahr** z. B. krebserzeugend, erbgutschädigend	 GHS09	**Umwelt** gewässergefährdend

Erläuterung der Schaltzeichen

Leitung

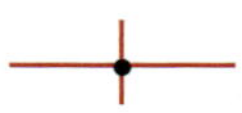
Verbindung

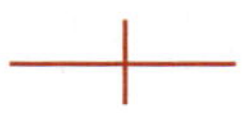
Kreuzung ohne Verbindung

Schalter

Umschalter

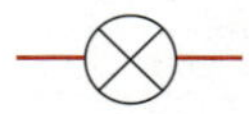
Lampe

Motor

Generator

Strommessgerät

Spannungs-messgerät

Lautsprecher

Mikrofon

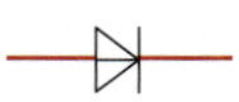
Diode

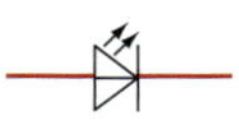
Leuchtdiode (LED)

Klingel, Hupe

Widerstand

regelbarer Widerstand

Sicherung

Stromversorgungs-gerät

Element (1,5 V)

Batterie (4,5 V)

Spule mit Eisenkern

Kondensator

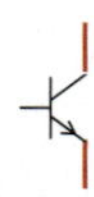
Transistor

Operatoren

Operatoren sind handlungsleitende Verben und werden in den Standards für inhaltsbezogene Kompetenzen verwendet. Diese Standards legen fest, welchen Anforderungen die Schülerinnen und Schüler gerecht werden müssen. Operatoren werden überwiegend den drei Anforderungsbereichen Reproduktion, Reorganisation, Transfer und Bewertung zugeordnet.

Operatoren zur Reproduktion

Operator	Beschreibung
nennen	Elemente, Sachverhalte, Begriffe, Daten, Fakten ohne Erläuterung wiedergeben
benennen	Fachbegriffe kriteriengeleitet zuordnen
durchführen	Eine vorgegebene oder eigene Anleitung (zum Beispiel für ein Experiment oder einen Arbeitsauftrag) umsetzen
experimentell aufzeichnen	Daten mit geeigneten Messgeräten (gegebenenfalls auch mit digitalen Messwerterfassungssystemen) erfassen und strukturieren
erstellen (Diagramm)	Zusammenhänge zwischen Größen in einem Koordinatensystem darstellen
erkennen	Kognitiver Prozess der Abstraktion, bei dem eine Wahrnehmung einem Begriff oder Konzept zugeordnet wird, dieser Prozess ist nur durch beobachtbare Folgehandlungen operationalisierbar

Operatoren zur Reorganisation

Operator	Beschreibung
untersuchen	Sachverhalten oder Objekte zielorientiert erkunden, Merkmale und Zusammenhänge herausarbeiten
klassifizieren, ordnen	Begriffe, Gegenstände etc. auf Grundlage bestimmter Merkmale systematisch einteilen
vergleichen	Gemeinsamkeiten und Unterschiede herausarbeiten
beschreiben	Strukturen, Sachverhalte, Prozesse, und Eigenschaften von Objekten in der Regel unter Verwendung der Fachsprache wiedergeben
darstellen	Sachverhalte, Zusammenhänge, Methoden und Ergebnisse strukturiert wiedergeben
erklären	Strukturen, Prozesse und Zusammenhänge eines Sachverhalts erfassen sowie auf allgemeine Aussagen und Gesetze unter Verwendung der Fachsprache zurückführen
erläutern	Strukturen, Prozesse, Zusammenhänge ect. des Sachverhaltes erfassen und auf allgemeine Aussagen bzw. Gesetze zurückführen und durch zusätzliche Informationen oder Beispiele verständlich machen
anwenden	einen bekannten Zusammenhang oder eine bekannte Methode auf einen anderen Sachverhalt beziehen
messen	experimentelle Daten unter Berücksichtigung der Messvorschriften bestimmen
ermitteln	ein Ergebnis rechnerisch, grafisch oder experimentell bestimmen
ableiten	auf Grundlage von Erkenntnissen sachgerechte Schlüsse ziehen
lösen	Gleichungen zielorientiert umformen
berechnen	Rechnerische Generierung eines Ergebnisses

Operatoren zu Transfer und Bewertung

Operator	Beschreibung
interpretieren	Sachverhalten, Zusammenhänge im Hinblick auf Erklärungsmöglichkeiten untersuchen und abwägend herausstellen
bewerten	Einen Sachverhalt nach fachwissenschaftlichen oder fachmethodischen Kriterien, persönlichem oder gesellschaftlichem Wertebezug begründet einschätzen

Das Periodensystem der Elemente

Atommasse in u – Eine eingeklammerte Atommasse gibt die Masse eines wichtigen Isotopsdes Elements an

Ordnungszahl (Protonenzahl)

Beispiel: 26,98 **Al** 13 Aluminium — Elementsymbol; Elementname

schwarz = feste Elemente
rot = gasförmige Elemente
blau = flüssige Elemente
weiß = künstliche Elemente
grün = natürliche radioaktive Elemente

Perioden	Hauptgruppen I	Hauptgruppen II	Nebengruppen III	IV	V	VI	VII	VIII	VIII	VIII	I	II	Hauptgruppen III	IV	V	VI	VII	VIII
1 K-Schale	1,01 H 1 Wasserstoff																	4,00 He 2 Helium
2 L-Schale	6,94 Li 3 Lithium	9,01 Be 4 Beryllium											10,81 B 5 Bor	12,01 C 6 Kohlenstoff	14,01 N 7 Stickstoff	16,00 O 8 Sauerstoff	19,00 F 9 Fluor	20,18 Ne 10 Neon
3 M-Schale	22,99 Na 11 Natrium	24,31 Mg 12 Magnesium											26,98 Al 13 Aluminium	28,09 Si 14 Silicium	30,97 P 15 Phosphor	32,07 S 16 Schwefel	35,45 Cl 17 Chlor	39,95 Ar 18 Argon
4 N-Schale	39,10 K 19 Kalium	40,08 Ca 20 Calcium	44,96 Sc 21 Scandium	47,88 Ti 22 Titan	50,94 V 23 Vanadium	51,99 Cr 24 Chrom	54,94 Mn 25 Mangan	55,85 Fe 26 Eisen	58,93 Co 27 Cobalt	58,69 Ni 28 Nickel	63,55 Cu 29 Kupfer	65,39 Zn 30 Zink	69,72 Ga 31 Gallium	72,61 Ge 32 Germanium	74,92 As 33 Arsen	78,96 Se 34 Selen	79,90 Br 35 Brom	83,80 Kr 36 Krypton
5 O-Schale	85,47 Rb 37 Rubidium	87,62 Sr 38 Strontium	88,91 Y 39 Yttrium	91,22 Zr 40 Zirconium	92,91 Nb 41 Niob	95,94 Mo 42 Molybdän	(99) Tc 43 Technetium	101,07 Ru 44 Ruthenium	102,91 Rh 45 Rhodium	106,42 Pd 46 Palladium	107,87 Ag 47 Silber	112,41 Cd 48 Cadmium	114,82 In 49 Indium	118,71 Sn 50 Zinn	121,75 Sb 51 Antimon	127,60 Te 52 Tellur	126,90 I 53 Iod	131,29 Xe 54 Xenon
6 P-Schale	132,91 Cs 55 Caesium	137,33 Ba 56 Barium	La-Lu 57–71	178,49 Hf 72 Hafnium	180,95 Ta 73 Tantal	183,84 W 74 Wolfram	186,21 Re 75 Rhenium	190,23 Os 76 Osmium	192,22 Ir 77 Iridium	195,08 Pt 78 Platin	196,97 Au 79 Gold	200,59 Hg 80 Quecksilber	204,38 Tl 81 Thallium	207,20 Pb 82 Blei	208,98 Bi 83 Bismut	(209) Po 84 Polonium	(210) At 85 Astat	(222) Rn 86 Radon
7 Q-Schale	(223) Fr 87 Francium	(226) Ra 88 Radium	Ac-Lr 89–103	(261) Rf 104 Rutherfordium	(262) Db 105 Dubnium	(266) Sg 106 Seaborgium	(264) Bh 107 Bohrium	(269) Hs 108 Hassium	(268) Mt 109 Meitnerium	(271) Ds 110 Darmstadtium	(272) Rg 111 Roentgenium	(277) 112						

Elemente der Lanthan-Reihe	138,91 La 57 Lanthan	140,12 Ce 58 Cer	140,91 Pr 59 Praseodym	144,24 Nd 60 Neodym	(147) Pm 61 Promethium	150,36 Sm 62 Samarium	151,96 Eu 63 Europium	157,25 Gd 64 Gadolinium	158,93 Tb 65 Terbium	162,50 Dy 66 Dysprosium	164,93 Ho 67 Holmium	167,26 Er 68 Erbium	168,93 Tm 69 Thulium	173,04 Yb 70 Ytterbium	174,97 Lu 71 Lutetium
Elemente der Actinium-Reihe	(227) Ac 89 Actinium	(232) Th 90 Thorium	(231) Pa 91 Protactinium	(238) U 92 Uran	(237) Np 93 Neptunium	(239) Pu 94 Plutonium	(241) Am 95 Americium	(244) Cm 96 Curium	(249) Bk 97 Berkelium	(252) Cf 98 Californium	(253) Es 99 Einsteinium	(257) Fm 100 Fermium	(258) Md 101 Mendelevium	(259) No 102 Nobelium	(262) Lr 103 Lawrencium